Ulrich Nehmzow

Mobile Robotik

Springer

Berlin
Heidelberg
New York
Barcelona
Hongkong
London
Mailand
Paris
Tokio

Engineering ONLINE LIBRARY

http://www.springer.de/engine-de/

Ulrich Nehmzow

Mobile Robotik

Eine praktische Einführung

Übersetzt von Claudia Nehmzow MA Dip Trans IoL
Mit 137 Abbildungen

Springer

Ulrich Nehmzow Dipl.Ing Phd CEng MIEE
University of Essex
Department of Computer Science
Wivenhoe Park
Colchester CO4 3SQ
U. K.
E-mail: udfn@essex.ac.uk

Die englische Originalausgabe erschien beim Springer-Verlag London, 2000

ISBN 978-3-540-42858-9   ISBN 978-3-642-55942-6 (eBook)
DOI 10.1007/978-3-642-55942-6

Die Deutsche Bibliothek - CIP-Einheitsaufnahme
Nehmzow, Ulrich:
Mobile Robotik : Eine praktische Einführung / Ulrich Nehmzow.
Übers. von C. Nehmzow. - Berlin ; Heidelberg ; New York ;
Barcelona ; Hongkong ; London ; Mailand ; Paris ; Tokio : Springer, 2002
ISBN 978-3-540-42858-9

Springer-Verlag Berlin Heidelberg New York
ein Unternehmen der BertelsmannSpringer Science+Business Media GmbH

http://www.springer.de

Einbandgestaltung: de'blik, Berlin
Satz: Daten vom Autor
Gedruckt auf säurefreiem Papier   SPIN: 10857263   62/3020/M – 5 4 3 2 1 0

S. D. G.

Vorwort

Robotik ist ein ausgedehntes Forschungsgebiet, das zahlreiche verschiedene Disziplinen vereinigt. Dazu gehören zum Beispiel Informatik, Elektrotechnik, Mathematik, Maschinenbau und Strukturdesign. Innerhalb der allgemeinen Robotik stellt die mobile Robotik ein wichtiges Teilgebiet dar. Zusätzlich zu den generellen Anforderungen an Roboter (industrielle Roboterarme usw.) kommen noch weitere wichtige Problemstellungen, wenn ein Roboter mobil sein und Aufgaben in einer natürlichen Umgebung ausführen soll.

Industrielle Roboterarme, wie sie heute in der Automobilherstellung viel verwendet werden, sind stationär und arbeiten in einem stark strukturierten und streng kontrollierten Umfeld. In dieser Arbeitsumgebung geschieht kaum etwas, das der Roboter nicht selbst unmittelbar durch seine eigenen Aktionen verursacht hat. Sämtliche Abläufe sind weitgehend vorhersagbar und zeigen wenig Variation. Was geschieht, wie es geschieht, wo sich Dinge befinden, was der Roboter bearbeiten soll und wie, läuft stets nach einem bestimmten Schema ab. Diese Art von Umgebung nennen wir *strukturierte kontrollierte Umgebung*. Industrieroboter können nur in einer solchen Umgebung funktionieren.

Die Motivation, warum wir uns mit der Entwicklung und Analyse mobiler Roboter befassen, liegt zum großen Teil in der Notwendigkeit bzw. dem Wunsch, Roboter einsetzen zu können, die mit und für Menschen bei ihrer gewöhnlichen Arbeit und in ihrer alltäglichen Umgebung arbeiten: in Büros, Krankenhäusern, Museen, Bibliotheken, Supermärkten, Sportanlagen, Ausstellungshallen, Flughäfen, Bahnhöfen, Universitäten, Schulen usw., und irgendwann auch in unserem Wohnbereich. Alle diese Umgebungen unterscheiden sich jedoch wesentlich von der Umgebung eines Industrieroboters. Es handelt sich zwar auch um strukturierte Umgebungen, bewußt entworfen für Menschen zum Arbeiten und Wohnen, für Sport und Spiel. Diese Struktur unserer alltäglichen Umgebung ist jedoch nicht speziell auf Roboter ausgerichtet — und das ist auch nicht, was wir eigentlich anstreben. Normalerweise ist es keine akzeptable Lösung, daß Menschen für den Einsatz von Robotern ihre Arbeits- oder Wohnumgebung speziell anpassen und verändern.

Mobile Roboter müssen in der Lage sein, in unseren alltäglichen Lebensbereichen zu funktionieren und mit all der normalen Variation und Unvorhersagbarkeit umzugehen, die überall dort auftritt, wo wir arbeiten, wohnen und unsere Freizeit verbringen. Dort gibt es ständig Vorgänge, die nicht vom Roboter selbst verursacht werden. Diese Art von Umgebung nennen wir *teilstrukturierte unkontrollierte Umgebung*, um sie von der strukturierten Umgebung eines Industrieroboters zu unterscheiden.

Wir Menschen haben normalerweise keine Probleme, uns in teilstrukturierten Umgebungen zu bewegen und Aufgaben auszuführen, wenn wir nicht an einen Rollstuhl gebunden oder unsere Beweglichkeit oder Wahrnehmung in anderer Weise eingeschränkt ist. Für mobile Roboter besteht aber genau darin das Hauptproblem: wie sie sich in einer natürlichen Umgebung bewegen und Aufgaben ausführen können. Hierfür ist eine besondere Art von Intelligenz gefordert, die Industrieroboter und andere Roboter in stark strukturierten Anwendungsumgebungen weder besitzen noch benötigen.

Sobald wir darauf angewiesen sind, daß unsere Roboter in irgendeiner Weise Intelligenz einsetzen (selbst in ganz rudimentärer Form), erweitert sich das Gebiet der Robotik erneut. Nun müssen wir zusätzlich auf Konzepte und Verfahrensweisen aus weiteren Disziplinen zurückgreifen, wie zum Beispiel künstliche Intelligenz, Kognitionswissenschaften, Psychologie und Biologie (Tierverhalten). Ebenso wie die verschiedenen anfangs genannten Forschungsgebiete ist auch jede dieser Disziplinen selbst schon ein weites Feld und erfordert zu ihrer Beherrschung normalerweise viele Jahre spezialisierter Ausbildung und Ausübung.

Wenn also die Entwicklung und Erforschung mobiler Roboter fundiertes Wissen aus so vielen verschiedenen Disziplinen erfordert, wie können Studenten der mobilen Robotik je in das Gebiet eindringen? Es ist kaum möglich, sich zuerst über Jahre hinweg ausreichend in alle diese verschiedenen Disziplinen einzuarbeiten, bevor man mit der mobilen Robotik beginnt. Natürlich ist es nützlich, eines der verschiedenen umfassenden Lehrbücher über Robotik oder mobile Robotik durchzuarbeiten, die aber häufig Vorwissen aus anderen verwandten Gebieten voraussetzen oder nur eine recht oberflächliche Einführung bieten.

Nach meiner eigenen Erfahrung, und der von einer zunehmenden Zahl der Wissenschaftler, die mobile Robotik unterrichten, ist die bei weitem beste Methode, sich in die mobile Robotik einzuarbeiten, indem man wirklich eigene Roboter baut und erprobt. Auf diese Weise beginnt man, sich alle notwendigen Kenntnisse und Fertigkeiten für die mobile Robotik in der Praxis anzueignen. Es ist inzwischen möglich, relativ günstig Bausätze oder Bauteile zu kaufen, aus denen sich ein kleiner mobiler Roboter konstruieren läßt. Es gibt Bücher und Internetseiten, die bei der elektronischen und mechanischen Konstruktion und beim Programmieren die nötige Hilfestellung leisten.

Was bisher fehlte, war ein gutes Lehrbuch, das in die grundlegenden Probleme, Konzepte und Techniken der mobilen Robotik so einführt, daß neue Studenten sie gleich in die Praxis umsetzen können, ein Buch, das die Studenten mit dem Handwerkszeug ausrüstet, selbst mobile Roboter zu bauen und auf diese Weise eigene Erfahrungen mit den wichtigen Problemen dieses Forschungsgebiets zu sammeln. Das vorliegende Buch füllt diese Lücke. Es enthält zunächst eine Reihe von Kapiteln, die sich mit den Konzepten und technischen Aspekten der mobilen Robotik befassen und ausreichend Anfangsverständnis vermitteln. Dann stellt das Buch die fundamentalen Problemstellungen der mobilen Robotik vor. In jedem dieser Kapitel werden Ideen und Konzepte durch Fallstudien realer Roboter veranschaulicht. Diese Fallstudien beschreiben jeweils spezielle Beispiele, wie die grundlegenden Probleme gelöst werden können, wobei es natürlich noch andere Lösungsstrategien gibt. Die wesentliche Stärke der Fallstudien in diesem Buch liegt jedoch darin, daß der Autor jede einzelne Studie selbst entwickelt und durchgeführt hat und dadurch mit allen praktischen Einzelheiten vertraut ist. Die Beschreibungen der Fallstudien enthalten deshalb alle notwendigen Details, um zu verstehen, wie jeder Roboter entwickelt und getestet wurde (und warum). Der Leser kann die beschriebenen Ideen und Strategien für eigene Roboter verwenden und implementieren.

Bei dem vorliegenden Lehrbuch handelt es sich daher um einen Text, mit dem man beginnt, sich in die mobile Robotik praktisch einzuarbeiten. Das Buch kann und will natürlich dem Studenten nicht das gesamte notwendige Wissen vermitteln, wird ihn aber in die richtige Richtung weisen. Wenn der Student selbst die Erfahrung macht, wie man einen realen Roboter dazu bringen kann, sich in der wirklichen Welt umherzubewegen und Aufgaben auszuführen, bekommt er meiner Ansicht nach die ideale Grundlage für weiteres Lernen. Dieses Buch bietet Studenten der mobilen Robotik einen solchen grundlegenden Start.

Donostia / San Sebastian, Juli 1999   *Tim Smithers*

Einführung

Die Zielsetzung dieses Buches ist in den Schlüsselworten des Titels *Mobile Robotik: Eine praktische Einführung* enthalten.

Mobile Robotik Dieses Buch befaßt sich mit der Entwicklung autonomer mobiler Roboter, also mit mobilen Maschinen, die ihre eigene Stromversorgung und Rechnersteuerung sowie Sensoren und Aktoren mit sich führen.

Die freie, autonome Beweglichkeit eines mobilen Roboters hat sowohl Vorteile wie auch Nachteile. Vorteilhaft ist, daß die Roboter für Aufgaben eingesetzt werden können, die Vorwärtsbewegung (Translation) erfordern (wie z.B. Transport-, Überwachungs-, Inspektions- oder Reinigungsaufgaben), da sie sich für diese Aufgaben selbständig positionieren können. Mobile Roboter eignen sich deshalb besonders gut für den Einsatz in weitläufigen Umgebungen, die für Menschen entweder unzugänglich oder gefährlich sind. Von Nachteil ist andererseits, daß beim Einsatz in semi-strukturierten Umgebungen, die nicht speziell für den Betrieb mobiler Roboter angepaßt wurden, unvorhergesehene Ereignisse, Veränderungen und Unsicherheiten vorkommen. Die Steuerung autonomer mobiler Roboter muß dies berücksichtigen und mit Rauschen, unvorhersagbaren Ereignissen und Veränderungen umgehen können.

Das vorliegenden Buch behandelt diese besondere Problematik der autonomen mobilen Robotik, indem es den Leser mit Methoden zur Entwicklung anpassungsfähiger, lernender Roboter und Navigationsstrategien bekannt macht, die keine spezielle Anpassung der Umwelt oder Einprogrammierung von Vorwissen (Karten usw.) voraussetzen. Mit diesen Methoden können wir Roboter entwickeln, die sich autonom in ihrer Umgebung umherbewegen, aus Fehlern und Erfolgen lernen, und designierte Orte gezielt und zuverlässig anfahren können — ohne die Umgebung zu modifizieren oder fertige Karten zur Verfügung zu stellen.

Einführung Das Buch richtet sich in erster Linie an Studenten, Diplomanden und Doktoranden der mobilen Robotik. Es bietet eine Einführung in das Gebiet und erklärt die wichtigsten Konzepte so, daß sie für Leser mit Grundwissen in Ingenieursmathematik und Physik verständlich werden, und illustriert sie durch zahlreiche Beispiele und Übungsaufgaben.

12 detaillierte Fallstudien enthalten zusätzlich noch weiterführendes, komplexeres Material für fortgeschrittene Studenten und praktizierende Robotikwissenschaftler. Die Fallstudien sollen Probleme der mobilen Robotik veranschauli-

chen und zeigen, wie man Experimente in der mobilen Robotik durchführen und dokumentieren kann. Vor allem sollen die Fallstudien den Leser dazu anregen, die Strategien auf seinem eigenen Roboter zu implementieren.

Praktisch Durch das gesamte Buch (das gilt vor allem für die Fallstudien) zieht sich die Absicht, genügend detaillierte Information zu geben, damit der Leser seinen eigenen Roboter entwickeln kann. Wirkliche Roboter sind der Brennpunkt der mobile Robotik, und je eher man als Student beginnt, selbst Roboter zu bauen, desto besser!

Die Fallstudien geben komplexere Forschungsbeispiele der mobilen Robotik. Sie ermöglichen die Replikation bestehender Forschung und enthalten gleichzeitig Anregungen und Hinweise auf offene Fragen, die Anfangspunkte für eigene neue Forschung bilden könnten.

Danksagungen Emergente Phänomene und kollaboratives Verhalten sind Schlüsselkonzepte der Robotik; und dafür ist die Entstehung des Buches selbst die beste Illustration, da es das Ergebnis jahrelanger fruchtbarer und anregender Kooperation mit meinen Kollegen und Studenten ist. Meine Hauptaufgabe beim Verfassen dieses Lehrbuchs bestand in der Strukturierung und geeigneten Präsentation unserer Arbeit. Ich bin dankbar für die anregenden Forschungsumgebung sowohl in Edinburgh als auch in Manchester. Besonders die Universität Manchester hat die dem Buch zugrundeliegenden Arbeiten finanziell und in vieler anderer Hinsicht unterstützt. Mein Dank geht an den Informatiklehrstuhl und alle meine Kollegen dort.

Einige der hier vorgestellten Experimente wurden von meinen Studenten durchgeführt. Carl Owens Arbeit über Routenlernen wird in Abschnitt 5.4.3 beschrieben, Tom Ducketts Untersuchungen der Selbstlokalisation bei Robotern werden in Abschnitt 5.4.4 und Ten Min Lees Experimente zur Robotersimulation in Kapitel 6 erörtert. Bei diesem letzteren Projekt danke ich auch meinem Kollegen Roger Hubbold für die inspirierende Zusammenarbeit. Alan Hinton führte die Experimente für Abschnitt 4.4.3 durch. Andrew Pickering war verantwortlich für technischen Rat und Unterstützung bei allen diesen Projekten. Ihr Einsatz und ihre verbindliche Arbeit bedeutete mir viel Freude und Ansporn.

Forschung geschieht niemals in Isolation, sondern ist grundlegend von der Interaktion mit andern abhängig. Ich bin dankbar für die inspirierende Freundschaft mit Tim Smithers und die vielen fruchtbaren Diskussionen mit Jonathan Shapiro, Roger Hubbold, David Brée, Ian Pratt-Hartmann, Mary McGee Wood, Magnus Rattray und John Hallam, um nur einige wenige zu nennen. Ich danke Tim Smithers für sein Vorwort.

Die anregende Umgebung mehrerer Forschungsgruppen hat ebenfalls zur Entstehung des vorliegenden Buches beigetragen. Auf Einladung von Tom Mitchell besuchte ich seine Forschungsgruppe an der Carnegie Mellon Universität in Pittsburgh, und er ist Mitauthor der Abschnitt 4.1 zugrundeliegenden Veröffentlichung. Fallstudie 8 ist das Ergebnis eines Forschungssemesters beim Electrotechnical Laboratory in Tsukuba, Japan. Dieser Forschungsaufenthalt wurde durch ein Fellowship der Japanese Science and Technology Agency und der British Royal Society ermöglicht. Besuche bei der Universität Bremen und Bernd Krieg-Brückners Forschungsgruppe dort wurden durch ein Forschungsprojekt des British Council und des DAAD finanziert und brachten einige der hier behandelten Themen stärker in Fokus. Von der Zusammenarbeit mit allen diesen Forschungsgruppen habe ich viel profitiert, und ich danke allen meinen Gastgebern und Sponsoren.

Dank gebührt David Brée, Andrew Wilson, Jonathan Shapiro, Claudia Nehmzow, Ewald von Puttkamer und Tim Smithers für ihre konstruktiven Kommentare zu früheren Entwürfen des Buches, und Stephen Marsland für seine Hilfe bei der Überarbeitung der Bibliographie.

Mein Familie war nicht unmaßgeblich am Gelingen dieses Buches beteiligt, und ich danke allen, vor allem meiner lieben Frau Claudia für ihre Hilfe bei der Erstellung dieses Buches, und für die aktive und interessierte Begleitung meiner Forschung im letzten Jahrzehnt. Schließlich sei auch noch der Beitrag von Henrietta (4 Jahre) erwähnt, deren zahlreiche Roboterentwürfe mein Büro verschönern und die mich immer wieder über die Komplexität von belebten und unbelebten Agenten staunen läßt.

Manchester im Juli 1999 *Ulrich Nehmzow*

Zur deutschen Ausgabe

Anfang der 90er Jahre, als die ersten in diesem Buch erwähnten Arbeiten entstanden, war die Forschung im Bereich kognitive Robotik im deutschsprachigen Raum recht ruhig. Großbritannien war damals ein wesentlich interessanteres Pflaster, um die Anwendungen der künstlichen Intelligenz und der kognitiven Wissenschaften auf autonome mobile Robotik zu erforschen.

Das hat sich mittlerweile grundlegend geändert, und es gibt wohl inzwischen kaum eine Hochschule, die nicht auch eine Robotikgruppe hätte. Dies ist eine äußerst positive Entwicklung, da die Anwendung von physikalisch eingebetteten mobilen Robotern wie kaum eine andere Forschungsrichtung Aufschlüsse über intelligentes Verhalten in komplexen Umgebungen geben kann — sie reicht weit über rein industrielle Anwendungen hinaus.

Ich habe mich deshalb über den Wunsch des Springer Verlages, eine deutsche Übersetzung des Buches zu erstellen, gefreut. Nachgekommen bin *ich* ihr allerdings nicht — die tatsächliche Arbeit hat meine Frau geleistet, und ich danke ihr sehr dafür.

Die Herausforderung, einen autonomen, mobilen Roboter „intelligent" in seiner Umgebung agieren und aus Fehlern lernen zu lassen, Karten zu erstellen und zu navigieren sowie die Mechanismen zu verstehen, die der Interaktion von Roboter und Umwelt zugrunde liegen, ist faszinierend und spannend zugleich. Ich wünschen allen Forschern, „alten Hasen" oder Neulingen, Inspiration, gute Ideen und vor allem kreative Freude an der autonomen mobilen Robotik!

University of Essex, Colchester, im Oktober 2001 *Ulrich Nehmzow*

Vorbemerkung der Übersetzerin   Bei der Übersetzung gab es einige Hürden zu überwinden. So werden im technischen Deutsch oft die englischsprachigen Fachausdrücke verwendet. In dieser Übersetzung werden, wo möglich, deutsche Fachausdrücke benutzt, wobei bei der ersten Nennung auch der englischsprachige Originalausdruck erwähnt wird. Was inklusive Sprache betrifft, habe ich in dieser Übersetzung kein besonderes Augenmerk auf diesen Aspekt gerichtet, um den Text lesbar zu halten — das Buch richtet sich selbstverständlich an Leser beiderlei Geschlechts.

Colchester im Oktober 2001   *Claudia Nehmzow*

Inhaltsverzeichnis

1 Einleitung

Zusammenfassung. Dieses Kapitel entwirft in groben Zügen die wissenschaftlichen Themenkreise der mobilen Robotik, der Leser erhält einen Überblick über den Inhalt der folgenden Kapitel und wird hoffentlich dazu angeregt, selbst einen eigenen Roboter zu bauen und so das vorliegende Buch in die Praxis umzusetzen.

Die autonome mobile Robotik ist aus vielen Gründen ein faszinierendes Forschungsgebiet. Wenn ein mobiler Roboter mehr sein soll als nur ein mit Sensoren ausgestatteter Computer auf Rädern, ist man auf die interdisziplinäre Anwendung zahlreicher verschiedener Forschungsexpertisen angewiesen. Das Ziel der mobilen Robotik ist die Entwicklung eines intelligenten Agenten, der Umgebungsmerkmale unterscheiden, Muster und Regelmäßigkeiten erkennen, aus Erfahrung lernen, lokalisieren, Karten entwickeln und navigieren kann. In diesem Sinne kehrt die mobile Robotik die wachsende Spezialisierungstendenz in der Wissenschaft um und erfordert stattdessen laterales Denken und die Kombination vieler verschiedener Disziplinen.

Die Ingenieurwissenschaften und die Informatik sind selbstverständlich die zentralen Komponenten der mobilen Robotik; zum Thema intelligentes Verhalten steuern aber auch die künstliche Intelligenz, Kognitionswissenschaft, Psychologie und Philosophie relevante Hypothesen und Antworten bei. Die Analyse von Systemkomponenten, etwa durch Fehlerkalkulation, statistische Auswertung usw. gehört in den Bereich der Mathematik, wobei für die Gesamtanalyse eines Systems die Physik Erklärungsmodelle bietet, wie zum Beispiel durch Chaostheorie.

Autonome mobile Roboter kommen dem uralten Traum vom intelligenten Agenten bisher am nächsten. Seit Jahrhunderten haben sich Menschen dafür interessiert, Maschinen zu bauen, die Lebewesen nachahmen. Von mechanischen, durch Uhrwerke angetriebenen Tieren bis hin zu der Soft- und Hardware des „Artificial Life" hat die Frage „was ist Leben?" und „können wir Leben begreifen?" von jeher die Forschung angetrieben.

Wahrnehmung und Handeln ist bei Lebewesen sehr eng miteinander verknüpft. Um Objekte visuell wahrzunehmen, führen Tiere gleichzeitig bestimmte Kopf- und Augenbewegungen durch. Bei der Interaktion mit ihrer Umgebung können sie die Auswirkung ihres Handelns voraussehen und das Verhalten anderer Objekte vorhersagen. Für Kommunikationszwecke können sie sogar ihre Umgebung verändern (sogenannte Stigmergie) — ein Beispiel dafür ist der Nestbau der Ameisen.

Aufgrund dieser engen Verknüpfung von Wahrnehmung und Handeln erscheint es besonders sinnvoll, intelligentes Verhalten anhand von situierten Agenten, also mit mobilen Robotern, zu untersuchen. Wenn wir Simulationen von Leben und lebensähnlichen Agenten untersuchen wollen, die mit ihrer Umgebung auf intelligente Weise interagieren, müssen wir den Kreis von Wahrnehmung und Handeln schließen, so daß der Agent durch sein Handeln selbst bestimmt, was er wahrnimmt. Ob es uns gelingt, autonome Roboter zu entwickeln, die sich innerhalb der nächsten 50 Jahre mit menschlicher Intelligenz messen können, oder ob Menschen bis dahin sogar überflüssig geworden sind (sehr vage Aussagen, denn die Definitionen von „intelligent" und „überflüssig" sind alles andere als eindeutig), wie manche Autoren voraussagen, oder ob es erst noch weitere hundert Jahre dauern wird, bis auch nur intelligente Haushaltsroboter erhältlich sind, wie andere entgegnen — autonome mobile Roboter stellen in jedem Fall das ideale Forschungswerkzeug für die Untersuchung intelligenten Verhaltens dar.

Drittens machen auch kommerzielle Anwendungsmöglichkeiten die mobile Robotik interessant. Roboter für Transport, Überwachung, Inspektion, Reinigung oder Haushaltsroboter sind nur einige wenige Beispiele. Trotzdem haben sich autonome mobile Roboter bisher noch keinen wirklich bedeutenden Stellenwert in Industrie und Haushalt erobert, was hauptsächlich daran liegt, daß es immer noch keine wirklich robusten, zuverlässigen und flexiblen Navigations- und Verhaltensmechanismen für autonome Roboter in unmodifizierten, teilstrukturierten Umgebungen gibt. Man könnte natürlich Markierungen wie Baken, visuelle Muster oder Induktionsschleifen (unterirdische elektronische Führungsleitungen) anbringen, was allerdings kostspielig, unflexibel und in manchen Fällen gar nicht durchführbar ist. Die Alternative — Navigation in *unmodifizierten* Umgebungen — erfordert ausgefeilte Sensorsignalverarbeitungsmethoden, die sich gegenwärtig noch in der experimentellen Auswertungsphase befinden. Die Fallstudien in diesem Buch stellen einige dieser Methoden vor. Das Ziel, mobile Roboter in für Menschen unzugänglichen Umgebungen einzusetzen, für Aufgaben, die monoton, schwierig oder gefährlich sind, ist eine weitere wesentliche Motivation für die Entwicklung intelligenter autonomer Roboter.

Schließlich enthält die mobile Robotik auch noch ein ästhetisches, künstlerisches Element. Roboterschwärme, die in Zusammenarbeit eine bestimmte Aufgabe ausführen oder die sich gewandt umherbewegen, ohne miteinander oder mit anderen Objekten zusammenzustoßen, oder der gelungene Entwurf eines mobilen Roboters (z.B. Mikroroboter oder Miniaturschrittroboter) sprechen unseren Sinn für Ästhetik an. So wurden mobile Roboter und Roboterarme auch schon für künstlerische Vorführungen verwendet (z.B. [Stelarc]).

Selbst einen funktionierenden Roboter konstruieren Die mobile Robotik muß per Definition *praktiziert* werden. Inzwischen sind eine Reihe von relativ preiswerten mobilen Robotern für Studentenübungen, Projekte an der Universität oder auch für private Projekte erhältlich. Robotik als Hobby gewinnt ebenfalls immer mehr an Beliebtheit. *GRASMOOR* (siehe Abbildung 1.1) ist ein gutes Beispiel. Dieser kleine Fischertechnikroboter enthält eine Variante der MIT 6270 Steuerung, die analoge und digitale Signale von Sensoren verwendet und durch Pulsweitenmodulation die Motoren antreibt. Pulsweitenmodulation erzeugt elektrische Impulse von verschiedener Länge, um Motoren in verschiedenen Geschwindigkeiten laufen zu lassen. Die verschiedenen Sensortypen, die man in der Robotik einsetzt, werden in Kapitel 3 beschrieben. Wie viele andere Mikrosteuerungen für Roboter basiert auch die 6270-Steuerung auf dem Motorola 6811 Mikroprozessor.

Abbildung 1.1. DER MOBILE ROBOTER *GRASMOOR*

Mit einigen hundert Mark läßt sich schon ein Anfang machen. Roboterbausätze oder technische Spielzeugkonstruktionssysteme haben häufig Mikrosteuerungen und besitzen die nötige Softwareumgebung zum Programmieren. Unter `http://lcs.www.media.mit.edu/people/fredm/projects/6270/` findet sich Information über den MIT 6270 Roboterdesignwettbewerb. [Jones & Flynn 93] geben eine gute Einführung, wie man seinen eigenen Roboter konstruieren kann. Wer in der Lage ist, selbst elektronische Schaltkreise zu entwerfen (die nicht einmal sehr kompliziert sein müssen), kann auch kommerziell erhältliche Mikrosteuerungen verwenden und dann Sensoren und Motoren hinzufügen. Man muß nicht erst riesige Summen investieren, um einen mobilen Roboter zu bauen.

Experimente mit mobilen Robotern Das vorliegende Buch enthält 12 detaillierte Fallstudien, die die Gebiete Roboterlernen, Navigation und Simulation abdecken. Zusätzlich finden sich Beispiele, Übungsaufgaben und Anregungen, offene Fragen weiterzuverfolgen. Unter anderem sollen dadurch dem Leser interessante Bereiche der Robotikforschung aufgeschlossen sowie offene Fragen und relevante Probleme identifiziert werden.

Valentin Braitenbergs Buch über „synthetische Psychologie" ist eine faszinierende Einführung in Denkexperimente mit Robotern und enthält zahlreiche Experimente, die mit realen Robotern durchgeführt werden können ([Braitenberg 93]).

Aufbau des Buches Wissenschaftlicher Fortschritt beruht stets auf vorangegangenen Erfolgen und auch Mißerfolgen. Man kann nur weiterkommen, wenn man auch die Geschichte des gewählten Forschungsgebiets begreift. Daher betrachtet dieses Lehrbuch zunächst die Forschungsgeschichte der autonomen mobilen Robotik und stellt frühe Beispiele und ihren jeweiligen Beitrag zum besseren Verständnis der komplexen Interaktion zwischen Robotern, ihrer Handlungsumwelt und ihrer Aufgabenstellung vor.

Ein Roboter besteht selbstverständlich auch aus Hardware, und die Funktionalität der Sensoren und Aktoren eines Roboters beeinflussen sein Verhalten ganz entscheidend. Das zweite Kapitel befaßt sich daher speziell mit Aspekten der Roboterhardware und erörtert Eigenschaften sowie Vor- und Nachteile der üblichsten Robotersensoren und -aktoren.

Ein wirklich intelligenter Roboter muß in der Lage sein, mit ungewissen, mehrdeutigen, widersprüchlichen und verrauschten Daten umzugehen. Er muß aus seiner eigenen Interaktion mit der Welt lernen können, indem er Ereignisse im Licht der Aufgabe, die er erfüllen soll, bewertet und sein Verhalten dementsprechend verändert. Kapitel 4 stellt Mechanismen vor, die diese fundamentalen Lernkompetenzen ermöglichen.

Mobilität an sich ist sinnlos ohne die Fähigkeit, sich zielgerichtet zu bewegen, d.h. zu navigieren. Deshalb behandelt dieses Buch anschließend das Thema der Navigation bei mobilen Robotern, inspiriert durch die erfolgreichsten Navigatoren, die wir kennen: Lebewesen (Kapitel 5). Fünf Fallstudien illustrieren dann die Strategien, die wir für erfolgreiche Roboternavigationssysteme verwenden: Selbstorganisation, emergenter Funktionalismus und die autonome Kartographie der Umgebung „aus der Sicht des Roboters".

Bei wissenschaftlicher Forschung geht es nicht nur um Materie, sondern auch um Methode. Die Interaktion von Roboter und Umwelt ist so komplex, die Robotersensoren so empfänglich für die kleinsten Veränderungen in der Umgebung, in der Farbe und Oberflächenstruktur der Objekte, daß bis heute die Verifizierung eines Robotersteuerungsprogramms allein in der experimentellen Durchführung geschieht. Wenn man wissen will, was für ein Verhalten ein bestimmtes Robotersteuerungsprogramm beim Roboter hervorrufen wird, muß man das Programm auf einem realen Roboter laufen lassen. Numerische Modelle der komplexen Interaktion von Roboter und Umwelt befinden sich noch im Stadium der unpräzisen Annäherung, weil die Robotersensoren äußerst empfindlich auf Variationen in den Umgebungsbedingungen reagieren. Kapitel 6 betrachtet jedoch einen Ansatz zur Konstruktion eines getreueren Modells der Interaktion von Roboter und Umwelt und erörtert die notwendigen Voraussetzungen für eine solche Modellierung.

Das Ziel dieses Buches ist nicht nur, eine Einführung in die Konstruktion mobiler Roboter und die Entwicklung intelligenter Steuerungen zu geben, sondern auch, Methoden der Beurteilung autonomer mobiler Roboter zu demonstrieren — mobile Robotik als *Wissenschaft*. Wissenschaftliche Methodik umfaßt die Analyse des vorhandenen Wissens, die Identifikation offener Fragen, die Entwicklung eines geeigneten Versuchsablauf zur Untersuchung dieser offenen Fragen, und schließlich die Analyse der Ergebnisse.

In den etablierten Naturwissenschaften hat sich dieser Prozeß über Jahrzehnte immer klarer herauskristallisiert und ist inzwischen eindeutig definiert. Für die relativ junge Disziplin der Robotik ist das jedoch noch nicht der Fall. Es existieren noch keine allgemein anerkannten Verfahrensweisen, weder für die Durchführung von Experimenten noch für die Interpretation der Ergebnisse. Versuchsumgebungen, Roboter und Aufgabestellungen können wir bisher noch nicht auf eindeutige und unmißverständliche Weise beschreiben, was die unabhängige Wiederholung der Experimente und die unabhängige Bestätigung der Ergebnisse ermöglichen würde. Stattdessen sind wir für Experimente und Ergebnisse auf qualitative Beschreibungen (Gütefunktionen) angewiesen. Es gibt keine allgemein anerkannten Vergleichstests in der mobilen Robotik, stattdessen sind Existenzbeweise die Norm, d.h. die Implementation eines bestimmten Algorithmus auf einem bestimmten Roboter in einer ganz bestimmten Umgebung.

Um die Wissenschaft der autonomen mobilen Robotik weiterzuentwickeln, brauchen wir quantitative Beschreibungsmethoden für Roboter, Aufgaben und Umgebungen. Unabhängige Replikation und Verifikation von Experimenten muß zum Standardverfahren in der wissenschaftlichen Gemeinschaft werden. Existenzbeweise allein reichen nicht aus, um mobile Roboter systematisch zu untersuchen — sie erfüllen ihren Zweck in den frühen Stadien einer neuen Forschungsrichtung, müssen dann aber schließlich durch rigorose und quantitativ definierte Versuchsmethoden ersetzt werden. Kapitel 7 diskutiert daher verschiedene mathematische Handwerkszeuge, die eine solche quantitative Auswertung der Roboterleistung unterstützen, und beschreibt drei Fallstudien für die quantitative Analyse des Verhaltens von mobilen Robotern.

Das Buch schließt ab mit einem Rückblick auf die Erfolge, die wir in der mobilen Robotikforschung bereits erzielt haben, und zeigt die Herausforderungen auf, die Technologie, Steuerungstheorie und Methodik noch bereithalten.

Die mobile Robotik ist ein sehr ausgedehntes Forschungsgebiet mit wesentlich mehr Aspekten, als ein einführendes Lehrbuch wie das vorliegende abdecken kann. Das Buch will das Interesse des Lesers wecken, er soll Appetit auf mehr bekommen. Jedes Kapitel enthält deshalb Hinweise auf weiterführende Lektüre und Webseiten; zusätzliche Literaturverweise finden sich innerhalb des Textes. Am Ende wird mir der Leser hoffentlich beistimmen, daß die mobile Robotik in der Tat ein faszinierendes Forschungsgebiet darstellt, das etwas mehr Licht auf die uralte Frage wirft:

„Was sind die fundamentalen Bausteine intelligenten Verhaltens?"

2 Grundlagen

Zusammenfassung. Dieses Kapitel führt in die Fachterminologie ein, gibt einen Überblick über die frühe KI-Forschung und erörtert zwei grundlegende Ansätze für Robotersteuerungen – den funktionalen und den verhaltensbasierten Ansatz.

2.1 Definitionen

In diesem Kapitel definieren wir Fachbegriffe und beschreiben einige der frühen autonomen mobilen Roboter. Was beim Bergwandern zutrifft, gilt auch hier: gute Kenntnis der Ausgangsposition erleichtert das Fortkommen!

Der Abschnitt „Literaturhinweise" ist in diesem Kapitel besonders ausführlich, weil sich dieses Lehrbuch eigentlich in erster Linie mit aktuellen statt mit historischen Fragestellungen befaßt. Die Literaturangaben sollen deshalb einige der Lücken schließen, die dieses Kapitel unweigerlich offen lassen muß.

Definition des Begriffes „Roboter" Das Wort „Roboter" geht auf ein Theaterstück des tschechischen Dramatikers Karel Capek von 1921 zurück, das den Titel „R.U.R." („Rossum's Universal Robots") trug. Capek leitete das Wort „robot" von „robota" ab, tschechisch für „Zwangsarbeit". 1942 erschien das Wort „robotics" zum ersten Mal in dem Roman „Run-around" des amerikanischen Wissenschaftlers und Autors Isaac Asimov.

Die *Japanese Industrial Robot Association (JIRA)* unterteilt Roboter in die folgenden Kategorien:

Kategorie 1: *manueller Manipulator*: eine Vorrichtung mit mehreren Freiheitsgraden, die vom Bediener bewegt wird;

Kategorie 2: *Roboter mit festem Aktionsablauf*: ein Manipulator, der die aufeinanderfolgenden Abschnitte einer Aufgabe nach einer vorbestimmten festen Methode erledigt, die schwer modifizierbar ist;

Kategorie 3: *Roboter mit variablem Aktionsablauf*: die gleiche Art von Manipulator wie in Kategorie 2, wobei aber die Teilabschnitte der Aufgabe leicht modifiziert werden können;

Kategorie 4: *Playback-Roboter*: der Bediener geht mit dem Roboter die Aufgabe manuell durch, indem er ihn führt oder steuert, wobei der Roboter die durchfahrenen Bahnen aufzeichnet. Diese Information wird bei Bedarf abgerufen, wodurch der Roboter die Aufgabe dann autonom ausführen kann.

Kategorie 5: *Roboter mit numerischer Steuerung*: der Bediener entwirft für den Roboter ein Computerprogramm für seinen Bewegungsablauf, statt mit ihm die Aufgabe manuell durchzugehen.

Kategorie 6: *intelligenter Roboter*: ein Roboter, der in der Lage ist, seine Umgebung zu verstehen und eine Aufgabe trotz Veränderungen in den Umgebungsbedingungen erfolgreich zu lösen.

Das *Robotics Institute of America (RIA)* definiert ausschließlich Maschinen ab der dritten Kategorie als Roboter:

> Roboter sind multi-funktionale Manipulatoren (oder Vorrichtungen), deren Programm verändert werden kann. Sie sind in der Lage, Materialien, Bauteile, Werkzeuge oder Spezialgeräte in variablen programmierten Abläufen so zu bewegen, daß eine Vielfalt von verschiedenen Aufgaben ausgeführt wird.

Mobile Roboter Die meisten Roboter, die heute in der Industrie verwendet werden, sind Manipulatoren („Fließbandroboter"), die an einem festen Arbeitsplatz eingesetzt werden und nicht mobil sind.

Mobile Roboter, das Thema dieses Buches, unterscheiden sich davon grundlegend: sie können ihren Standort durch Lokomotion verändern. Der häufigste Typ des mobilen Roboters ist das automatisierte spurgeführte Fahrzeug (*Automated Guided Vehicle* oder AGV, siehe Abbildung 2.1).

Abbildung 2.1. SPURGEFÜHRTER TRANSPORTROBOTER (AUTOMATED GUIDED VEHICLE ODER AGV)

AGVs werden in speziell angepaßten Umgebungen eingesetzt, die meist mit Induktionsschleifen[1], Baken oder anderen Markierungen versehen werden. Sie führen Transportaufgaben entlang vorgegebener Routen aus.

Weil AGVs in einer auf sie abgestimmten Umgebung operieren, sind sie unflexibel und empfindlich gegenüber Veränderungen. Jede Änderung der Route ist kostspielig, und alle unvorhergesehenen Veränderungen (wie etwa Hindernisse, die den Weg blockieren) können bewirken, daß die Aufgabe nicht erfolgreich ausgeführt wird.

Die Alternative zu festprogrammierten mobilen Robotern sind daher *autonome* mobile Roboter.

Agent *Agere* bedeutet einfach „agieren", und der Begriff Agent beschreibt in diesem Buch eine Entität, die einen Effekt hervorbringt. Der Begriff „Agent" wird hier insbesondere für Software, zum Beispiel im Bezug auf eine Robotersimulation, verwendet. Obwohl generell gesehen ein Roboter, also eine konkrete Maschine, ebenfalls einen Effekt erzeugt, und daher in diesem Sinne auch ein Agent ist, wird der Begriff „Roboter" hier spezifisch für konkrete Maschinen und der Begriff „Agent" für deren numerische Computermodelle verwendet.

Autonomie Die zwei wichtigsten Definitionen von Autonomie lauten ([Webster 81]): a) eine Handlung wird ohne Steuerung von außen durchgeführt, und b) man besitzt Entscheidungsfreiheit.

Roboter, die eingebaute Steuerungen und Energieversorgung mit sich führen — wie zum Beispiel AGVs — sind im ersteren, schwächeren Sinne des Wortes autonom („schwache Autonomie").

Um jedoch mit unvorhergesehenen Situationen umgehen und sich auf veränderliche Umgebungen einstellen zu können, muß der Roboter Entscheidungsfreiheit („starke Autonomie") besitzen. Entscheidungsfreiheit impliziert die Fähigkeit der Maschine, ihren Handlungsablauf durch eigene Inferenzprozesse zu bestimmen, statt einer festgelegten, rigiden Anweisungssequenz von außen zu folgen. Starke Autonomie erfordert die Fähigkeit, eine interne Repräsentation der Welt zu entwerfen, zu planen und aus Erfahrung zu lernen. Kapitel 4 stellt einen Lernmechanismus für mobile Roboter vor, der diese Kompetenzen unterstützt.

Ein autonomer mobiler Roboter besitzt also die Fähigkeit, sich in seiner Umgebung umherzubewegen, um eine Reihe von verschiedenen Aufgaben zu erfüllen; er kann sich außerdem an Veränderungen in seiner Umgebung anpassen, aus Erfahrung lernen und sein Verhalten dementsprechend ändern; er kann ein internes Weltbild entwickeln und dieses für Inferenzprozesse wie Navigationsplanung verwenden.

Intelligenz Populärwissenschaftliche Bücher und Zeitschriften verwenden häufig die Begriffe „intelligente Maschinen" und „intelligente Roboter" — eine brauchbare und klare Definition von Intelligenz ist jedoch sehr schwer zu formulieren.

---

[1] Führungskabel unter dem Fußboden.

„Intelligenz" bezieht sich auf Verhalten, und mit welchem Maßstab wir Intelligenz beurteilen, hängt sehr von unserem eigenen Wissen, Verständnis und Standpunkt ab. Alan Turing schreibt dazu (1947):

> „Wie weit wir das Verhalten eines Agenten als intelligent betrachten, ist ebenso von unserem eigenen Verstand und Wissen abhängig wie von den Eigenschaften des betreffenden Agenten. Wenn uns sein Verhalten leicht erklärlich, vorhersagbar oder einfach nur willkürlich erscheint, dann sind wir kaum versucht, ihm Intelligenz zuzuschreiben. Es ist also denkbar, daß ein und derselbe Agent von dem einen Betrachter als intelligent eingestuft wird, von einem anderen jedoch nicht, weil der letztere die Regeln oder das Schema hinter seinem Verhalten entdeckt hat."

Turings Beobachtung stellt „Intelligenz" als unerreichbares Ziel dar, denn sobald wir die Funktionsweise einer Maschine verstehen, ihr Verhalten vorhersagen oder den zugrundeliegenden Plan erfassen können, ist diese Maschine nach seiner Theorie nicht mehr „intelligent". Während unser Verständnis von Entwurf und Analyse künstlicher Systeme wächst, erweitert sich nach Turings Definition auch der Begriff „Intelligenz" ständig und bleibt somit stets außerhalb unserer Reichweite.

Wie auch immer wir „Intelligenz" definieren, bleibt die Definition stets an menschliches Verhalten gekoppelt. Wir betrachten uns selbst als intelligent, und daher muß jede Maschine, deren Verhalten dem unseren entspricht, ebenso als „intelligent" eingestuft werden. Für die mobile Robotik hat diese Sichtweise interessante Konsequenzen. Die Meinung, Brettspiele wie Schach erforderten Intelligenz, ist weit verbreitet, wohingegen die Aufgabe, sich ohne größere Probleme in alltäglicher Umgebung fortzubewegen, vermeintlich trivial und ohne besondere Intelligenz zu bewältigen ist. Wenn aber Intelligenz damit zu tun hat, das zu tun, „was Menschen tun, mehr oder weniger die ganze Zeit" (Brooks), dann ist dieses „triviale" Verhalten der Schlüssel zur mobilen Robotik! Es hat sich als wesentlich schwieriger erwiesen, Roboter zu bauen, die sich ohne Schwierigkeiten umherbewegen, als Maschinen zu entwickeln, die erstklassig Schach spielen können.

Dieses Buch vermeidet nach Möglichkeit den Begriff „Intelligenz". Wo er verwendet wird, bezieht er sich auf zielgerichtetes Verhalten, d.h. Verhalten, das in einem verständlichen und erklärbaren Verhältnis zu der Aufgabe steht, die der Roboter im Moment auszuführen versucht.

Zusammenspiel von Agent, Aufgabe und Umgebung Ähnlich wie die „Intelligenz" kann auch das Verhalten eines Roboters nicht unabhängig von seiner Umgebung und der von ihm auszuführenden Aufgabe betrachtet werden. Roboter, Aufgabe und Umgebung sind voneinander abhängig und beeinflussen sich gegenseitig (siehe Abbildung 2.2).

Tim Smithers führt als Beispiel die Spinne an: sie ist außerordentlich kompetent, wenn es um das Überleben in der freien Natur geht, aber völlig inkompetent in der Badewanne! Ein und derselbe Agent erscheint intelligent in der einen Situation, aber inkompetent in einer anderen.

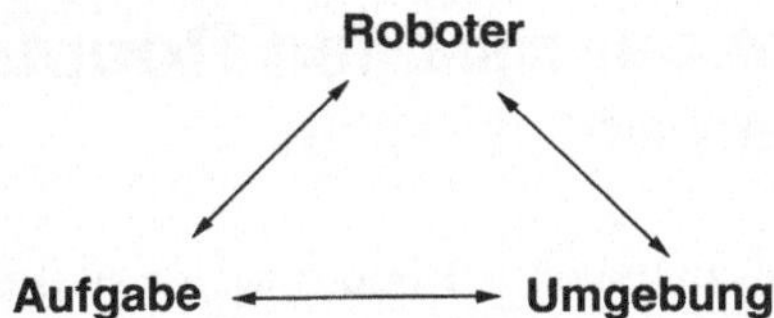

Abbildung 2.2. ROBOTER, AUFGABE UND UMGEBUNG SIND MITEINANDER VERKNÜPFT UND KÖNNEN NICHT UNABHÄNGIG VONEINANDER BETRACHTET WERDEN

Das bedeutet folglich, daß es einen Allzweckroboter per Definition nicht geben kann (ebenso wie ein Allzwecklebewesen nicht existiert). Die Funktion und der Betrieb eines Roboters wird durch sein eigenes Verhalten in einer spezifischen Umgebung unter Berücksichtigung einer spezifischen Aufgabe bestimmt. Nur wenn man Agent, Aufgabe und Umgebung gleichzeitig berücksichtigt, kann man einen Agenten umfassend beschreiben; das gilt für Lebewesen und Maschinen in gleicher Weise.

2.2 Anwendungen der mobilen Robotik

Weil mobile Roboter in der Lage sind, sich autonom in ihrer Umgebung umherzubewegen, sind ideale Anwendungsmöglichkeiten Aufgaben, die Transport, Exploration, Überwachung, Führung (z.B. von Personen), Inspektion usw. erfordern. Insbesondere werden mobile Roboter für Aufgaben eingesetzt, bei denen die Umgebung für Menschen unzugänglich oder gefährlich ist. Beispiele sind Unterwasserroboter, Planetenrover oder Roboter, die in verseuchter Umgebung eingesetzt werden.

Der zweite wichtige Anwendungsbereich für die mobile Robotik liegt auf den Gebieten der künstlichen Intelligenz, der kognitiven Wissenschaften und der Psychologie. Autonome mobile Roboter eignen sich hervorragend dafür, Hypothesen über intelligentes Verhalten, Wahrnehmung und Kognition zu überprüfen und zu verbessern.

Das Steuerungsprogramm eines autonomen mobilen Roboters kann detailliert analysiert, Versuchsabläufe und Versuchsaufbau können sorgfältig kontrolliert werden. Dadurch lassen sich Experimente replizieren, unabhängig verifizieren und individuelle Versuchsparameter auf kontrollierte Weise modifizieren. Ein Beispiel hierfür ist die Fallstudie 4 auf S. 120, in der das Navigationssystem der Ameisen auf einem mobilen Roboter modelliert wird.

2.3 Geschichte der mobilen Robotik: erste Implementationen

Künstliche Intelligenz und mobile Robotik waren stets eng miteinander verbunden. Schon vor der Dartmouth College Konferenz im Jahre 1956, als der Begriff „künstliche Intelligenz" geprägt wurde, war man sich dessen bewußt, daß man mobile Roboter interessante Aufgaben ausführen und lernen lassen konnte. Bereits in den frühen 1950er Jahren entwickelte William Grey Walter zwei mobile Roboter, die Aufgaben wie Hindernisausweichen und Phototaxis erlernen konnten. Er erreichte dies durch instrumentelle Konditionierung, d.h. Veränderung der Ladung eines Kondensators, der das Verhalten des Roboters steuerte ([Walter 50]). Frühe Pioniere der künstlichen Intelligenz wie Marvin Minsky und John McCarthy interessierten sich schon sehr bald nach der Dartmouth Konferenz von 1956 für die Robotik. In den späten 1950er Jahren versuchte Minsky zusammen mit Richard Greenblood und William Gosper, einen Tischtennis spielenden Roboter zu bauen. Wegen der technischen Schwierigkeiten wurde daraus allerdings schließlich ein Roboter, der einen Ball mit Hilfe eines Korbes fing.

1969 entwickelte Nils Nilsson in Stanford den mobilen Roboter *SHAKEY*. Dieser Roboter verfügte über einen visuellen Entfernungsmesser, eine Kamera und binäre Berührungssensoren und war über Funk mit einem DEC PDP 10 Computer verbunden. *SHAKEY* konnte Aufgaben ausführen wie Hindernisausweichen und Objektmanipulation, allerdings in einer sehr strukturierten Umgebung. Bei sämtlichen Hindernissen handelte es sich um einfarbige, regelmäßige, quader- und keilförmige Objekte. *SHAKEY* erstellte eine Liste von Formeln, die die Umgebungsobjekte repräsentierten und bestimmte mit Hilfe des Resolution-Theorembeweisers „STRIPS" die Aktionsstrategien, die er dann ausführte.

Obwohl das Inferenzsystem gut funktionierte, hatte *SHAKEY* oft Probleme, aus den Rohdaten der Sensoren die für den Planungsmechanismus benötigte symbolische Information zu erzeugen. Auch hier waren technische Schwierigkeiten mit der Roboterhardware das Problem. Hans Moravec, damals Student in Stanford, erinnert sich ([Crevier 93, S. 115]):

> „Eine Aufgabensequenz von *SHAKEY* konnte beinhalten, daß der Roboter in einen Raum hineinfahren sollte, einen Block finden mußte, die Aufgabe bekam, den Block über eine Plattform zu bewegen, einen Keil gegen die Plattform zu schieben, eine Rampe hochzurollen, und den Block hinaufzuschieben. *SHAKEY* führte diese Gesamtaufgabe nie als eine durchgehende Handlungssequenz aus. Er brauchte mehrere separate Sequenzen, die jeweils mit hoher Wahrscheinlichkeit fehlschlagen konnten. Man konnte daraus einen Film zusammenstückeln, der alle Einzelaufgaben enthielt, aber sie wurden nicht wirklich zusammenhängend durchgeführt."

John McCarthy begann in den frühen 1970er Jahren, ebenfalls in Stanford, einen Roboter zu bauen, der aus einem Bausatz einen Farbfernseher zusammensetzen sollte. Wiederum gab es technische Probleme mit der Roboterhardware –

es erwies sich als schwierig, die Komponenten mit der erforderlichen Genauigkeit auf der Leiterplatte einzusetzen. Viele Wissenschaftler, die sich in den Anfangsjahren der künstlichen Intelligenz für die Robotik interessiert hatten, ließen schließlich den konkreten Hardwareaspekt der Robotik wieder beiseite und konzentrierten sich erneut auf die Software und die Inferenzkomponenten des Steuerungssystems.

Die allgemeine Sichtweise zu der Zeit war, daß das interessante Hauptproblem bei der Entwicklung intelligenter Roboter in der Steuerungsstruktur lag. Sobald die notwendigen Hardwarekomponenten zur Verfügung stünden, die die Implementierung des intelligenten Inferenzelementes ermöglichten, müßte intelligentes Verhalten automatisch folgen. Ein Großteil der Forschungsaktivität konzentrierte sich daher auf Steuerungsparadigmen. Zugleich gab es aber auch eine Anzahl von einflußreichen Robotikprojekten in den 1970er Jahren.

Am Jet Propulsion Laboratory in Pasadena wurde in den 1970er Jahren der *JPL ROVER* für Planetenexploration entwickelt. Der Roboter verwendete eine TV-Kamera, einen Laserentfernungsmesser und Berührungssensoren, um seine Umgebung in die Kategorien „navigierbar", „nicht navigierbar" und „unbekannt" einzuteilen und benutzte einen Trägheitskompaß mit Koppelnavigation. (Koppelnavigation wird auf S. 108 erläutert).

In Stanford entwickelte Hans Moravec Ende der 1970er Jahre den mobilen Roboter *CART*. Die Aufgabe dieses Roboters war, mit Hilfe eines Kamerasensors Hindernissen auszuweichen. *CART* nahm von einem bestimmten Ort aus neun Kamerabilder auf, erstellte daraus ein zweidimensionales Weltmodell, bewegte sich einen Meter weiter, wiederholte den Vorgang, und so weiter. Um die neun Bilder einer Position zu verarbeiten, brauchte er jeweils 15 Minuten: 5 Minuten für die Digitalisierung der 9 Photos; 5 Minuten für die Grobreduktion der Bilder, wobei Hindernisse als Kreise dargestellt wurden; und 5 Minuten zur Überarbeitung des Weltmodells und für die Routenplanung. *CART* war in der Lage, Hindernissen erfolgreich auszuweichen, wenn auch sehr langsam. Er hatte jedoch Schwierigkeiten, seine eigene Position korrekt zu bestimmen und kontrastarme Hindernisse zu identifizieren.

Als eines der ersten europäischen Projekte in der mobilen Robotik wurde bei LAAS in Toulouse in den späten 1970er Jahren *HILARE* entwickelt. *HILARE* verwendete digitale Bildverarbeitung, Laserentfernungsmesser und Ultraschallsensoren für die Navigation. Die Steuerungsstrategie beruhte auf einer langsamen Szenenanalyse, die alle 10 Sekunden ausgeführt wurde, und einer parallelen, schnelleren dynamischen Bildverarbeitung, die alle 20 Zentimeter entlang der Route durchgeführt wurde. Hindernisse in der unmittelbaren Umgebung wurden mittels Ultraschallsensoren ausfindig gemacht und umfahren. Navigation und Routenplanung wurden durch eine zweidimensionale polygone Raumdarstellung und ein globales Koordinatensystem erreicht.

2.4 Geschichte der mobilen Robotik: Steuerungsparadigmen

2.4.1 Kybernetik

Bei der frühen Forschung in der mobilen Robotik lag der Ausgangspunkt für die Entwicklung einer intelligenten Maschine meist auf dem Gebiet der Ingenieurwissenschaften. Die Kybernetik ist als ein Vorläufer der künstlichen Intelligenz dafür das beste Beispiel.

Kybernetik ist die Anwendung von Regelungstechnik auf komplexe Systeme. Ein sogenannter Monitor — entweder eine interne Funktion oder ein menschlicher Beobachter — vergleicht den tatsächlichen Systemzustand x_t zum Zeitpunkt t mit dem angestrebten Systemzustand τ_t. Der Regelungsfehler $\epsilon_t = x_t - \tau_t$ ist dann das Eingangssignal für eine Steuerung, deren Ziel es ist, den Regelungsfehler ϵ_t zu verringern. Die Steuerung setzt die Aktion y_{t+k} beim nächsten Zeitschritt $t + k$ in Gang. Die Gleichung

$$y_{t+k} = f(\epsilon_t) = f(x_t - \tau_t) \tag{2.1}$$

beschreibt das gesamte Steuerungsmodell, wobei f eine (zunächst unbekannte) Steuerungsfunktion ist.

Die Kybernetik hat zum Ziel, die Steuerungsfunktion f und sämtliche Regelungsparameter (wie Laufzeiten, Verzögerungen, Eingangs- und Ausgangssignale usw.) so zu definieren, daß das System auf Sensorerregungen sinnvoll reagiert. Intelligenz bedeutet also die Minimierung einer Abweichungsfunktion.

Es gibt noch zahlreiche verwandte Ansätze für die Entwicklung intelligenter Agenten, die Steuerungstheorie als Grundlage verwenden. Ein Beispiel ist Homöostase, ein selbstregulierender Prozeß, der ein stabiles Equilibrium von lebenswichtigen Abläufen für das Überleben optimal aufrechterhält. Das Grundprinzip ist jeweils, daß die „Intelligenzfunktion" als ein Steuerungsgesetz ausgedrückt wird, wobei jede Abweichung durch Regelungstechnik definiert und minimiert wird.

2.4.2 Funktionaler Ansatz

Der auf dem Zyklus von Wahrnehmen-Denken-Handeln (siehe Abbildung 2.3) basierende Ansatz ist eine Erweiterung des kybernetischen Ansatzes. Während die Kybernetik zum Ziel hat, die Steuerungsabweichung eines gesteuerten Systems zu minimieren, wird beim Zyklus von Wahrnehmen-Denken-Handeln eine allgemeinere Fehlerdefinition verwendet, und das Ziel des Zyklus ist, diesen Fehler zu minimieren. Er funktioniert ähnlich wie ein Kaffeefilter: Sensorsignale kommen oben in das System hinein („Wahrnehmen"), werden durch mehrere Steuerungslagen durchgefiltert, deren Zweck es ist, die Diskrepanzen zwischen dem vom Bediener beobachteten und dem erwünschten Verhalten zu verringern („Denken"), und kommen schließlich in Motoraktionen umgewandelt wieder heraus („Handeln"). Dieser Zyklus wird ständig wiederholt, und bei korrekt gewählten Steuerungsfiltern hat dieser Prozeß allgemein intelligentes Verhalten zur Folge.

Abbildung 2.3. ZYKLUS VON WAHRNEHMEN-DENKEN-HANDELN: FUNKTIONALE AUFLÖSUNG DES STEUERUNGSSYSTEMS EINES MOBILEN ROBOTERS. SENSORINFORMATION WIRD IN AUFEINANDERFOLGENDEN PROZESSABSCHNITTEN MITHILFE EINES INTERNEN WELTMODELLS VERARBEITET.

In Abbildung 2.3 ist das Steuerungssystem in fünf funktionale Module aufgespaltet. Das erste Modul verarbeitet die Daten der Robotersensoren (Aufbereitung der Sensorsignale).

Die aufbereiteten Daten werden dann zur Erstellung bzw. zur Revision eines internen Weltmodells verwendet oder mit einem bereits existierenden Weltmodell verglichen und so klassifiziert. Das Weltmodell bildet sowohl den Maßstab, anhand dessen die Daten ausgewertet werden, als auch die Grundlage für alle Steuerungsentscheidungen.

Das dritte Modul, die Planung, verwendet das Weltmodell und die aktuelle Wahrnehmung, um einen Handlungsplan festzulegen. Dieser Plan beruht auf dem vom Roboter erstellten Weltmodell, das per Definition natürlich nur eine verallgemeinerte und vereinfachte Repräsentation der wirklichen Welt um uns herum darstellt.

Sobald das Planungsmodul die erforderlichen Aktionen festgelegt hat, führen das vierte und fünfte Modul die Aktionen durch Steuerung der Roboteraktoren (z.B. Motoren) aus. Oft basieren diese Komponenten ebenfalls auf einem internen Weltmodell, das in abstrakter Form die Resultate einer bestimmten Handlung beschreibt.

Dieser Zyklus von Wahrnehmung-Denken-Handeln wird so lange wiederholt, bis der Roboter seine Aufgabe erfolgreich durchgeführt hat.

Wie man ein sinnvolles Weltmodell erstellt und wie man die Aktionen logisch auflistet, die zum angestrebten Ziel führen (Planung), ist eine klassische Problemstellung in der künstlichen Intelligenz. Somit kann, entsprechend der funktionalen Auflösung in Abbildung 2.3, die KI als Teil der Robotik angesehen werden. Um einen intelligent agierenden Roboter zu bauen, müßte man danach also einfach ein KI-System zusätzlich mit Sensoren und Aktoren ausstatten: *intelligenter Roboter = klassisches KI-System + passende Technologie*.

Paradigma der Symbolverarbeitung (Physical Symbol System Hypothesis) Die meisten frühen Roboter in der Robotikforschung basieren auf dem funktionalen Ansatz. Die zugrundeliegende Hypothese war das als *physical symbol system hypothesis* bekannte Paradigma der Symbolverarbeitung von Newell und Simon, die 1976 ein formales System elementarer Symbole wie folgt definierten:

> „Ein formales System elementarer Symbole besteht aus einem Alphabet, dessen Bausteine (die „Symbole") die physischen Strukturen einer anderen Kategorie („Ausdruck" oder „Symbolstruktur") darstellen können. Somit besteht eine Symbolstruktur aus mehreren Einheiten oder Symbolzeichen, die physisch miteinander in Bezug stehen (wie etwa zwei Zeichen, die sich nebeneinander befinden). Zu jedem Zeitpunkt enthält das System eine Anzahl dieser Symbolstrukturen. Zusätzlich zu diesen Strukturen enthält das System auch eine Anzahl von Prozessen, die die Ausdrücke dazu bringen, wiederum weitere Ausdrücke zu produzieren, nämlich kreative, modifizierende, reproduzierende und destruktive Prozesse. Ein System physischer Symbole ist eine Maschine, die mit der Zeit eine sich entwickelnde Kollektion von Symbolstrukturen erzeugt. Solch ein System existiert in einer Welt von Objekten, die umfassender ist als die bloße Menge der symbolischen Ausdrücke."

Die *physical symbol system hypothesis* selbst wurde wie folgt formuliert:

> „Ein formales System elementarer physischer Symbole besitzt alle notwendigen und hinreichenden Mittel für allgemeines intelligentes Handeln."

Hierbei handelt es sich natürlich nur um eine Hypothese, die nicht mit logischen Mitteln bewiesen oder widerlegt werden kann. Dennoch erschien sie plausibel und war eine wichtige Motivation in der frühen Robotikforschung.

Probleme des funktionalen Ansatzes Der funktionale Ansatz war das grundlegende Paradigma für die meiste frühe Forschung in der mobilen Robotik. Doch trotz der guten Ergebnisse der Regelungstechnik in technischen Anwendungen und trotz beträchtlicher Anstrengungen in der Forschung wurden nur relativ bescheidene Erfolge auf dem Gebiet des intelligenten Roboterverhaltens erzielt, so daß viele Wissenschaftler schließlich den technisch-praktischen Aspekt des Forschungsgebiets aufgaben und sich statt dessen vermehrt dem „intelligenten" Teil (also der Software) widmeten. Wie oben erwähnt, führte dies zu der Ansicht, sobald der technische Aspekt der Robotik (die Hardware) gelöst sei, müsse man nur eine intelligente Steuerung auf eine zuverlässige Roboterplattform aufsetzen, um einen intelligenten Roboter zu erhalten. Da solche Roboterplattformen noch nicht zur Verfügung standen, erschien es fruchtbarer, sich zunächst auf die Steuerungsproblematik (die Software) zu konzentrieren, als sich mit dem Bau wirklicher Roboter weiter zu quälen.

In den 1980er Jahren wurden jedoch diese Sichtweise — intelligente Roboter als Produkt der richtigen Technologie verbunden mit klassischer symbolbasierter KI — mehr und mehr hinterfragt, und zwar aus den folgenden Gründen.

Ein funktionales System ist extrem instabil. Wenn nur ein einzelnes Modul ausfällt, kann das gesamte System nicht mehr funktionieren. Das Hauptproblem ist die Schnittstelle zwischen Sensoren und dem Repräsentations- oder Modellierungsmodul, das für die Entwicklung des Weltmodells verantwortlich ist. Der Roboter muß in der Lage sein, zu entscheiden, welche Information in das Weltmodell eingehen muß und in welcher Form.

Ein Modell erfüllt viele verschiedene Zwecke. Es soll die Umgebung so repräsentieren, daß der Roboter sich ohne Zusammenstöße umherbewegen kann. Weil der Roboter eine Aufgabe ausführen soll, muß das Modell außerdem alle Informationen enthalten, die ihm die Entwicklung eines Plans ermöglichen. Das wichtigste Argument an dieser Stelle ist, daß das Planungsmodul sich nur auf das Weltmodell bezieht und mit diesem Modul verbunden ist, aber keinen Zugang zu den Sensoren besitzt. Der leicht denkbare Fall könnte eintreten, daß die Sensoren ein Objekt erkennen, das für die Planungsinstanz relevant wäre, während aber im Weltmodell dafür die Repräsentation fehlt und es dadurch übersehen würde. (Wie etwa im Film „Ein Fisch namens Wanda", in dem John Cleese von Jamie Lee Curtis so abgelenkt wird, daß er mit seiner Aktentasche auf dem Autodach davonfährt — falls bei ihm zu diesem Zeitpunkt ein Weltmodell aktiv ist, enthält es jedenfalls kein Symbol für „Aktentasche auf Auto"). Auf der anderen Seite führt zuviel Detailinformation dazu, daß mehr Zeit für die Entwicklung und Revision des Weltmodells verwendet werden muß (*CART* ist ein Beispiel dafür, wie lange es dauern kann, die digitalen Bilder der Kamera zu verarbeiten und dann das Weltmodell zu aktualisieren).

In einer dynamischen Umgebung sind jedoch schnelle Verarbeitungszeiten unabdingbar. Die Wahrscheinlichkeit ist groß, daß sich die Umgebung schon wieder verändert hat, während das Planungsprogramm noch dabei ist, einen Plan zu entwickeln, der auf dem früheren Stand des Weltmodells beruht. Ein Weltmodell auf dem neuesten Stand zu halten und immer wieder zu revidieren, erfordert hohe Rechnerleistungen. Allein für die Aktualisierung des Weltmodells müssen große Datenmengen verarbeitet werden. Es wäre sinnvoller, wenn der Roboter auf tatsächliche Veränderungen in der Umgebung direkt reagieren und verschiedene grundlegende Verhaltensweisen verwenden könnte, die sich auf die einzelnen Aspekte des allgemeinen Roboterverhaltens beziehen, während das Planungsmodul mehrere Zielstellungen gleichzeitig berücksichtigen könnte.

Eine kurze Reaktionszeit ist bei mobilen Robotern besonders wichtig, weil sie ja durch ihre Mobilität in einer sich ständig verändernden Umwelt eingesetzt werden und mit ihr interagieren. Es gibt Situationen, in denen eine besonders schnelle Reaktionsfähigkeit entscheidend ist (z.B. um entgegenkommenden Hindernissen auszuweichen oder vor abwärtsführenden Treppenstufen rechtzeitig anzuhalten). Die lange Bearbeitungszeit für die Aufbereitung der Sensordaten und für die Aktualisierung des Weltmodells ist in dieser Hinsicht ein schwerwiegendes Problem. Anders ausgedrückt: der funktionale Ansatz berücksichtigt nicht ausreichend, daß der Roboter auf eine schnelle Reaktionsfähigkeit angewiesen ist.

Schließlich erschien es außerdem immer unwahrscheinlicher, daß intelligentes Verhalten bei Robotern tatsächlich dadurch erreicht werden könnte, daß man die entsprechende Symbolmanipulation in einem formalen System elementarer Symbole einfach einer mit entsprechender Technologie ausgestatteten Roboterplattform hinzufügte. Es erhob sich die Frage, ob intelligentes Verhalten tatsächlich ausschließlich das Resultat einer entsprechenden Symbolmanipulation ist, oder ob vielleicht noch ein anderes Element hinzukommen muß.

Man wies auf das Problem hin, daß ein Symbol erst dann Bedeutung gewinnt, wenn ein System in seiner Umgebung handeln und durch diese Handlung die Umgebung beinflussen kann, und wenn das System Rückmeldung über die Umwelt erhält. Mit anderen Worten: Symbole müssen in der Umwelt verankert bzw. „gegründet" sein (*symbol grounding problem*).

Verankerung von Symbolen in der Welt Das Problem, Symbole in der Welt verankern zu müssen, damit sie Bedeutung erhalten (*symbol grounding problem*), wurde zuerst von Stevan Harnad ([Harnad 90]) formuliert, der feststellte, daß Verhalten, obgleich es als regelbasiert interprätiert werden kann, nicht ausschließlich von symbolischen Regeln regiert wird. Die bloße Manipulation von Symbolen ist nicht ausreichend für Kognition. Stattdessen müssen sich Symbole auf eine bedeutungsgefüllte Einheit beziehen (sich darin gründen). Mit anderen Worten, das Symbol für sich allein ist bedeutungslos, und es ist seine (physische) Auswirkung auf den Roboter, die tatsächlich für den Betrieb des Roboters relevant ist. (Ob ich eine Sitzeinrichtung „Stuhl" oder „Tisch" nenne, ist nicht wirklich wichtig — die Bedeutung des jeweiligen Wortes ist erst durch seinen Bezug auf physische Objekte in der wirklichen Welt definiert).

Dieses Verankerungsproblem stellt eine ernstzunehmende Herausforderung an Steuerungsansätze dar, die sich auf symbolische Weltmodelle gründen. Symbole sind für sich allein bedeutungslos; daraus folgt, daß Inferenzprozesse, die sich auf bedeutungslose Symbole stützen, ebenfalls bedeutungslos sein müssen. Die Frage ist, welche Alternativen es gibt.

2.4.3   Verhaltensbasierte Robotik

Aufgrund der oben angeführten Einwände gegen den funktionalen Ansatz — Abhängigkeit von potentiell bedeutungslosen Symbolen, Instabilität durch verkettete Inferenzabläufe und die erforderliche Rechnerkomplexität wegen umständlicher Weltmodelle — versuchte man nun, Paradigmen für Robotersteuerungen zu entwickeln, die ohne symbolische Repräsentation auskamen, eine engere Verknüpfung zwischen Wahrnehmung und Handeln hatten und weniger Rechnerleistung erforderten. Wenn man allerdings auf all diesen Gebieten die Komplexität verringerte, mußte der „Intelligenzanteil" irgendwo anders her kommen. Dieses „irgendwo anders" lag im Zusammenspiel der verschiedenen Prozesse und führte zu den sogenannten „sich herausbildenden (emergenten) Phänomenen" (*emergent phenomena*) und „synergetischen Effekten".

Die verschiedenen Aspekte dieser neuen Paradigmen für Robotersteuerungen werden im Folgenden einzeln besprochen.

Keine Symbole, kein Weltmodell Die verhaltensbasierte Robotik argumentiert, daß symbolische Darstellungen eine unnötige Last darstellen. Sie sind schwer zu erstellen, schwer zu unterhalten und gleichzeitig unzuverlässig. Wie Brooks feststellt ([Brooks 90]):

> „Unsere Erfahrung ist, ... sobald man sich [für die physische Verankerung der Symbole] entscheidet, verblaßt die Notwendigkeit der traditionellen symbolischen Darstellung bald vollkommen. Der Schlüssel liegt darin, daß die Welt selbst ihr bestes Modell ist: sie ist stets exakt auf dem neuesten Stand und enthält alle notwendigen Details. Es kommt nur darauf an, die Weltinformation korrekt und oft genug sensorisch aufzunehmen."

Aufspaltung des Verhaltens, sich herausbildende Funktionalität Zweitens wird der Effekt des allmählichen „Durchsickerns" von Sensorsignalen bei der funktionalen Aufspaltung vermieden, indem man für das Steuerungssystem eine parallele Struktur statt einer seriellen verwendet (siehe Abbildung 2.4). Hierbei wird die gesamte Aufgabenstellung in einzelne „erfolgsorientierte Verhaltensweisen" aufgespalten, die parallel ablaufen. Jedes Verhaltensmodul implementiert ein vollständiges und funktionales Roboterverhalten, nicht nur einen einzigen Aspekt der generellen Aufgabenstellung, und hat zugleich direkten Zugriff auf die Sensoren und Aktoren.

Die zugrundeliegende Überlegung ist, daß erfolgsorientierte Verhaltensweisen — Verhaltensmodule — voneinander unabhängig ablaufen und daß sich das Gesamtverhalten des Roboters durch diese gleichzeitigen Abläufe herauskristallisiert: *sich herausbildende (emergente)* Funktionalität. Diese Überlegung ist mit der Automatentheorie verwandt. Dabei wird komplexes Verhalten in Gesamtsystemen beobachtet, in denen jedes einzelne Automaton jeweils nur sehr einfachen und nachvollziehbaren Regeln folgt. Trotz der Einfachheit jedes einzelnen Automatons bringt das Zusammenspiel vieler solcher Automaten ein komplexes, oft nicht mehr nachvollziehbares Verhalten des Gesamtsystems hervor. Dies ist ein Beispiel dafür, daß komplexes Verhalten nicht auch komplexe Regeln erfordert. Die Parallele zu diesem Phänomen sind bei Lebewesen soziale Gemeinschaften. Hier entsteht ebenfalls aus dem Zusammenspiel von Agenten, die lokalen Regeln folgen, ein insgesamt komplexes und unvorhersagbares Verhalten.

Intelligentes Verhalten wird nicht dadurch erreicht, daß man eine einzige, komplexe, aber aus einem Guß bestehende Steuerungsstruktur entwirft (funktionale Aufspaltung), sondern indem man die „richtigen" einfachen Verhaltensweisen zusammenbringt, die durch ihr Zusammenwirken generelles intelligentes Verhalten hervorbringen, ohne daß der einzelne Agent „weiß", daß er zur Ausführung einer ausdrücklichen Aufgabe beiträgt: er folgt lediglich seinen eigenen vorgegebenen Regeln. (Hier ist die Parallele zu sozialen Insekten offensichtlich. Es gibt keinerlei Hinweise, daß die einzelne Ameise ein Konzept der gesamten Ameisenkolonie besitzt. Stattdessen scheint sie einfachen lokalen Regeln zu folgen. Das insgesamte Verhalten der Ameisenkolonie bildet sich aus dem Einzelverhalten jeder Ameise und der Interaktion aller Ameisen heraus).

Subsumptionsarchitektur Die Subsumptionsarchitektur (*subsumption architecture* [Brooks 85]) ist ein Beispiel für diesen Ansatz der Robotersteuerung. Abbildung 2.4 gibt ein Beispiel für die verhaltensbasierte Aufspaltung eines Robotersteuerungssystems in eine solche Subsumptionsarchitektur.

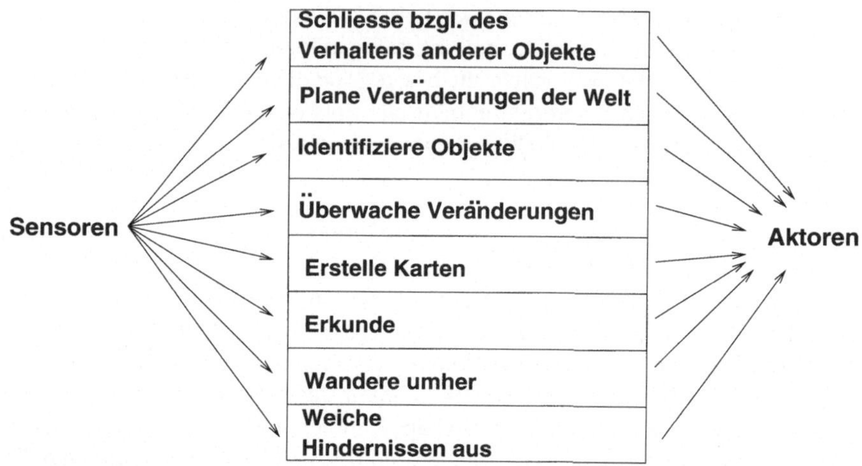

Abbildung 2.4. VERHALTENSBASIERTE AUFSPALTUNG EINES ROBOTERSTEUERUNGSSYSTEMS (NACH [BROOKS85])

Das Konzept der Subsumptionsarchitektur beruht darauf, daß alle einzelnen Verhaltenskomponenten der verhaltensbasierten Steuerung vollständig unabhängig voneinander implementiert werden. In den Anfangsstadien der Subsumptionsarchitektur war jede Verhaltenskomponente sogar auf einer jeweils eigenen elektronischen Steuerungskarte implementiert. Die konzeptionelle Trennung zwischen einzelnen Verhaltenskomponenten war somit auch physikalisch ausgedrückt.

Die Kommunikation zwischen den verschiedenen Verhaltenskomponenten ist auf das absolute Minimum beschränkt: eine Verbindung zwischen einer Verhaltenskomponente auf höherer Ebene und einer auf niedrigerer Ebene wird dazu verwendet, das Verhalten der niedrigeren Ordnung zu unterdrücken (zu „subsumieren"). Sobald eine Verhaltensstrategie fertig entwickelt ist, wird angenommen, daß sie sich nicht wieder verändert, allerdings können beliebig neue Verhaltenskomponenten hinzugefügt werden, wobei die Subsumptionsverbindung als die einzige Schnittstelle zwischen den verschiedenen Verhaltenskomponenten dient[2].

Als ein konkretes Beispiel für die verschiedenen Verhaltensschichten in einer Subsumptionsarchitektur schlägt Brooks ([Brooks 85]) die folgenden acht Kompetenzstufen vor (siehe auch Abbildung 2.4):

---

[2] In der Praxis funktionierte dieser Ansatz nicht ganz nach diesem Schema, aber an dieser Stelle liegt unsere Betonung auf dem theoretischen Konzept der verhaltensbasierten Steuerung. Praktische Aspekte werden auf S. 22 angesprochen.

1. Kontakt mit anderen mobilen oder stationären Objekten vermeiden;
2. ziellos umherwandern, ohne irgendwo anzustoßen;
3. die Umwelt erkunden, indem man entfernte Objekte wahrnimmt und auf sie zusteuert;
4. eine Karte der Umgebung erstellen und Routen zwischen einzelnen Orten planen;
5. Veränderungen in der statischen Umgebung bemerken;
6. logische Schlüsse über die Umwelt durch identifizierbare Objekte ziehen und Aufgaben erfüllen, die sich auf bestimmte Objekte beziehen;
7. Pläne formulieren, die den Zustand der Umwelt in erwünschter Weise verändern, und diese Pläne ausführen;
8. Schlüsse über das Verhalten von anderen Objekten in der Umwelt ziehen und die Pläne dementsprechend anpassen.

Enge Verknüpfung von Wahrnehmen und Handeln Durch die verhaltensbezogene Aufspaltung einer Steuerungsaufgabe hat jede Verhaltenskomponente (der niedrigeren als auch der höheren Ebenen) unmittelbaren Zugriff auf die unverarbeiteten Sensordaten und kann die Robotermotoren direkt steuern. Bei der funktionalen Aufspaltung war dies nicht der Fall, die unverarbeiteten Sensordaten wurden langsam durch eine Reihe von Verarbeitungsmodulen durchgefiltert, bis am Ende ein Motorbefehl herauskam. Der verhaltensbasierte Ansatz wird von der engen Verknüpfung von Wahrnehmen und Handeln bestimmt, während diese Verbindung im funktionalen Ansatz nur lose ist.

Vorteile der verhaltensbasierten Steuerung Wie schon zuvor erwähnt, gab es gute Gründe, die funktionale Annäherung an intelligentes Verhalten aufzugeben und nach alternativen Lösungen zu suchen. Der verhaltensbasierte Ansatz stellt eine solche Alternative dar und hat eine Reihe von Vorteilen.

- Das System kann mit mehrfachen Zielsetzungen umgehen und ist effizienter. Es besteht keine funktionale Hierarchie zwischen den verschiedenen Ebenen, da nicht eine Ebene von einer anderen aufgerufen wird. Die Ebenen können jeweils verschiedene Ziele individuell bearbeiten und funktionieren parallel. Die Kommunikation zwischen den einzelnen Ebenen wird durch asynchrone Nachrichtenübermittlung erreicht. Es kann durchaus passieren, daß eine bestimmte Ebene mehrere Nachrichten produziert, die von keiner der anderen Ebenen aufgenommen wird. Dies hat den Vorteil, daß jede einzelne Schicht auf Veränderungen in der Umgebung direkt reagieren kann. Es gibt kein zentrales Planungsmodul, das alle Teilziele berücksichtigen muß, es wird also keine Konfliktlösungsstrategie benötigt.
- Das System ist leichter zu entwerfen, Fehler können leichter entdeckt und entfernt werden, und es kann leichter ausgebaut und erweitert werden. Für das Steuerungssystem wird zunächst die unterste Kompetenzstufe (Hindernisausweichen) implementiert. Dann wird diese Ebene getestet. Weist sie dabei das korrekte Verhalten auf, können weitere Stufen hinzugefügt werden. Höhere Ebenen können zwar Daten der niedrigeren Ebenen verarbeiten, jedoch nicht deren Verhalten beeinflussen.

- Das System ist sehr robust. Während beim funktionalen Ansatz das Versagen eines Moduls zum Versagen des gesamten Systems führt, hat beim verhaltensbasierten Ansatz das Versagen einer einzelnen Ebene nur einen geringen Einfluß auf die Leistung des gesamten Systems, weil das Verhalten des Roboters das Ergebnis gleichzeitiger Prozesse auf mehreren Steuerungsebenen ist.

Nachteile der verhaltensbasierten Steuerung Das stärkste Argument gegen verhaltensbasierte Steuerungstechnik besteht in dem sehr schwierigen Problem, wie sich innerhalb einer verhaltensbasierten Steuerung ein Plan ausdrücken läßt. Ein verhaltensbasierter Roboter reagiert direkt auf Sensorreize, hat keinen internen Statusspeicher und ist daher nicht in der Lage, von außen vorgegebenen Handlungssequenzen zu folgen.

Die wesentliche Frage ist: welche Kompetenzen erfordern Planung (und gehen damit über einen rein verhaltensbasierten Ansatz hinaus), und für welche ist Planung irrelevant? Viele grundlegenden Sensor-Motor-Kompetenzen, wie zum Beispiel Hindernisausweichen oder Bahnfolgen benötigen keine Repräsentation des gegenwärtigen internen Status. Andere Kompetenzen, wie zum Beispiel die Durchführung von Handlungssequenzen, bei denen die einzelnen Aktionen voneinander abhängig sind, benötigen Speicher und Planung. Wir sind hier noch nicht in der Lage, eine klare Trennungslinie zu ziehen.

Verhaltensbasierte Robotik bringt Roboter hervor, die sich in einer bestimmten Umgebung „verhalten". Sie reagieren auf Umgebungsreize in sinnvoller Weise und können durch diese Interaktion von Agent und Umwelt auch Aufgaben erfüllen. Problematisch ist, daß eine verhaltensbasierte Steuerungstechnik die Formulierung eines Plans (wie wir es gewohnt sind) sehr erschwert, beziehungsweise bisher unmöglich macht. Wir wissen eben nicht, wie man die Anweisung „gehe dort hin, hole jenen Gegenstand, bringe ihn dort drüben hin, und fege dann den Boden" in erfolgreiche Verhaltensstrategien übersetzen könnte, oder auch nur, ob eine solche Übersetzung per Definition überhaupt existieren kann. Hierin liegt ein fundamentales Problem, solange wir Roboteraufgaben in unserer gewohnten Weise ausdrücken, und wenn verhaltensbasierte Roboter in einer eng definierten Umgebung ebenso eng definierte Aufgaben ausführen sollen.

2.5   Literaturhinweise

Frühe mobile Robotik

- SHAKEY (Stanford Research Institute):
  - N.J. Nilsson, A Mobile Automation: An Application of Artificial Intelligence Techniques, *Proc. IJCAI*, Washington DC, 1969.
  - N.J. Nilsson (Hrsg.), SHAKEY the Robot, *Technical Note 323*, Artificial Intelligence Center Menlo Park, SRI International, 1984.
- JPL-ROVER (Jet Propulsion Laboratory, Pasadena):

- A.M. Thompson, The Navigation System of the JPL Robot, *Proceedings Fifth IJCAI*, Cambridge MA, 1977.
- CART/CMU Rover (Stanford University, Carnegie Mellon University)
  - Hans Moravec, Visual Mapping by a Robot Rover, *Proc. 6th IJCAI*, Tokio, 1979.
  - Hans Moravec, *Robot Rover Visual Navigation*, UMI Research Press, Ann Arbor, Michigan, 1981.
  - Hans Moravec, The CMU Rover, *Proceedings AAAI 82*, Pittsburgh, 1982.
  - Hans Moravec, The Stanford Cart and the CMU Rover, *Proceedings of the IEEE*, Band 71, Nr. 7, S. 872–884, 1983.
- HILARE / HILARE II (LAAS, CNRS, Toulouse):
  - G. Giralt, R.P. Sobek und R. Chatila, A Multi-Level Planning and Navigation System for a Mobile Robot — A First Approach to HILARE, *Proc. 6th IJCAI*, Tokio, 1979.
  - G. Giralt, Mobile Robots, in *Robotics and Artificial Intelligence*, NASA ASI, Serie F(1), 1984.
  - G. Giralt, R. Alami, R. Chatila und P. Freedman, Remote Operated Autonomous Robots, *Proceedings of the SPIE — The International Society for Optical Engineering*, Band 1571, S. 416-427, 1991.
- NAVLAB / AMBLER (Carnegie Mellon Univ.)
  - S. Shafer, A. Stenz und C. Thorpe, An Architecture for Sensor Fusion in a Mobile Robot, *Proc. IEEE International Conference on Robotics and Automation*, 1986.
  - Chuck Thorpe, Outdoor Visual Navigation for Autonomous Robots, *Proc. International Conference on Intelligent Autonomous Systems 2*, Band 2, Amsterdam, 1989.
  - Chuck Thorpe et al., Vision and Navigation for the Carnegie-Mellon Navlab, in: S.S. Iyengar und A. Elfes (Hrsgg.), *Autonomous Mobile Robots: Central Planning and Architecture*, Band 2, Los Alamitos CA, 1991.
  - Chuck Thorpe, Outdoor Visual Navigation for Autonomous Robots, *J. Robotics and Autonomous Systems*, Band 7, Ausgabe 2-3, S. 85-98, 1991.
- FLAKEY (SRI International):
  - M.P. Georgeff et al., Reasoning and Planning in Dynamic Domains: An experiment with a Mobile Robot, *TR 380*, Artificial Intelligence Center, SRI International, Menlo Park CA, 1987.
- YAMABICO (Univ. Tsukuba, Japan):
  - T. Tsubouchy und S. Yuta, Map Assisted Vision System of Mobile Robots for Reckoning in a Building Environment, *Proc. IEEE International Conference on Robotics and Automation*, Raleigh NC, 1987.
  - T. Tsubouchy und S. Yuta, The Map Assisted Mobile Robot's Vision System — An Experiment on Real Time Environment Recognition, *Proc. IEEE RSJ International Workshop on Intelligent Robots and Systems*, Japan, 1988.

- KAMRO (Univ. Karlsruhe):
  - Ulrich Rembold, The Karlsruhe Autonomous Mobile Assembly Robot, *Proc. IEEE International Conference on Robotics and Automation*, Philadelphia PA, 1988.

Steuerungsparadigmen

- Allgemeine Besprechung: C. Malcolm, T. Smithers & J. Hallam, An Emerging Paradigm in Robot Architecture, *Proc. International Conference on Intelligent Autonomous Systems 2*, Amsterdam, 1989.
- CMU Rover: A. Elfes und S.N. Talukdar, A Distributed Control System for the CMU Rover, *Proceedings Eighth IJCAI*, Karlsruhe, 1983.
- MOBOT-1 (MIT Artificial Intelligence Lab): Rodney Brooks, A Robust Layered Control System for a Mobile Robot, *IEEE Journal of Robotics and Automation*, RA-2, Nr. 1, April 1986.
- MOBOT-2 (MIT Artificial Intelligence Lab): Rodney Brooks *et al.*, A Mobile Robot with Onboard Parallel Processor and Large Workspace Arm, *Proc. AAAI 86*, Philadelphia PA, 1986.
- YAMABICO (Univ. Tsukuba, Japan): M.K. Habib, S. Suzuki, S. Yuta und J. Iijima, A New Programming Approach to Describe the Sensor Based Real Time Action of Autonomous Robots, Robots: Coming of Age, *Proceedings of the International Symposium and Exposition on Robots* (von der International Federation of Robotics zur 19. ISIR erklärt) S. 1010-21, 1988.
- KAMRO (Univ. Karlsruhe, Germany): A. Hörmann, W. Meier und J. Schloen, A Control Architecture for an Advanced Fault-Tolerant Robot System, *J. Robotics and Autonomous Systems*, Band 7, Ausgabe 2-3, S. 211-25, 1991.

3 Roboterhardware: Sensoren und Aktoren

Zusammenfassung. Dieses Kapitel behandelt die in der mobilen Robotik am häufigsten verwendeten Sensoren und Aktoren mit ihren Vorteilen, Nachteilen und Anwendungsgebieten.

Ein Roboter, seine Aufgabenstellung und seine Umgebung sind eng miteinander verknüpft und können niemals separat betrachtet werden. Das Verhalten eines Roboters ergibt sich aus dem Zusammenwirken dieser drei Komponenten.

An späterer Stelle in diesem Buch (Kapitel 6) werden die Prinzipien der Interaktion von Roboter und Umgebung näher besprochen. Bevor man sich aber damit befassen kann, muß man zuerst den technischen Aufbau des Roboters verstehen. Welche Art von Information werden von den verschiedenen Sensoren geliefert? Welche Aktoren eignen sich für welche Aufgabenstellung? Diese Fragen sollen im Folgenden behandelt werden.

3.1 Robotersensoren

Sensoren sind Vorrichtungen, die die physikalischen Eigenschaften der Umgebung wie Temperatur, Helligkeit, Berührungswiderstand, Gewicht, Größe usw. wahrnehmen und messen können. Sie liefern die Rohdaten über die Arbeitsumgebung des Roboters. Diese Information ist oft verrauscht (d.h. unpräzise), widersprüchlich oder mehrdeutig.

Im vorigen Kapitel wurde der Gegensatz zwischen dem klassischen symbolbasierten, funktionalen Ansatz bei Robotersteuerungen auf der einen Seite und dem verteilten, subsymbolischen, verhaltensbasierten Ansatz auf der anderen Seite besprochen. Sensoren produzieren jedoch keine Symbole, die unmittelbar von einem Inferenzsystem verwendet werden könnten. Wenn man sich für den symbolischen Ansatz entscheidet, müssen die Sensorsignale zuerst in Symbole übersetzt werden — und vielleicht ist dies der eigentliche und wichtigste Grund, warum der subsymbolische Ansatz für Robotersteuerungen so besonders attraktiv erscheint.

In diesem Kapitel werden die gebräuchlichsten Sensor- und Aktorentypen beschrieben, die gegenwärtig in der mobilen Robotik für Experimente innerhalb von Gebäuden verwendet werden, außerdem Beispiele für typische Sensormessungen sowie die häufigsten Anwendungsgebiete.

3.1.1 Sensoreigenschaften

Sensoren haben die Aufgabe, bestimmte physikalische Eigenschaften zu messen, die normalerweise in einem sinnvollen Bezug zu den physikalischen Eigenschaften der Umgebung stehen, an denen man eigentlich interessiert ist.

Beispiel: ein Sonarentfernungsmesser mißt die Zeitspanne, die ein ausgesandter Sonarpuls braucht, um von einem neben dem Sender angebrachten Empfänger wieder aufgenommen zu werden. Da die Schallgeschwindigkeit bekannt ist, beruht die Berechnung der Entfernung zu einem Objekt dabei auf der Annahme, daß das Sonarsignal von diesem Objekt reflektiert wurde. Strenggenommen mißt ein Sonarentfernungsmesser also nicht Entfernung, sondern Signallaufzeit. Diese Laufzeit steht natürlich in Bezug zur Entfernung, ist aber nicht dasselbe (mehr dazu im Abschnitt 3.1.4).

Sensoren können durch eine Reihe von Eigenschaften charakterisiert werden, die ihre Leistungsfähigkeit beeinflussen. Die wichtigsten Eigenschaften sind:

* Empfindlichkeit: Wie genau entsprechen Veränderungen des Ausgangssignals den Veränderungen in den Eingangsdaten des Sensors?
* Linearität: Wie konstant ist das Verhältnis von Eingangs- und Ausgangsdaten des Sensors?
* Meßbereich: Wie groß ist die Spanne zwischen den noch meßbaren Mindest- und Höchstwerten?
* Reaktionszeit: Wie schnell schlägt sich eine Veränderung im Eingangssignal in den Ausgangsdaten nieder?
* Genauigkeit: Wie genau stimmen die gemessenen mit den tatsächlichen Werten überein?
* Wiederholgenauigkeit: In welchem Maße stimmen aufeinanderfolgende Messungen der gleichen Entität überein?
* Auflösung: Was ist die kleinste feststellbare Schrittweite beim Eingangssignal?
* Art der Ausgangsinformation.

3.1.2 Berührungssensoren

Berührungssensoren können physikalischen Kontakt mit einem Objekt feststellen. Genauer gesagt messen sie eine physikalische Veränderung (wie z.B. das Umlegen eines Schalters), die normalerweise durch physikalischen Kontakt mit einem Objekt hervorgerufen wird (die aber genausogut durch einen fehlerhaften Sensor, Vibration usw. verursacht sein könnten).

Die einfachsten Berührungssensoren sind Mikroschalter oder Fühlersensoren. Wenn eine Stoßleiste mit einem Objekt in Berührung kommt, wird dadurch ein Mikroschalter geschlossen und schließt einen Stromkreis, was vom Rechner

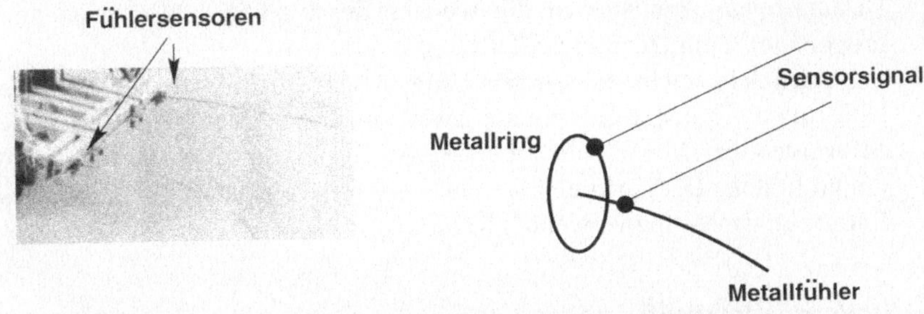

Abbildung 3.1. ANBRINGUNG UND FUNKTIONSSCHEMA EINES FÜHLERSENSORS

des Roboters erkannt wird. Ähnlich funktioniert ein Metallfühler (siehe Abbildung 3.1): wenn er gebogen wird, stellt er einen Kontakt zu einem Metallring her, der Stromkreis wird geschlossen und ein Signal erzeugt.

Andere einfache Berührungssensoren beruhen zum Beispiel auf Dehnungsmeßstreifen oder piezoelektrischen Sensoren. Dehnungsmeßstreifen bestehen aus einer dünnen Widerstandsschicht, die auf einem flexiblen Trägermaterial aufgebracht ist. Wird das Trägermaterial durch äußere Kräfte gebogen, wird die Schicht resistiven Materials entweder gestreckt (der Widerstand erhöht sich) oder komprimiert (der Widerstand verringert sich). Diese Veränderung im Widerstand kann dafür verwendet werden, Deformationen sowie deren Ausmaß zu messen. Dehnungsmesser liefern also mehr Information als Sensoren, die auf binären Mikroschaltern beruhen.

Piezoelektrische Wandler sind Kristalle (z.B. Quarz oder Turmalin), die elektrische Ladungen erzeugen, wenn sie entlang ihrer sensitiven (polaren) Achse deformiert werden. Diese Ladungen können als kurze Spannungsstöße gemessen werden, wobei die Amplitude des jeweiligen Spannungsstoßes dabei einen Hinweis auf die Stärke der Deformation gibt.

Kontaktsensoren wie Dehnungsmeßstreifen können in zweidimensionalen Feldern zu berührungsempfindlichen Sensorflächen angeordnet werden, die nicht nur das Vorhandensein eines Objekts erkennen, sondern auch dessen Form und Größe messen können.

3.1.3 Infrarotsensoren

Infrarotsensoren (IR) sind wohl die einfachsten der kontaktlosen Sensoren und werden in der mobilen Robotik vielfach in der Hinderniserkennung verwendet.

Infrarotsensoren senden ein infrarotes Lichtsignal aus, das von den Oberflächen eines Objekts in der Umgebung des Roboters reflektiert und von den Robotersensoren wieder aufgenommen wird. Um das ausgesandte Infrarotsignal von allgemeinem IR in der Umgebung (Leuchtstoffröhren oder Sonnenlicht) zu unterscheiden, wird das Signal meist mit einer niedrigen Frequenz (z.B. 100 Hz) moduliert.

Vorausgesetzt, daß alle Objekte in der Umgebung des Roboters die gleiche Farbe und Oberfläche besitzen, kann man IR-Sensoren so einstellen, daß sie die

Distanz zu Objekten messen: die Intensität des reflektierten Lichts ist umgekehrt proportional zum Quadrat der Distanz.

Natürlich haben in realistischen Umgebungsverhältnissen die Oberflächen der Objekte verschiedene Farben, die jeweils mehr oder weniger Licht reflektieren. Schwarze Oberflächen sind für IR-Sensoren praktisch unsichtbar. Aus diesem Grund können IR-Sensoren eigentlich nur für Objekterkennung, aber nicht für Entfernungsmessung verwendet werden.

Nachteile der Infrarotsensoren Wenn ein reflektiertes Infrarotsignal vom Sensor aufgenommen wird, kann man mit Sicherheit annehmen, daß sich vor dem Roboter ein Objekt befindet. Phantomsignale sind bei Infrarot sehr selten.

Allerdings kann man umgekehrt aus dem Fehlen von reflektiertem IR natürlich noch nicht schließen, daß kein Objekt in der Umgebung vorhanden ist. Bestimmte dunkelfarbige Objekte sind für IR-Sensoren praktisch unsichtbar. IR-Sensoren sind daher in der Hinderniserkennung nicht vollständig zuverlässig.

Die Stärke des reflektierten IR ist, wie erwähnt, nicht nur von der Distanz, sondern auch von der Oberflächenfarbe abhängig. Also besitzt der Roboter keine zuverlässige Information darüber, wie weit das Objekt tatsächlich entfernt ist. Normalerweise ist es deshalb am besten, wenn der Roboter einem Objekt sofort ausweicht, sobald er es erkannt hat, unabhängig von der Distanz.

Da die Intensität des IR-Signals proportional zu d^{-2} ist, also mit wachsender Distanz d rasch abnimmt, werden IR-Sensoren normalerweise für kurze Reichweiten (normalerweise 50 bis 100 cm) eingesetzt.

3.1.4 Sonarsensoren

Sonarsensoren für Roboter basieren auf dem gleichen Prinzip, das auch von Fledermäusen verwendet wird: ein kurzer (etwa 1,2 Millisekunden langer) Impuls von verschiedenen Frequenzen wird ausgestoßen und dessen Reflektion durch vorausliegende Objekte mittels eines Empfängers aufgenommen. Die Empfindlichkeit eines Sonarsensors ist nicht gleichmäßig über den überstrahlten Bereich verteilt, sondern besteht aus keulenförmigen Mittel- und Seitenfeldern. Abbildung 3.2 gibt ein Beispiel für diese Keulenstruktur. Hier wird deutlich, daß innerhalb eines Kegels von 20 Grad die Sensorempfindlichkeit entlang der Mittelachse der Ausstrahlung um 10 dB sinkt (d.h. um das Zehnfache).

Da die Geschwindigkeit von Schall bekannt ist, kann die Entfernung des den Impuls reflektierenden Objekts mittels der Zeitspanne zwischen Aussenden und Empfang ausgerechnet werden, siehe Gleichung 3.1.

$$d = \frac{1}{2}vt \, , \qquad\qquad (3.1)$$

wobei d die Distanz zum nächsten Objekt innerhalb des Sonarkegels ist, v die Geschwindigkeit des ausgesandten Signals im Medium ($344 ms^{-1}$ für die Geschwindigkeit von Schall in Luft mit der Temperatur $20^{o}C$), und t die Zeitspanne zwischen Aussenden des Impulses und Empfang seines Echos.

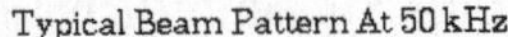

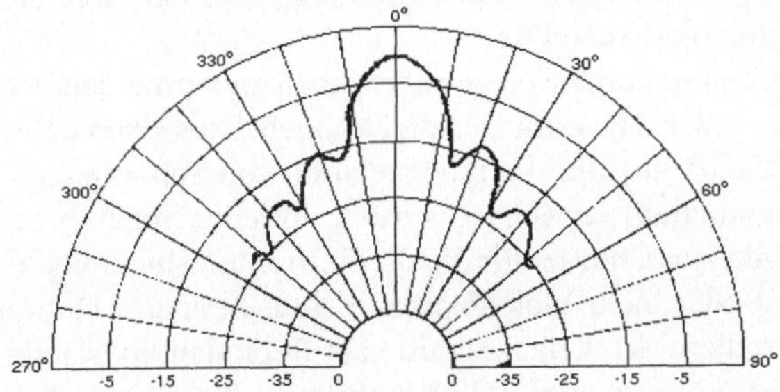

Abbildung 3.2. TYPISCHE RICHTUNGSEMPFINDLICHKEIT EINES SONARSENSORS (POLAROID SERIE 600) BEI 50 KHZ

Gleichung 3.2 ergibt die Mindestdistanz d_{min}, die noch gemessen werden kann, wobei v die Geschwindigkeit von Schall im betreffenden Medium ist und t_{Impuls} die Dauer des ausgesandten Impulses in Sekunden. Bei $t_{Impuls} = 1,2$ Millisekunden liegt dieser Abstand knapp unter 21 cm.

$$d_{min} = \frac{1}{2} v t_{Impuls} \, . \tag{3.2}$$

Die maximale Distanz d_{max}, die noch gemessen werden kann, ist eine Funktion der Zeitspanne $t_{Intervall}$ zwischen einzelnen Impulsen, siehe Gleichung 3.3 .

$$d_{max} = \frac{1}{2} v t_{Intervall} \, . \tag{3.3}$$

Schließlich ist das Auflösungsvermögen $d_{Auflösg}$ der Sonarsensoren eine Funktion der Anzahl der Quantisierungsschritte q, die für die Distanzkodierung zur Verfügung stehen, und der maximalen Reichweite des Sensors:

$$d_{Auflösg} = \frac{d_{max}}{q} \, . \tag{3.4}$$

Nachteile der Sonarsensoren Bei der Verwendung von Sonarsensoren können einige Ungenauigkeiten auftreten. Erstens ist die präzise Position des erkannten Objekts unbekannt. Da der Empfindlichkeitsbereich eines Sonarsensors keulenförmig ist (siehe Abbildung 3.2), kann sich ein mit Distanz d aufgenommenes Objekt in Wirklichkeit in jeder beliebigen Position innerhalb des Sonarkegels befinden, die auf einem Bogen mit Distanz d vom Roboter liegt. Die Genauigkeit der Positionsmessung für ein Objekt ist eine Funktion der Keulenbreite der Sonarstrahlstruktur.

Zweitens verursachen sogenannte *Spiegelreflexionen* oder Totalreflexionen fehlerhafte Messungen. Spiegelreflexionen entstehen, wenn der Sonarstrahl in einem flachen Winkel auf eine glatte Oberfläche auftrifft und deshalb nicht zum Roboter zurückkehrt, sondern nach außen abgelenkt wird. Nur wenn dann ein weiter entferntes Objekt das Signal in Richtung Roboter reflektiert, wird überhaupt ein Wert gemessen — der allerdings einen größeren freien Raum angibt, als tatsächlich vorhanden ist.

Um Meßfehler durch Spiegelreflexionen zu vermeiden, wurden verschiedene Methoden entwickelt. Zum Beispiel können „Regionen konstanter Entfernung" ([Leonard *et al.* 90]) für die Interpretation von Sonarmessungen, die Spiegelreflexionen enthalten, verwendet werden. In jeder Sonarabtastung von 360-Grad gibt es Winkelausschnitte, für die die Entfernungsmessungen über beispielsweise 10 Grad oder mehr gleichbleibend sind. Leonard, Durrant-Whyte und Cox bezeichnen diese Winkelausschnitte als Regionen konstanter Entfernung (*regions of constant depth* oder RCD). Abbildung 3.3 gibt hierfür ein Beispiel.

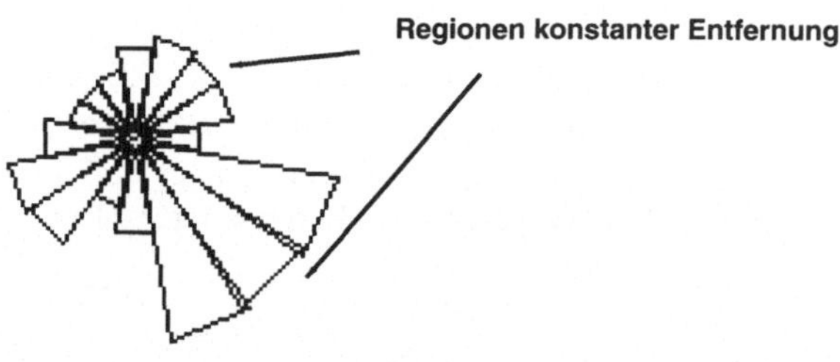

Abbildung 3.3. Sonarmessung mit Regionen konstanter Entfernung

Regionen konstanter Entfernung können zur Unterscheidung zwischen Sonarmessungen, die auf Wände hindeuten, und solchen, die für Ecken typisch sind, verwendet werden. Hierfür werden mindestens zwei Sonarabtastungen von verschiedenen Standorten aus durchgeführt und ausschließlich die Messungen der Regionen konstanter Entfernung berücksichtigt. Wie Abbildung 3.4 verdeutlicht, schneiden sich RCD-Bögen, die von Ecken herrühren, wohingegen die Bögen, die durch Wände entstehen, zu den Wänden tangential sind.

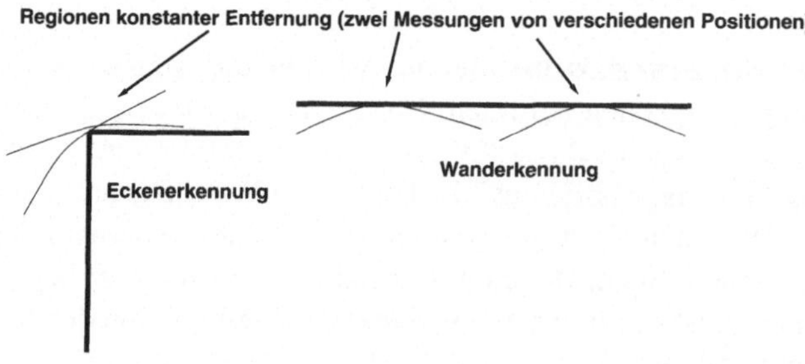

Abbildung 3.4. Regionen konstanter Entfernung können zur Unterscheidung zwischen Wänden und Ecken in symmetrischen Umgebungen verwendet werden (nach [Leonard et al. 90])

Ein drittes Problem kann auftauchen, wenn ganze Reihen oder Felder von Sonarsensoren verwendet werden. Wenn die Sonarsensoren nicht spezifisch verschlüsselte Signale aussenden, kann sogenanntes „Übersprechen" (*Crosstalk*) auftreten, wobei ein Sensor das reflektierte Signal eines anderen Sensors aufnimmt und damit falsche Entfernungsmessungen erhält (je nach Situation sind sowohl zu geringe wie auch zu große Meßergebnisse möglich).

Die angenommene Geschwindigkeit von Schall bestimmt die gemessene Entfernung. Ungünstigerweise ist die Schallgeschwindigkeit so sehr von Lufttemperatur und Luftfeuchtigkeit abhängig, daß eine Veränderung der Temperatur um z.B. 16° C einen Meßfehler von 30 cm über eine Entfernung von 10 m bewirken würde. Ein solcher Meßfehler hat zwar keinen Einfluß auf einfache Sensor-Motor-Verhaltensweisen wie Hindernisausweichen, würde jedoch für Kartenerstellungsaufgaben des Roboters eine sehr unpräzise Umgebungskartographie zur Folge haben.

Übungsaufgabe 1: Sonarsensoren Ein mit sonaren Entfernungssensoren ausgestatteter mobiler Roboter wird durch einen Korridor gefahren, in dem sich in regelmäßigen Abständen Türen befinden, dazwischen Wände. Abbildung 3.5 zeigt zwei verschiedene Messungen der Sonarsensoren, die obere stammt von einem vorwärts gerichteten Sensor, die untere von einem seitwärts gerichteten Sensor. Welche Beobachtungen lassen sich mittels der Messungen anstellen? (Lösung auf S. 239).

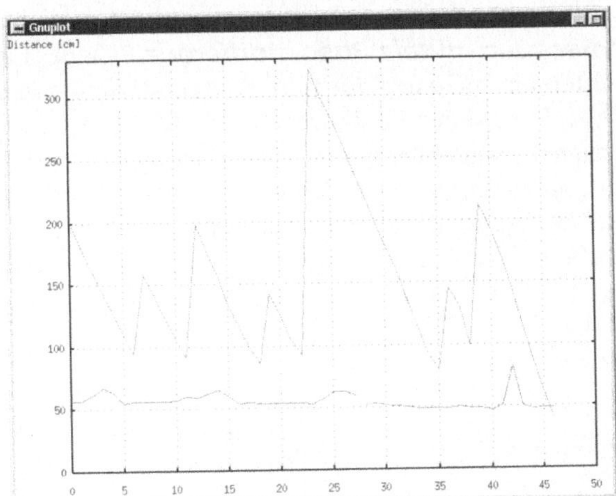

Abbildung 3.5. Beispiel für Sonarsensormessungen beim Durchfahren eines Korridors. Die obere Linie entspricht den Messungen des vorwärts gerichteten Sensors, die untere den des seitwärts gerichteten. Die x-Achse gibt die Entfernung in Einheiten von etwa 20 cm an.

3.1.5   Laserentfernungsmesser

Laserentfernungsmesser (auch *Laserradar* oder *Lidar*) werden heute häufig in der mobilen Robotik eingesetzt, um die Entfernung, Geschwindigkeit und Beschleunigungsrate von wahrgenommenen Objekten zu messen. Das Prinzip ist das gleiche wie bei Sonarsensoren: statt eines kurzen Schallimpulses wird beim Laser ein kurzer Lichtimpuls ausgesandt und die Zeitspanne zwischen dem Aussenden und dem Empfang des reflektierten Impulses für die Entfernungsbestimmung verwendet (Gleichung 3.1 gilt auch hier, wobei v die Lichtgeschwindigkeit ist).

Der Unterschied liegt in der Natur des ausgesandten Impulses. Die Wellenlänge des Laserimpulses liegt im Bereich von Infrarotlicht und ist wesentlich kürzer als die eines Sonarimpulses. Diese kürzere Wellenlänge verringert die Wahrscheinlichkeit, daß das Signal von einer glatten Oberfläche symmetrisch zur Seite wegreflektiert wird, so daß das Problem der Spiegelreflektion weniger ausgeprägt ist.

Die maximale Reichweite für kommerziell erhältliche Laserentfernungsmesser beträgt oft mehrere hundert Meter. Je nach Anwendungsgebiet empfiehlt es sich allerdings, eine geringere maximale Reichweite zu wählen. Während eine maximale Reichweite von mehreren hundert Metern für Außenanwendungen sinnvoll ist, sind normalerweise Reichweiten von unter hundert Metern für den Einsatz in Gebäuden völlig ausreichend.

Die Genauigkeit von kommerziell erhältlichen Laserentfernungsmessern liegt gewöhnlich im Millimeterbereich (z.B. 50 mm für eine einzelne Abtastung, 16 mm für den Durchschnitt von neun Abtastungen[1]), wobei die Abtastzeit für einen Winkel von 180 Grad 40 Millisekunden beträgt.

Entfernungsmessung mittels Phasendifferenz Statt des Laufzeitprinzips kann für die Entfernungsmessung auch die Phasendifferenz zwischen einem ausgesandten Signal und seinem Echo verwendet werden. Hierfür wird die Intensität des Lasersignals zeitabhängig moduliert. Wegen der Laufzeit des Laserstrahls zwischen Aussendung und Rückkehr zum Sensor ergibt sich eine Phasendifferenz zwischen ausgesandtem und empfangenem Lasersignal.

Die Phasendifferenz ist proportional zu Distanz und Modulationsfrequenz und kann daher zur Entfernungsbestimmung von Objekten verwendet werden. Abbildung 3.6 zeigt das Graustufenbild und die Distanzinformation eines solchen Laserentfernungsmessers.

3.1.6   Andere Laufzeitsensoren

Die Funktionsweise von sowohl Sonar- wie auch Lidarsensoren beruht darauf, daß sie einen Impuls aussenden und seine Laufzeit messen, bis er wieder vom Sensor empfangen wird. Da die Geschwindigkeit der ausgesandten Wellen bekannt ist, kann anhand der Laufzeit die Distanz des Objekts errechnet werden, durch das der Impuls reflektiert wurde.

---

[1] Laserentfernungsmesser Sensus 550 von Nomadic Technologies.

Abbildung 3.6. DISTANZINFORMATION (OBEN) UND INTENSITÄTSBILD (UNTEN) DES LASERENTFERNUNGSMESSERS LARA-52000. SCHWARZE OBJEKTE IN DER DISTANZABBILDUNG BEFINDEN SICH IN DER NÄHE, HELLERE SIND WEITER ENTFERNT (WIEDERGEGEBEN MIT ERLAUBNIS DER ZOLLER+FRÖHLICH GMBH).

Alle Laufzeitdistanzsensoren funktionieren nach diesem Prinzip und unterscheiden sich nur in der Frequenz der ausgesandten Welle. Ein weiteres Beispiel dafür ist RADAR (**RA***dio* **D***etection* **A***nd* **R***anging*). Hierbei wird ein Funkfrequenzimpuls ausgesandt (normalerweise im GHz-Bereich) und für Objekterkennung und Distanzmessung verwendet.

3.1.7 Andere berührungslose Sensoren

Für Anwendungen in der mobilen Robotik steht ein breites Spektrum verschiedenster Sensoren zur Verfügung, und eine ausführliche Beschreibung ihrer Eigenschaften findet sich in [Borenstein *et al.* 96]. Im Rahmen dieses Buches genügt jedoch die Beschreibung der am häufigsten verwendeten Sensoren, ihrer Funktionsweise und Eigenschaften.

Hall-Effekt Wenn ein stromführender Leiter (zum Beispiel ein Halbleiter) in ein magnetisches Feld eingeführt wird, entsteht ein elektrisches Feld, das orthogonal zum magnetischen Feld und zum Strom steht. Dieser sogenannte Hall-Effekt (1879 durch Edwin Herbert Hall entdeckt) kann dafür verwendet werden, ein magnetisches Feld zu detektieren.

Dieser Effekt wird in der mobilen Robotik oft für Bewegungssensoren oder Hall-Effekt-Kompasse (siehe unten) verwendet. Man kann einen einfachen Umdrehungszähler bauen, indem man in das Rad des mobilen Roboters einen Permanentmagneten einbaut und einen Hall-Sensor in den Roboterkörper. Jedesmal, wenn sich der Magnet im Rad am Hall-Sensor vorbeibewegt, erkennt dieser die Veränderung im magnetischen Feld. Mit zwei Hall-Sensoren können sowohl die Geschwindigkeit als auch die Richtung der Umdrehung bestimmt werden:

die zeitliche Aufeinanderfolge ihrer Signale zeigt die Umdrehungsrichtung und
die Frequenz der Signale die Geschwindigkeit des Rades an.

Wirbelströme Veränderungen in einem magnetischen oder elektrischen Feld rufen
in Leitern Wirbelströme hervor. Diese können von einem Sensor aufgenommen
und für das Erkennen eines magnetischen Feldes verwendet werden, ähnlich wie
beim Hall-Effekt-Sensor.

3.1.8   Kompaßsensoren

Kompaßsensoren sind für Navigationsanwendungen von hoher Bedeutung und
kommen vielfach zum Einsatz. Kompaßmechanismen, die in Sensoren für mobile Roboter verwendet werden, messen die horizontale Komponente des natürlichen magnetischen Feldes der Erde, ähnlich wie ein gewöhnlicher Wanderkom-
paß (das magnetische Feld der Erde besitzt außerdem eine vertikale Komponente, die zum Beispiel von Vögeln zum Navigieren genutzt wird).

Halbleiterkompaß (Fluxgate Compass) Das in der mobilen Robotik am häufigsten verwendete Kompaßprinzip ist das des Halbleiterkompasses, der die magnetische Feldstärke mißt, indem er die Eigenschaften eines Elektromagneten
kontrolliert verändert.

Ein Fluxgate Kompaß funktioniert wie folgt. Eine Feld- und eine Sensorspule
werden um einen gemeinsamen Spulenkern gewickelt (siehe Abbildung 3.7).

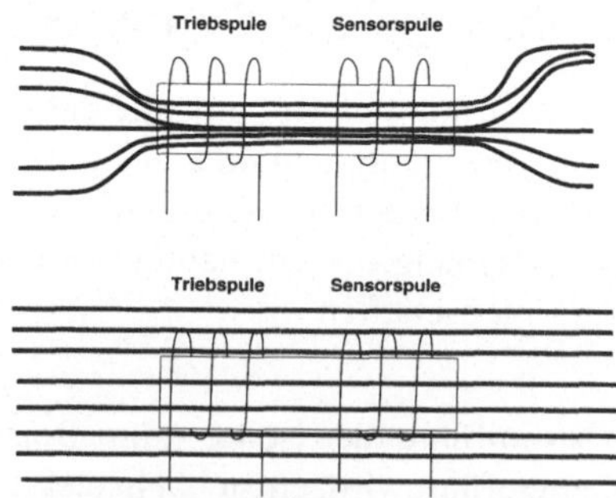

Abbildung 3.7. PRINZIP DES FLUXGATE KOMPASS. DER SPULENKERN WIRD DURCH EINEN
AN DIE TRIEBSPULE ANGELEGTEN STROM IN DIE SÄTTIGUNG HINEIN (UNTEN) UND WIEDER
HINAUS (OBEN) GETRIEBEN. DIE RESULTIERENDE VERÄNDERUNG DER MAGNETISCHEN FELD-
LINIEN INDUZIERT EINE NEGATIVE ELEKTROMAGNETISCHE KRAFT IN DER SENSORSPULE, DIE
VOM UMGEBENDEN MAGNETISCHEN FELD ABHÄNGIG IST (NACH [BORENSTEIN ET AL. 96]).

Wird ein stark durchlässiger ungesättigter Spulenkern in ein magnetisches
Feld eingeführt, werden die magnetischen Feldlinien in den Spulenkern hinein-
gezogen (siehe Abbildung 3.7). Wenn allerdings der Spulenkern gesättigt ist,
bleiben die Feldlinien unverändert.

Durch wechselweise Sättigung und Entsättigung des Spulenkerns ändert man den magnetischen Fluß durch den Kern, und eine Spannung wird in der Sensorspule induziert. Diese Spannung hängt vom umgebenden magnetischen Feld ab und gibt daher dessen Stärke an.

Um die Richtung für magnetisch Nord zu ermitteln, werden zwei Spulen benötigt, die rechtwinklig zueinander stehen. Der den jeweiligen Spulenstrom bestimmende Winkel Θ ergibt sich aus den beiden Spannungen V_x and V_y, die in den beiden Sensorspulen gemessen werden:

$$\Theta = arctan\frac{V_x}{V_y} \ . \tag{3.5}$$

Hall-Effekt-Kompaß Zwei rechtwinklig zueinander angeordnete Hall-Sensoren können ebenso als Magnetkompaß verwendet werden. Hier wird der Winkel Θ mittels der beiden Komponenten B_x und B_y des Magnetfelds errechnet:

$$\Theta = arctan\frac{B_x}{B_y} \ . \tag{3.6}$$

Andere Mechanismen Eine Reihe von weiteren Mechanismen können zur Messung des Erdmagnetfelds verwendet werden, zum Beispiel mechanische Magnetkompasse, magnetoresistive Kompasse, oder magnetoelastische Kompasse. Mehr Information und Details finden sich bei [Borenstein *et al.* 96].

Die Verwendung von Magnetkompaßsensoren in Innenräumen Alle magnetischen Kompaßsensoren reagieren unabhängig von ihrer zugrundeliegenden Funktionsweise auf das (sehr schwache) Magnetfeld der Erde. In Innenräumen sind Verzerrungen der Meßergebnisse durch Metallobjekte (wie Stahlträger, Stahlbeton oder Metalltüren) oder künstliche Magnetfelder (durch Stromleitungen, elektrische Motoren usw.) allerdings unvermeidbar.

Aus diesem Grund kann ein Kompaß nicht in allen Fällen einen korrekten absoluten Bezugspunkt bieten. Trotzdem kann er als lokale Referenz verwendet werden, solange die äußeren Bedingungen über eine gewisse Zeitspanne hinweg konstant sind (etwa eine Metallsäule, die natürlich konstant am selben Ort bleibt). Unabhängig davon, ob die Kompaßmessung tatsächlich absolut gesehen korrekt ist, bleibt sie doch am selben Ort jedesmal (ungefähr) die gleiche und kann somit als lokale Referenzangabe benutzt werden. Für Navigationsanwendungen, bei denen topologische Karten verwendet werden (wie in Abschnitt 5.4.4 beschrieben), ist ein Kompaß trotz dieser Nachteile sehr nützlich.

3.1.9 Winkelkodierung

In der mobilen Robotik ist es oft notwendig, Umdrehungen zu messen. Um z.B. Wegintegration durchzuführen, mißt man meist die Umdrehungen der Roboterräder (siehe Kapitel 5.1).

Zu diesem Zweck verwendet man Potentiometer (mechanisch variable Widerstände), oder (häufiger) Winkelgeber. Ein Winkelgeber ist eine Vorrichtung, die an der rotierenden Welle angebracht wird und die Position der Welle in binäre Information umwandelt.

Bei den Winkelgebern gibt es zwei Hauptfunktionsweisen: absolut und inkrementell. Bei absoluten Winkelgebern wird eine mit *Gray code* (einem binären Code, bei dem sich zwischen aufeinanderfolgenden Sequenzen nur ein Bit verändert) versehene Scheibe von einem optischen Sensor gelesen und so die Position der Welle angegeben.

Absolute Kodierung gibt die augenblickliche Position der Welle an, ist aber nicht sehr gut dafür geeignet, Bewegung über Zeit zu integrieren (d.h. aufzuaddieren). Hierfür wird die inkrementelle Kodierung eingesetzt. Dabei wird die mit *Gray code* versehene Scheibe von zwei Photorezeptoren A und B abgelesen. Spur A geht stets der Spur B voraus, wenn die Scheibe in die eine Richtung rotiert, dagegen ist Spur B voraus, wenn die Scheibe sich in die entgegengesetzte Richtung dreht. Die Reihenfolge, in der die beiden Photozellen ansprechen, gibt also die Umdrehungsrichtung an, und die Zahl der an/aus-Durchgänge jeden Rezeptors gibt den überstrichenen Winkel an. Aus diesen Informationen wird dann die Bewegung der Welle korrekt errechnet.

Neben rotierenden Wellen verwenden Roboter auch oft Wellen, die sich seitwärts bewegen, zum Beispiel in Manipulatoren (Roboterarmen). Zur Messung von Querverschiebungen können linear variable Differentialtransformatoren (LVDT) verwendet werden. Abbildung 3.8 zeigt das vereinfachte Schaltdiagramm. Die Ausgangsspannung V_{out} gibt die Richtung und das Ausmaß der Querverschiebung der Spule an.

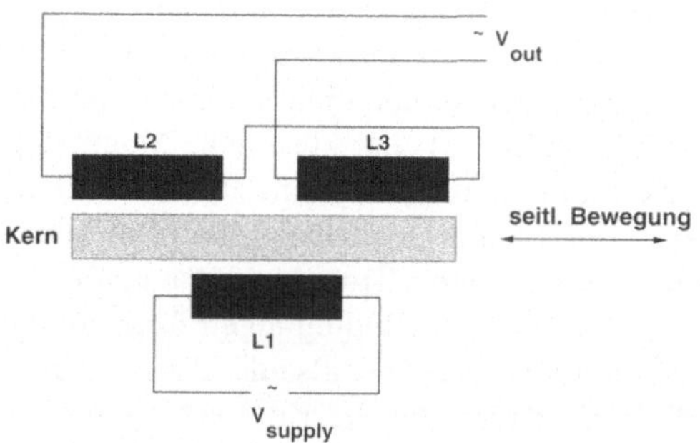

Abbildung 3.8. FUNKTIONSDIAGRAMM EINES LINEAR VARIABLEN DIFFERENTIALTRANSFORMERS. L1 IST DIE PRIMÄRSPULE, L2 UND L3 SIND SEKUNDÄRSPULEN. V_{out} IST DIE AUSGANGSSPANNUNG, DIE RICHTUNG UND AUSMASS DER QUERBEWEGUNG ANGIBT.

Verwendung von Winkelgebern zur Wegstreckenmessung Winkelgeber können, wie oben erläutert, zur Messung der Motorenbewegung bei Robotern verwendet werden, für Translationsbewegung wie auch für Rotationsbewegung (die integrierten Umdrehungen der Roboterachsen resultieren in Translation, die integrierte Umdrehung der Steuerachse des Roboters resultiert in Rotation). Theoretisch bestimmt die Integration dieser beider Werte die aktuelle Position des Roboters. Dabei handelt es sich um die sogenannte Wegintegration oder Koppelnavigation (siehe auch S. 108). In der Praxis ist Koppelnavigation allerdings sehr unzuverlässig, sobald es sich um etwas größere Distanzen handelt, da der Roboter regelmäßig Bewegungen ausführt, die nicht durch Radumdrehungen verursacht werden, zum Beispiel Rutschen oder Gleiten.

Abbildung 3.9 zeigt die vom eingebauten Koppelnavigationssystem geschätzte Position eines Roboters für drei aufeinanderfolgende Durchgänge durch dieselbe Umgebung. Deutlich zeigen sich die beiden Komponenten der Fehlberechnung bei der Koppelnavigation: Fehler in der Translation und in der Rotation.

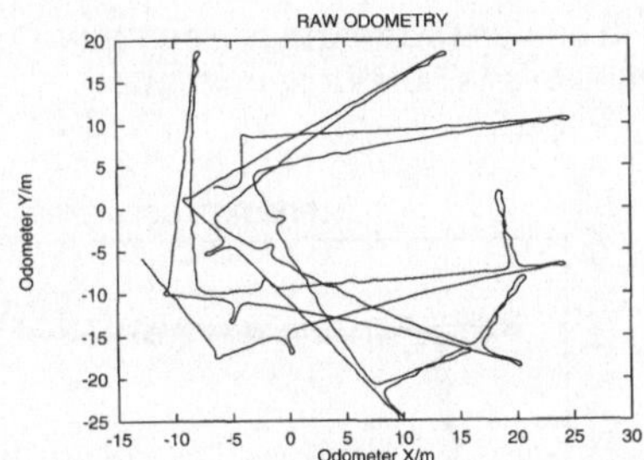

Abbildung 3.9. FEHLBERECHNUNG BEI KOPPELNAVIGATION, VERURSACHT DURCH GLEITREIBUNG UND (VON GRÖSSERER BEDEUTUNG) DURCH FEHLER IN DER WINKELMESSUNG

Kompensation von Odometriefehlern Odometriefehler können durch andere Sensordaten oder durch nachträgliche Überarbeitung korrigiert und kompensiert werden.

Abbildung 3.10 zeigt die gleichen Daten, wobei der Winkelfehler durch einen Magnetkompaß ausgeglichen wurde. Man kann allerdings immer noch den Fehler in der Translationskomponente erkennen. Wenn klar identifizierbare Landmarken vorhanden sind, kann dieser Fehler nachträglich durch „Strecken" oder „Stauchen" der einzelnen Wegabschnitte um einen angemessenen Faktor korrigiert werden ([Duckett & Nehmzow 98]). Hierfür identifiziert man manuell prominente Wegmarken wie zum Beispiel Ecken für die verschiedenen Runden und berechnet den besten Streckfaktor für zwei verschiedene Versionen des gleichen Wegabschnitts. Abbildung 3.11 zeigt das Ergebnis dieser Methode.

Diese Methode ist selbstverständlich für Echtzeitnavigation bei Robotern nicht geeignet, ist aber sehr nützlich für die nachträgliche Analyse von Roboterverhalten. Ein Beispiel findet sich in der Fallstudie 12 auf S. 218.

3.1.10   Bewegungssensoren

Für einen sich bewegenden Agenten ist es natürlich von zentraler Bedeutung, die eigene Bewegung messen zu können, etwa für die Koppelnavigation.

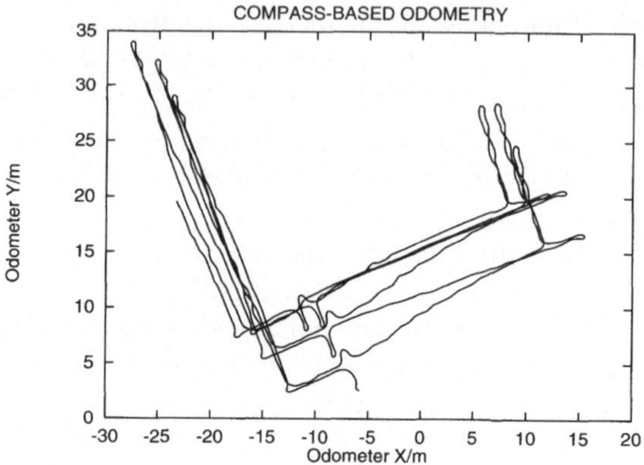

Abbildung 3.10. Die gleichen Daten wie in Abbildung 3.9, wobei der Rotationsfehler mit einem Magnetkompass korrigiert wurde

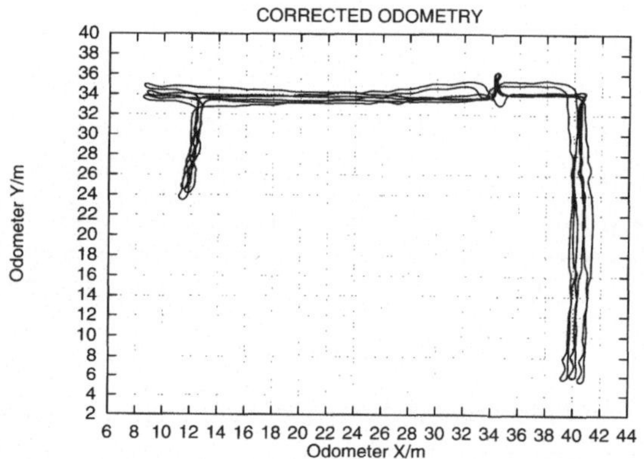

Abbildung 3.11. Hier wurde der verbliebene Translationsfehler nachträglich korrigiert, off-line

Einige schon erwähnte Methoden können dafür verwendet werden, wie zum Beispiel Winkelgeber (S. 35) oder Umdrehungszähler (S. 33), aber es gibt noch weitere Möglichkeiten.

Laufzeit-Entfernungsmesser können in ihrer Funktion so erweitert werden, daß sie die relative Geschwindigkeit zwischen dem Sender des Signals und dem das Signal reflektierenden Objekt messen können, indem sie den Dopplereffekt verwenden. Gleichung 3.7 ergibt das Verhältnis zwischen der Frequenz des ausgesandten Impulses f_{send}, der Frequenz des empfangenen Impulses f_{emp}, der Geschwindigkeit v_s des Senders und der Geschwindigkeit v_e des Empfängers (positive Geschwindigkeiten bedeuten Bewegung in Richtung Schallquelle); c ist die Lichtgeschwindigkeit.

$$f_{emp} = f_{send} \frac{c - v_e}{c - v_s} \, . \tag{3.7}$$

Aus der Gleichung 3.7 wird deutlich, daß die relative Geschwindigkeit zwischen Sender und Empfänger $v_e = v_s - v_e$ errechnet werden kann, wenn Meßdaten für f_{send} and f_{emp} vorliegen.

Abschließend sollen noch die mikromechanischen Trägheitsbeschleunigungsmesser erwähnt werden, die zum Messen von Beschleunigung (und damit, durch Integration, von Geschwindigkeit und Entfernung — das sogenannte „Trägheitsnavigationssystem") verwendet werden. Beschleunigungsmesser beruhen auf einem sehr einfachen Prinzip: entlang der drei Hauptachsen wird jeweils die von der Bewegung einer frei schwingenden Masse m produzierten Kraft F gemessen, um die Beschleunigung a nach Newtons Gesetz $a = Fm^{-1}$ festzustellen. Doppelte Integration von a ergibt die gegenwärtige Position. In der Praxis ist es allerdings schwierig, für mobile Roboter akkurate Beschleunigungsmesser zu bauen, weil die zu messenden Beschleunigungen nur sehr gering und die Fehler dementsprechend groß sind. Für fast alle Anwendungen in der mobilen Robotik sind Beschleunigungsmesser von ausreichender Genauigkeit zu teuer, um praktikabel zu sein (eine Genauigkeit von bis zu $0{,}1\%$ der zurückgelegten Distanz ist erreichbar, aber nur unter hohen Kosten).

3.1.11   Bildsensoren und Bildverarbeitung

CCD-Kameras   CCD-Kameras verwenden ladungsgekoppelte Halbleiterbausteine (*Charge Coupled Devices*), um numerische Matritzen zu erzeugen, die der Graustufenverteilung einer Abbildung entsprechen.

Ein Raster von regelmäßig angeordneten Photodioden nehmen die Lichtintensitätswerte an den einzelnen Punkten des Bildes auf (sogenannte *picture cells* oder kurz *pixel*). Die zweidimensionale Anordnung von Grauwerten ergibt dann zusammen das endgültige Bild. Abbildung 3.12 zeigt ein Grauwertebild und die entsprechende numerische Darstellung.

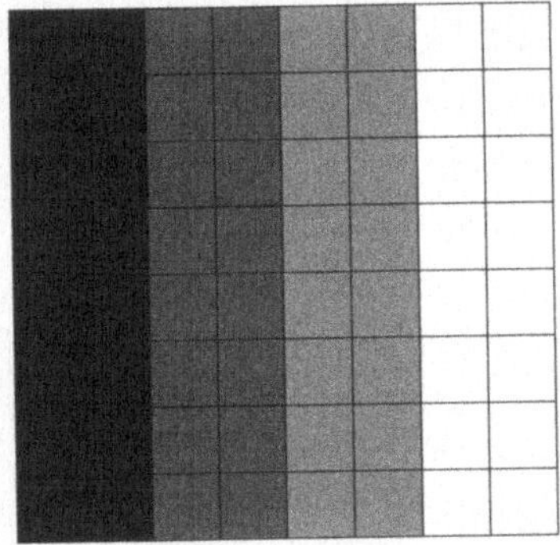

255	255	200	200	100	100	0	0
255	255	200	200	100	100	0	0
255	255	200	200	100	100	0	0
255	255	200	200	100	100	0	0
255	255	200	200	100	100	0	0
255	255	200	200	100	100	0	0
255	255	200	200	100	100	0	0
255	255	200	200	100	100	0	0

Abbildung 3.12. GRAUWERTEBILD MIT ENTSPRECHENDER NUMERISCHER DARSTELLUNG

CCD-Kameras gibt es sowohl für Grauwert- als auch für Farbbilderzeugung, mit verschieden feiner Bildauflösung (d.h. Zahl der Bildpunkte oder Pixel pro

Bild) und verschiedener Einzelbildrate (d.h. die Zahl der Bilder, die der Rechner pro Sekunde aufnehmen kann). Eine typische Bildgröße wäre zum Beispiel 800 x 600 Bildpunkte, eine typische Einzelbildrate etwa 30 Hz. Für spezifische Anwendungen sind verschiedene Varianten von CCD-Kameras erhältlich, wie etwa die für Roboternavigation verwendete omnidirektionale Kamera (siehe Abbildung 5.46).

Einfache Bildverarbeitung Ein Bild besteht aus einer sehr großen Anzahl zweidimensional angeordneter Bildpunkte mit ihren individuellen Grauwerten (abhängig von der Lichtintensität an jedem einzelnen Punkt). Einzeln gesehen sind deren numerischen Werte nahezu bedeutungslos, weil sie nur sehr wenig Information über die Gesamtsituation enthalten, in der sich der Roboter befindet. Ein Roboter benötigt Information der Art „vorne ein Objekt", „links ein Tisch" oder „von vorn nähert sich eine Person", um seine Aufgaben auszuführen, bekommt aber stattdessen dreißigmal in der Sekunde vielleicht 480.000 oder mehr 8-Bit-Signale geliefert.

Mit der Umwandlung dieser gewaltigen Menge von Rohdaten in aufbereitete, verwendbare Information beschäftigt sich die Disziplin der Bildverarbeitung. Darauf näher einzugehen, würde den Rahmen dieses Buches sprengen, [Sonka *et al.* 93] gibt eine gute Einführung in das Thema.

Es gibt allerdings einige einfache grobe Bildverarbeitungsmechanismen, die eine schnelle und effektive Vorverarbeitung der Bildinformation erlauben. Meist handelt es sich dabei um die wiederholte Anwendung einfacher Verfahren, wodurch man Ecken erkennen oder Rauschen entfernen kann. Diese Methoden werden hier erläutert, weil wir sie bei den später beschriebenen Roboterexperimenten verwenden.

Bei einem sogenannten Bildoperator (*image operator*) dient der Wert eines individuellen Bildpunktes als Maßstab für die Modifizierung dieses einen Bildpunktes sowie auch seiner Nachbarpunkte. Meist handelt es sich dabei um ein Feld von 3x3 Bildzellen, in manchen Fällen aber auch ein größeres Feld. Abbildung 3.13 zeigt einen generischen Bildoperator. Element e ist der Bildpunkt, der vom Bildoperator modifiziert wird, die anderen acht Elemente sind die Nachbarpunkte von e.

a	b	c
d	e	f
g	h	i

Abbildung 3.13. Ein generischer Bildoperator

Einige Beispiele für häufig verwendete Bildoperatoren:

- Medianfilter. Der Medianfilter ist ein Bildoperator, der den Bildpunktwert e durch den mittleren Wert aller neun Bildpunktwerte innerhalb des Feldes ersetzt (d.h. durch den fünften Wert auf der Rangliste aller neun Werte). Dadurch werden Ausreißer, die von den Werten der Nachbarpunkte extrem abweichen, aus dem Gesamtbild entfernt.

- Hochpaßfilter. Dieser Bildoperator betont Grauwertkontraste (z.B. bei Kanten) und entfernt Flächen mit einheitlicher Grauwertverteilung. Mittels der Gleichungen 3.8 und 3.9 wird der Wert Δ als $\Delta = (\delta x)^2 + (\delta y)^2$ definiert. Nur wenn Δ einen voreingestellten Schwellenwert überschreitet, werden die Bildpunkte beibehalten (erhalten den Wert „1"), andernfalls entfernt (erhalten den Wert „0").

$$\delta x = c + f + i - (a + d + g)\,, \tag{3.8}$$

$$\delta y = g + h + i - (a + b + c)\,, \tag{3.9}$$

mit a bis i wie in Abbildung 3.13.

Der Winkel α der wahrgenommenen Kante ist gegeben durch

$$\alpha = arctan\frac{\delta x}{\delta y}\,. \tag{3.10}$$

- Sobeloperator. Der Sobeloperator erfüllt eine ähnliche Funktion wie der Hochpaßfilter, ist aber etwas anders definiert:

$$\delta x = c + 2f + i - (a + 2d + g)\,, \tag{3.11}$$

und

$$\delta y = g + 2h + i - (a + 2b + c)\,. \tag{3.12}$$

- Diskreter Laplace-Operator. Der Nachteil der beiden eben beschriebenen Kantendetektoren ist natürlich, daß der Schwellenwert für die Kantenwahrnehmung im Voraus eingestellt werden muß. Dieses Problem kann man jedoch umgehen. Wenn man die Grauwertverteilung eines Bildes als Funktion betrachtet, gibt die erste Ableitung dieser Funktion die Veränderung der Grauwerte für das Gesamtbild an. Die zweite Funktionsableitung gibt an, ob diese Veränderung positiv oder negativ ist. Die Stellen, an denen diese zweite Ableitung Nullstellen hat, weisen auf eine Kante im Bild hin, weil ja dort die Grauwerte abrupt wechseln. Der diskrete Laplace-Operator in Abbildung 3.14 bestimmt die zweite Ableitung der Grauwertverteilung und kann zur Kantendetektion verwendet werden.

Es gibt zahlreiche andere Bildoperatoren für verschiedene Zwecke, wobei das Prinzip jedesmal gleich ist: man wendet den Operator auf jeden einzelnen Bildpunkt an, um neue Bildpunktwerte zu erhalten, und aktualisiert dann das Gesamtbild entsprechend.

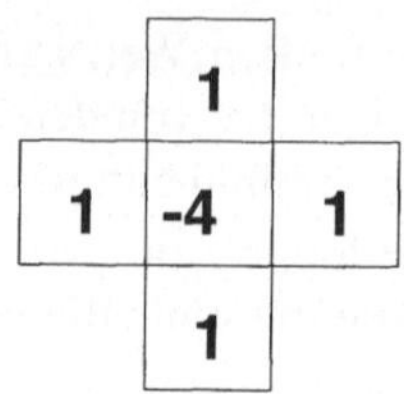

Abbildung 3.14. DER DISKRETE LAPLACE-OPERATOR FÜR DIE KANTENDETEKTION. JEDER BILDPUNKT WIRD DURCH DIE SUMME DER VIER NACHBARWERTE MINUS DEN VIERFACHEN EIGENWERT ERSETZT.

3.1.12 Sensorfusion

Selbst für Aufgaben von relativ geringer Komplexität genügt es nicht, allein einen einzelnen Sensor zu verwenden. Zum Beispiel können in freier Exploration oder beim Hindernisausweichen manche Hindernisse nur durch Infrarot, andere nur durch Sonarsensoren, wieder andere nur durch eine Kombination von beiden erkannt werden. *Sensorfusion* beschreibt als Fachbegriff den Prozeß, aus der Information mehrerer Sensormodalitäten (d.h. Sensortypen) ein Konzept von der Umwelt zu erstellen.

Weil Sensoren verschiedene Charakteristiken aufweisen und unterschiedliche Vor- und Nachteile haben, ist Sensorfusion eine außerordentlich schwierige Aufgabe. Die Informationen von verschiedenen Sensormodalitäten sind nicht unbedingt immer konsistent. Ein globales Weltmodell muß sich daher oft auf Annahmen und Vermutungen stützen, und alle Ergebnisse müssen unter Berücksichtigung neuer Informationen ständig revidiert werden.

Die Sensorfusion verwendet zum Teil auch künstliche neuronale Netze, die lernen können, Wahrnehmung mit einem bestimmten Ausgangswert (wie z.B. einer bestimmten Aktion oder Klassifikation) zu assoziieren. Ein Beispiel für die Anwendung künstlicher neuronaler Netze für Sensorfusion findet sich in der Fallstudie 2 auf S. 83.

3.2 Roboteraktoren

3.2.1 Elektrisch, pneumatisch, hydraulisch

Der in der mobilen Robotik am häufigsten verwendete Aktorentyp ist der Elektromotor, normalerweise ein Gleichstrommotor oder ein Schrittmotor. Der Gleichstrommotor ist am einfachsten zu steuern; der Motor wird durch Anlegen eines Gleichstroms betrieben.

Die Statorspulen eines Schrittmotors sind in Abschnitte zerlegt, so daß die Rotorbewegung durch die Anlegung einer Spannung an den gewünschten Abschnitt der Spule bestimmt werden kann. So dreht sich der Rotor um soviel Grad weiter, wie es dem Winkel zwischen den Spulenabschnitten entspricht. Schrittmotoren können daher für sehr präzise Bewegungen verwendet werden. Elektromotoren sind sauber und einfach zu bedienen, sie produzieren ein mäßiges Drehmoment und können sehr genau gesteuert werden.

Die einfachsten und kostengünstigsten Antriebsysteme sind pneumatische Aktoren, die meist nur eine begrenzte Zahl von festen Positionen einnehmen können (*bang bang control*). Komprimierte Luft wird zwischen Luftkammern hin- und hergepumpt, wodurch ein Kolben bewegt wird. Während pneumatische Aktoren kostengünstig und einfach zu bedienen sind, kann man mit ihnen jedoch nicht sehr präzise arbeiten.

Hydraulische Aktoren verwenden Öldruck, um Bewegung zu erzeugen. Sie sind in der Lage, sowohl beträchtliche Kräfte wie auch sehr präzise Bewegungen zu produzieren. Allerdings sind sie meist zu schwer, zu teuer und erzeugen zuviel Schmutz, um in der mobilen Robotik regelmäßig Verwendung zu finden.

3.2.2   Formgedächtnislegierungen

Formgedächtnislegierungen (*shape memory alloys* oder SMA) sind Metall-Legierungen auf Nickeltitan- oder Kupferbasis (wie CuZnAl oder CuAlNi), die nach Verbiegen oder Deformieren wieder zu ihrer Ausgangsform zurückkehren, wenn man sie erwärmt. Diese Eigenschaft kann in der mobilen Robotik für „künstliche Muskeln" genutzt werden.

Bei SMAs geschieht die Krafterzeugung durch die Phasentransformation in der Metall-Legierung zwischen der stärkeren Form bei höherer Temperatur (*Austenit*) und der schwächeren Form bei niedrigerer Temperatur (*Martensit*). Diese Phasentransformation wird durch Erwärmung (meist wird der SMA-Draht unter Strom gesetzt) und Abkühlung (indem man den Strom abschaltet und den Draht mit einem Luftstrom kühlt) erreicht. Abbildung 3.15 verdeutlicht das Prinzip.

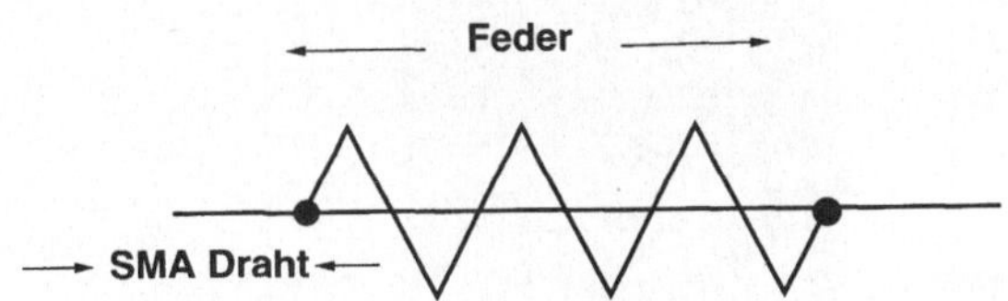

Abbildung 3.15. Funktionsprinzip eines künstlichen Muskels unter Verwendung einer Formgedächtnislegierung (shape memory alloy). Der Phasenübergang zwischen Austenit und Martensit wird durch Erwärmen bzw. Abkühlen der Metall-Legierung erreicht. Dadurch zieht sich der SMA-Draht zusammen bzw. dehnt sich die Feder aus.

Der künstliche Muskel in Abbildung 3.15 funktioniert so, daß die Feder im kalten Zustand den künstlichen Muskel ausdehnt. Sobald dann der SMA-Draht durch Stromzufuhr erwärmt wird, zieht er sich zusammen und erzeugt so eine Querbewegung.

Literatur zu Formgedächtnislegierungen

- `http://www.sma-inc.com/SMAPaper.html`

3.2.3   Nicht-holonomische und holonomische Bewegung

Die Bewegungsmöglichkeiten eines Roboters können durch die Grenzen, die dieser Bewegung gesetzt sind, charakterisiert werden. Nicht-holonomische Systeme unterliegen Beschränkungen, die mit Geschwindigkeiten zu tun haben, während holonomische Einschränkungen von Geschwindigkeiten unabhängig sind.

Ein Beispiel für die nicht-holonomische Beschränkung ist die Bewegung eines Rades um seine Achse. Die Geschwindigkeit des Kontaktpunktes zwischen Rad und Boden ist in Achsenrichtung auf Null beschränkt, die Radbewegung unterliegt daher einer nicht-holonomischen Bewegungseinschränkung.

3.3   Beispiel: der mobile Roboter *FortyTwo*

Viele der in diesem Buch beschriebenen Experimente wurden mit dem Roboter *FortyTwo* durchgeführt. Es handelt sich dabei um einen mobilen Roboter des Typs Nomad 200 (siehe Abbildung 3.16). *FortyTwo* ist vollständig autonom: Wahrnehmung und Aktionen des Roboters werden vom eingebauten PC gesteuert, die mitgeführten Bleisäurebatterien liefern die Stromversorgung.

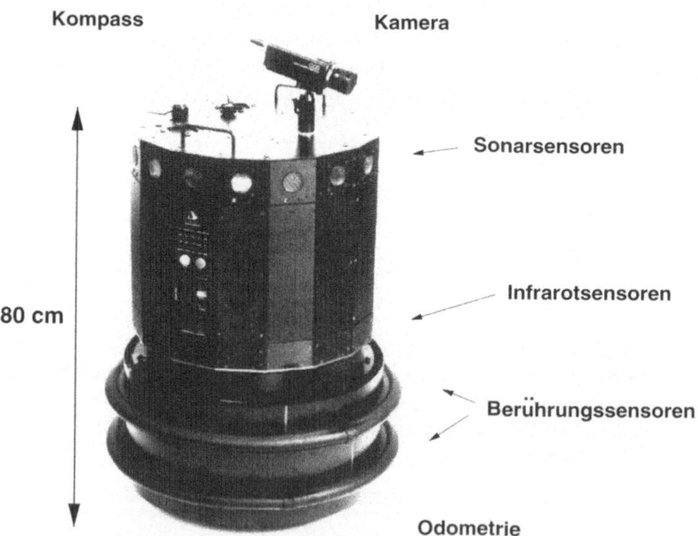

Abbildung 3.16. DER MOBILE ROBOTER *FortyTwo* (NOMAD 200)

Der sechzehneckige Roboter besitzt 16 Ultraschall-Entfernungssensoren mit einer Reichweite von bis zu 6,5 m, 16 Infrarotsensoren (IR) mit einer Reichweite von bis zu 60 cm, 20 Berührungssensoren und eine Schwarzweißkamera (CCD, 492 x 512 Bildpunkte, Brennweite 12,5 mm).

Der Roboter wird von drei unabhängigen Gleichstrommotoren angetrieben, die jeweils für Vorwärtsbewegung, Lenkung und Aufbaudrehung zuständig sind.

Die Hauptsteuerung ist ein 486 PC, während den Robotersensoren mehrere untergeordnete Operatoren (Motorola 68HC11) zugeordnet sind.

Ein numerisches Modell dieses Roboters, ein Simulator, kann vorläufige Versionen seiner Steuerungsprogramme entwerfen. Ein Bildschirmausdruck der Simulatorschnittstelle findet sich auf S. 174 (Abbildung 6.1). Der Simulator verwendet vereinfachte Modellierungen von Sensoreigenschaften der Sonar-, Infrarot- und Berührungssensoren von *FortyTwo*.

Durch eine optionale Funkverbindung zwischen *FortyTwo* und einem unabhängigen Rechner kann man den Roboter fernsteuern.

Die Software für *FortyTwo* kann daher auf drei verschiedene Weisen entwickelt werden:

1. ausschließlich in der Simulation, d.h. Programme laufen auf einem unabhängigen Rechner und werden auch dort ausgeführt;
2. Steuerungsprogramme laufen auf einem unabhängigen Großrechner, werden aber vom Roboter ausgeführt;
3. Steuerungsprogramme laufen auf dem Roboter selbst und werden von ihm ausgeführt.

Die erste Methode ist die einfachste und schnellste Methode, Software zu entwickeln. Keine zufälligen Sensorlesungen beeinflussen das Roboterverhalten, stattdessen ermöglicht eine deterministische Umgebung, die Experimente problemlos zu wiederholen. Der Nachteil dieser Methode besteht in der fundamentalen Unzulänglichkeit der zugrundeliegenden numerischen Modelle. Außerdem ist es unmöglich, die immer wieder auftretenden Zufallswahrnehmungen des Roboters zu modellieren. Nur für sehr einfache und anspruchslose Aufgaben läßt sich ein durch reine Simulation entwickeltes Programm unverändert auf den Roboter übertragen.

Die zweite Methode ermöglicht die relativ rasche Entwicklung von Software, ohne die Gefahren einer zu sehr vereinfachten Simulation. Die einzigen Artefakte, die durch diese Methode entstehen können, sind die durch Übertragungsverzögerungen zwischen Roboter und unabhängigem Rechner verursachte Ausführungsabweichungen, die wegfallen, wenn das Programm auf dem Roboter selbst läuft. Wenn das Steuerungsprogramm dafür bestimmt ist, schließlich direkt auf dem Roboter zu laufen, können Probleme auch dadurch entstehen, daß der unabhängige Großrechner wesentlich mehr Rechnerkapazität besitzt als der eingebaute PC von *FortyTwo*, das Programm würde also auf dem Roboter wesentlich langsamer laufen als auf dem externen Rechner.

Die dritte Methode liefert natürlich Programme, die auch tatsächlich auf dem Roboter funktionieren - allerdings ist es die zeitaufwendigste Vorgehensweise.

3.4   Sensorsignale sind interpretationsbedürftig

Aus der Beschreibung der verschiedenen Sensoren und Aktoren, die in der mobilen Robotik zur Verfügung stehen, wird deutlich, daß die Sensoren ausschließlich bestimmte physikalische Eigenschaften wahrnehmen können, die in irgendeinem, zunächst vagen, Zusammenhang mit der Information stehen, die der Roboter tatsächlich benötigt. Es gibt keine „Hindernissensoren", nur Mikroschalter, Sonarsensoren, Infrarotsensoren usw., deren Signal die An- oder Abwesenheit eines Objekts angibt. Es ist aber durchaus möglich, daß der Mikroschalter ein Signal auslöst, nur weil der Roboter über eine Bodenwelle fährt; oder ein Sonarsensor meldet ein Hindernis aufgrund von Übersprechen (*crosstalk*); oder ein Infrarotsensor entdeckt möglicherweise ein Objekt nicht, weil es schwarz ist und deshalb kein Infrarotsignal reflektiert.

Unter Berücksichtigung dieser Vorbehalte und Einschränkungen untersuchen wir im nächsten Kapitel die Frage, wie aus rohen Sensordaten sinnvolle Information gewonnen werden kann. Eine vielversprechende Strategie wäre, den Roboter aus Erfahrung *lernen* zu lassen, durch Probehandeln, Erfolg und Mißerfolg.

3.5   Literaturhinweise

* Zur Robotersensorik: Johann Borenstein, H.R. Everett und Liqiang Feng, *Navigating Mobile Robots*, AK Peters, Wellesley MA, 1996.
* Zu Robotersensoren und -aktoren: Arthur Critchlow, *Introduction to Robotics*, Macmillan, New York, 1985.
* Speziell zu Sonarsensoren siehe [Lee 95] und [Leonard *et al.* 90].
* Zu Laserentfernungsmessern siehe `http://www.zf-usa.com`.

4 Lernende Roboter: Von unverarbeiteten Sensordaten zu sinnvoller Information

Zusammenfassung. Dieses Kapitel führt zunächst in die Konzepte ein, die für das Lernen bei Robotern und Maschinen insgesamt grundlegend sind. Dann werden häufig verwendete Mechanismen wie Lernen durch Rückkopplung (reinforcement learning) *und vom Konnektionismus ausgehende Ansätze vorgestellt. Es schließen sich drei verschiedene Fallstudien über lernende mobile Roboter an.*

4.1 Einleitung

Abschnitt 4.1 dieses Kapitels befaßt sich mit den grundlegenden Prinzipien, die das Problem des Roboterlernens kennzeichnen, und stellt es in den größeren Zusammenhang des Maschinenlernens. Dieser Abschnitt beschränkt sich auf allgemeine Definitionen und bleibt relativ abstrakt.

Abschnitt 4.2 orientiert sich dann wieder mehr an der Praxis und erläutert einige häufig verwendete Mechanismen des Lernens durch Rückkopplung (*reinforcement learning*) für mobile Roboter. Hier finden sich auch weitere Literaturhinweise mit ausführlicherer Informationen über die erwähnten Algorithmen.

Es folgen drei Fallstudien lernender Roboter, und das Kapitel endet mit einer Übungsaufgabe. Die Fallstudien zeigen Beispiele von selbstüberwachtem, überwachtem und unüberwachtem Lernen. Die abschließende Übungsaufgabe ist als Herausforderung für den Leser gedacht.

4.1.1 Motivation

Durch Lernen erwirbt ein Agent neue Fähigkeiten oder Wissen, das ursprünglich beim Entwurf des Agenten noch nicht implementiert war. Fähigkeiten, deren gesamtes Spektrum von vornherein vollständig bekannt ist, können mittels einer festen, unveränderlichen Struktur implementiert werden und sind nicht von einem Lernprozeß abhängig. Wenn sich allerdings im Entwurfsstadium eine solche feste Struktur noch nicht bestimmen läßt, hat der Agent durch Lernen die Möglichkeit, die gewünschte Kompetenz zu einem späteren Zeitpunkt durch Interaktion mit der Umwelt zu erwerben.

Aus verschiedenen Gründen kann es schwierig oder sogar unmöglich sein, eine bestimmte Kompetenz schon in der Entwicklungsphase des Agenten zu implementieren. Entweder besitzt man nur unvollständige Kenntnisse über Aufgabe, Agenten oder Umgebung, oder es ist noch unklar, in welcher Umgebung der Agent eingesetzt werden wird bzw. welche spezifische Aufgabe ausgeführt werden soll. Auch die präzisen Eigenschaften der Sensoren, über die der Agent verfügt, etwa leichte Defekte oder Eigenheiten, sind nicht immer vollständig bekannt.

Außerdem kann es sein, daß Umgebung, Aufgabe oder Agent sich mit der Zeit in unvorhergesehener Weise verändern. In einer Umgebung, in der sich Menschen bewegen, können Objekte beispielsweise ihre Position jederzeit verändern (etwa weil Möbel verschoben werden), die Eigenschaften der Objekte können sich ändern (z.B. wenn Wände andersfarbig gestrichen werden), oder die allgemeinen Umgebungsbedingungen verändern sich (z.B. wenn Licht an- oder ausgeschaltet wird). Die Aufgabe an sich kann sich ändern, wenn der Agent ein Hauptziel verfolgt, das die Erfüllung mehrerer verschiedener Etappenziele voraussetzt. Schließlich kann auch der Agent selbst unvorhergesehenen Veränderungen unterworfen sein — Sensor- und Aktoreneigenschaften von Robotern verändern sich beispielsweise mit sinkender Batterieladung oder durch Temperatur- und Luftfeuchtigkeitsschwankungen. *ALDER* (siehe Abbildung 4.14) hatte die ärgerliche Eigenschaft, immer leicht nach links abzudriften, wenn er geradeaus fahren sollte — wenn allerdings die Batterien schwach wurden, zeigte er eine Tendenz nach rechts! Es war deshalb unmöglich, die Abweichung durch eine festimplementierte Steuerungsstrategie zu kompensieren.

Man muß schließlich auch berücksichtigen, daß wir selbst, aus der Perspektive als Mensch und Entwerfer, nicht in der Lage sind, eine angemessene feste Steuerungsstruktur schon in der Entwurfsphase zu implementieren, weil wir die Welt einfach anders wahrnehmen als ein Roboter. Hierbei handelt es sich um das Problem der „perzeptuellen Diskrepanz" (*perceptual discrepancy*). In manchen Fällen können wir als Entwerfer einfach nicht entscheiden, welche die beste Steuerungsstrategie für den Roboter ist.

Ein Beispiel, das das Problem der perzeptuellen Diskrepanz verdeutlicht, ist die Wahrnehmung von Türen. Intuitiv würden wohl die meisten Menschen Türen für ideale Landmarken halten, wenn ein Roboter in einem typischen Bürogebäude navigieren soll. Türen sind für uns schon aus größerer Entfernung und aus verschiedenen Winkeln gut sichtbar, was ja schon vom Konzept her für Türen sinnvoll ist. Allerdings sind sie für *Menschen* konzipiert — Experimente zeigen, daß ein Roboter die leicht vorstehenden *Rahmen* der Türen wesentlich leichter wahrnehmen kann, als die Türen selbst. Die Rahmen reflektieren Sonarimpulse sehr gut und wirken dadurch wie Leuchtfeuer bei Nacht, während für Menschen die Türrahmen eher unauffällig sind.

Kein Objekt, kein Ort sieht jemals genau gleich aus, wenn man ihn das zweite Mal sieht. Manche Objekte ändern ihre Erscheinung mit der Zeit (z.B. Lebewesen), manchmal sind Umgebungsbedingungen variabel (z.B. durch Beleuchtung), oder die Wahrnehmungsperspektive ist verschieden. *Verallgemeinerung* — eine Art des Lernens — kann dazu beitragen, die wesentlichen Merkmale eines Objekts zu identifizieren und gleichzeitig die veränderlichen zu ignorieren.

Aus allen diesen Gründen ist es von größtem Interesse, einen mobilen Roboter mit Lernfähigkeit auszustatten. Durch Lernen kann ein Roboter Kompetenzen erwerben, die vom menschlichen Entwerfer in der Entwicklungsphase aus den oben genannten Gründen noch nicht implementiert werden konnten.

4.1.2 Roboterlernen im Vergleich zum Maschinenlernen

Die Metapher der „metallenen Haut" Nehmen wir als Beispiel einen Roboter wie *FortyTwo*, siehe Abbildung 3.16. Dieser sechzehneckige Roboter besitzt eine Außenhaut aus Metall, die das Innere des Roboters von der „Welt da draußen", der „wirklichen Welt" (im Folgenden einfach die „Welt"), trennt. In diese metallene Außenhaut sind die Sensoren des Roboters eingebettet, zum Beispiel die Sonar- und Infrarotsensoren.

Gewisse Eigenschaften der Welt werden von den Sensoren des Roboters wahrgenommen und an das Roboterinnere — das innerhalb der metallenen Haut liegt — als elektronische Signale weitergegeben. Beispielsweise kann eine wie auch immer geartete Beschaffenheit der Welt verursachen, daß ein Sonarimpuls nach 4 Millisekunden zum Roboter zurückkehrt. Diese Beschaffenheit mag im Inneren des Roboters in der Form des Signals „66 cm" ankommen. Dieses Signal ist aber nicht äquivalent zu dem ursprünglichen Sonarsignal und entspricht ausschließlich *einer* von vielen möglichen Wahrnehmungen, die aus dem momentanen Zustand der Welt entstehen können.

Die Metallschicht trennt also die Welt vom Roboterinneren. Diese Metallhaut-Metapher ermöglicht uns, zwischen der spezifischen Problematik des Roboterlernens und der des Maschinenlernens zu unterscheiden.

Das spezielle Gebiet des *Roboterlernens* befaßt sich mit der Frage, wie man einen Roboter dazu bringen kann, bestimmte Aufgaben in der Welt erfolgreich zu lösen. *Maschinenlernen* befaßt sich dagegen damit, wie man einen bestimmten präzise definierten Zielzustand vom momentanen, ebenso präzise definierten Systemzustand aus erreicht. Die Fragestellung des Maschinenlernens betrifft alles, was *innerhalb* der Metallhaut vor sich geht, wohingegen das Roboterlernproblem den Roboter, die Umgebung und die Aufgabe zusammen als eine untrennbare Einheit versteht (siehe Abbildung 4.1).

Der wahre Weltzustand wird durch eine unbekannte Funktion g in den wahrgenommenen Weltzustand umgewandelt. Dieser wahrgenommene Weltzustand kann durch eine Steuerungsfunktion f (die durch Lernen modifizierbar ist) mit Aktionen assoziiert werden. Das Maschinenlernproblem befaßt sich damit, wie f verändert werden kann.

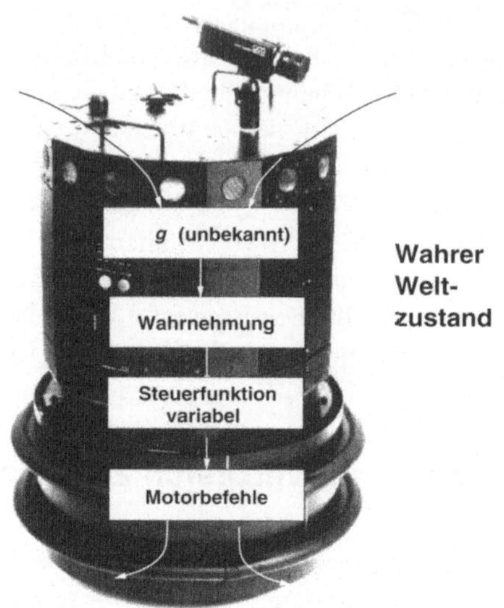

Abbildung 4.1. DAS ROBOTERLERNPROBLEM. DER TATSÄCHLICHE WELTZUSTAND IST FÜR DEN ROBOTER NICHT DIREKT ZUGÄNGLICH - NUR DER WAHRGENOMMENE ZUSTAND KANN FÜR DEN LERNPROZESS VERWENDET WERDEN

Definition des Maschinenlernproblems   Jeder Lernprozeß hat ein „Lernziel”.

Daher muß unsere erste Überlegung sein, wie man dieses Lernziel definiert.

Da der Roboter nur den wahrgenommenen, nicht den tatsächlichen Zustand der Welt „da draußen” kennt, wäre es am zutreffendsten, wenn man auch die Lernziele in der Form wahrgenommener Zustände (d.h. Sensorzustände) formulieren würde.

In der Praxis ist das allerdings nicht immer möglich, weil einem bestimmten erwünschten Roboterverhalten in der Welt nicht immer nur genau ein bestimmter wahrgenommener Weltzustand entspricht. Während einzelne Aktionen ausgeführt werden, können wiederholt identische Wahrnehmungen auftreten. Wenn der Roboter also einen Weltzustand wahrnimmt, der den als Lernziel definierten Sensorzuständen entspricht, kann man daraus nicht automatisch folgern, daß der Roboter auch tatsächlich erfolgreich gelernt hat. In der Praxis müssen meistens qualitative Umschreibungen des Lernzieles genügen, was die Analyse des Lernerfolgs natürlich erschwert.

Wenn G ein identifizierbarer Zielzustand und X und Y zwei verschiedene wahrgenommene Weltzustände sind, dann kann das Maschinenlernproblem formal wie folgt beschrieben werden:

$$G : X \to Y ; R , \tag{4.1}$$

was so zu interpretieren ist: „Im Systemzustand X ist das Ziel des Roboters, Zustand Y zu erreichen. Das Erreichen des Zielzustandes wird mit R belohnt.”

Zum Beispiel kann in dieser Weise das Ziel, entladene Batterien aufzuladen, ausgedrückt werden. Hierbei ist

X = „Batterieladung gering",
Y = „Roboter ist ans Ladegerät angeschlossen" und
R = 100.

Auf diese Weise läßt sich ein quantitativer Maßstab für die Leistung eines Roboters definieren, z.B. wie oft der Roboter, nachdem Bedingung X erfüllt war, erfolgreich die Bedingung Y erreicht; oder die Summe aller R, womit er in einem bestimmten Zeitraum belohnt wurde. Dieses Leistungsmaß kann außerdem die Kosten oder die Schnelligkeit berücksichtigen, mit der der Roboter vom Zustand X in den Zustand Y übergeht.

Nach dieser Definition der *Lernleistung* im Bezug auf die Ziele G besteht nun das Roboterlernproblem darin, die Leistung des Roboters durch Erfahrung zu verbessern. Roboterlernen hängt also auch von den speziellen Lernzielen und von der gewählten Bewertungsfunktion (Gütefunktion) ab. Ein bestimmter Lernalgorithmus kann für eine bestimmte Gruppe von Lernzielen erfolgreich und für ein anderes Ziel unbrauchbar sein. Natürlich interessieren uns vor allem Algorithmen, die den Roboter befähigen, mit zunehmendem Erfolg eine breite Vielfalt von Aufgaben zu bewältigen.

Die Zielfunktion beim Maschinenlernen   Wie oben erläutert, besteht das Maschinenlernproblem darin, eine Strategie zu entwickeln, die die höchste positive Rückkopplung per Zeiteinheit erbringt, während der Agent verschiedene Systemzustände durchläuft. Wenn s der gegenwärtige Zustand des Systems ist ($s \in S$, wobei S die endliche Menge aller möglichen Zustände ist), a die gewählte Aktion ($a \in A$, wobei A die endliche Menge aller möglichen Aktionen ist) und V die zu erwartende Rückkopplung, dann können wir verschiedene Maschinenlernsituationen mit der Zielfunktion 4.2 beschreiben.

Am einfachsten wäre es, eine Steuerungsfunktion f direkt durch Trainingsbeispiele, die den Input- und Outputpaaren von f entsprechen, zu erlernen (Gleichung 4.2).

$$f : S \to A. \tag{4.2}$$

Ein Beispiel für ein direkt lernendes System ist Pomerleaus ALVINN System ([Pomerleau 93]), das lernt, ein Straßenfahrzeug zu steuern. Die Trainingsdaten werden aus der Beobachtung eines menschlichen Fahrzeugführers gewonnen. Jedes Trainingsbeispiel besteht in einem wahrgenommenen Zustand (ein Kamerabild der vorausliegenden Straße), zusammen mit einer Lenkaktion (gewonnen durch Beobachtung des menschlichen Fahrers). Ein neuronales Netzwerk wird mit diesen Signalen trainiert. Pomerleaus System lernte erfolgreich, ein Fahrzeug auf verschiedenen öffentlichen Straßen zu fahren.

Ein weiteres Beispiel für diese Art von Lernsituation findet sich in der Fallstudie 2 auf S. 83, in der *FortyTwo* mehrere Sensor-Motor-Kompetenzen durch Beobachten und Nachahmen eines menschlichen Trainers erlernt.

In anderen Fällen stehen Trainingsbeispiele für die Funktion f nicht unmittelbar zur Verfügung. Ein Beispielfall wäre ein Roboter, der keinen menschlichen Trainer hat, stattdessen aber die Fähigkeit besitzt, zu erkennen, wann die

Ziele der Menge G erfüllt sind und welche Belohnung mit dem Erreichen dieser Ziele verbunden ist. Soll z.B. eine Navigationsaufgabe in einer Umgebung ohne spezielle Leitinformation erfolgreich absolviert werden, muß der Roboter normalerweise eine ganze Sequenz verschiedener Aktionen ausführen, bevor er schließlich das Ziel erreicht. Da der Roboter jedoch keinen Trainer hat, der für jeden einzelnen Abschnitt die richtige Aktion vorgibt, ist die einzige Trainingsinformation die hinausgezögerte Belohnung, die der Roboter am Ende bekommt, nachdem er durch Probehandeln schließlich das endgültige Ziel der Aufgabe erreicht hat. In diesem Fall kann die Funktion f nicht direkt gelernt werden, weil die dafür notwendigen Reiz-Antwortpaare von f nicht zur Verfügung stehen.

Um auf dieses Problem einzugehen, wird häufig eine Hilfsfunktion $Q : S \times A \to V$ definiert, die eine Bewertungsfunktion der erwarteten zukünftigen Belohnung V ist, den Systemzustand s und die gewählte Aktion a mit einbezieht. Diese Methode, das Q-*Lernen*, wird im Abschnitt 4.2 dieses Kapitels genauer beschrieben.

Durch die Hilfsfunktion Q wird die unmittelbare Rückkopplung (die es in diesem Fall nicht gibt) durch eine interne Schätzung ersetzt, wie erfolgreich der Agent voraussichtlich sein wird.

Es gibt noch weitere allgemeine Kategorien des Maschinenlernproblems: Der Roboter kann lernen, den nächsten wahrgenommenen Systemzustand s' vorauszusagen, der aus dem Systemzustand s hervorgeht, wenn Aktion a gewählt wird: *Prediktor*: $s \times a \to s$'. Diese Prediktionsstrategie ist von der jeweiligen Aufgabe unabhängig und kann jeden beliebigen Lernvorgang unterstützen. Ein Beispiel für die erfolgreiche Anwendung einer solchen Prediktionsstrategie findet sich in [O'Sullivan *et al.* 95].

Schließlich kann der Roboter auch lernen, aus den rohen Sensordaten zusammen mit den Aktionen eine brauchbare Repräsentation des Roboterstatus zu erstellen, also $Wahrnehmung : Sensor^* \times a^* \to s$. Hierbei wird eine brauchbare Zustandsrepräsentation erlernt, wobei der Zustand s unter Umständen aus der gesamten Vorgeschichte von rohen Sensordaten $Sensor^*$ wie auch aller vorausgegangenen Aktionen a^* errechnet wird. Auch diese Wahrnehmungsstrategie ist unabhängig von der speziellen Aufgabe und kann für alle Lernvorgänge angewandt werden.

Verschiedene Trainingskategorien beim Maschinenlernen Es gibt hauptsächlich drei Arten von Trainingsdaten, die zur Steuerung des Lernprozesses verwendet werden können: das Training findet entweder überwacht, selbstüberwacht oder unüberwacht statt.

Bei *überwachtem Lernen* wird die Trainingsinformation (die Lernziele) dem Lernmechanismus von außen zugeführt. Ein gutes Beispiel dafür ist das oben beschriebene ALVINN-System, bei dem die Trainingsdaten aus der Beobachtung des menschlichen Trainers gewonnen werden, also von außen und unter Überwachung. Häufig verwendet man bei überwachtem Lernen den Algorithmus der Rückpropagierung (*backpropagation algorithm*) für das Trainieren künstlicher neuronaler Netze (siehe S. 70). Die Trainingsinformation bei überwachter Steuerung besteht meist aus einem Beispiel der erforderlichen Aktion, wie im Fall von ALVINN oder in Fallstudie 2 (S. 83).

Bei *selbstüberwachtem Lernen* ist der eigentliche Lernmechanismus derselbe wie bei überwachtem Lernen. Statt der externen Rückkopplung durch den Trainer entscheidet jedoch eine unabhängige *interne* Steuerungsstruktur über Erfolg oder Mißerfolg des Lernes, und liefert die Rückkopplung. Beim Lernen durch Rückkopplung (*reinforcement learning*, siehe Abschnitt 4.2 weiter unten) ist diese Steuerungsstruktur der eigentliche Trainer. In Fallstudie 1 (S. 76) erfüllt der „Monitor" die entsprechende Funktion.

Statt den Roboter anhand von Reiz-Antwortpaaren zu trainieren, wird bei *unüberwachtem Lernen* die Eingangsinformation geclustert und die zugrundeliegende Struktur der Eingangsdaten ausgewertet. Die selbstorganisierende Merkmalskarte von Kohonen ist ein bekanntes Beispiel für einen solchen unüberwachten Lernmechanismus ([Kohonen 88]). Wie der Roboter die Sensordaten (und damit die Trainingsinformation) organisiert, kann durch unüberwachtes Lernen (oder Clusteranalyse) optimiert werden. Durch unüberwachtes Lernen lassen sich beispielsweise Häufungen ähnlicher Datenpunkte identifizieren, wodurch die Daten als orthogonale (besonders charakteristische) Merkmale ausgedrückt werden können, ohne daß der Benutzer weiß oder sich festlegen muß, um welche spezifischen Merkmale es sich handelt. Dadurch wird die effektive Dimensionalität der Daten verringert; eine präzisere Datenrepräsentation und genaueres überwachtes Lernen wird unterstützt. Ein Anwendungsbeispiel für die selbstorganisierende Merkmalskarte findet sich in Fallstudie 3 auf S. 90.

4.1.3 Literaturhinweis zum Roboterlernproblem

- Ulrich Nehmzow und Tom Mitchell, The Prospective Student's Introduction to the Robot Learning Problem, *Technical Report UMCS-95-12-6*, Manchester University, Department of Computer Science, Manchester, 1995 (zugänglich unter `ftp://ftp.cs.man.ac.uk/pub/TR/UMCS-95-12-6.ps.Z`).

4.2 Lernmethoden

4.2.1 Reinforcement-Lernen

Einleitung

> „[Der Begriff Reinforcement-Lernen bezeichnet] Lernen durch Probehandeln mit Leistungsrückkopplung, d.h. Rückkopplung, die das globale Verhalten bewertet, ... jedoch keine Hinweise auf die korrekte Aktion in einer spezifischen Situation gibt." ([Sutton 91]).
>
> „Es werden während des Trainings keine Beispiele für optimale Lösungen angeboten" ([Barto 95]).

Meist besteht diese Leistungsrückkopplung aus einem einfachen „gut/schlecht"-Signal am Ende einer Aktionssequenz, zum Beispiel wenn ein

Zielort erreicht oder ein Objekt gegriffen wurde. Solche Situationen kommen in der Robotik häufig vor, und Reinforcement-Lernen wird in zahlreichen Aufgabestellungen der Robotik verwendet.

Man kann Reinforcement-Lernen als Optimierungsproblem betrachten. Ziel ist ein Steuerungsprinzip, das die maximale positive Rückkopplung erreicht, unabhängig vom jeweiligen Status des Roboters. Zur Verdeutlichung siehe Abbildung 4.2.

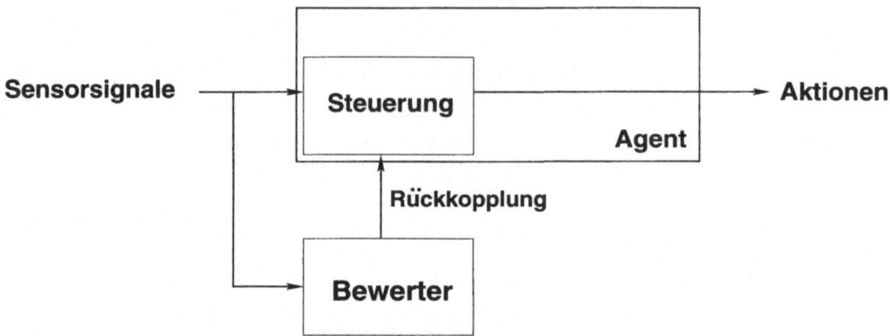

Abbildung 4.2. DIE FUNKTIONSWEISE DES REINFORCEMENT-LERNENS. DER AGENT FÜHRT HANDLUNGEN IN DER WELT AUS UND STREBT DABEI DIE MAXIMALE KUMULATIVE BELOHNUNG AN.

Reinforcement-Lernstrategien eignen sich besonders gut für Roboteranwendungen, bei denen erstens eventuelle Fehlentscheidungen des Roboters nicht unmittelbar zum Absturz führen und zweitens die Leistung des Roboters durch eine Funktion bewertet werden kann. Dieses Lernen durch Verstärkung verwendet einen allgemeinen, übergreifenden Leistungsmaßstab (*Reinforcement*), um den Lernprozeß zu steuern ([Barto 90] und [Torras 91]). Darin unterscheidet sich diese Methode von überwachten Lernstrategien (z.B. bestimmte Architekturen, die auf Konnektionismus beruhen), die spezifische Zielwerte für einzelne Einheiten verwenden. Diese globale Bewertung kann sich in der Robotik als besonders nützlich erweisen, wo häufig nur das generelle erwünschte Verhalten des Roboters bekannt ist. Allerdings hat man das Problem, entscheiden zu müssen, welcher einzelne Parameter innerhalb der Steuerung verändert werden muß, um die positive Rückkopplung zu erhöhen.

Durch die Leistungsrückkopplung wird die Zuordnung von Zustand (Repräsentation einer bestimmten Situation) und Aktion erlernt.

Bei [Sutton 91] findet sich der folgende Überblick über die verschiedenen Architekturen für Reinforcement-Lernen in intelligenten Agenten:

- Die einfachste aller Architekturen ist eine reine *Strategie*-Architektur (*policy only*), bei der allein die Strategie des Agenten verändert werden kann. Diese Art von Architektur funktioniert nur dann gut, wenn die Rückkopplungswerte um eine Nullbasis herum liegen (wobei positive Rückkopplung ein positiver Wert, negative Rückkopplung ein negativer Wert ist. Zwei positive Werte können hier nicht verwendet werden.)

- *Methoden mit Vergleich der Reinforcement-Werte* (*reinforcement comparison techniques*) verwenden eine Vorhersage über die erwartete Rückkopplung als Basislinie und können dadurch auch mit Rückkopplungswerten arbeiten, die sich nicht unbedingt auf eine Nullbasis beziehen müssen. Hier könnten z.B. rein positive Rückkopplungen verwendet werden.

- Die *adaptiv heuristische Bewertung* (*adaptive heuristic critic*) (weiter unten näher erläutert) verwendet eine Voreinschätzung des Gesamtresultats (also die kumulative Bewertung auf lange Sicht) statt Rückkopplung nach jedem einzelnen Schritt. So wird auch die Rückkopplung berücksichtigt, die nicht unmittelbar sofort erfolgt. Keine der beiden vorigen Architekturen ist dazu in der Lage.

- Beim *Q-Lernen* (ebenfalls weiter unten ausführlicher beschrieben) handelt es sich bei der Voreinschätzung des Gesamtresultats um eine Funktion, die nicht nur den Zustand, sondern auch die gewählte Aktion berücksichtigt.

- *Dyna-Architekturen* enthalten ein internes Weltmodell. Für jeden einzelnen Schritt, bei dem eine Aktion ausgewählt und in der wirklichen Welt ausgeführt wird, führt eine Dyna-Architektur zusätzlich eine weitere Anzahl von k Lernschritten durch (k ist ein ganzzahliger Wert) und verwendet dafür das Weltmodell.

Reinforcement-Lernen kann langsam sein [Sutton 91] beschreibt eine Routenplanungssimulation, bei der die Startposition und Zielposition innerhalb eines 9 x 6 Rasters 16 Quadrate voneinander entfernt liegen. Eine Dyna-adaptiv-heuristische Bewertungsinstanz benötigt vier Schritte in dieser simulierten Welt, und weitere 100 Lernschritte ($k = 100$) für jeden von diesen Schritten, um die Route zu finden. Wenn man auf der Route ein neues Hindernis hinzufügt, wird die neue Route in einem „sehr langsamen" Prozeß entwickelt. Sutton stellt außerdem die Simulation eines Dyna-Q-Systems vor, das eine Route der Länge 10 (Quadrate) finden soll. Dafür braucht das System 1000 Zeitschritte, und weitere 800, wenn zusätzlich ein Hindernis in den Weg eingebracht wird. Bei $k = 10$ bedeutet das 100 Schritte in der simulierten Umgebung, und weitere 80, um eine neue Route zu finden. Für einen realen Roboter ist diese Lerngeschwindigkeit in der Praxis möglicherweise zu langsam. Bei einer Simulation hat langsames Lernen nur den Nachteil langer Berechnungszeiten; in der realen Robotik geht es allerdings um mehr: abgesehen davon, daß Roboter aufgrund ihrer Batterieleistung nur über eine eingeschränkte Betriebszeit verfügen, *müssen* bestimmte Kompetenzen wie Hindernisausweichen sehr zügig gelernt werden, damit der Roboter überhaupt betriebsfähig bleibt. Daraus folgt, daß für die mobile Robotik die Schnelligkeit eines Lernalgorithmus von entscheidender Bedeutung ist (zur Langsamkeit des Reinforcement-Lernens siehe auch [Brooks 91a]).

Daß Reinforcement-Lernen äußerst langsam sein kann, zeigt sich auch in den Experimenten anderer Wissenschaftler. [Prescott & Mayhew 92] verwenden bei der Simulation des mobilen Roboters *AIVRU* einen Algorithmus für Reinforcement-Lernen, wie er ähnlich auch von Watkins ([Watkins 89]) beschrieben wird. Die sensorische Eingangsinformation des simulierten Agenten besteht aus einer kontinuierlichen Funktion und simuliert einen Sensor, der Distanz und

Winkel zum nächsten Hindernis angibt. Die simulierte Welt hat einen Umfang von 5 m x 5 m, der simulierte Roboter ist 30 cm x 30 cm groß. Ohne Lernen kollidiert der Roboter in 26,5% aller Simulationsschritte mit einem Hindernis. Erst nach 50.000 Lernschritten fällt die Kollisionsrate auf 3,25%.

[Kaelbling 90] vergleicht mehrere Algorithmen und deren Leistung in einer simulierten Roboterumgebung. Der Agent hat die Aufgabe, Hindernissen auszuweichen. Bei einer Kollision erfährt er negative Rückkopplung; wenn er in die Nähe einer Lichtquelle kommt, bekommt er positive Rückkopplung. Kaelbling vergleicht Q-Lernen, Intervallabschätzung mit Q-Lernen und adaptiv heuristische Bewertung mit Intervallabschätzung. Alle diese Lernalgorithmen hatten den Nachteil, daß die Agenten die angemessene Strategie oft erst sehr spät während eines Durchgangs lernten, weil sie während der Anfangsschritte nicht in die Nähe der Lichtquelle kamen und somit keine positive Rückkopplung erhielten. Nach 10.000 Durchgängen erreichten die verschiedenen Lernalgorithmen durchschnittliche Reinforcementwerte von 0,16 (Q-Lernen), 0,18 (Intervallabschätzung mit Q-Lernen) und 0,37 (adaptive heuristische Bewertung mit Intervallabschätzung). Eine handkodierte „optimale" Steuerung erreichte 0,83. Wie auch bei [Prescott & Mayhew 92] dauerte der Lernprozeß sehr lange, und auch die erreichte Leistung ließ zu wünschen übrig.

Die Langsamkeit des Lernprozesses ist eines der Hauptprobleme bei der Implementation von Reinforcement-Lernen bei mobilen Robotern. Außerdem ist es nicht einfach, den Bewertungsmechanismus für die Lernarchitektur angemessen auszuwählen, oder zu entscheiden, welche Veränderungen der Steuerungssignale die Leistung verbessern würde ([Barto 90]). Ein weiteres „Problem, das die Anwendung dieser Architekturen für komplexere Aufgaben verhindert hat, besteht darin, daß Algorithmen für Verstärkungslernen nicht in der Lage sind, mit eingeschränkter Sensorinformation umzugehen. Diese Lernalgorithmen benötigen uneingeschränkte und vollständige Information über den Zustand der Anwendungsumgebung" ([Whitehead & Ballard 90]). Für Anwendungen in der realen Robotik ist es unrealisitisch, vollständiges Wissen über die Umgebung vorauszusetzen. Deshalb existieren zum Reinforcement-Lernen weit mehr Simulationen (wo vollständiges Wissen vorhanden ist) als tatsächliche Implementationen auf realen Robotern. Zur Veranschaulichung werden im Folgenden zwei Roboter beschrieben, die Reinforcement-Lernen verwenden.

Zwei Roboter, die Reinforcement-Lernen verwenden Der mobile Roboter *OBELIX* ([Mahadevan & Connell 91]) verwendet eine Reinforcement-Architektur (Q-Lernen), um Kartonschieben zu erlernen. Um das Problem der Interpretation der Lernleistung (*credit assignment problem*)[1] zu lösen, wird die Gesamtaufgabe (Kartons zu schieben) in drei Teilaufgaben unterteilt: Kartons ausfindig zu machen, Kartons zu schieben und steckengebliebene Kartons zu befreien. Diese drei Teilaufgaben werden als unabhängige Verhaltenskompetenzen innerhalb einer Subsumptionsarchitektur implementiert, wobei Kartonauffinden die

---

[1] Wie ordnet man jeder Aktion die korrekte Bewertung („Lob" oder „Tadel") zu, wenn sich die Konsequenzen der einzelnen Handlungsschritte erst über Zeit entfalten und zugleich mit den Konsequenzen anderer Aktionen interagieren ([Barto 90])?

niedrigste Stufe und Kartonbefreien die höchste Stufe darstellt. *OBELIX* besitzt acht Ultraschallsensoren und einen Infrarotsensor. Der Roboter kann die Versorgungsstromstärke des Motors überwachen und daraus schließen, ob er gegen ein festes Objekt drückt.

Anstatt Daten unverarbeitet zu verwenden, quantisieren Mahadevan und Connell sie in einen 18-Bit langen Vektor, der anschließend durch Zusammenfassung mehrerer Bits zu 9 Bits verkürzt wird. Dieser 9-Bit lange Vektor wird als Eingangsinformation für den Q-Lernalgorithmus verwendet. *OBELIX* verfügt über genau fünf mögliche Motoraktionen: Vorwärtsbewegung, Linksdrehung, Rechtsdrehung, scharfe Linksdrehung, scharfe Rechtsdrehung. Die Eingangsinformation für die Lernsteuerung von *OBELIX* ist nicht sehr umfangreich und verwendet vorbehandelte Entfernungsdaten, bei denen Sonarabtastungen in Raster (*range bins*) kodiert werden.

Die Versuchsergebnisse bestätigen, daß Q-Lernen unter Umständen eine sehr hohe Anzahl von Lernschritten erfordert. Nach einer relativ langen Trainingszeitspanne von 2.000 Lernschritten erreicht die Verhaltenskompetenz „finde Kartons" einen durchschnittlichen positiven Rückkopplungswert von 0,16, während eine handkodierte Strategie für Kartonauffinden etwa 0,25 erreicht.

Der zweite Beispielroboter ist der Schrittroboter *GENGHIS*, der lernt, seine Beinbewegungen so zu koordinieren, daß er die Verhaltenskompetenz „gehen" erlernt ([Maes & Brooks 90]). Im Gegensatz zu [Brooks 86a], der die Vermittlung zwischen den Verhaltensweisen von Hand bestimmt, wird bei *GENGHIS* die „Relevanz" eines bestimmten Verhaltens durch einen statistischen Lernprozeß bestimmt. Je öfter einem bestimmten Verhalten eine positive Rückkopplung entspricht, desto relevanter ist dieses Verhalten. Je größer die Relevanz eines Verhaltens in einem bestimmten Kontext, desto wahrscheinlicher ist seine Anwendung. Im Falle von *GENGHIS* werden positive Rückkopplungssignale von einem Sensor für Vorwärtsbewegung (nachlaufendes Rad) ausgelöst. Negative Rückkopplung kommt von zwei Schaltern, die auf der Unterseite des Roboterkörpers angebracht sind und Bodenberührung erkennen.

Die Lerngeschwindigkeit hängt stark von der Größe des Suchraums ab (Anzahl der möglichen Motorbewegungen), also davon, wieviele Optionen erwogen werden müssen, bevor überhaupt die erste positive Rückkopplung erreicht wird. [Kaelbling 90] berichtet über Experimente mit dem mobilen Roboter *SPANKY*, der die Aufgabe hatte, auf eine Lichtquelle zuzufahren. Der Roboter konnte diese Aufgabe nur erfolgreich erlernen, wenn er gleich zu Anfang Hilfestellung erfuhr und dadurch positive Rückkopplung erhielt. Im Fall von *GENGHIS* ist der Suchraum klein genug, daß der Roboter sehr schnell positive Rückkopplung bekommt. Das gleiche gilt für den lernenden Roboter in Fallstudie 1.

Reinforcement-Lernen: verschiedene Architekturen im Detail

Q-Lernen Bei lernenden Architekturen geht es häufig darum, eine Steuerungsstrategie zu entwickeln, die eine *diskrete* Eingangsmenge einer *diskreten* Ausgangsmenge so zuordnet, daß über einen Zeitraum die höchstmögliche positive Rückkopplung (Belohnung) akkumuliert wird. Q-Lernen kann auf solche Lernsituationen angewandt werden.

Wenn man eine Menge diskreter Zustände $s \in S$ annimmt und eine diskrete Menge von Aktionen $a \in A$, die der Roboter ausführen kann, dann läßt sich zeigen, daß Q-Lernen sich der optimalen Steuerungsstrategie annähert ([Watkins 89]). „Zustand" bezieht sich hierbei auf eine spezifische Anordnung relevanter Parameter, die den Betrieb des Roboters beeinflussen, wie Sensordaten, Batterieladung, physikalischer Standort usw., wobei S die endliche Menge aller möglichen Zustände ist. „Aktion" bezieht sich auf die möglichen Reaktionen des Roboters, wie Bewegung, akustische und visuelle Reaktion usw., und A ist die endliche Menge aller möglichen Aktionen.

Q-Lernen basiert darauf, daß der Lernalgorithmus eine optimale Bewertungsfunktion Q über den gesamte Zustand-Aktionsraum $S \times A$ erlernt. Die Q-Funktion ermöglicht eine Zuordnung der Form $Q : S \times A \to W$, wobei W den Wert der „zukünftigen (erwarteten) Belohnung" für die Ausführung der Aktion a im Zustand s darstellt. Q gibt also an, welche Aktion a in einer bestimmten Situation s die höchste zukünftige Belohnung einbringen wird (vorausgesetzt natürlich, daß die optimale Q-Funktion gelernt wurde, und daß die Definition von S und A komplett ist und keine Artefakte einführt).

Die Funktion $Q(s, a)$ der erwarteten zukünftigen Belohnung (die der Roboter erhält, wenn er Aktion a bei Zustand s wählt) wird durch Probehandeln nach Gleichung 4.3 gelernt.

$$Q_{t+1}(s, a) \leftarrow Q_t(s, a) + \beta(r + \lambda E(s) - Q_t(s, a) , \qquad (4.3)$$

wobei β die Lernrate ist und r die positive oder negative Rückkopplung (Belohnung oder Bestrafung) als Resultat der Aktion a im Zustand s. λ ist ein Reduktionsfaktor ($0 < \lambda < 1$), der den Einfluß erwarteter zukünftiger Belohnungen verringert. $E(s) = max(Q(s, a))$ ist der sog. „Nutzen" (*utility*) des Zustandes s, der aus der Aktion a resultiert, und verwendet die Q-Funktion, wie sie bisher gelernt wurde.

Ein Beispiel für die Anwendung von Q-Lernen auf Roboterlernen wurde weiter oben bereits erwähnt (*OBELIX*). Weitere Beispiele finden sich bei [Arkin 98].

Adaptiv-heuristischer Bewerter Ein grundlegendes Problem des Verstärkungslernens besteht in der *vorläufigen Bewertungszuweisung*: da erst nach Erreichen des Endziels die Rückkopplung erfolgt, ist es schwierig, den einzelnen Aktionen, die der letzten, erfolgreichen Aktion vorausgehen, die korrekte Bewertung zuzuweisen.

Um dieses Problem zu lösen, wird oft eine interne Auswertungsfunktion gelernt, die für Aktion a bei Zustand s voraussagt, welche positive Rückkopplung am Ende daraus folgen würde. Systeme, die eine solche interne Bewertungsfunktion lernen, nennt man adaptive Bewerter oder *adaptive critics* ([Sutton 91]).

Temporäre Differenz (temporal difference learning)   Ein wesentlicher Nachteil des Q-Lernens besteht darin, daß die Aktionen zu Beginn des Erkundungsprozesses keinen Beitrag zum Lernprozeß an sich leisten – denn erst, wenn schließlich durch Zufall ein Zielzustand erreicht wird, kann die Lernregel angewandt werden. Dadurch ist Q-Lernen recht zeitaufwendig.

Eine Möglichkeit, dieses Problem zu umgehen, besteht darin, Voraussagen über das Resultat einer Aktion in einer bestimmten Situation zu machen, und diese Prediktion dafür zu verwenden, den Nutzen einer Aktion abzuschätzen. Dies wird als Lernen durch temporäre Differenz (*temporal difference learning*) bezeichnet.

Das Lernsystem macht also Voraussagen über die Rückkopplung und verwendet diese Schätzung für den Lernprozeß, bis es tatsächliche Rückkopplung von außen erhält. Diese Methode wird ebenfalls bei [Sutton 88] ausführlich erörtert.

Literaturhinweise zum Reinforcement-Lernen

- Andrew Barto, *Reinforcement Learning* und *Reinforcement Learning in Motor Control*, in [Arbib 95, S. 804-813].
- [Ballard 97, Kapitel 11].
- [Mitchell 97, Kapitel 13].
- [Kaelbling 90].

4.2.2   Probabilistisches Schließen

Wie schon zuvor erwähnt, versucht man beim Maschinenlernen eine Funktion mit optimaler Lernleistung (Belohnung) zu finden, die einen vollständig bekannten Eingangszustand auf einen vollständig bekannten Zielzustand abbildet. Hiervon unterscheidet sich das Roboterlernproblem im Wesentlichen dadurch, daß die reale Welt, in der der Roboter agiert, eine wichtige Rolle spielt, ihr wahrer Zustand aber unbekannt ist.

Ungewißheit ist ein wichtiger Faktor bei der Interaktion des Roboters mit seiner Umgebung. Das Vorhandensein von Sensorsignalen bedeutet zum Beispiel noch nicht, daß sich tatsächlich ein Objekt in der Nähe befindet. Sensorsignale geben ausschließlich an, daß z.B. ein bestimmter Sonarpuls nach einer bestimmten Zeitspanne zum Roboter zurückkehrt, woraus mit einiger Wahrscheinlichkeit auf das Vorhandensein eines Objekts geschlossen werden kann, das die Sonarpulse reflektiert.

Ebenso weiß der Roboter niemals ganz genau, wo er sich wirklich befindet (das Thema Lokalisation wird in Kapitel 5 genauer besprochen) und kann also seinen gegenwärtigen Standort nur mit einiger Wahrscheinlichkeit einschätzen.

In manchen Situationen sind die Wahrscheinlichkeiten bekannt oder können genau genug geschätzt werden, um mathematische Modelle zu erstellen. Die gebräuchlichste Anwendung solcher probabilistischen Modelle sind sogenannte Markov-Prozesse.

Markov-Prozesse Ein Markov-Prozeß ist eine Sequenz von (möglicherweise voneinander abhängigen) beliebigen Variablen $(x_1, x_2, \ldots x_n)$ mit der Eigenschaft,
daß jede Vorhersage von x_n allein auf die Kenntnis von x_{n-1} angewiesen ist. Mit
anderen Worten, jeder zukünftige Wert einer Variablen hängt allein ihrem augen-
blicklichen Wert ab und nicht von einer ganzen Reihe vorhergehender Werte.

Abbildung 4.3 zeigt ein Beispiel für einen Markov-Prozeß, der bestimmt, ob
eine Bitkette gerade oder ungerade Parität besitzt, d.h. ob sie eine gerade oder
ungerade Zahl von Einsen aufweist.

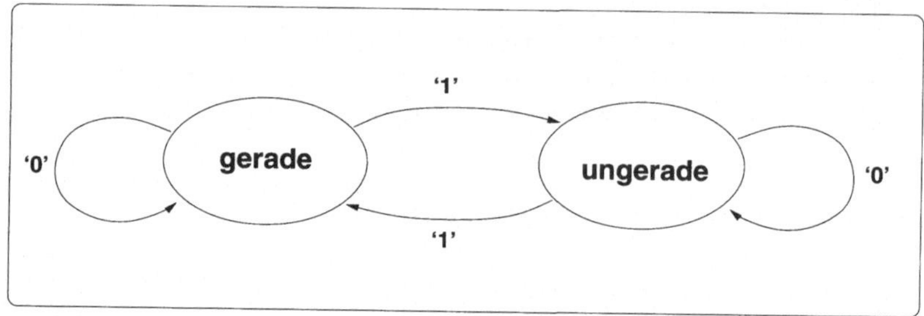

Abbildung 4.3. MARKOV-PROZESS ZUR BESTIMMUNG DER GERADEN ODER UNGERADEN PA-
RITÄT EINER BITKETTE

Man beginnt in der Position „gerade", bevor das erste Bit verarbeitet wird und
folgt danach den Übergängen zwischen den zwei Zuständen (Null oder Eins).
Der letzte Status („gerade" oder „ungerade") gibt dann an, ob die Bitkette gerade oder ungerade Parität besitzt. Alle Übergänge sind allein von dem gerade
verarbeiteten Bit abhängig, die Sequenz der vorhergehenden Bits spielt keinerlei
Rolle, die Einsen werden nicht gezählt.

Markovsche Entscheidungsprozesse Die obige enge Definition eines
Markov-Prozesses ist ausschließlich abhängig vom gegenwärtigen Zustand s
und dem Übergangsprozeß a — im obigen Paritätsbeispiel die Frage, ob eine
Null oder eine Eins verarbeitet wurde. Diese Definition kann durch ein Über-
gangsmodell der Umgebung erweitert werden, sowie durch eine Gütefunktion,
die die Leistung des Agenten bewertet.

Ein Markovscher Entscheidungsprozeß wird durch das Tupel
$< S, A, T, R >$ definiert, wobei S eine endliche Menge von Systemzuständen ist
und A eine endliche Menge von Aktionen. T ist ein Modell für die Transitionen
oder Übergänge zwischen einzelnen Zuständen, wobei Paare von Zustand und
zugehöriger Aktion auf eine Wahrscheinlichkeitsverteilung über S abgebildet
werden. Das Modell gibt damit die Wahrscheinlichkeit an, mit der der Zustand
s' erreicht wird, wenn Aktion a im Zustand s ausgeführt wird. R ist eine Gütefunktion, die die Belohnung bestimmt, die der Roboter erlangt, wenn er Aktion
$a \in A$ im Zustand $s \in S$ durchführt. Da es sich dabei um einen Markov-Prozeß
handelt, sind s und a ausreichend, um den neuen Status s' zu bestimmen und um
die Belohnung r zu errechnen, die auf den Übergang zu Zustand s' folgt.

Der Wert $W(s)$ ist die erwartete Summe aller zukünftigen Belohnungen, verringert durch einen Reduktionsfaktor $0 < \lambda < 1$, der umso größer ist, je weiter entfernt die erwarteten Belohnungen in der Zukunft liegen.

In einem Markovschen Entscheidungsprozeß ist es möglich, diejenige Strategie zu finden, die die optimale erwartete Gesamtbelohnung W erlangt. Man kann also bestimmen, welche Aktionen der Roboter wählen muß, um diesen optimalen Wert W zu erreichen ([Puterman 94]).

Nur zum Teil beobachtbare Markovsche Entscheidungsprozesse Ein häufiges Problem bei Robotikanwendungen ist die Tatsache, daß der gegenwärtige Systemzustand nicht immer vollständig bekannt ist. In diesem Fall muß ein Beobachtungsmodell erstellt werden. Dieses Modell bestimmt die Wahrscheinlichkeit, mit der die Beobachtung o gemacht werden wird, nachdem die Aktion a bei Zustand s ausgeführt wurde.

Der *angenommene Zustand* beruht dann auf einer Wahrscheinlichkeitsverteilung über S (die Menge aller möglichen Zustände) und besteht für jeden Zustand $s \in S$ in der Annahme, daß sich der Roboter momentan im Zustand s befindet.

Den oben beschriebenen Markovschen Entscheidungsprozeß kann man nun an diese nur teilweise bestimmbare Umgebungen anpassen, indem man den momentanen Zustand s des Roboters schätzt und die angenommenen Zustände auf Aktionen abbildet. Auch hierbei ist das Ziel, die Strategie so zu wählen, daß die maximale zukünftige Belohnung (unter Berücksichtigung des Reduktionsfaktors) erreicht wird.

Markovsche Entscheidungsprozesse: Literaturhinweis

* Leslie Pack Kaelbling, Michael Littman und Anthony Cassandra, Planning and Acting in Partially Observable Stochastic Domains, *Artificial Intelligence*, Band 101, 1998.

4.2.3 Konnektionismus

Konnektionistische Rechnerarchitekturen (oder „künstliche neuronale Netzwerke") sind mathematische Algorithmen, die Zuordnungen zwischen Eingangs- und Ausgangszuständen durch überwachtes Lernen erwerben oder die Eingangsinformation selbständig (unüberwacht) clustern können. Künstliche neuronale Netzwerke zeichnen sich dadurch aus, daß viele unabhängige Verarbeitungseinheiten simultan tätig sind und das allgemeine Verhalten des Netzwerks nicht durch eine bestimmte einzelne Komponente der Architektur bestimmt wird, sondern sich durch die gleichzeitige Aktivität aller Einheiten emergent herausbildet. Konnektionistische Rechnerarchitekturen lassen sich aus den folgenden Gründen sehr gut in der Robotik verwenden: sie können Zuordnungen zwischen Ein- und Ausgangsinformation erlernen, Eingangsdaten verallgemeinern oder ohne Überwachung (ohne Lehrsignal) interpretieren („clustern"). Sie sind gegen Rauschen relativ unempfindlich und insgesamt sehr robust — der Ausdruck *graceful degradation* (gradueller Leistungsabfall) beschreibt die Tatsache, daß die Gesamtleistung solcher Netzwerke bei Ausfall einzelner Einheiten (Neuronen) nur graduell abnimmt. Wenn eine bestimmte Einheit ausfällt, bedeutet dies nur eine Verringerung der Leistung, aber nicht einen totalen Leistungsausfall. [Torras 91] gibt einen Überblick über die Forschung (überwiegend Simulation) auf diesem Gebiet: die Anwendung von überwachten Lernmechanismen auf Sequenzgeneration, überwachte sowie unüberwachte Lernmechanismen für das Erlernen von nichtlinearen Zuordnungen wie inverse Kinematik, inverse Dynamik und Sensor-Motor-Integration. Reinforcement-Lernen wurde hauptsächlich für Aufgaben verwendet, bei denen Optimierung eine Rolle spielte, wie zum Beispiel Routenplanung.

Künstliche neuronale Netze können bei vielen Aufgaben der mobilen Robotik eingesetzt werden, zum Beispiel beim Erlernen von Assoziationen zwischen Eingangssignalen (z.B. Sensorsignalen) und Ausgangssignalen (z.B. Motorreaktionen). Beispiele hierfür finden sich in den Fallstudien 1 und 2 (S. 76 und S. 83)

Künstliche neuronale Netze können außerdem die zugrundeliegende (unbekannte) Struktur einer Datenmenge bestimmen. Durch diese Eigenschaft lassen sich interne Repräsentationen entwickeln oder Daten komprimieren. In der Fallstudie 3 (S. 90) verwendet *FortyTwo* ein selbstorganisierendes künstliches neuronales Netzwerk, um die zugrundeliegende Struktur der visuellen Wahrnehmung seiner Umgebung zu bestimmen, und kann dann mit dieser Struktur Zielobjekte identifizieren.

Die folgenden Abschnitte und Fallstudien geben einen kurzen Überblick über die gebräuchlichen künstlichen neuronalen Netzwerke und ihre Anwendungsgebiete in der mobilen Robotik.

McCulloch-Pitts-Neuronen Das Vorbild für künstliche neuronale Netze sind biologische Neuronen, die komplizierte Aufgaben wie Mustererkennung, Aufmerksamkeitssteuerung, Bewegungskontrolle usw. extrem zuverlässig und robust bewältigen. Ein vereinfachtes biologisches Neuron — und damit das Modell für das künstliche Neuron — besteht aus einem Zellkörper, dem *Soma*, das die eigentliche Berechnung durchführt, den *Dendriten*, die die Eingangsinformation liefern, und einem oder mehreren *Axons*, die die Verbindung zu den anderen Neuronen herstellen. Die Signale im vereinfachten biologischen Neuronenmodell sind elektrische Impulse, deren Frequenz die Signalbedeutung enthält.

Die Verbindungen zwischen Dendriten und Soma, die *Synapsen*, sind durch sogenannte Neurotransmitter gesteuert, die die Eingangssignale verstärken oder abschwächen.

Das vereinfachte Neuronenmodell basiert auf der Annahme, daß die Impulsrate des Ausgangssignals proportional zur Aktivität des Neurons ist. Bei künstlichen neuronalen Netzen wird je nach Anwendungsgebiet das Ausgangssignal entweder analog gelassen, oder es wird durch Vergleich mit einem Schwellwert ein binäres Ausgangssignal produziert.

McCulloch und Pitts stellten 1943 ein einfaches Rechnermodell für biologische Neuronen vor. Bei diesem Modell wurden die Eingangsimpulse der biologischen Neuronen durch ein kontinuierliches Eingangssignal ersetzt. Die „chemische Kodierung" der Neurotransmitter in den Synapsen wurde durch eine multiplikative Gewichtung ersetzt. Die Schwellwertfunktion des biologischen Neurons wurde durch einen Komparator realisiert und die Impulse des Ausgangssignals durch einen Binärwert ersetzt.

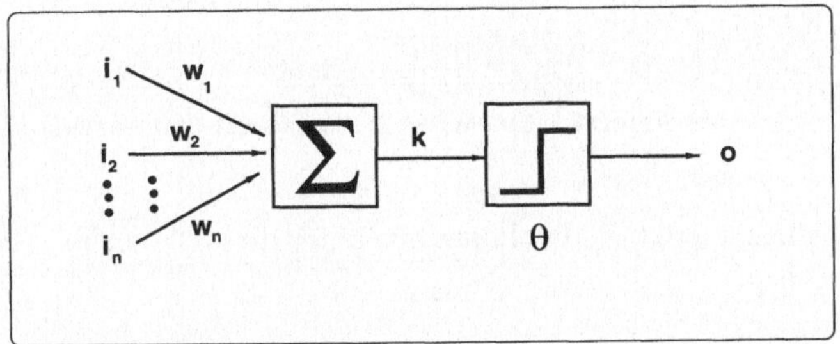

Abbildung 4.4. McCulloch-Pitts-Neuron

Ein McCulloch-Pitts-Neuron (Abbildung 4.4) funktioniert wie folgt. Das Neuron berechnet zunächst die gewichtete Summe k aller n Inputsignale i mittels Gleichung 4.4.

$$k = \sum_{j=1}^{n} i_j w_j \tag{4.4}$$

Diese mit den Gewichten w gewichtete Summe wird dann mit einem festen Schwellwert Θ verglichen, um die Ausgangsinformation o zu ermitteln. Wenn k größer ist als Θ, ist das Neuron „an" (normalerweise definiert als ‚$o = 1$'), wenn k unter dem Schwellwert liegt, ist das Neuron „aus" (normalerweise definiert als ‚$o = 0$' oder ‚$o = -1$').

McCulloch und Pitts ([McCulloch & Pitts 43]) konnten zeigen, daß bei korrekt gewählten Gewichtungen w eine Anordnung solcher einfacher Neuronen einen Universalrechner darstellt — jede beliebige berechenbare Funktion kann mit McCulloch-Pitts-Neuronen implementiert werden. Das Problem besteht natürlich darin, wie man die Gewichtungen „korrekt" auswählt. Diese Frage wird später in diesem Kapitel noch näher behandelt.

Beispiel: Hindernisausweichen mit McCulloch-Pitts-Neuronen Ein einfacher mobiler Roboter (siehe Abbildung 4.5) hat die Aufgabe, Hindernissen auszuweichen, wenn einer oder beide der Fühler berührt werden, ansonsten soll er sich vorwärts bewegen. Fühler LF und RF liefern den Wert ‚1', wenn sie berührt werden, sonst den Wert ‚0'. Die Motoren LM und RM bewegen sich vorwärts, wenn sie den Signalwert ‚1' erhalten, und rückwärts, wenn sie den Signalwert ‚-1' erhalten.

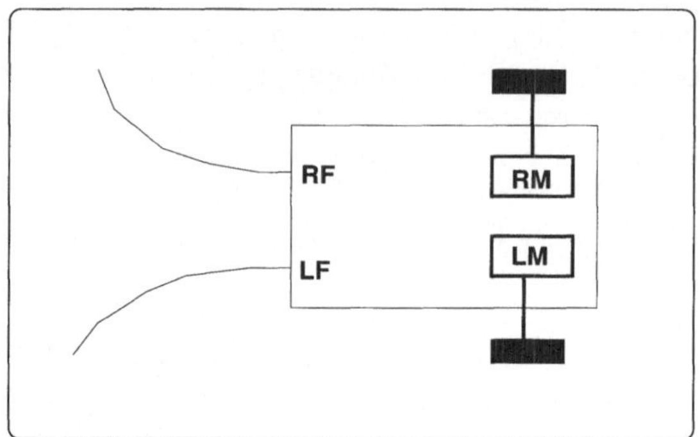

Abbildung 4.5. EINFACHES FAHRZEUG MIT FÜHLERSENSOREN

Tabelle 4.1 zeigt die Funktionstabelle für dieses Verhalten beim Hindernisausweichen.

LF	RF	LM	RM
0	0	1	1
0	1	-1	1
1	0	1	-1
1	1	beliebig	beliebig

Tabelle 4.1. FUNKTIONSTABELLE FÜR HINDERNISAUSWEICHEN

Diese Funktion kann implementiert werden, indem man für jeden Motor ein McCulloch- und Pitts-Neuron verwendet, wobei das Ausgangssignal beider Neuronen jeweils entweder ‚-1' oder ‚+1' sein muß. In diesem Beispiel bestimmen wir nur für den *linken* Motor die notwendigen Gewichtungen w_{RF} und w_{LF}. Die Gewichtungen für das rechte Neuron werden auf analoge Weise bestimmt. Der Schwellwert Θ wird knapp unter Null festgelegt, z.B. $\Theta = -0,01$.

Die erste Zeile der Funktionstabelle 4.1 erfordert, daß beide Motorneuronen den Wert ‚+1' haben müssen, wenn weder LF noch RF an sind. Da wir den Schwellwert $\Theta = -0,01$ gewählt haben, ist diese Voraussetzung automatisch erfüllt.

Zeile zwei der Funktionstabelle 4.1 gibt an, daß für das linke Motorneureon w_{RF} kleiner sein muß als Θ. Wir wählen also zum Beispiel $w_{RF} = -0,3$.

Zeile drei der Funktionstabelle gibt schließlich an, daß w_{LF} größer als Θ sein muß. Wir wählen also zum Beispiel $w_{LF} = 0,3$.

Eine rasche Überprüfung der Funktionstabelle 4.1 zeigt, daß diese Gewichtungen bereits die Hindernisausweichfunktion für das linke Motorneuron implementieren. Abbildung 4.6 zeigt das resultierende Netzwerk.

Die Gewichte wurden in diesem Beispiel einfach intuitiv festgelegt. Durch die einfache Funktionstabelle für Hindernisausweichen war offensichtlich, welche Gewichte zur gewünschten Ergebnisfunktion führen würden.

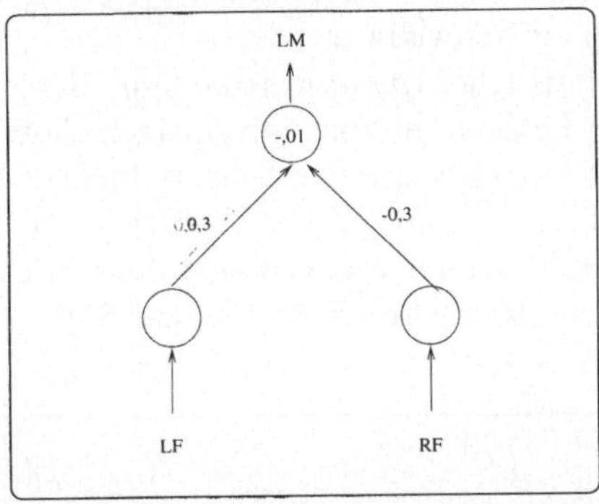

Abbildung 4.6. NETZKNOTEN DES LINKEN MOTORS FÜR HINDERNISAUSWEICHEN

Für kompliziertere Funktionen ist solch intuitives Vorgehen jedoch schwierig. Besser wäre ein Lernmechanismus, der die benötigten Gewichtungswerte automatisch bestimmen würde. Ein solcher Lernmechanismus wäre auch aus anderen Gründen wünschenswert: er würde die Entwicklung lernender Roboter ermöglichen. Das sogenannte *Perzeptron*, ein Netzwerk von McCulloch-Pitts-Neuronen, leistet dies.

Übungsaufgabe 2: Hindernisausweichen mithilfe von McCulloch-Pitts-Neuronen Wie wird sich der Roboter verhalten, wenn *beide* Fühler gleichzeitig berührt werden? Welches künstliche neuronale Netz nach dem Prinzip der McCulloch-Pitts-Neuronen würde die Funktion in der Funktionstabelle 4.1 implementieren *und* den Roboter rückwärts fahren lassen, wenn beide Fühler berührt werden? Lösung im Anhang 2.1 auf Seite 240.

Perzeptron und Assoziativspeicher Das Perzeptron ([Rosenblatt 62]) ist ein „einschichtiges" künstliches neuronales Netz, ist einfach zu implementieren, benötigt geringe Rechnerkapazität und zeigt eine hohe Lerngeschwindigkeit. Es besteht aus zwei Schichten von Einheiten: die Eingangsschicht (die Signale einfach weitergibt) und die Ausgangsschicht aus McCulloch-Pitts-Neuronen (die die eigentlichen Berechnungen ausführen, deshalb „einschichtiges Netzwerk" — siehe Abbildung 4.7, rechts).

Die Eingangseinheiten geben die empfangenen Eingangssignale $\vec{\imath}$ an alle Ausgangseinheiten weiter, die Ausgangsinformation o_j der Ausgangseinheit j wird bestimmt durch

$$o_j = f\left(\sum_{k=1}^{M} w_{jk} \imath_k\right) = f(\vec{w}_j \cdot \vec{\imath}), \qquad (4.5)$$

wobei $\vec{w}_j$ der individuelle Gewichtungsvektor der Ausgangseinheit j ist, M die Zahl der Eingangseinheiten, und f die sogenannte Transferfunktion.

Die Transferfunktion f des Perzeptrons ist als Schrittfunktion definiert:

$$f(x) = \begin{cases} 1 & \forall\, x > \Theta \\ 0\,(oder - 1) & \text{andernfalls.} \end{cases}$$

Θ ist hier wieder ein Schwellwert.

Der Assoziativspeicher (*pattern associator*, siehe Abbildung 4.7, links) ist eine Variante des Perzeptrons, mit dem einzigen Unterschied, daß hier $f(x) = x$ ist. Somit ist der Assoziativspeicher hauptsächlich dadurch gekennzeichnet, daß er einen kontinuierlichen Ausgangswert erzeugt (das Perzeptron erzeugt binäre Ausgangssignale). Abgesehen davon sind die beiden Netzwerke sehr ähnlich ([Kohonen 88] und [Rumelhart & McClelland 86]).

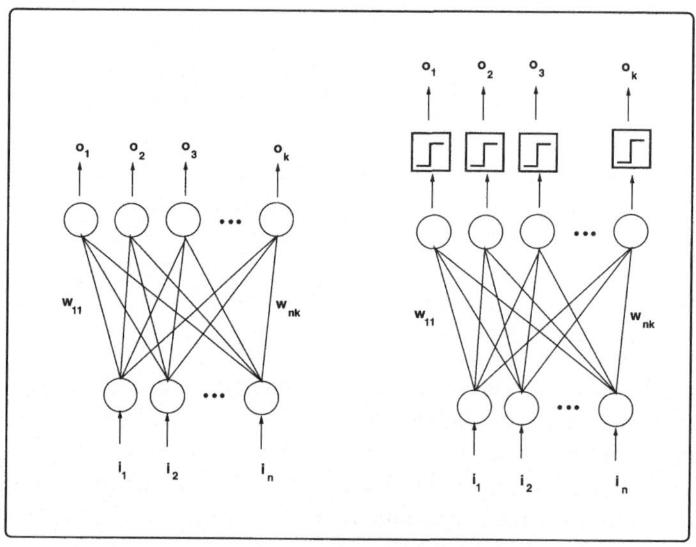

Abbildung 4.7. ASSOZIATIVSPEICHER (LINKS) UND PERZEPTRON (RECHTS)

Die Perzeptron-Lernregel Beim McCulloch-Pitts-Neuron wurden die angemessenen Gewichtungswerte intuitiv bestimmt. Für komplexe Netzwerke und komplexe Eingangs-Ausgangszuordnungen ist diese Methode nicht ausreichend. Außerdem interessiert uns eine Lernregel im Hinblick auf die Entwicklung autonomer, lernender Roboter.

Die Regel zur Bestimmung der benötigten Gewichtungswerte ist sehr einfach[2]:

$$\Delta\vec{w}_k\,(t) = \eta\,(t)\,(\tau_k - o_k)\,\vec{i}, \tag{4.6}$$

$$\vec{w}_k\,(t + 1) = \vec{w}_k\,(t) + \Delta\vec{w}_k, \tag{4.7}$$

wobei τ_k der gewünschte Ausgangswert für Einheit k ist; o_k ist der tatsächliche erhaltene Ausgangswert der Einheit k. Die Lerngeschwindigkeit wird von der Lernrate $\eta(t)$ bestimmt. Ein hoher Wert für η (z.B. 0,8) würde ein Netzwerk

---

[2] Die Ableitung dieser Regel findet sich bei [Hertz *et al.* 91].

ergeben, das sich sehr schnell auf Veränderungen einstellen kann, zugleich aber „neurotisch" reagiert (also alles Gelernte vergißt und Neues lernt, sobald ein paar Zufallssignale auftreten). Ein niedriger Wert für η (z.B. 0,1), ergibt dagegen ein „lethargisches" Netzwerk, das lange braucht, um eine Funktion zu erlernen. Für die Lernrate η wird meistens eine Konstante gewählt, es ist allerdings in manchen Anwendungen sinnvoll, η zeitabhängig zu wählen.

Beispiel: Hindernisausweichen mit Perzeptron Wir benutzen das gleiche Beispiel wie zuvor auf S. 63, es geht wieder um Hindernisausweichen. Der Unterschied ist, daß wir dieses Mal ein Perzeptron verwenden und die Gewichtungswerte mit der Perzeptronlernregel (Gleichungen 4.6 und 4.7) bestimmen.

Wir wählen z.B. für η den Wert 0,3 und Θ ist wieder knapp unter Null, etwa -0,01. Die zwei Gewichtungen auf dem linken Motorknoten sind ebenfalls anfänglich Null. Abbildung 4.8 zeigt diese Konfiguration.

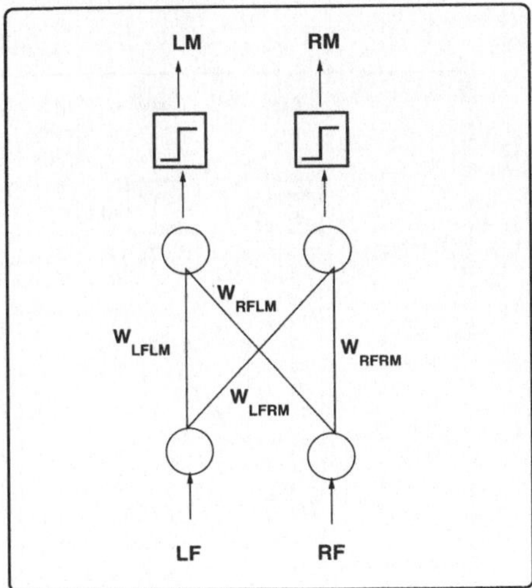

Abbildung 4.8. AUFBAU EINES PERZEPTRONS FÜR HINDERNISAUSWEICHEN

Wir gehen nun Zeile für Zeile die Funktionstabelle durch 4.1, wobei wir Gleichung 4.6 und 4.7 anwenden.

Zeile eins der Funktionstabelle ergibt:

$$w_{LFLM} = 0 + 0,3\,(1 - 1)\,0 = 0$$
$$w_{LFRM} = 0 + 0,3\,(1 - 1)\,0 = 0$$

Die anderen beiden Werte bleiben ebenfalls gleich Null.

Zeile zwei der Funktionstabelle 4.1 ergibt den folgenden neuen Stand:

$$w_{LFLM} = 0 + 0,3\,(-1 - 1)\,0 = 0$$
$$w_{LFRM} = 0 + 0,3\,(1 - 1)\,0 = 0$$
$$w_{RFLM} = 0 + 0,3\,(-1 - 1)\,1 = -0,6$$

$$w_{RFRM} = 0 + 0,3\,(1 - 1)\,1 = 0$$

Zeile drei der Funktionstabelle ergibt:

$$w_{LFLM} = 0 + 0,3\,(1 - 1)\,1 = 0$$
$$w_{LFRM} = 0 + 0,3\,(-1 - 1)\,1 = -0,6$$
$$w_{RFLM} = -0,6 + 0,3\,(1 - 1)\,0 = -0,6$$
$$w_{RFRM} = 0 + 0,3\,(-1 - 1)\,0 = 0$$

Eine rasche Berechnung zeigt, daß dieses Netzwerk bereits die Hindernisausweichfunktion nach den Bedingungen der Funktionstabelle 4.1 einwandfrei ausführt. Abbildung 4.9 zeigt das resultierende Netzwerk. Es stimmt im Wesentlichen mit dem zuvor von Hand erstellten Netzwerk überein (vergleiche Abbildung 4.6).

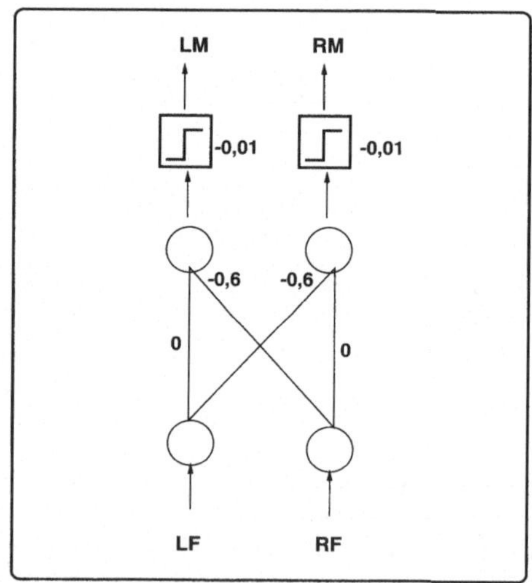

Abbildung 4.9. VOLLSTÄNDIGES PERZEPTRON FÜR HINDERNISAUSWEICHEN

Nachteile des Perzeptron Die Schwächen des Perzeptrons werden deutlich, wenn man beispielsweise ein Netzwerk wie das in Abbildung 4.6 zusammen mit der folgenden Funktionstabelle 4.2 (Exklusiv-Oder Funktion) betrachtet:

Wenn das Netzwerk in Abbildung 4.6 diese Funktion korrekt ausführen sollte, müßten die folgenden Ungleichungen erfüllt sein:

$$w_{LF} > \Theta$$
$$w_{RF} > \Theta$$
$$w_{LF} + w_{RF} < \Theta.$$

A	B	Ausgang
0	0	0
0	1	1
1	0	1
1	1	0

Tabelle 4.2. EXKLUSIV-ODER FUNKTION (XOR)

Die ersten beiden Ausdrücke ergeben zusammen $w_{LF} + w_{RF} > 2\,\Theta$, was im Widerspruch zur dritten Ungleichung steht. Das Perzeptron kann die XOR-Funktion nicht implementieren. Allgemein ausgedrückt sind Perzeptrons nicht in der Lage, Funktionen zu erlernen, die nicht linear trennbar sind, d.h. Funktionen, bei denen zwei Klassen (hier 1/0) nicht durch eine Linie, Ebene oder Hyperebene getrennt werden können.

Das bedeutet natürlich, daß ein Roboter, der für eine Lernaufgabe ein Perzeptron oder einen Assoziativspeicher verwendet, ausschließlich linear trennbare Funktionen erlernen kann. Hier ein Beispiel einer Funktion, die ein Roboter nicht mittels eines Perzeptrons erlernen könnte: angenommen, wir geben einem Roboter die Aufgabe, sich aus einer Sackgasse zu befreien, indem er sich bei Berühren einer der beiden vorderen Fühler stets nach links dreht und rückwärts fährt, wenn beide Fühler gleichzeitig berührt werden. Der Netzknoten für die Ausgangsinformation „nach links drehen" muß demnach „an" sein, wenn nur einer der Fühler Berührung meldet, aber „aus" in den anderen beiden Fällen (keiner oder beide der Fühler melden Berührung). Hierbei handelt es sich um eine Exklusiv-Oder Funktion, die nicht linear trennbar ist und daher vom Perzeptron nicht erlernt werden kann.

Glücklicherweise sind in der Praxis des Roboterlernens viele Funktionen linear trennbar, für die sich dann das Perzeptron gut einsetzen läßt, weil es sich durch sehr hohe Lerngeschwindigkeiten auszeichnet (eine Beispielanwendung findet sich in Fallstudie 1 im Abschnitt 4.4.1).

In der Tat ist es gerade die hohe Lerngeschwindigkeit, die den wesentlichen Vorteil des Perzeptrons im Vergleich zu anderen Netzwerken wie dem mehrschichtigen Perzeptron (*multilayer perceptron* oder *backpropagation network*, S. 70) ausmacht. Eine sehr geringe Zahl von Lehriterationen genügt, um eine korrekte Assoziation zwischen Eingangs- und Ausgangssignal herzustellen. Ein Backpropagation-Netzwerk benötigt im Normalfall mehrere hundert Lehrdurchgänge zum Erlernen einer Funktion. Umlernen (zum Beispiel beim Anpassen an neue Umgebungsbedingungen) erfordert wiederum mehrere hundert Trainingsschritte, während sich der Assoziativspeicher neuen Gegebenheiten durch Umlernen ebenso schnell anpassen kann, wie er zu Anfang gelernt hatte. Diese Eigenschaft ist in der Robotik von besonderer Bedeutung — bestimmte Kompetenzen, wie Hindernisausweichen, müssen sehr schnell erlernt werden, damit der Roboter überhaupt betriebsbereit bleiben kann.

Literaturangaben zu Perzeptrons

- [Beale & Jackson 90, S. 48-53].
- [Hertz *et al.* 91, Kapitel 5].

Mehrschichtiges Perzeptron Wir haben bereits erwähnt, daß ein Netzwerk aus McCulloch-Pitts-Neuronen einen Universalrechner darstellt (also beliebige Berechnungen durchführen kann), wenn die korrekten Gewichte bekannt sind. Wir haben gezeigt, wie sich ein Netzwerk mit einer einzigen Schicht von McCulloch-Pitts-Neuronen (Perzeptron) durch die Perzeptronlernregel trainieren läßt. Es wurde allerdings auch deutlich, daß das Perzeptron ausschließlich linear trennbare Funktionen lernen kann.

Die Erklärung liegt darin, daß jede Schicht eines Netzwerks aus McCulloch-Pitts-Neuronen eine Hyperebene erstellt, um die beiden Klassen des Ausgangssignals (die „Einsen" und die „Nullen") zu trennen, die das Netzwerk erlernen muß. Wenn die Trennung der beiden Klassen nicht durch eine einzige Hyperebene erreicht werden kann — wie es bei der Exklusiv-Oder Funktion der Fall ist — kann ein einschichtiges Netzwerk diese Funktion nicht erlernen.

Besäße das Perzeptron allerdings nicht nur eine einzige Schicht von Ausgangseinheiten, sondern eine oder mehrere zusätzliche Schichten verdeckter Einheiten (siehe Abbildung 4.10), dann könnte diese Schwierigkeit überwunden werden. Tatsächlich kann man zeigen, daß das mehrschichtige Perzeptron jede beliebige berechenbare Funktion implementieren kann. Das einzige Problem ist, wie zuvor, die Bestimmung der benötigten Gewichte.

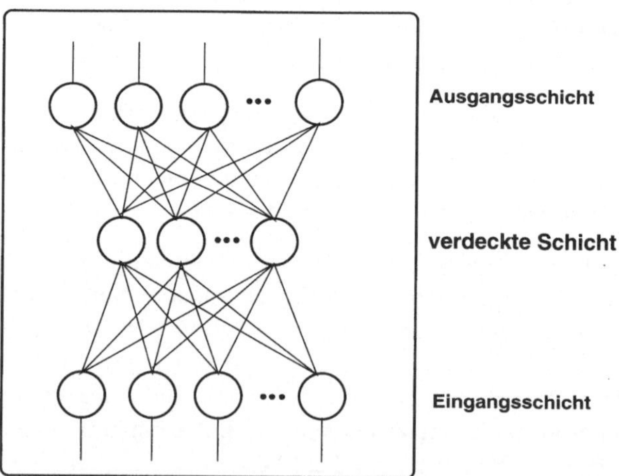

Abbildung 4.10. MEHRSCHICHTIGES PERZEPTRON

Der sogenannte Backpropagation-Algorithmus kann zur Bestimmung dieser Gewichte verwendet werden. Die Bezeichnung *backpropagation* kommt daher, daß die Lernregel die Rückpropagierung von Ausgangsfehlern dafür verwendet, die notwendigen Änderungen in den Gewichtungen des Netzes zu bestimmen ([Rumelhart *et al.* 86] und [Hertz *et al.* 91]).

Zu Anfang werden alle Gewichte des Netzes mit Zufallswerten initialisiert. Die Schwellenwerte Θ werden durch die Gewichte für einen konstanten Eingangswert von $+1$ (*bias*) ersetzt. Dadurch ist die Bestimmung von Schwellwerten Teil der allgemeinen Bestimmung der Gewichte, was die Berechnungen vereinfacht.

Wenn das Netz initialisiert ist, wird es mit vorgegebenen Eingangs-Ausgangspaaren (d.h. mit den erwünschten Ausgangsdaten) trainiert. Diese Trainingsmuster werden dann zur Aktualisierung der Gewichtungswerte verwendet.

Der Ausgangswert o_j jeder Einheit j innerhalb des Netzwerks wird nun gemäß der Gleichung 4.8 berechnet.

$$o_j = f(\vec{w}_j \cdot \vec{\imath}), \tag{4.8}$$

wobei $\vec{w}$ der Gewichtsvektor dieser Einheit j und $\vec{\imath}$ der Eingangsvektor zu Einheit j ist. Die Funktion f ist die sogenannte Aktivierungsfunktion. Im Falle des Perzeptrons handelte es sich dabei um eine binäre Schwellwertfunktion, beim mehrschichtigen Perzeptron muß es allerdings eine differenzierbare Funktion sein. Man wählt dafür meist die sigmoide Funktion aus Gleichung 4.9.

$$f(z) = \frac{1}{1 + e^{-kz}}, \tag{4.9}$$

wobei k eine positive Konstante ist, die die Steigung des Sigmoiden bestimmt. Für $k \to \infty$ wird die sigmoide Funktion die binäre Schwellwertfunktion, die zuvor in den McCulloch-Pitts-Neuronen verwendet wurde.

Sobald die Ausgangswerte aller Neuronen — verdeckte Einheiten und Einheiten der Ausgangsschicht — berechnet sind, wird das Netzwerk trainiert. Alle Gewichte w_{ij}, die von Neuron i nach Neuron j führen, werden nun gemäß Gleichung 4.10 trainiert.

$$w_{ij}(t + 1) = w_{ij}(t) + \eta \delta_{pj} o_{pi}, \tag{4.10}$$

wobei η die Lernrate ist (normalerweise ein Wert von etwa 0,3), δ_{pj} das Fehlersignal für Einheit j (siehe Gleichung 4.11 für Ausgangsneuronen, Gleichung 4.12 für die verdeckten Neuronen) und o_{pi} das Eingangssignal für Neuron j, kommend vom Neuron p.

Fehlersignale werden zuerst für Ausgangsneuronen bestimmt, dann für die verdeckten Neuronen. Dadurch beginnt auch das Netztraining mit der Ausgangsschicht und setzt sich fort mit dem Trainieren der verdeckten Schicht(en).

Für jedes Neuron j der Ausgangsschicht wird das Fehlersignal δ_{pj}^{out} durch die Gleichung 4.11 bestimmt.

$$\delta_{pj}^{out} = (t_{pj} - o_{pj}) o_{pj} (1 - o_{pj}), \tag{4.11}$$

wobei t_{pj} das gewünschte Ausgangssignal für das betreffende Ausgangsneuron und o_{pj} das tatsächlich erhaltene Ausgangssignal dieses Neurons ist.

Sobald die Fehlersignale für die Ausgangsneuronen bestimmt sind, wird die vorletzte Schicht des Netzwerks — die letzte verdeckte Schicht — durch Rückpropagierung des Ausgangsfehlers aktualisiert, gemäß Gleichung 4.12.

$$\delta_{pj}^{hid} = o_{pj}(1 - o_{pj}) \sum_k \delta_{pk} w_{kj}, \tag{4.12}$$

wobei o_{pj} das tatsächliche Ausgangssignal des betreffenden Neurons der verdeckten Schicht ist, δ_{pk} der Fehler des Neurons k in der nächsten Schicht des Netzwerks und w_{kj} das Gewicht zwischen dem verdeckten Neuron j und dem Neuron k in der nächsthöheren Schicht.

Der Trainingsvorgang wird so lange wiederholt, bis zum Beispiel der Ausgangsfehler des Netzwerks unterhalb eines vom Benutzer definierten Schwellenwertes liegt. Für eine detaillierte Beschreibung des mehrschichtigen Perzeptrons siehe auch [Rumelhart *et al.* 86,Hertz *et al.* 91,Beale & Jackson 90] und [Bishop 95].

Vorteile und Nachteile Das mehrschichtige Perzeptron hat den Vorteil, daß es — anders als das einfache Perzeptron — für das Lernen von nicht linear trennbaren Funktionen verwendet werden kann. Allerdings ist der Lernvorgang beim mehrschichtigen Perzeptron wesentlich langsamer. Wo das Perzeptron nur einige wenige Lernschritte benötigt, braucht ein mehrschichtiges Perzeptron meist mehrere hundert Durchgänge, um die erwünschten Eingangs-Ausgangszuordnungen zu erlernen. Für Robotikanwendungen ist das ein wesentlicher Nachteil, nicht so sehr wegen der benötigten hohen Rechnerleistung, sondern in erster Linie, weil der Roboter den gleichen Fehler mehrere hundert Mal wiederholen müßte, bevor er das korrekte Verhalten lernt.[3] Für grundlegende Sensor-Motor-Kompetenzen wie Hindernisausweichen ist das normalerweise nicht akzeptabel.

Literatur zum mehrschichtigen Perzeptron

- [Rumelhart & McClelland 86, Kapitel 8].
- [Hertz *et al.* 91, S.115-120].

RBF-Netze Wie das zuvor beschriebene mehrschichtige Perzeptron kann auch das RBF-Netz (*Radial Basis Function Network*) Funktionen erlernen, die nicht linear trennbar sind. Es handelt sich dabei um ein zweischichtiges Netzwerk, in dem die verdeckte Schicht eine nichtlineare Zuordnung durchführt, die auf Exponentialfunktionen beruht, während die Ausgangsschicht eine linear gewichtete Summierung der Signale der verdeckten Schicht ausführt (wie beim Assoziativspeicher). Ein RBF-Netz funktioniert im Wesentlichen ähnlich wie das mehrschichtige Perzeptron. Wo beim mehrschichtigen Perzeptron die Eingangsdatenmenge durch lineare Funktionen (Hyperebenen) getrennt werden, verwendet das RBF-Netz stattdessen nichtlineare Funktionen (Hyperellipsoide). Abbildung 4.11 zeigt die generelle Struktur eines RBF-Netzes ([Lowe & Tipping 96]).

---

[3] Man könnte natürlich ein Eingangs-Ausgangspaar mehrmals zum Trainieren verwenden, was aber wiederum wegen der bei realen Robotern auftretenden verrauschten Signale problematisch ist.

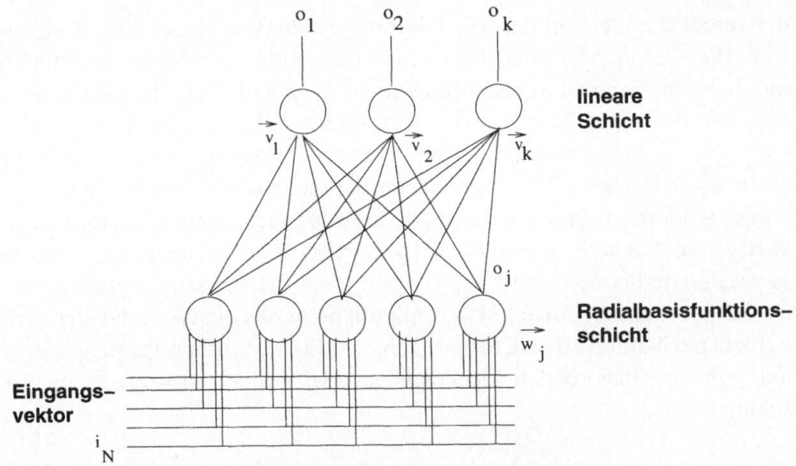

Abbildung 4.11. RBF-NETZWERK

Die verdeckten Einheiten haben eine Gaußförmige Attraktorregion, die den
Zweck hat, die Ähnlichkeit des Eingangsvektors mit dem Gewichtsvektor einer
verdeckten Einheit zu quantifizieren — jeder Gewichtsvektor ist der Prototyp
eines bestimmten Eingangssignals. Die verdeckte Schicht führt eine nichtlineare
Abbildung der Eingangsinformation durch, was die Wahrscheinlichkeit erhöht,
daß sich die Klassen linear trennen lassen.

Die Ausgangsschicht assoziiert dann die Klassifizierung der verdeckten Schicht
mit dem angestrebten Ausgangssignal durch lineare Zuordnung, wie beim einfachen und beim mehrschichtigen Perzeptron.

Das Ausgangssignal $o_{hid,j}$ der RBF-Einheit j in der verdeckten Schicht wird
durch Gleichung 4.13 bestimmt:

$$o_{hid,j} = exp(-\frac{||\vec{i} - \vec{w}_j||}{\sigma}), \tag{4.13}$$

wobei $\vec{w}_j$ der Gewichtsvektor der RBF-Einheit j ist, $\vec{i}$ der Eingangsvektor und
σ der Parameter, der die Breite der Gaußförmigen Attraktorregion steuert (z.B.
$\sigma = 0,05$).

Das Ausgangssignal o_k jedes Neurons der Ausgangsschicht wird durch Gleichung 4.14 bestimmt.

$$o_k = \vec{o}_{hid} \cdot \vec{v}_k, \tag{4.14}$$

wobei $\vec{o}_{hid}$ der Ausgangsvektor der verdeckten Schicht ist und $\vec{v}_k$ der Gewichtsvektor des Ausgangsneurons k.

Die Ausgangsschicht läßt sich leicht trainieren, indem man die Perzeptron-
Lernregel (siehe Gleichungen 4.6 und 4.7) anwendet.

Das RBF-Netz funktioniert also so, daß der Raum der Eingangssignale durch
eine nichtlineare Funktion (zum Beispiel mit der oben beschriebenen Gaußschen
Funktion) auf einen höherdimensionalen Raum abgebildet wird. Die Gewichte

der verdeckten Schicht müssen daher so gewählt werden, daß der Eingangsraum
(d.h. die Gesamtheit aller auftretenden Eingangssignale) so gleichmäßig wie
möglich repräsentiert ist. Es gibt mehrere Möglichkeiten, die Gewichte der Einheiten in der verdeckten Schicht zu bestimmen. Eine einfache Methode ist, die
Gewichte   gleichmäßig   über   den   Eingangsraum   zu   verteilen
([Moody & Darken 89]). In manchen Fällen genügt es auch, die Gewichte auf
einige willkürlich gewählte Signale des Eingangsraums zu verteilen. Dadurch
wird erreicht, daß die Gewichtsdichte dort hoch ist, wo auch die Dichte der Eingangssignale hoch ist, und niedrig, wo auch die Eingangssignaldichte niedrig
ist ([Broomhead & Lowe 88]). Schließlich können die Gewichte der verdeckten
Schicht auch durch einen Clustermechanismus bestimmt werden, wie er auch bei
der selbstorganisierenden Merkmalskarte verwendet wird (siehe nächster Abschnitt).

Ergänzende Literatur zu RBF-Netzen

- David Lowe, *Radial Basis Function Networks*, in [Arbib 95, S. 779-782].
- [Bishop 95, Kapitel 5].

Die selbstorganisierende Merkmalskarte Alle bisher beschriebenen künstlichen neuronalen Netze wurden durch „überwachtes Training" trainiert, wobei
das Lernverhalten durch die Einführung eines Zielwertes (das erwünschte Ausgangssignal des Netzes) erreicht wurde. Dieser Zielwert wird von außen bestimmt, durch eine externe Instanz. Hierbei kann es sich um ein weiteres Computerprogramm handeln, wie in Fallstudie 1 auf S. 76, oder um den Anwender,
wie in Fallstudie 2 auf S. 83.

Es gibt allerdings Anwendungen, bei denen kein Trainingssignal zur Verfügung steht, wie z.B. alle Anwendungen, bei denen Eingangsdaten geclustert
werden sollen. In der Robotik ist es oft sinnvoll, eine hochdimensionale Eingangsdatenmenge zu clustern und automatisch — unüberwacht — auf eine Aus-
gabemenge mit niedrigerer Dimensionalität abzubilden. Diese Reduzierung in
Dimensionalität ist eine Verallgemeinerungsmethode, die die Komplexität der
Eingabemenge verringert, aber zugleich im Idealfall alle „relevanten" Merkmale der Eingabemenge beibehält. Fallstudie 3 (S. 90) ist ein Beispiel für die
Anwendung unüberwachten Lernens in der mobilen Robotik.

Die selbstorganisierende Merkmalskarte (SOMK, auch „Kohonennetz") ist
ein solcher Mechanismus, der einen hochdimensionalen Eingangsraum auf einen
meist zweidimensionalen Ausgangsraum durch unüberwachtes Lernen abbildet
([Kohonen 88]).

Die SOMK besteht normalerweise aus einem zweidimensionalen Gitter von
Neuronen, siehe Abbildung 4.12.

Alle Einheiten erhalten den gleichen Eingangsvektor $\vec{\imath}$. Die Gewichtungsvek-
toren $\vec{w}_j$ werden mit Zufallswerten initialisiert und sind Einheitsvektoren, d.h.
sie haben die Länge 1.

Das Ausgangssignal o_j jeder Einheit j des Netzes wird durch Gleichung 4.15
bestimmt.

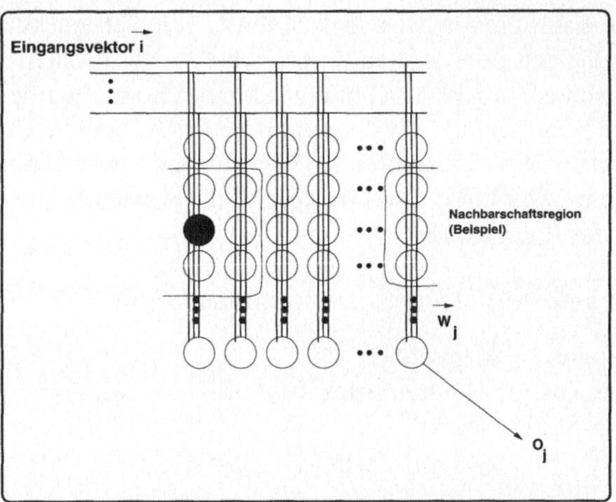

Abbildung 4.12. Selbstorganisierende Merkmalskarte (SOMK)

$$o_j = \vec{w}_j \cdot \vec{\imath}. \tag{4.15}$$

Aufgrund der zufallsbedingten Initialisierung der Gewichtsvektoren produzieren natürlich alle Neuronen anfangs verschiedene Ausgangssignale. Dasjenige Neuron, das auf einen Eingangsreiz am stärksten reagiert, wird dann zusammen mit den Neuronen in der unmittelbaren Umgebung so trainiert, daß es noch verstärkt auf diesen bestimmten Eingangsvektor reagiert. Gleichung 4.16 gibt diese Adaptionsvorschrift an. Die so aktualisierten Gewichtsvektoren $\vec{w}_j$ werden dann wieder auf Einheitslänge normalisiert.

$$\vec{w}_j(t+1) = \vec{w}_j(t) + \eta(\vec{\imath} - \vec{w}_j(t)), \tag{4.16}$$

wobei η die Lernrate ist (normalerweise ein Wert von etwa $\eta = 0,3$).

Der Nachbarschaftsbereich um das am stärksten reagierende Neuron, auf den Gleichung 4.16 angewendet wird, wird gewöhnlich zu Anfang des Lernprozesses groß gewählt, und dann im Laufe des Trainings verkleinert. Abbildung 4.12 gibt ein Beispiel. Sie zeigt auch, daß das Netzwerk normalerweise torus- oder ringförmig gewählt wird, um Singularitäten am Rand zu vermeiden.

Im Laufe des Trainingsvorgangs reagieren bestimmte Bereiche der SOMK zunehmend stärker auf bestimmte Eingangsreize und clustern dadurch die Eingabedaten auf eine zweidimensionale Ausgabefläche. Dieser Clustervorgang geschieht topologisch, ordnet also ähnliche Eingabesignale benachbarten Netzregionen zu. Beispiele für Reaktionsmuster von trainierten selbstorganisierenden Merkmalkarten finden sich in den Abbildungen 4.19, 4.23 und 5.19.

Anwendungen für selbstorganisierende Merkmalskarten in der Robotik Die Stärke der SOMK liegt darin, daß sie Eingangssignale so clustern kann, daß man eine aussagefähigere verallgemeinerte Darstellung dieser Daten erhält.

Selbstorganisierende Merkmalskarten lassen sich gut für die Strukturierung der eingehenden Sensordaten eines Roboters verwenden. Ähnlichkeiten zwischen verschiedenen Wahrnehmungen können herausgearbeitet werden, und die geordnete Repräsentation läßt sich für die Programmierung von Strategien verwenden, etwa für die Reaktion des Roboters auf eine bestimmte Wahrnehmung. Fallstudie 6 (Abschnitt 5.4.3) beschreibt die Anwendung der SOMK für einen Roboter, der Routen lernt.

Literatur über selbstorganisierende Merkmalskarten

- [Kohonen 88, Kapitel 5].
- Helge Ritter, *Self-Organizing Feature Maps: Kohonen Maps*, in [Arbib 95, S. 846-851].

4.3   Literaturhinweise zu Lernmethoden

Zum Maschinenlernen

- Tom Mitchell, *Machine Learning*, McGraw Hill, New York, 1997.
- Dana Ballard, *An Introduction to Natural Computation*, MIT Press, Cambridge MA, 1997.

Zum Konnektionismus

- John Hertz, Anders Krogh und Richard G. Palmer, *Introduction to the Theory of Neural Computation*, Addison-Wesley, Redwood City CA, 1991.
- R. Beale und T. Jackson, *Neural Computing: An Introduction*, Adam Hilger, Bristol, Philadelphia und New York, 1990.
- Christopher Bishop, *Neural Networks for Pattern Recognition*, Oxford University Press, Oxford, 1995.
- Simon Haykin, *Neural Networks: a Comprehensive Foundation*, Macmillan, New York, 1994.

4.4   Fallstudien: Lernende Roboter

4.4.1   Fallstudie 1. *ALDER*: selbstüberwachtes Erlernen von Sensor-Motor-Kopplungen

Nach der Einführung in die Problematik des Roboterlernens und dem allgemeinen Überblick über die Maschinenlernmechanismen, die sich für den Kompetenzerwerb bei Robotern verwenden lassen, sollen nun als Beispiele konkrete mobile Roboter vorgestellt werden, die lernen, ihre Wahrnehmungen für die Ausführung bestimmter Aufgaben zu interpretieren.

Die erste Fallstudie beschreibt eine selbstorganisierende Steuerung, die den mobilen Roboter durch Probehandeln lernen läßt. Dies geschieht in einem selbstüberwachten Lernprozeß unabhängig vom menschlichen Bediener. Die ersten

Experimente dazu wurden 1989 ([Nehmzow *et al.* 89]) mit den Robotern *AL-DER* und *CAIRNGORM* (siehe Abbildung 4.14) durchgeführt, und der Mechanismus wird seither in zahlreichen Robotern weltweit für den autonomen Erwerb von Sensor-Motor-Kompetenzen eingesetzt (siehe zum Beispiel [Daskalakis 91] und [Ramakers 93]).

Das grundlegende Prinzip der Steuerung ist, daß ein Assoziativspeicher (siehe Abschnitt 4.2.3) sensorische Wahrnehmung mit Motorbewegung assoziiert. Da diese Assoziation durch einen Lernprozeß *erworben* und nicht vorprogrammiert ist, kann der Roboter sein Verhalten verändern und an verschiedene Umgebungsbedingungen anpassen, wenn ein geeigneter Trainingsmechanismus vorhanden ist.

Bei *ALDER* und *CAIRNGORM* haben sogenannte „Instinktregeln" die Aufgabe, positive bzw. negative Rückkopplung zu geben. Diese Instinktregeln legen spezifische Sensorzustände fest, die während des Roboterbetriebs aufrechterhalten (bzw. vermieden) werden müssen. Verhalten wird somit durch Sensorzustände ausgedrückt; der Roboter erlernt das nötige Verhalten, das die geforderten Sensorzustände aufrechterhält (beziehungsweise vermeidet).

Abbildung 4.13 zeigt die Struktur der vollständigen Steuerung, die in allen hier beschriebenen Experimenten verwendet wurde. Die Steuerung besteht aus festen und veränderlichen Komponenten, wobei die Instinktregeln, die Robotermorphologie und verschiedene Steuerungsparameter die festen Komponenten darstellen; der Assoziativspeicher ist die plastische Komponente.

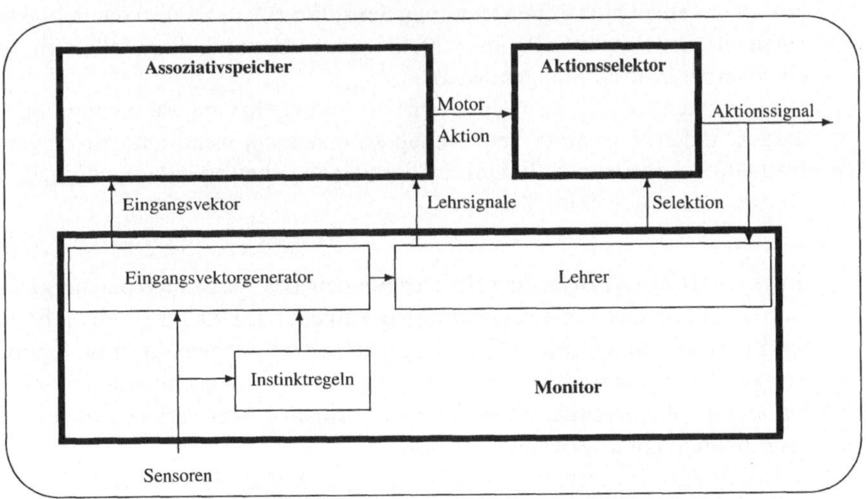

Abbildung 4.13. STRUKTUR DER SELBSTORGANISIERENDEN STEUERUNG

Instinktregeln Da der Assoziativspeicher durch überwachtes Lernen trainiert wird, muß ein Zielsignal — also die angestrebte Reaktion auf ein bestimmtes Eingangssignal — vorgegeben werden. Weil der Roboter aber ohne menschliche Beteiligung lernen soll, benötigt man eine unabhängige Methode zur Bestimmung dieser Zielsignale.

Diese Funktion erfüllen hier feste Regeln (die *Instinktregeln*). Sie sind dem Prinzip nach ähnlich wie die bei [Webster 81] definierten „Instinkte" (allerdings nicht identisch):

> „[Ein Instinkt ist eine] komplexe und spezifische Reaktion von Organismen auf Umgebungsreize. Diese Reaktion ist weitgehend erblich und unveränderlich, obwohl ihre konkrete Ausdrucksform durch Lernen modifiziert werden kann. Dies geschieht jedoch ohne bewußte Überlegung und hat allein die Eliminierung einer physiologischen Erregung zum Ziel."

Diese Definition beschreibt allerdings resultierendes Verhalten und unterscheidet sich dadurch von den Instinktregeln, die in unseren Experimenten verwendet werden. Instinktregeln sind nicht Verhalten, sondern Sensorzustände, die das Erlernen von Verhalten lenken. Das Ziel von Instinkt und Instinktregel ist jedoch das gleiche, nämlich die Eliminierung einer physiologischen Erregung. Beim Roboter kann eine solche „physiologische Erregung" ein externer Sensorreiz sein oder, wie in einigen Experimenten, das Fehlen eines solchen.

Jeder Instinktregel ist ein bestimmter Sensor zugeordnet, damit sich feststellen läßt, ob die Regel eingehalten oder verletzt wird. Bei diesem Sensor kann es sich um einen physischen, externen Sensor (z.B. ein Fühler) handeln oder um einen internen Sensor (z.B. eine Uhr, die jedes Mal auf Null gestellt wird, sobald ein externer Reiz empfangen wird).

Zusammenfassend verwenden wir Instinktregeln, um Rückkopplungsinformation und eine positive Verstärkung zu erzeugen, wenn eine zuvor verletzte Instinktregel wieder erfüllt wird. Instinktregeln geben aber darüber hinaus keine Hinweise über korrektes Verhalten.

Eingangs- und Ausgangssignale Der Eingang des Assoziativspeichers (*pattern associator*) besteht aus den gegenwärtig eingehenden oder über einen bestimmten Zeitraum empfangenen Sensorsignalen. Meist werden dafür unverarbeitete Sensordaten verwendet, in manchen Fällen ist es jedoch sinnvoll, die Sensordaten zuerst aufzubereiten. Ebenso kann Information über verletzte Instinktregeln als Eingangsignal verwendet werden.

Die Ausgangsinformation des Netzwerkes enthält die Anweisungen für bestimmte Motorbewegungen, wie zum Beispiel eine rasche Linksdrehung (d.h. der rechte Motor bewegt sich vorwärts, während der linke zurückdreht), rasche Rechtsdrehung, Vorwärtsfahren oder Rückwärtsfahren. Als Alternative zu solchen kombinierten Motorbewegungen kann man künstliche Motorneuronen verwenden, die mit analogen Ausgangssignalen ein differentiales Antriebssystem steuern. [Nehmzow 99c] beschreibt dazu einige Experimente.

Diesem Steuerungsaufbau liegt der Gedanke zugrunde, daß sich sinnvolle und wirksame Assoziationen zwischen bestimmten Sensorsignalen und bestimmten

Motoraktionen im Laufe der Zeit allein durch die Interaktion von Roboter und Umgebung ergeben, ohne das Eingreifen eines menschlichen Bedieners.

Mechanismus Wie schon zuvor erwähnt, benötigt der Assoziativspeicher ein Trainingssignal, um zwischen Eingang und Ausgang sinnvolle Assoziationen herzustellen. Dieses Trainingssignal wird von einer Kontrollinstanz, dem *Monitor* produziert. Hierbei handelt es sich um eine Bewertungs- oder Kritikkomponente, die die Leistung des Roboters anhand der Instinktregeln bewertet und das Netzwerk dementsprechend trainiert.

Sobald eine Instinktregel verletzt (d.h. ein bestimmter Sensorzustand nicht mehr gegeben) ist, wird innerhalb des Monitors vom *Eingangsvektorgenerator* ein Eingangssignal erzeugt, in den Assoziativspeicher eingespeist und das entsprechende Ausgangssignal des Netzwerkes errechnet (Abbildung 4.13). Der *Bewegungsselektor* bestimmt, welches Ausgangsneuron die stärkste Reaktion zeigt und welche Motoraktion es repräsentiert. Diese Motoraktion wird dann während einer festgelegten Zeitspanne ausgeführt (die Länge dieser Zeitspanne muß von Roboter zu Roboter verschieden gewählt werden, da sie natürlich von der Geschwindigkeit des Roboters abhängt).

Werden die Anforderungen der zuvor verletzten Instinktregeln während dieser Zeitspanne erfüllt, so wird die Verknüpfung, die der Assoziativspeicher zwischen ursprünglichem Eingangssignal und Ausgangssignal hergestellt hat, als korrekt angenommen und für das Netzwerk bestätigt (dies geschieht durch den Monitor). Bleiben allerdings die Instinktregeln weiterhin verletzt, gibt der Monitor dem Bewegungsselektor das Signal, die Motorbewegung mit dem zweithöchsten Ausgangswert auszuwählen. Diese Bewegung wird dann über einen etwas längeren Zeitraum als zuvor durchgeführt, um die Bewegung den ersten Durchgangs zu kompensieren. Wenn diese Bewegung nun zur Erfüllung der Instinktregeln führt, lernt das Netzwerk, den ursprünglichen Sensorzustand mit dieser Motoraktion zu assoziieren. Andernfalls aktiviert der Bewegungsselektor das nächststärkste Ausgangsneuron. Dieser Vorgang wird solange wiederholt, bis eine Aktion erfolgreich ist.

Da der Monitor Teil der Robotersteuerung ist, geschieht hier der Erwerb von Sensor-Motor-Kompetenzen vollständig unabhängig von menschlicher Überwachung. Der Roboter erwirbt seine Kompetenzen völlig selbständig, er lernt autonom.

Abbildung 4.7 (links) zeigt die grobe Struktur des verwendeten Assoziativspeichers. Die tatsächlichen Eingangssignale des Netzwerks sind natürlich je nach Experiment verschieden, die Ausgangsneuronen stehen für Motoraktionen. Das Ergebnis dieses gesamten Vorgangs sind effektive Assoziationen zwischen Eingangsreizen (sensorische Wahrnehmungen) und Ausgangssignalen (Motoraktionen).

Experimente Die oben beschriebene Steuerungsstruktur wurde von verschiedenen unabhängigen Forschungsgruppen auf unterschiedlichen Robotern implementiert. In allen Fällen konnte man beobachten, daß die mobilen Roboter mit dieser Steuerung grundlegende Sensor-Motor-Verknüpfungen sehr rasch erlernen konnten. Sie benötigten dafür stets weniger als 20 Lernschritte (und meist beträchtlich weniger), das bedeutete in der Praxis meist weniger als eine Minute. Da die Steuerung die Assoziationen zwischen Sensoreingang und Aktorenausgang autonom neuordnen kann, waren die Roboter in der Lage, auch bei Veränderungen in der Umwelt, in der Aufgabestellung oder im Roboter selbst ihre aufgabenorientierten Kompetenzen aufrecht zu erhalten.

Vorwärtsbewegung Das einfachste Experiment ist zunächst, den Roboter die Vorwärtsbewegung lernen zu lassen. Vorausgesetzt, der Roboter kann feststellen, ob er sich geradeaus nach vorn bewegt oder nicht[4], dann erreicht eine Instinktregel wie

> „der Vorwärtssensor muß stets ‚an' bleiben"

eine Zuordnung von Sensorwahrnehmungen und Motoraktionen, die den Roboter vorwärts fahren läßt.

Hindernisausweichen Diese einfache erworbene Verhaltenskompetenz der Vorwärtsbewegung kann dann so ausgebaut werden, daß der Roboter vorwärts fährt und gleichzeitig Hindernissen ausweicht, indem man eine oder mehr Instinktregeln hinzufügt. Wenn wir als Beispiel einen einfachen mit Fühlern ausgestatteten Roboter betrachten (Abbildung 4.5), dann würden die folgenden beiden Instinktregeln zu dem erwünschten Verhalten führen:

1. „der Vorwärtssensor muß stets ‚an' bleiben"
2. „die Fühler müssen stets ‚aus' sein".

Für Roboter mit Infrarot- oder Sonarsensoren müßte die zweite Instinktregel entsprechend verändert werden und könnte z.B. lauten: „alle Sonarsignale müssen über einem bestimmten Wert liegen".

Die Ergebnisse aus Experimenten mit zahlreichen verschiedenen Robotern mit unterschiedlichen Sensormodalitäten zeigen, daß die Roboter auch das Hindernisausweichen sehr rasch erlernen: in den meisten Fällen brauchen sie weniger als eine Minute und weniger als 10 Lernschritte.

Anpassung an wechselnde Bedingungen Je größer die Lernfähigkeit des Roboters, umso besser kann er auch mit unvorhergesehenen Situationen umgehen. Um diese Tatsache zu verdeutlichen, wurden zwei Experimente mit *ALDER* und *CAIRNGORM* durchgeführt ([Nehmzow 92]). Für das erste Experiment wurden die Roboter in eine Umgebung mit konvexen Hindernissen (gewöhnliche Kartons) plaziert. Sie lernten rasch, sich jeweils von dem berührten Fühler wegzudrehen. Wo die Kartons eine Sackgasse bildeten, hatten die Roboter jedoch zunächst Schwierigkeiten und drehten sich in die Sackgasse zurück, statt hinauszufahren. Nach kurzer Zeit jedoch (innerhalb von zwei Minuten) fanden sie den

---

[4] Dies kann zum Beispiel mittels eines entsprechend angebrachten Mikroschalters, der angibt, ob eine frei drehbare Laufrolle parallel oder schief zur Hauptachse des Roboters steht, detektiert werden.

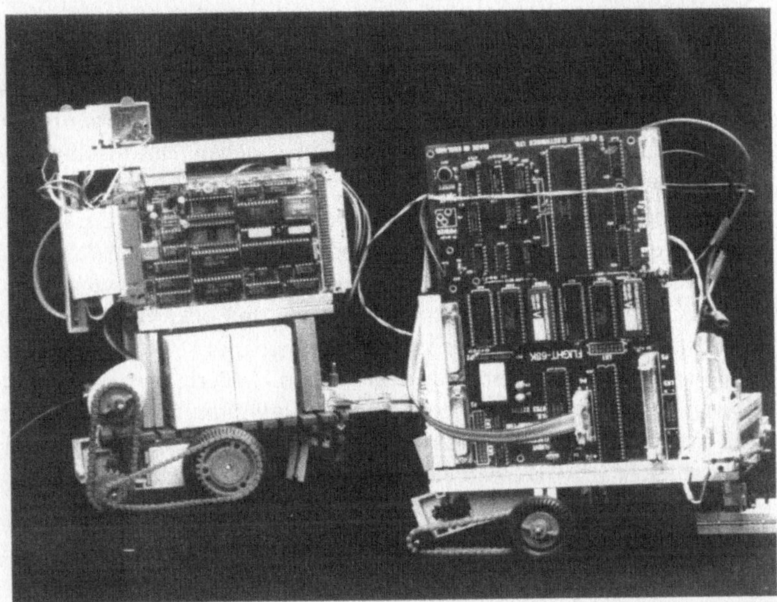

Abbildung 4.14. *ALDER* (LINKS) UND *CAIRNGORM* (RECHTS)

Ausgang und hatten zugleich eine neue Verhaltensstrategie erworben: sie drehten sich nun immer in ein- und dieselbe Richtung, egal welcher Fühler berührt wurde. Das ist natürlich das ideale Verhalten, um sich aus einer Sackgasse zu befreien. Die Roboter hatten sich an ihre neue, unerwartete Umgebung angepaßt.

In einem zweiten Experiment wurde bei den Robotern der rechte Fühler mit dem linken vertauscht, nachdem sie gelernt hatten, Hindernissen auszuweichen. Nach weiteren vier bis sechs Lernschritten hatten sie die Netzwerkassoziationen zwischen Sensorsignalen und Motoraktionen an die neuen Bedingungen angepaßt, die Fähigkeit, Hindernissen auszuweichen, zurückgewonnen und somit den (in diesem Fall künstlich erzeugten) technischen Fehler repariert.

Ein anderes interessantes Beispiel ist einer unserer Roboter, den wir wochenlang eingesetzt hatten und der erfolgreich zahlreiche Aufgaben erlernt hatte, obwohl aus Versehen einer der acht Infrarotsensoren nicht richtig angeschlossen und daher außer Betrieb war. Aufgrund der Sensorredundanz (mehr als ein Sensor nimmt die Umgebungsinformation des Roboters auf) war der Roboter trotzdem in der Lage, mit Hilfe der verbleibenden Sensoren Hindernisausweichen zu erlernen.

Konturfolgen Wenn man die Liste der Instinktregeln erweitert, können die Roboter ebenso auch die Fähigkeit erlernen, sich nahe an Konturen wie Wänden entlangzubewegen. Bei *ALDER* und *CAIRNGORM* wurden dafür die folgenden drei Instinktregeln verwendet:

1. „der Vorwärtssensor muß stets ‚an' bleiben"
2. „die Fühler müssen stets ‚aus' sein"

3. „alle vier Sekunden muß etwas berührt werden".

Mit Hilfe dieser (oder ähnlicher) Regeln lernen Roboter rasch, vorwärts zu fahren und sich von Hindernissen wegzubewegen, aber gleichzeitig alle vier Sekunden aktiv Hindernisse (d.h. Wände) aufzusuchen. Das resultierende Verhalten ist Wandfolgen.

Ein anderes Experiment verdeutlicht ebenfalls, wie rasch die Roboter sich an veränderte Bedingungen anpassen. Nachdem *ALDER* und *CAIRNGORM* erfolgreich gelernt hatten, einer Wand zu ihrer Rechten zu folgen, wurden sie um 180° gedreht. Sie stellten daraufhin innerhalb von drei oder vier Lernschritten neue Zuordnungen zwischen Sensorwahrnehmungen und Motoraktion her, um der Wand nun zu ihrer Linken folgen zu können. Änderte man dann wiederum die Bewegungsrichtung der Roboter, war der Umlernprozeß sogar noch schneller, weil latente, zuvor erstellte Assoziationen noch im Netzwerk vorhanden waren und nur leicht verstärkt werden mußten, um wieder aktiv zu werden.

Korridorfolgen Wenn man eine weitere, vierte Instinktregel hinzufügt und dabei ein „Kurzzeitgedächtnis" verwendet, können die Roboter lernen, in der Mitte eines Korridors entlangzufahren, indem sie die linke und rechte Wand abwechselnd mit den Fühlern berühren. Die Instinktregeln für Korridorfolgen lauten also:

1. „der Vorwärtssensor muß stets ‚an' bleiben"
2. „die Fühler müssen stets ‚aus' sein"
3. „alle vier Sekunden muß etwas berührt werden"
4. „kein Fühler darf zweimal nacheinander berührt werden".

Phototaxis und Kartonschieben Die Möglichkeiten, neue Kompetenzen zu erwerben, sind allein durch die Sensoren des Roboters begrenzt, sowie durch die Tatsache, daß nicht alle Verhaltensweisen durch einfache Sensorzustände beschrieben werden können.

Abschließend sollen in dieser ersten Fallstudie auch noch unsere Experimente mit einem mit Infrarot- und Lichtsensoren ausgestatteten IS Robotics R2 Roboter erwähnt werden.

Der Roboter erlernte Phototaxis in weniger als 10 Lernschritten. Die relevante Instinktregel forderte, daß die Lichtsensoren an der Vorderseite des Roboters stets den höchsten Wert liefern sollten (also dem hellsten Licht zugewandt sein mußten).

Kartonschieben (bzw. Objektfolgen) wurde mittels einer Instinktregel erlernt, die erforderte, daß die vordersten Infrarotsensoren stets ‚an' sein sollten (also Werte liefern, die auf das Vorhandensein eines Objekts vor dem Roboter schließen ließen). Der Roboter erlernte diese Kompetenz in zwei Lernschritten – ein Lernschritt, wenn der Karton seitlich rechts, und ein Lernschritt, wenn er seitlich links vom Roboter plaziert wurde. Die Lerndauer für Kartonschieben betrug wiederum weniger als eine Minute.

4.4.2   Fallstudie 2. *FortyTwo*: Robotertraining

Der in Fallstudie 1 beschriebene Mechanismus für den autonomen Kompetenzerwerb kann so modifiziert werden, daß sich der Roboter für bestimmte Sensor-
Motor-Aufgaben *trainieren* läßt. Diese zweite Fallstudie erläutert die notwendige Vorgehensweise und beschreibt Experimente mit dem Roboter *FortyTwo*.

Motivation für Robotertraining Für Aufgaben, die wiederholt und in einer klar
strukturierten Umgebung ausgeführt werden sollen, sind feste Installationen
(Hardware sowie Software) für die Robotersteuerung praktikabel und sinnvoll.
Dies gilt für viele industrielle Anwendungen, wie z.B. Fließbandkonstruktion
oder hochvolumige Transportaufgaben. In solchen Fällen sind feste Hardware-
Installationen (Fließbandroboter, Transportbänder usw.) und die Entwicklung
spezifischer, nicht flexibler Steuerungsprogramme angemessen.

Auf der anderen Seite macht der technischen Fortschritt in der Roboter-Hard-
ware anspruchsvolle Roboter immer erschwinglicher, und sogar kleinere Werk-
stätten und Dienstleistungsfirmen zeigen Interesse an Robotikanwendungen
([Schmidt 95] und [Spektrum 95]). In solchen Fällen ist die Entwicklung der
Steuerungssoftware der entscheidende und oft größte Faktor in der Kosten-Nutz-
en-Analyse. Für begrenzte und vereinzelte Aufgaben ist eine wiederholte aufga-
benspezifische Neuprogrammierung der Roboter zu kostspielig und daher nicht
praktikabel.

In dieser zweiten Fallstudie werden Experimente beschrieben und diskutiert,
in denen der Roboter durch überwachtes Lernen (der Bediener bestimmt die
Trainingssignale) *trainiert* wird. Der Roboter kann durch diese Methode eine
Vielzahl verschiedener Aufgaben erlernen: einfache Sensor-Motor-Kompetenzen
wie Hindernisausweichen, freie Exploration oder Wandfolgen, aber auch komplexere Aufgaben wie Objekte aus dem Weg zu räumen, Korridore flächen-
deckend abzufahren („Reinigung") und einfachen Routen zu folgen — ohne daß
man das Steuerungsprogramm des Roboters jeweils extra verändern muß.

Während der Trainingsphase wird der Roboter vom Bediener gesteuert und
verwendet dessen Signale, um einen Assoziativspeicher zu trainieren. Nach einigen Dutzend Lernschritten, die üblicherweise etwa fünf bis zehn Minuten in
Echtzeit dauern, kann der Roboter die gewünschte Aufgabe autonom durchführen.
Wenn sich die Aufgabe, die Morphologie des Roboters oder seine Umgebung
verändert, kann er allein durch erneutes *Training* die nun benötigten Fähigkeiten
erwerben und muß nicht speziell neu *programmiert* werden.

Verwandte Forschung Die Methode, den Lernprozeß durch Rückkopplung von
außen zu steuern, wird noch relativ selten in der mobilen Robotik angewandt.
Shepanski und Macy verwenden ein mehrschichtiges Perzeptron, das von einem
Bediener trainiert wird und in einer *simulierten* Autobahnumgebung Fahrzeug-
folgen erlernt ([Shepanski & Macy 87]). Das Netzwerk lernt nach etwa 1000
Lernschritten, das simulierte Fahrzeug in einem akzeptablen Abstand zum vor-
ausfahrenden Fahrzeug zu halten. Colombetti und Dorigo stellen ein Klassifikationssystem mit einem genetischen Algorithmus vor, mit dessen Hilfe der Ro-

boter *AUTONOMOUSE* Phototaxis erlernt ([Colombetti & Dorigo 93]). *AUTO-NOMOUSE* zeigte nach einer etwa 60-minütigen Trainingszeit ein gutes Licht-folgeverhalten.

Auch unüberwachtes Lernen wird für Robotersteuerungen verwendet. Auf-gaben wie Hindernisausweichen und Kontourfolgen ([Nehmzow 95a]), Karton-schieben ([Mahadevan & Connell 91] und [Nehmzow 95a]), Beinkoordination bei Schrittrobotern ([Maes & Brooks 90]) oder Phototaxis ([Kaelbling 92], [Colombetti & Dorigo 93] und [Nehmzow & McGonigle 94]) wurden erfolgreich auf mobilen Robotern implementiert.

Anleitungslernen oder *teach-by-guiding* ([Critchlow 85] und [Schmidt 95]) wird immer noch häufig für das Programmieren von Industrierobotern verwen-det. Diese Methode unterscheidet sich von unserem Ansatz mit künstlichen neu-ronalen Netzen dadurch, daß sie nicht die verallgemeinernden Eigenschaften der Netzwerke besitzt, sondern lediglich Sequenzen von Lokalitäten speichert, die nacheinander angefahren werden.

Steuerungsarchitektur Die zentrale Komponente der Steuerung in unseren Expe-rimenten ist wieder ein Assoziativspeicher (*pattern associator*). Abbildung 4.15 zeigt den Steuerungsaufbau.

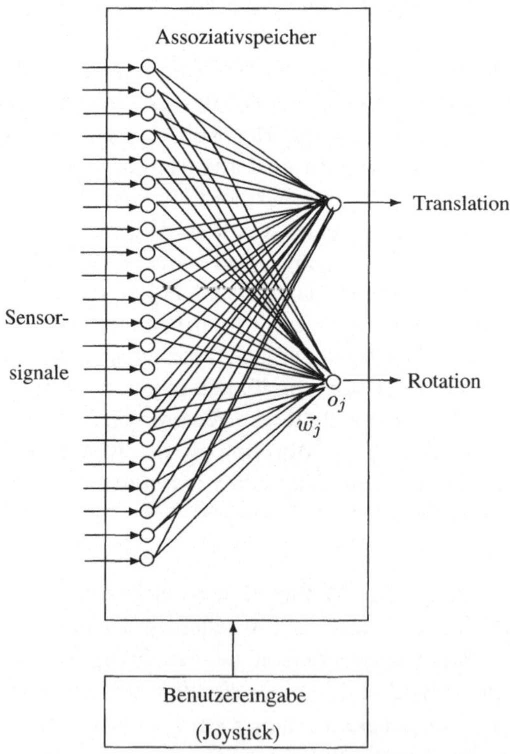

Abbildung 4.15. DIE STEUERUNGSARCHITEKTUR

Die Eingangssignale für den Assoziativspeicher bestehen aus vorverarbeiteten Sensorsignalen. In den hier beschriebenen Experimenten stammen die Sensorsignale von den Sonar- und Infrarotsensoren des Roboters. Die Sensorsignale wurden lediglich durch einen einfachen Schwellwertfilter aufbereitet, so daß alle Sonarsignale von weniger als 150 cm Distanz mit dem Wert „1" ersetzt wurden (siehe Abbildung 4.16). ([Martin & Nehmzow 95]) beschreiben Experimente, die Kamerasignale verwenden; dort wurden die Daten durch Schwellwertfilter, Kantendetektion und Differenzierung vorbehandelt.

5 Werte	5 Werte	6 Werte	6 Werte
linke Sonar- sensoren	rechte Sonar- sensoren	linke IR- sensoren	rechte IR- sensoren

Abbildung 4.16. EINGANGSVEKTOR

Die analogen Ausgangssignale o_k des Assoziativspeichers werden nach Gleichung 4.17 errechnet:

$$o_k = \vec{w}_k \cdot \vec{\imath}, \tag{4.17}$$

wobei $\vec{\imath}$ der Eingangsvektor ist, der die Sensorsignale enthält, und $\vec{w}_k$ der Gewichtsvektor des Ausgangsneurons k (d.h. eines der beiden Ausgangsneuronen).

Die beiden analogen Ausgangsneuronen des Assoziativspeichers steuern jeweils die Motoren für die Vorwärts- und Drehbewegung des Roboters. (In den hier beschriebenen Experimenten sind Lenkung und Turmrotation fest verbunden, so daß die Vorderseite des Roboters stets in Fahrtrichtung zeigt.) Sie erzeugen eine kontinuierliche und „sanfte" Steuerung sowohl der Fahrtrichtung (relative Ausgangssignalstärke beider Neuronen) als auch der Fahrtgeschwindigkeit (absolute Ausgangssignalstärke; siehe auch [Nehmzow 99c]): Der Roboter bewegt sich schnell in Situationen, die schon häufig trainiert wurden und daher starke Assoziationen zwischen Wahrnehmung und Aktion aufweisen („bekannte" Situationen). In „unbekannten" Situationen bewegt sich der Roboter zunächst langsamer. Werden Sensorsignale empfangen, die in dieser Trainingsphase noch gar nicht vorkamen, sind die Gewichte zwischen Sensoreingang und Motorausgang gleich Null und der Roboter bewegt sich überhaupt nicht.

Netzwerktraining Zu Anfang befinden sich im Assoziativspeicher noch keine Sensor-Motor-Assoziationen, d.h. alle Gewichte sind gleich Null, und der Bediener steuert den Roboter mit einem Joystick. Dadurch erhält die Robotersteuerung während der Trainingsphase Informationen über die momentane Umgebung (den Eingangsvektor $\vec{\imath}$) und die in dieser Situation erwünschten Motoraktionen (was den angestrebten Ausgangswert τ_k der Gleichung 4.6 für jede der beiden Ausgangsneuronen des Netzwerks ergibt).

Die Anpassung des Gewichtsvektors $\vec{w}_k$ des Ausgangsneurons k wird durch die Anwendung der Perzeptron-Lernregel (Gleichungen 4.6 und 4.7) erreicht.

Für die Lernrate η wurde der Wert 0,3 gewählt, der zusätzlich nach jedem Lernschritt um 1% verringert wurde. Dadurch werden die Zuordnungen des Assoziativspeichers allmählich stabilisiert. Für die Lernrate sind natürlich auch andere Werte denkbar: ein anfänglich hoher Wert, der dann rasch fällt, läßt den Roboter nur in den Anfangsstadien des Lernprozesses lernen; ein konstanter Wert für η führt dagegen zu einem kontinuierlichen Lernverhalten. Drittens könnte man für einen Abnormalitätsdetektor einen anfänglich niedrigen Wert für η festlegen, der dann aber bei drastischen Änderungen in der Umgebung vergrößert würde.

Die Experimente Die hier beschriebenen Experimente wurden in einem Labor der Größe 5 m × 15 m durchgeführt, in dem sich für den Roboter wahrnehmbare Tische, Stühle und Kartons befanden.

Zu Beginn der Experimente waren im Assoziativspeicher noch keine Zuordnungen vorhanden, und der Roboter wurde vom Bediener mit einem Joystick gesteuert. Durch die dabei entstehende Information wurde das neuronale Netzwerk trainiert und entwickelte durch Anwendung der Perzeptron-Lernregel Sensor-Motor-Kopplungen. Die Leistung des Roboters bei der Ausführung der gestellten Aufgabe verbesserte sich sehr rasch. Nach wenigen Dutzend Lernschritten war die erworbene Information meist ausreichend, so daß der Roboter ohne Bedienerhilfe auskam und die Aufgabe autonom und allein mit der Netzwerksteuerung ausführen konnte.

Hindernisausweichen Zunächst steuerte der Bediener den Roboter *FortyTwo* mit dem Joystick und trainierte ihn, konvexen Hindernissen auszuweichen und sich aus Sackgassen zu befreien. Der Roboter lernte diese Kompetenzen innerhalb von weniger als 20 Lernschritten (wobei ein Lernschritt eine Anwendung der Gleichungen 4.6 und 4.7 bedeutet), was nur wenige Minuten in Echtzeit dauerte. Die resultierende Ausweichbewegung war fließend und bestand aus Vorwärts- und Drehbewegungen unterschiedlicher Geschwindigkeit, je nach der Stärke der Assoziation zwischen Sensorwahrnehmung und entsprechender Motoraktion (siehe auch [Nehmzow 99c]).

Wandfolgen Auf die gleiche Weise wurde der Roboter darauf trainiert, innerhalb eines Maximalabstandes von 50 cm zu einer Wand zu bleiben. Da der einzige relevante Teil des Eingangsvektors für diese Aufgabe der Infrarotsensor ist, bewegte sich der Roboter näher an dunkle Objekte heran (wenig Infrarotreflektion) und weiter fort von hellen Objekten. Auch hierfür brauchte der Roboter weniger als 20 Lernschritte, und die erlernte Bewegung war fließend. Der Roboter konnte wahlweise darauf trainiert werden, der linken oder rechten Wand zu folgen, oder auch beiden Wänden (Korridorfolgen).

Kartonschieben Sowohl die Infrarotdaten als auch die Sonarsensordaten sind im Eingangsvektor für den Assoziativspeicher der Steuerung enthalten (siehe Abbildung 4.16) und können daher von der Steuerung für die Zuordnung von Aktion und Wahrnehmung verwendet werden. Die Infrarotsensoren des Roboters

FortyTwo sind relativ niedrig angebracht (etwa 30 cm über dem Boden), während die Sonarsensoren höher liegen (etwa 60 cm hoch).

In einem Experiment, in dem der Roboter Kartons schieben sollte, wurde ihm beigebracht, vorwärts zu fahren, wenn er vorne ein niedriges Objekt wahrnahm, sich aber seitwärts zu drehen, wenn sich ein Objekt seitlich des Roboters befand. Während der Trainingsphase von etwa 30 Lernschritten entwickelten sich zwischen den Infrarotsensoren des Roboters (die für diese Aufgabe relevant sind) und den Motorneuronen Assoziationen. Die Sonardaten lieferten in diesem Experiment widersprüchliche Information, und zwischen dem „Sonarteil" des Inputvektors und der den Motor steuernden Outputinformation entwickelten sich keine starken Zuordnungen.

Der Roboter erwarb innerhalb von wenigen Minuten Echtzeit die Fähigkeit, einem Karton autonom zu „folgen" (wodurch er ihn natürlich schob und somit das angestrebte Verhalten zeigte), wobei er nach der anfänglichen Trainingsphase stets hinter dem Karton blieb, auch wenn dieser zur Seite rutschte.

Räumverhalten Infrarotsensoren messen die Entfernung, aber nicht die Art eines Objekts in der Umgebung des Roboters. Daher kann die Robotersteuerung nicht zwischen Kartons, Wänden und Menschen unterscheiden. Der Roboter versuchte deshalb also im vorigen Experiment nicht nur Kartons, sondern auch Wände zu schieben.

Man kann allerdings *FortyTwo* darauf trainieren, Kartons in der Nähe von hohen Hindernissen stehen zu lassen. Da die hoch angebrachten Sonarsensoren niedrige Kartons nicht wahrnehmen, kann man den Roboter so trainieren, daß er Objekten nur so lange folgt, wie sie ausschließlich im „Infrarotanteil" des Eingangsvektors erscheinen. Sobald Hindernisse auch im „Sonaranteil" des Eingangsvektors auftauchen, wird das Folgeverhalten eingestellt — der Roboter läßt also die Kartons stehen, wenn dahinter eine Wand wahrgenommen wird. Diese „Räumkompetenz" kann der Roboter innerhalb von 30 bis 50 Lernschritten (fünf bis zehn Minuten in Echtzeit) erlernen.

Nach der Trainingsphase folgte der Roboter jedem Objekt, das allein für die Infrarotsensoren wahrnehmbar war, und schob es so lange vor sich her, bis die Sonarsensoren hohe Hindernisse entdeckten. Dann drehte sich *FortyTwo* vom geschobenen Objekt ab und suchte nach neuen Kartons, in deren Nähe sich kein höheres Hindernis befand. Hieraus ergab sich ein „Räumverhalten": *FortyTwo* schob die Kartons gegen die Wände, ließ sie dort stehen und kehrte zur Raummitte zurück, um weitere Kartons zur Seite zu schieben.

Überwachung Mit der gleichen Methode und ohne den Roboter neu zu programmieren, konnte man *FortyTwo* trainieren, explorativ umherzufahren, ohne mit Hindernissen zu kollidieren. Während einer Trainingsphase von etwa 30 Lernschritten hatte der Roboter die Aufgabe, vorwärts zu fahren, wenn keine Hindernisse im Weg waren, sich aber von Hindernissen abzuwenden, sobald sie für die Robotersensoren wahrnehmbar wurden. Dadurch entwickelten sich Assoziationen zwischen den Sonar- bzw. Infrarotsensoren auf der einen Seite und den Motorneuronen des Netzwerks auf der anderen Seite. Auf diese Weise erwarb der Roboter ein allgemeines Ausweichverhalten bei Hindernissen, auch für Eingangskonstellationen, die während der Trainingsphase so nicht vorgekommen waren (da das künstliche neuronale Netz Informationen verallgemeinern kann).

Das resultierende Ausweichverhalten bei Hindernissen wurde mit sanften, kontinuierlichen Bewegungen ausgeführt. Wenn bekannte Sensorzustände auf freien Raum schließen ließen, wurde eine rasche Vorwärtsbewegung erzeugt. Nahm der Roboter weiter entfernte Hindernisse wahr, führte er eine graduelle Drehbewegung, bei nahen Hindernissen dagegen eine rasche Drehbewegung aus. Dieses differenzierte Bewegungsverhalten des Roboters wurde durch die direkte Verknüpfung von (analogen) Ausgangssignalen des Netzwerks mit Motorbewegungen erreicht, wobei die Ausgangsinformation selbst von der Stärke des empfangenen Eingangssignals abhing (nähere Objekte verursachten stärkere Eingangssignale).

Freie Exploration und Hindernisausweichen sind die Grundlage für Überwachungsaufgaben eines Roboters. *FortyTwo* ist beispielsweise mit Hilfe dieser Verhaltensstrategien in der Lage, durch Korridore zu fahren und weicht dabei stationären wie auch beweglichen Objekten aus.

Routenlernen Weil der Roboter lernt, direkte Verbindungen zwischen Sensorwahrnehmung und Motorreaktion herzustellen, kann er auch darauf trainiert werden, an bestimmten Orten bestimmte Motoraktionen durchzuführen, also zu navigieren. Dabei handelt es sich um Navigation entlang „perzeptueller Landmarken", wobei die perzeptuellen Eigenschaften der Umgebung dafür verwendet werden, die gewünschte Bewegung am betreffenden physikalischen Ort auszulösen[5].

FortyTwo wurde trainiert, der in Abbildung 4.17 gezeigten Route zu folgen. Nach einer etwa 15-minütiger Trainingszeit konnte der Roboter die mit Pfeilen angedeuteten Route abfahren, also der Wand folgen, das Labor durch die Tür verlassen (die etwa doppelt so breit war wie der Roboter), dann umkehren, durch die Tür wieder in das Labor hineinfahren und der Route weiter folgen.

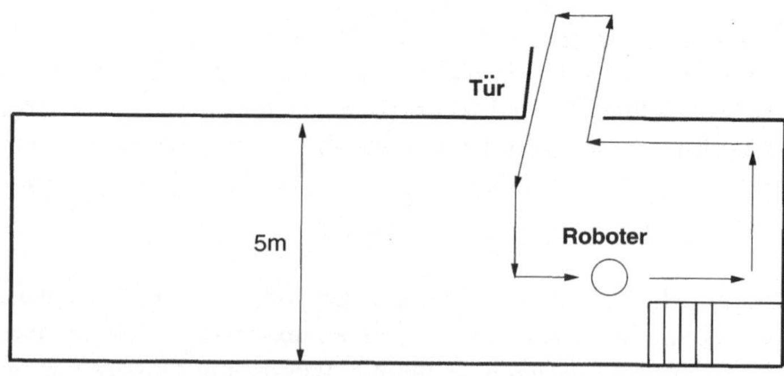

Abbildung 4.17. Routenlernen

---

[5] Das Problem der perzeptuellen Kongruenz ("perceptual aliasing"), wobei der Roboter zwei verschiedene Orte als identisch wahrnimmt, wird in Abschnitt 7.3.2 beschrieben.

Reinigungsaufgaben Reinigungsaufgaben erfordern, daß der Roboter durch Umherfahren eine größtmögliche Fläche abdeckt. Für große freie Flächen kann es ausreichen, durch Zufallsbewegungen die Aufgabe mit der Zeit zu erledigen. Man kann aber *FortyTwo* auch darauf trainieren, eine Bodenfläche systematisch abzufahren.

Mit der gleichen Methode wie zuvor wurde der Roboter erfolgreich trainiert, einem Flur in einer Zickzackbewegung zu folgen, siehe Abbildung 4.18.

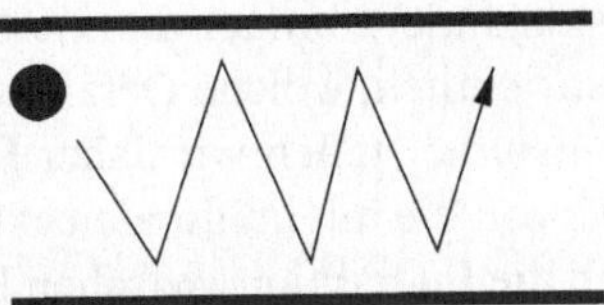

Abbildung 4.18. REINIGUNGSVERHALTEN

Der Roboter erlernt die gewünschte Kompetenz wieder sehr schnell, mit nur wenigen Dutzend Lernschritten.

Schlußfolgerungen *Training* hat gegenüber dem *Programmieren* eine Reihe von Vorteilen. Erstens lernt der hier verwendete Pattern Associator extrem schnell; nach nur wenigen Lernschritten entwickeln sich sinnvolle Assoziationen zwischen Eingangs- und Ausgangssignalen.

Außerdem ist der Pattern Associator in der Lage, zu verallgemeinern, d.h. Verbindungen zwischen Eingang und Ausgang für Eingangskonstellationen herzustellen, die zuvor so noch nicht dagewesen waren. Für große Sensordatenmengen ist es praktisch unmöglich, daß der Roboter schon während der Trainingsphase alle denkbaren Sensorzustände kennenlernt. Durch ihre Verallgemeinerungsfähigkeit bieten künstliche neuronale Netze eine Lösung für dieses Problem.

Drittens bestimmt die Stärke der Assoziation die Geschwindigkeit der Aktion, da die Sensorstimuli direkt mit (analogen) Motorreaktionen verbunden werden. Dadurch bewegt sich der Roboter in vertrauter Umgebung schneller als in unbekannter Umgebung, er dreht sich von nahen Objekten rascher fort als von weiter entfernten Hindernissen. Diese Eigenschaft ist emergent, entwickelt sich also von allein und ist nicht in der Steuerung vorprogrammiert.

Zusätzlich entsteht durch die Methode „Programmieren durch Trainieren" eine einfache und intuitiv verständliche Mensch-Maschine-Schnittstelle. Da der Bediener die Maschine *direkt* anweisen kann und nicht den Umweg über den Programmierer nehmen muß, wird auch das Risiko von Mehrdeutigkeiten und Mißverständnissen reduziert.

Durch überwachtes Training von künstlichen neuronalen Netzen können wir also eine effektive Steuerungsstrategie für mobile Roboter erreichen, selbst wenn keine expliziten Steuerungsregeln bekannt sind.

4.4.3   Fallstudie 3. *FortyTwo*: Erlernen interner Weltmodelle durch Selbstorganisation

Für viele Robotikanwendungen, z.B. um bestimmte Objekte zu identifizieren oder zu bearbeiten, braucht man interne Modelle dieser Objekte. Diese Modelle — abstrahierte (d.h. vereinfachte) Repräsentationen des Originals — müssen die essentiellen Eigenschaften des Originals beinhalten, ohne unnötige Details zu berücksichtigen.

Diese „essentiellen Eigenschaften" des Originals sind für den Entwerfer eines Objekterkennungssystems nicht immer unmittelbar verfügbar, ebenso ist nicht unbedingt immer offensichtlich, welche Details wirklich überflüssig sind.

In dieser dritten Fallstudie stellen wir daher Experimente mit einer selbstorganisierenden Struktur vor, die mit minimalen externen Vordefinitionen, unüberwacht und allein durch die Interaktion zwischen Roboter und Umgebung, solche Modelle erstellt.

Bei den hier beschriebenen Experimenten sollte *FortyTwo* Kartons innerhalb seines Kamerasichtfeldes erkennen und sich auf sie zubewegen. Hierzu wurde dem Roboter kein generisches Modell für Kartons vorgegeben, stattdessen erstellte der Roboter ein solches Modell mit Hilfe eines künstlichen neuronalen Netzes, das ohne Überwachung lernte.

Versuchsaufbau *FortyTwo* hatte die Aufgabe, festzustellen, ob sich ein Karton innerhalb seines visuellen Wahrnehmungsbereiches befand, und dann auf den Karton zuzufahren. Als Sensor wurde ausschließlich die Kamera verwendet. Die Kartons waren in keiner Weise besonders präpariert und besaßen keine außergewöhnlichen Merkmale.

Diese Aufgabe konnte mit Hilfe des in Abbildung 4.19 gezeigten, auf einer selbstorganisierenden Merkmalskarte basierten Erkennungssystems ausgeführt werden.

System zur Vorbereitung visueller Daten Als ersten Vorbereitungsschritt reduzierten wir das unbehandelte Grauwertbild von 320 x 200 Bildpunkten auf 120 x 80 Bildpunkte, indem wir einen Ausschnitt wählten, der das Zielobjekt in einer Entfernung von etwa 3 m zeigte.

Das reduzierte Grauwertbild wurde dann mit dem in Abbildung 4.20 gezeigten Kantenerkennungsoperator bearbeitet, wobei jeder neue Bildpunkt durch Gleichung 4.18 bestimmt wurde.

$$e(t + 1) = |(c + f + i) - (a + d + g)| \, . \tag{4.18}$$

Das daraus resultierende Bild wurde dann grob gerastert, indem jeder Bildpunkt durch die durchschnittlichen Grauwerte aller Bildpunkte innerhalb eines 2 x 2 Quadrats ersetzt wurde, wodurch ein Bild von 60 x 40 Bildpunkten entstand.

Anschließend wurde das so grob gerasterte Bild in ein Binärbild umgewandelt, wobei als Schwellenwert der durchschnittliche Grauwert des gesamten Bildes verwendet wurde (wie etwa in Abbildung 4.21).

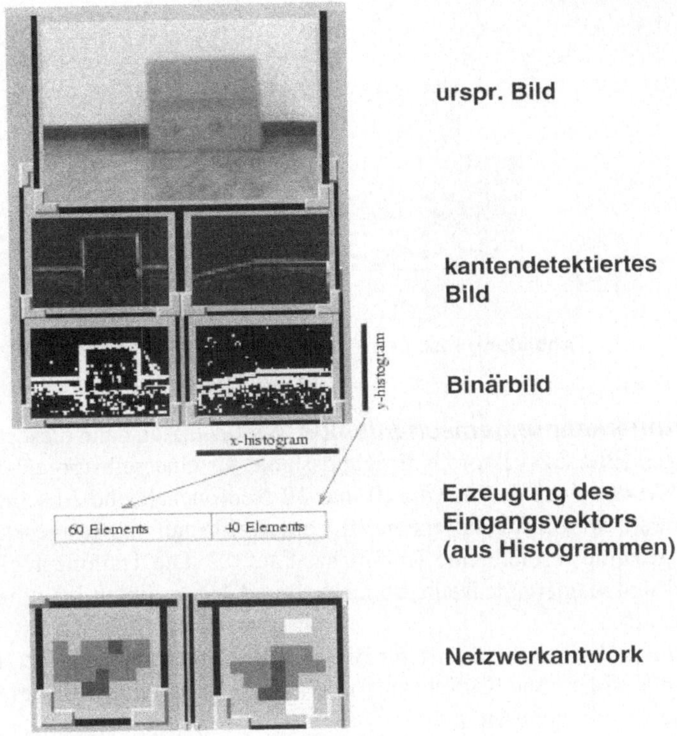

Abbildung 4.19. DAS KARTONERKENNUNGSSYSTEM

-1	0	1
-1	0	1
-1	0	1

a	b	c
d	e	f
g	h	i

Abbildung 4.20. SCHABLONE ZUR KANTENERKENNUNG

Abbildung 4.21. BINÄRBILD

Zum Schluß errechneten wir das Histogramm entlang der vertikalen und horizontalen Achsen des Binärbildes und bekamen so einen 60+40 Einheiten langen Eingangsvektor, der als Eingangssignal für den Kartonerkennungsalgorithmus diente (siehe Abbildung 4.22).

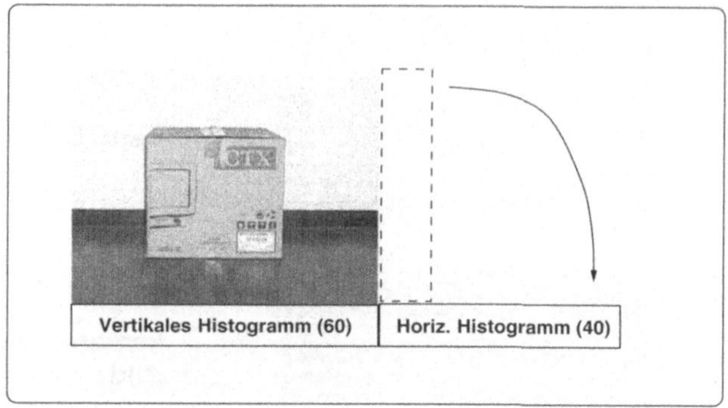

Abbildung 4.22. INPUT FÜR DAS KARTONERKENNUNGSSYSTEM

Der Kartonerkennungsmechanismus Wir benutzten dann diesen 100 Einheiten langen Eingangsvektor als Eingangssignal für eine selbstorganisierende Merkmalskarte (siehe S. 74) von 10 mal 10 Neuronen (siehe Abschnitt 4.2.3). Die Lernrate wurde für die ersten 10 Lernschritte auf 0,8 festgesetzt, danach für die gesamte verbleibende Trainingszeit auf 0,2. Die Trainingsregion um das am stärksten reagierende Neuron blieb während der gesamten Trainingsperiode konstant auf ± 1.

Unser Ziel war natürlich, für Bilder mit Kartons verschiedene Netzreaktionen als für Bilder ohne Kartons zu erreichen — allein durch Selbstorganisation und ohne vorgegebene Modelle.

Versuchsergebnisse Anhand einer Testreihe von 60 Bildern (30 davon mit Kartons, 30 ohne — siehe Abbildung 4.23) wurde zunächst das Netzwerk trainiert und dann bewertet, wie gut es zwischen Bildern mit und ohne Kartons unterscheiden konnte.

Abbildung 4.23 zeigt, daß die Netzreaktionen für die beiden unterschiedlichen Bilder ähnlich, aber nicht identisch sind. Durch den Unterschied in der Netzreaktion ist tatsächlich die Klassifizierung eines Bildes möglich.

Fünfzig der sechzig Testreihenbilder wurden für die Trainingsphase des Netzwerks verwendet, die restlichen zehn Testbilder wurden alle vom System korrekt klassifiziert.

Für eine zweite Versuchsreihe wurden Kartons in *verschiedenen* Stellungen und Winkeln aufgestellt. Die Trainingsdaten enthielten 100 Bilder, mit 20 weiteren Bildern wurde dann die Unterscheidungsfähigkeit des Netzes getestet. 70% der Testbilder mit Kartons wurden korrekt klassifiziert, bei 20% war das Ergebnis falsch, und 10% wurden „nicht klassifiziert" (d.h. das Erregungsmuster des SOMK ähnelte weder dem „Karton"-Muster noch dem „kein Karton"-Muster). Von den Bildern ohne Karton wurden 60% korrekt klassifiziert, 20% falsch und 20% nicht klassifiziert.

Um die Klassifizierungskompetenz des Systems unter „realistischeren" Bedingungen beurteilen zu können, führten wir eine dritte Versuchsreihe durch. Wir verwendeten ähnliche Bilder wie im vorigen Experiment, also mit Kartons

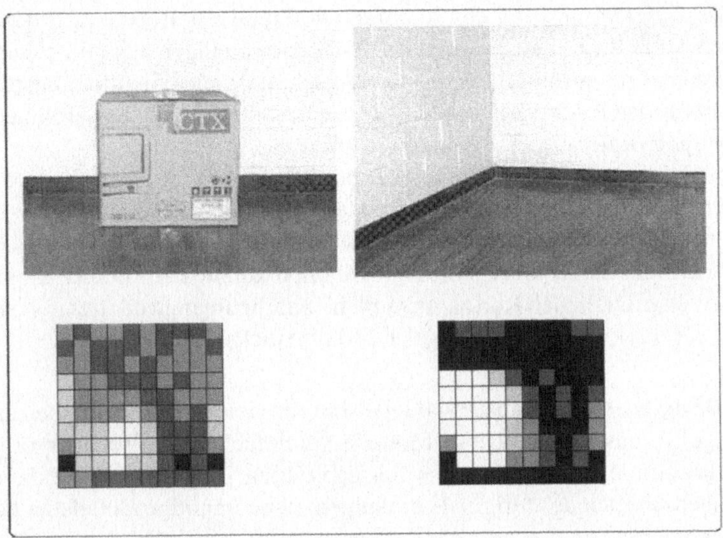

Abbildung 4.23. Zwei Beispielbilder und die entsprechenden Netzwerkreaktionen. Die Grauwerte geben an, wie stark eine Einheit aktiviert war.

in verschiedenen Positionen und Winkeln, aber zusätzlich auch noch Bilder mit Stufen, Türen und kartonähnlichen Objekten.

Die Trainingsphase enthielt 180 Bilder, die Testgruppe bestand aus 40 Bildern. 70% der Testbilder mit Kartons wurden korrekt klassifiziert, bei 20% war das Ergebnis falsch, und 10% wurden „nicht klassifiziert". Von den Bildern ohne Karton wurden 40% korrekt klassifiziert, 55% wurden irrtümlich als „Karton" identifiziert und 5% nicht zugeordnet.

Assoziationen zwischen Wahrnehmung und Aktion   Als nächstes waren wir daran interessiert, das System dafür zu verwenden, den Roboter an die Kartons heranfahren zu lassen, die er in den Bildern identifiziert hatte.

In selbstorganisierenden Merkmalskarten (SOMK) kann man solches Verhalten dadurch erreichen, daß man den Eingangsvektor durch eine Aktionskomponente erweitert. Der gesamte Eingangsvektor (und damit auch der Gewichtsvektor jedes einzelnen Neurons der SOMK) enthält dann ein Wahrnehmungs-Aktions-Paar. Während der Trainingsphase wird der Roboter von Hand zu einem Karton in seinem Sichtfeld hingesteuert. Die Eingangsvektoren werden durch die Kombination der vorbereiteten Bilddaten und der Motoranweisung des Bedieners erstellt.

Nach der Trainingsphase ist der Roboter dann in der Lage, autonom auf einen Karton zuzufahren, indem er die SOMK-Einheit mit dem höchsten Wert bestimmt (d.h. die Einheit, die der momentanen visuellen Wahrnehmung am besten entspricht), und die Motoraktion ausführt, die mit dieser Einheit assoziiert ist. In unseren Experimenten konnte *FortyTwo* ohne Probleme einen einzelnen Karton in seinem Sichtfeld anfahren, unabhängig vom Winkel des Kartons oder

der Ausgangsposition des Roboters. Während der Roboter auf den Karton zufuhr, führte er immer weniger Seitwärtsbewegungen aus und näherte sich ihm rascher und gezielter, bis der Karton sein gesamtes Sichtfeld ausfüllte und damit für das Bildverarbeitungssystem unsichtbar wurde. Der Roboter konnte die Aufgabe unter diesen Bedingungen zuverlässig ausführen.

Andere kartonähnliche Objekte im Sichtfeld des Roboters (wie etwa die Stufen in unserem Roboterlabor) konnten den Roboter allerdings verwirren. In solchen Fällen näherte sich der Roboter dem betreffenden Objekt so lange, bis er den Fehler entdeckte. Zu diesem Zeitpunkt konnte der Roboter aber dann häufig den ursprünglichen Karton nicht mehr wahrnehmen, weil dieser sich nicht mehr in der direkten Fahrtrichtung (und somit Blickrichtung) befand.

Schlußfolgerungen Interne Modelle sind für viele Roboteraufgaben eine notwendige Voraussetzung. Diese Modelle vereinfachen die Rechnervorgänge durch Abstraktion. Sie erfüllen aber nur dann ihren Zweck, wenn sie die essentiellen Eigenschaften des Originals einfangen, ohne unnötige Details zu berücksichtigen.

Da dem Systementwickler häufig diese charakteristischen Eigenschaften nicht direkt zur Verfügung stehen, können Methoden sinnvoll sein, bei denen ein (subsymbolisches) Modell *erworben* und nicht von vornherein *installiert* wird.

Das hier vorgestellte Kartonerkennungssystem verwendet keine symbolische Repräsentation, und in der Entwicklungsphase wird nur sehr allgemeine Information vorgegeben (d.h. nur Kantenerkennung, Schwellenwerte und die Histogrammanalyse der Bilder). Stattdessen werden Modelle *autonom* erworben, indem eine selbstorganisierende Merkmalskarte die Sensorwahrnehmungen clustert.

Die Experimente zeigten, daß mit den erworbenen Modellen die Zielobjekte zuverlässig identifiziert werden konnten, wenn die Bilder keine irreführende (d.h. kartonähnliche) Information enthielten.

Bei Kartons handelt es sich um sehr regelmäßige Objekte. Ob ein einfaches System wie das hier beschriebene auch Repräsentationen komplexerer Objekte (wie etwa Menschen) erstellen könnte, bleibt fraglich. Dennoch zeigen die Experimente, daß ein Roboter tatsächlich in der Lage ist, interne Repräsentationen ohne Vorwissen und ohne menschliche Unterstützung selbständig zu erstellen.

Literaturhinweis

• Ulrich Nehmzow, Vision Processing for Robot Learning, *Industrial Robot*, Band 26, Nr. 2, S. 121-130, 1999.

4.5 Übungsaufgabe 3: Ein Roboter, der einem Ziel folgt und dabei Hindernissen ausweicht

Ein mobiler Roboter (siehe Abbildung 4.24) besitzt zwei Berührungssensoren, die jeweils rechts und links an der Seite angebracht sind. Diese Sensoren erzeugen das Signal „+1", wenn sie berührt werden, ansonsten „0". Zusätzlich hat der Roboter vorne in der Mitte einen Bakensensor, der erkennt, ob sich eine Bake (das „Ziel" des Roboters) rechts oder links vom Roboter befindet. Der Bakensensor erzeugt das Signal „-1", wenn dieses Ziel links liegt, „+1", wenn es rechts vom Roboter liegt. Da die reale Welt stets assymmetrisch ist, nimmt der Bakensensor die Bake niemals als genau geradeaus liegend wahr, deshalb gibt es keinen dritten Wert für „geradeaus".

Die Motoren des Roboters bewegen sich vorwärts, wenn sie ein Signal mit dem Wert „+1" empfangen, rückwärts bei „-1".

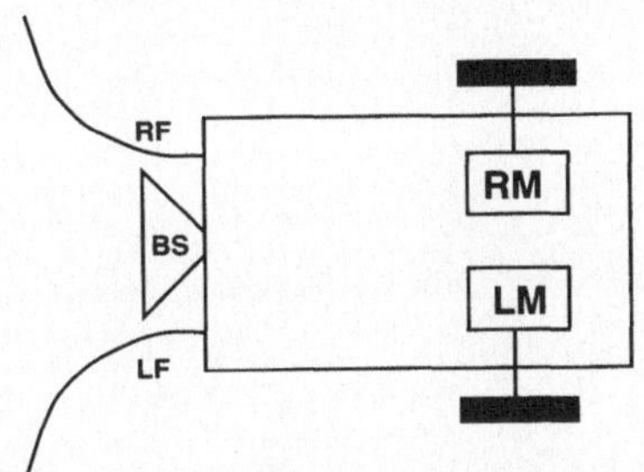

Abbildung 4.24. ROBOTER MIT ZWEI BERÜHRUNGSSENSOREN UND EINEM BAKENSENSOR

Der Roboter hat die Aufgabe, auf die Bake zuzufahren und dabei Hindernissen auszuweichen.

- Wie lautet die Funktionstabelle für diese Aufgabe?
- Entwerfen Sie ein künstliches neuronales Netz unter Verwendung von McCulloch und Pitts-Neuronen, mit dem dieser Roboter seinem Ziel folgen und Hindernissen ausweichen würde.

Die Lösung findet sich im Anhang 2.2 auf S. 240.

5 Navigation

Zusammenfassung. Dieses Kapitel führt in die grundlegenden Prinzipien der Navigation ein und beschreibt anhand von Beispielen, wie Tiere, Menschen und Roboter navigieren können. Fünf Fallstudien veranschaulichen biologisch inspirierte Roboternavigation, Selbstlokalisierung, Routenlernen und effektive Wegplanung (Abkürzungen).

5.1 Grundprinzipien der Navigation

5.1.1 Fundamentale Bausteine

Für einen mobilen Roboter ist Navigieren eine der wichtigsten Fähigkeiten überhaupt. An erster Stelle steht natürlich die Notwendigkeit, überhaupt betriebsfähig zu bleiben, also gefährliche Situationen wie Zusammenstöße zu vermeiden und akzeptable Betriebsbedingungen aufrecht zu erhalten (Temperatur, Strahlung, Witterungsschutz usw.). Soll der Roboter jedoch Aufgaben ausführen, die sich auf bestimmte Orte in der Roboterumgebung beziehen, dann muß er navigieren können.

Bei den meisten Lebewesen läßt sich eine mehr oder weniger ausgeprägte und komplexe Fähigkeit zu navigieren beobachten. Dabei kann es sich um die einfache Fähigkeit handeln, einer zurückgelegte Route in umgekehrter Richtung zu folgen und so zum Ausgangspunkt zurückzukehren, bis hin zu komplexen Schlußfolgerungen über räumliche Zusammenhänge. Lebewesen, die sich fortbewegen, navigieren auch.

Dieses Kapitel untersucht die Kompetenz des Navigierens und identifiziert davon ausgehend die Bausteine für ein Roboternavigationssystem. Zahlreiche Beispiele tatsächlich navigierender Roboter illustrieren und veranschaulichen die theoretischen Ausführungen.

Navigation kann als eine Kombination der folgenden drei Kompetenzen definiert werden:

1. Selbstlokalisierung,
2. Routenplanung,
3. Kartenerstellung und Karteninterpretation (Kartenanwendung).

Der Begriff *Karte* steht in diesem Zusammenhang für jede direkte Zuordnung oder Abbildung von Einheiten in der wirklichen Welt auf Einheiten innerhalb einer internen Repräsentation. Diese Repräsentation gleicht nicht unbedingt einer gewöhnlichen Landkarte oder einem Stadtplan. Bei Robotern zum Beispiel besteht eine „Karte" häufig aus den Erregungsmustern künstlicher neuronaler Netze.

Lokalisierung steht für die Kompetenz des Agenten, seine eigene Position innerhalb eines Bezugssystems feststellen zu können. *Routenplanung* ist im Prinzip eine Erweiterung der Lokalisierung, da der Agent seine gegenwärtige Position und die angestrebte Zielposition innerhalb ein und desselben Bezugsystems bestimmen muß. Die Kompetenz des *Kartenerstellens* bezieht sich nicht nur auf Karten, wie wir sie normalerweise benutzen, d.h. metrische Karten der Umgebung, sondern auf jegliche Art der Beschreibung von Positionen innerhalb des Bezugsystems. Dazu gehört auch, Informationen über erkundetes Terrain festzuhalten. Schließlich benötigt man für den Umgang mit Karten auch die Fähigkeit, sie zu *interpretieren*.

5.1.2   Das Bezugssystem für Navigation

Das Bezugssystem ist die zentrale Komponente jedes Roboternavigationssystems, da es alle drei für die Navigation notwendigen Teilkompetenzen regiert. Das Bezugssystem ist der Referenzpunkt, in dem die Navigationskompetenz verankert ist.

Das einfachste und zugänglichste Bezugssystem ist wohl das kartesische Koordinatensystem (siehe Abbildung 5.1).

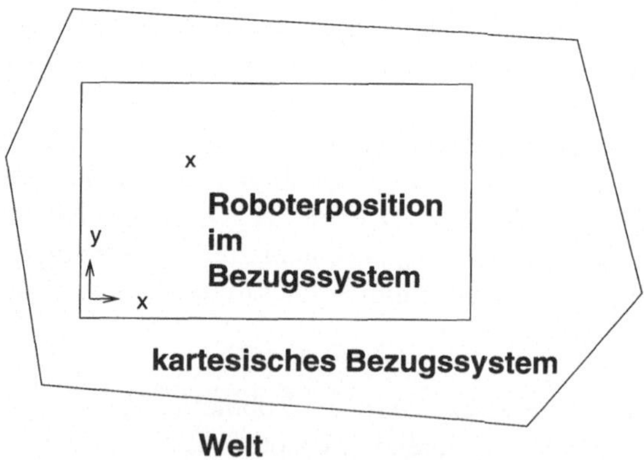

Abbildung 5.1. AUF KARTESISCHEM KOORDINATENSYSTEM BASIERENDES NAVIGATIONSSYSTEM

Für alle Abläufe innerhalb eines solchen kartesischen Koordinatensystems, also für Lokalisierung, Routenplanung und Kartographie, werden sämtliche Positionen als Koordinaten in diesem Bezugsystem dargestellt. Navigation ist einfach und fehlerfrei. Wenn der Ausgangspunkt einer Route sowie Geschwindigkeit und Fahrtrichtung genau bekannt sind, kann das Navigationssystem einfach die Bewegung des Roboters über die Zeit integrieren; diesen Vorgang bezeichnet man als *Koppelnavigation*. In einem kartesischen Bezugssystem kann die Position eines Roboters sowie alle weiteren relevanten Positionen stets präzise bestimmt werden.

Allerdings besteht ein wesentliches Problem darin, daß das kartesische Bezugssystem selbst nicht in der realen Welt verankert ist, d.h. das System an sich ist beweglich im Bezug auf Positionen in der realen Welt. Damit Koppelnavigation bzw. Odometrie funktionieren kann, muß der Roboter seine Bewegungen absolut *präzise* messen können — was unmöglich ist aufgrund von Problemen wie z.B. Gleiten der Räder (also eine Bewegung, die nicht *in* dem Bezugssystem, sondern *an* dem Bezugssystem geschieht). Der Roboter ist ja allein auf interne Messungen angewiesen, um seine eigenen Bewegungen festzustellen („Propriozeption"), kann also Veränderungen am Bezugssystem selbst nicht wahrnehmen. Abbildung 7.16 auf S. 213 zeigt ein Beispiel für Odometriedriftfehler.

Navigation muß jedoch in der wirklichen Welt erfolgreich sein, nicht allein innerhalb eines abgeschirmten Bezugsystems. Daher sind solche Driftfehler, wobei das Bezugsystem immer weniger mit der wirklichen Position in der realen Welt zu tun hat, ein ernsthaftes Problem. In der Praxis ist die auf reiner Odometrie beruhende Navigation nicht zuverlässig genug und eignet sich nur für sehr kurze Strecken.

Ein großer Teil der bisherigen Forschung auf diesem Gebiet verwendet geometrische Repräsentationen der Roboterumgebung für die Ausführung von Navigationsaufgaben. MOBOT III erstellt zum Beispiel eine solche geometrische Repräsentation autonom aus Sensordaten ([Knieriemen & v.Puttkamer 91]), andere Roboter verwenden vom Entwerfer erstellte Karten ([Kampmann & Schmidt 91]). Meist werden die Karten dann während des Betriebs je nach Sensorwahrnehmung aktualisiert.

Dieser „klassische" Ansatz hat den Vorteil, daß die daraus resultierende Karte für den menschlichen Bediener verständlich ist und man keine spezielle Schnittstelle zwischen der Darstellung der Umwelt durch den Roboter und der menschlichen Sichtweise benötigt. Dadurch gestaltet sich die Überwachung der Roboteraktionen sehr bedienerfreundlich.

Auf der anderen Seite ist die manuelle Installation von Karten zeitaufwendig und erfordert viel Speicherplatz. Zudem enthalten diese Karten Information, die für die momentan anstehende Aufgabe nicht unbedingt notwendig ist. Wenn der Roboter zum Beispiel die Aufgabe bekommt, vorwärts zu fahren und einem vor ihm befindlichen Hindernis auszuweichen, dann ist Information über Objekte hinter dem Roboter sowie in weiter Entfernung irrelevant. Die unnötige Information blockiert zusätzlichen Speicherplatz.

5.1.3 Navigation mit Landmarken

Uns interessiert Navigation in der wirklichen Welt. Eine Möglichkeit, die Probleme der auf Propriozeption basierten Systemen zu überwinden, wäre daher die Verankerung der Navigation in der wirklichen Welt, statt in einem internen

Bezugssystem. Charakteristische Umgebungsmerkmale, die der Roboter wahrnehmen kann — Landmarken — bieten sich hier als Ankerpunkte an. In landmarkenbasierter Navigation (*piloting*) wird die Route zu einer Zielposition nicht
durch Routenintegration (wie bei der Koppelnavigation) bestimmt, sondern dadurch, daß man Landmarken oder Sequenzen von Landmarken identifiziert und
diese Landmarken entweder in einer bestimmten Reihenfolge abfährt, oder bei
jeder identifizierten Landmarke der bei früheren Durchgängen gespeicherten
korrekten Kompaßrichtung folgt. Vorausgesetzt, daß der Roboter alle Landmarken eindeutig identifizieren kann, erreichen wir auf diese Weise Navigation in
der *wirklichen Welt*, statt innerhalb eines *internen* Bezugssystems (siehe Abbildung 5.2), und vermeiden dadurch das Problem unkorrigierbarer Driftfehler.

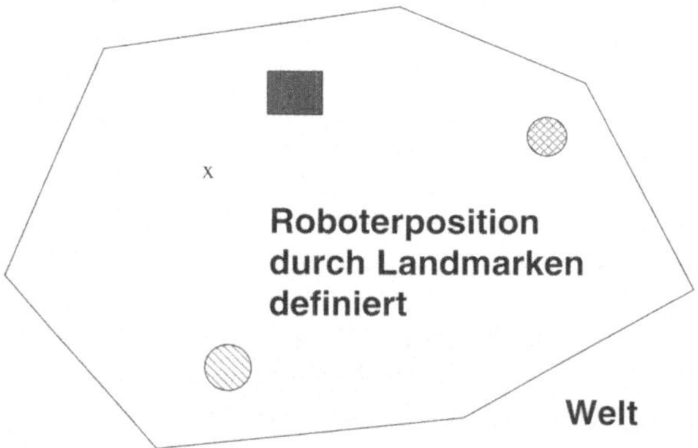

Abbildung 5.2. Navigation, durch Wahrnehmung verankert in der wirklichen
Welt

Relevant für landmarkenbasierte Navigation ist auch die Information über die
Anordnung der vom Roboter wahrgenommenen Landmarken zueinander. Solche topologischen Zuordnungen kommen zum Beispiel auch bei Tieren und
Menschen bei der Anordnung der Wahrnehmungsorgane auf der Kortex vor
([Knudsen 82] und [Sparks & Nelson 87], siehe auch [Churchland 86]). Hierbei werden nur topologische Verhältnisse zwischen Positionen und keine Entfernungen berücksichtigt, so daß die Zuordnungen weniger Entwicklungszeit und
weniger Speicherplatz benötigen.

Definition von „Landmarken" Unter „Landmarken" versteht man meist auffällige, permanente, wahrnehmbare Merkmale der Umgebung. Offensichtliche Beispiele sind Gebäude und hervorstechende Landschaftsmerkmale wie Berge oder
Seen. Um diese Landmarken zu identifizieren, braucht man Hintergrundwissen — nur wenn man weiß, wie eine Kirche normalerweise aussieht, kann man
auch eine spezielle Kirche in der Umgebung als Kirche identifizieren.

Man kann den Begriff „Landmarke" aber auch anders definieren, wenn man
ihn allein in der reinen Sensorwahrnehmung statt in der Interpretation dieser
Wahrnehmung gründet. Beispiele dafür wären die Helligkeit des Himmels (also

die Sonnenposition), Windrichtung oder Geräusch aus einer bestimmten Richtung. Alle diese Merkmale sind ortsabhängige Wahrnehmungen, die vom Navigator selbständig aufgenommen und für Kursbestimmung oder Kurskorrektur verwendet werden können, ohne abstrakte Objektanalyse.

Aufgrund des Problems der perzeptuellen Diskrepanz (das wir bereits erwähnt haben und ausführlich auf Seite 123 diskutieren) sind wir daran interessiert, Vordefinitionen auf ein Minimum zu reduzieren. Deshalb verwenden wir hier normalerweise Landmarken vom zweiten Typ, d.h. interpretationsfreie, ortsabhängige Wahrnehmungsmuster wie Sonarsensormuster oder visuelle Aufnahmen aus einer bestimmten Position. In diesem Buch werden solche Merkmale als „perzeptuelle Landmarken" bezeichnet.

„*Perzeptuelle Landmarken" für Roboternavigation* Wenn ein ganzes Roboternavigationssystem auf Landmarkenerkennung aufgebaut werden soll, müssen wir natürlich zuerst klären, wodurch sich eine brauchbare Landmarke auszeichnet. Um als Anhaltspunkt für Navigation zu dienen, muß eine Landmarke die folgenden Bedingungen erfüllen. Die Landmarke muß

1. von verschiedenen Standorten aus sichtbar sein;
2. bei unterschiedlichen Lichtverhältnissen, Perspektiven usw. erkennbar sein;
3. entweder während des gesamten Navigationsvorgangs stationär sein, oder ihre Bewegung muß dem Navigationsmechanismus bekannt sein.

Die beiden ersten Bedingungen erfordern, daß das Navigationssystem die Landmarke intern vereinfacht bzw. verallgemeinert darstellen kann. Unbehandelte Sensordaten wären in diesem Fall ungeeignet, weil der Roboter mit größter Wahrscheinlichkeit dieselbe Landmarke beim nächsten Durchgang leicht anders wahrnimmt, sie also ohne Verallgemeinerung nicht wiedererkennen würde. Oft verwenden wir künstliche neuronale Netze für die Verallgemeinerung von Landmarkenmerkmalen. In Abschnitt 5.4.2 finden sich dafür Beispiele.

Bedingung 1 bezieht sich auf ein spezielles Problem in der Landmarkenerkennung: wenn der Roboter gelernt hat, eine Landmarke von einem bestimmten Standort aus zu erkennen, kann er dieselbe Landmarke dann auch von einem anderen Standort aus erkennen, selbst wenn er die Landmarke von dort aus zuvor noch nicht gesehen hat? Das wäre eine bedeutende Leistung, weil sich die Landmarken dann sehr effizient speichern ließen und wir auf diese Weise sehr robuste Navigationssysteme erhielten.

Bei einem Roboter wie *FortyTwo*, dessen Sensoren gleichmäßig ringsum auf allen sechzehn Seiten über 360 Grad verteilt sind, würde z.B. die Rotation der 16 Sonarsensormessungen in eine eindeutig identifizierbaren Position (etwa auf den Schwerpunkt dieser Messungen) jede Reihe von 16 Messungen in eine kanonische Datenreihe umwandeln. Abbildung 5.3 verdeutlicht dieses Prinzip.

Allerdings funktioniert diese Methode wegen der spezifischen Eigenschaften von Sonarsensoren nicht immer, vor allem bei Totalreflexionen (die vom Auftreffwinkel abhängig sind). Abbildung 5.4 zeigt eine Konstellation, in der die physikalische Positionierung des Roboters für seine Wahrnehmung von entscheidender Bedeutung ist. Hier können auch „mentale Verschiebungen", wie

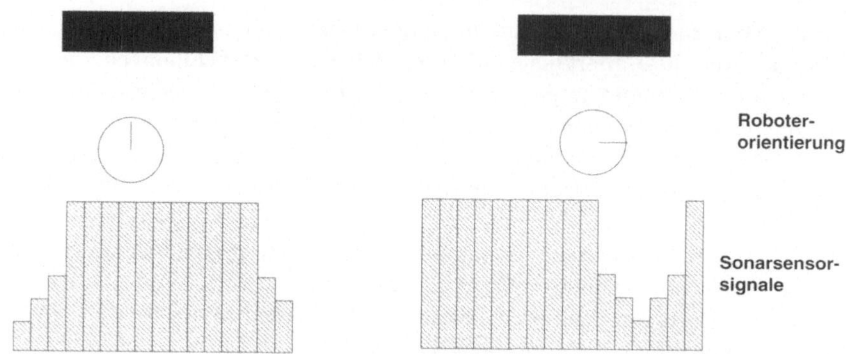

Abbildung 5.3. ANHAND EINER ALLEN SONARENTFERNUNGSMESSUNGEN GEMEINSAMEN EI-
GENSCHAFT - Z.B. MESSUNGSSCHWERPUNKT - KÖNNEN WAHRNEHMUNGEN AUS VERSCHIE-
DENEN BLICKWINKELN IN IDENTISCHE (KANONISCHE) MESSUNGEN UMGEWANDELT WER-
DEN, INDEM EINE ,,MENTALE VERSCHIEBUNG" DURCHGEFÜHRT WIRD

die Rotation der Meßergebnisse, kein einheitliches kanonisches Wahrnehmungsmuster für die beiden verschiedenen Positionen erzeugen.

Abbildung 5.4. WEGEN TOTALREFLEXIONEN DES SONARPULSES SIND ,,MENTALE VERSCHIE-
BUNGEN" BEI DER ERSTELLUNG KORREKTER KANONISCHER WAHRNEHMUNGSMUSTER NICHT
IMMER ERFOLGREICH

5.1.4 Grundlagen der Navigation: Zusammenfassung

Um navigieren zu können, muß man in der Lage sein, die eigene Position zu
bestimmen und eine Route zu einem Zielort zu planen. Für die Routenplanung
benötigt man meist auch eine Repräsentation der Umgebung (eine ,,Karte") und
die Fähigkeit, diese Karte zu interpretieren.

Die selbstverständliche Grundbedingung für Navigation ist, daß ein Lebewesen lebensfähig bzw. ein Roboter betriebsfähig bleiben muß. Betriebsbereitschaft ist daher die fundamentale, befähigende Kompetenz — aber Navigation
erfordert mehr.

Navigation muß stets in einem Bezugssystem verankert sein, d.h. Navigation
ist immer relativ zu einem festen Bezugsrahmen. Bei Koppelnavigation wird die
Fahrtrichtung und die Geschwindigkeit des Agenten geschätzt und die Bewegung über die Zeit integriert, ausgehend von einer bekannten Position. Systeme,

die mit Koppelnavigation arbeiten, sind relativ einfach zu implementieren, zu interpretieren und zu verwenden. Ein Nachteil sind dabei allerdings die auftretenden unkorrigierbaren Driftfehler, die für längere Strecken ein schwerwiegendes Problem darstellen.

Die Alternative zur Koppelnavigation ist die Landmarkennavigation, die auf *Exterozeption* beruht, also darauf, wie der Agent selbst seine Umgebung wahrnimmt. Driftfehler sind hierbei kein Problem, dafür verschlechtert sich die Leistung eines solchen Navigationssystems, wenn die Umgebung nur wenige eindeutig identifizierbare Merkmale aufweist oder wenn die Umgebungsinformation verwirrend ist (z.B. bei perzeptueller Kongruenz – siehe S. 216).

5.2 Grundlegende Navigationsstrategien bei Tieren und Menschen

Im Rahmen eines einführenden Lehrbuchs über mobile Roboter lassen sich die Navigationsstrategien bei Tieren und Menschen natürlich nicht erschöpfend behanden. Wir geben hier nur einen Einblick in die geläufigsten Mechanismen, die Tiere und Menschen zum Navigieren verwenden. Einige anschauliche Beispiele vermitteln hoffentlich einen Eindruck von der erstaunlichen und beeindruckenden Fertigkeit navigierender Lebewesen und geben zugleich Anregungen, wie man Roboternavigation robuster und zuverlässiger gestalten könnte.

Bis heute gibt es keine Maschine, die auch nur annähernd so kompetent navigieren könnte wie Tiere. Ameisen, Bienen und Vögel (um nur drei Beispiele zu nennen) navigieren zuverlässig und sicher über weite Entfernungen, in unmodifizierten, veränderlichen, verrauschten und inkonsistenten Umgebungen. Roboter dagegen sind normalerweise davon abhängig, daß ihre Umgebung klar strukturiert ist und sich kaum verändert. Roboter haben große Schwierigkeiten, über weite Entfernungen zu navigieren, oder in einer Umgebung, die widersprüchliche (inkonsistente) Information enthält — sie funktionieren am besten in einer Umgebung mit künstlichen Navigationshilfen wie Markierungen oder Baken und wenn sie sich entlang festgelegter markierter Routen bewegen. Je mehr Flexibilität gefordert ist, umso schwieriger ist es für den Roboter, zuverlässig zu navigieren. Von der Untersuchung biologischer Navigationssysteme erhofft man sich, daß vielleicht manche Aspekte der dort benutzten Mechanismen für autonome mobile Roboter verwendet werden können.

Zunächst betrachten wir einige der grundlegenden Navigationsstrategien bei Tieren (und Menschen). Dann folgen fünf detaillierte Fallstudien, in denen navigierende Roboter die von Lebewesen verwendeten Strategien nachahmen.

5.2.1 Landmarkenbasierte Navigation

Bei landmarkenbasierter Navigation (*piloting*) verwendet der Agent Landmarken, die er durch deren perzeptuelle Eigenschaften identifiziert. Diese Art der Navigation findet sich bei Tieren sehr häufig. Tiere orientieren sich nicht allein an lokalen Landmarken, die sich in relativer Nähe befinden und deshalb ihren

Azimut (ihren Richtungswinkel) verändern, während sich das Tier bewegt, sondern verwenden auch globale Landmarken wie entfernte Objekte (z.B. Berge), Sterne und die Sonne, die ihre Position im Verhältnis zum sich bewegenden Tier nicht verändern.

Lokale Landmarken Bei der landmarkenbasierten Navigation wird häufig für einen bestimmten navigationsrelevanten Ort ein „Schnappschuß" gespeichert (z.B. für das Nest oder eine Futterstelle). Bei der nächsten Exkursion verhält sich das Tier dann so, daß durch seine Bewegungen das momentane Bild mit dem gespeicherten Bild in Übereinstimmung gebracht wird.

Wüstenameisen (*Cataglyphis bicolor*) verwenden zum Beispiel visuelle Reize, um eine Ausgangsposition zu bestimmen ([Wehner & Räber 79]). Das in Abbildung 5.5 dargestellte Experiment zeigt, daß Ameisen tatsächlich das momentane Retinabild einem gespeicherten Bild zuordnen können, um einen bestimmten Ort zu erreichen. Abbildung 5.5 zeigt oben links die Ausgangssituation: zwei identische Markierungen mit der Breite x dienen rechts und links in gleicher Entfernung vom Ameisennest als Landmarken. Die kleinen Punkte deuten die Heimkehrposition der Ameisen an. Wenn man nun diese Markierungen so plaziert, daß sie doppelt so weit voneineinander entfernt sind (wodurch die Ameise nicht mehr in der Lage ist, eine Position zu finden, von der aus sowohl der Winkel α wie auch der Winkel β mit der Ausgangssituation übereinstimmt), dann sammeln sich die Ameisen um eine der beiden Markierungen (Abbildung 5.5, oben rechts). Wenn man aber die Größe der Markierungen selbst auch verdoppelt (wodurch beide Winkel α und β wieder mit der Ausgangssituation übereinstimmen), dann kehren die Ameisen wieder zur Ausgangsposition zurück (Abbildung 5.5, unten).

Genauso kann man auch bei Honigbienen (*Apis mellifera*) landmarkenbasierte Navigation beobachten. Gould und Gould ([Gould & Gould 88, S. 148]) berichten über von Frischs Forschungsergebnisse, wie Bienen mit Hilfe von Landmarken navigieren. Bienen, die auf einer L-förmigen Route mit einem auffälligen Baum am Knickpunkt trainiert wurden, behielten diese Route auch weiterhin auf ihrem Weg zur Nahrungsquelle bei, wohingegen Bienen in freier Landschaft auch nach ähnlichem Training auf einer L-förmigen Route später wieder den kürzesten Weg zur Nahrungsquelle wählten. Honigbienen benutzen besonders gerne auffallende Landmarken wie Waldränder für ihre Navigation. Die Sonne dient ausschließlich als Bezugspunkt (Kompaßsinn), wenn die Bienen durch den Bienentanz die Richtung der Nahrungsquelle weitergeben ([Gould & Gould 88, S. 148ff.] und [Waterman 89, S. 177]).

In der unmittelbaren Umgebung des Bienenstocks benutzen die Bienen Bildzuordnungen, ganz ähnlich wie die Wüstenameisen. Cartwright und Collett ([Cartwright & Collett 83]) berichten über Experimente, die auffallende Ähnlichkeiten mit den von Wehner und Räber ([Wehner & Räber 79]) beschriebenen Ameisenversuchen aufweisen. Wie die Ameisen verwenden auch die Bienen die Winkelbreite lokaler Landmarken für ihre Navigation, und wenn man die künstlichen Landmarken verschiebt, kehren die Bienen an einen entsprechend

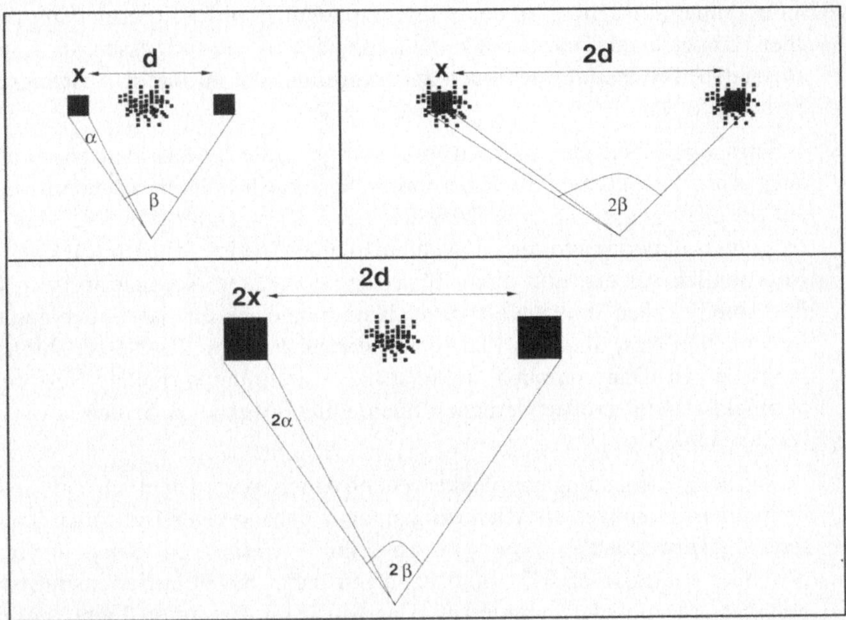

Abbildung 5.5.   LANDMARKENNAVIGATION BEI *Cataglyphis bicolor* (NACH [WEHNER & RÄBER 79])

abweichenden Ort zurück. Cartwright und Collett ziehen aus ihren Beobachtungen die folgenden Schlüsse ([Cartwright & Collett 83]):

> „[Bienen] verwenden zu ihrer Orientierung keinerlei Plan oder Karte über die räumliche Anordnung von Landmarken und der Nahrungsquelle. Das ihnen zur Verfügung stehende Wissen ist viel eingeschränkter und besteht allein aus einem gespeicherten Bild dessen, was von ihrer Retina am Zielort wahrgenommen wurde. Die Experimente scheinen zu zeigen, daß Bienen den richtigen Weg finden, indem sie kontinuierlich ihr momentanes Retinabild mit dem ‚Schnappschuß', dem erinnerten Bild, vergleichen und ihre Flugbahn so anpassen, daß sich die Diskrepanz zwischen den beiden Bildern verringert."

Waterman ([Waterman 89, S. 176]) bestätigt diese Ergebnisse und berichtet über Honigbienen, die ihre Nahrungssuche einstellen, sobald künstliche Landmarken in ihrem Territorium aufgestellt (oder entfernt) werden, und stattdessen Orientierungsflüge durchführen, bevor sie die Nahrungssuche wieder aufnehmen. Auch in unbekanntem Territorium gehen die Bienen zuerst auf Erkundungsflug, bevor sie nach Nahrung suchen.

Globale Landmarken Obwohl Wüstenameisen theoretisch in der Lage sind, anhand von Landmarken zu navigieren, ist diese Methode in ihrem Lebensraum nicht immer anwendbar. In der Wüstenumgebung, in der sie nach Nahrung suchen, gibt es häufig überhaupt keine Landmarken, und so müssen die Ameisen auf andere Navigationsmethoden zurückgreifen, um zu ihrem Ausgangspunkt zurückzufinden.

Tatsächlich sind die Ameisen in der Lage, andere Methoden anzuwenden. Wüstenameisen können direkt zu ihrem Nest zurückkehren, nachdem sie sich auf der Nahrungssuche typischerweise etwa 20 m entfernt haben. Man kann dies durch Experimente zeigen, wenn man eine Ameise vor dem Rückweg zum Nest seitlich versetzt und ihren Rückweg beobachtet. Normalerweise beginnt die Ameise, nach ihrem Nest zu suchen, sobald sie um 10 % der gesamten Strecke zum Nest über das Ziel (die erwartete Position des Nests) „hinausgeschossen" ist. Dann nämlich umkreist die Ameise die vermutete Nestposition in einem ständig größer werdenen Suchradius ([Wehner & Srinivasan 81] und [Gallistel 90, S. 61]).

Aus der Beobachtung der rückkehrenden Ameisen wird deutlich, daß sie nicht ihren eigenen Hinweg zurückverfolgen (etwa anhand einer Duftspur). Stattdessen verwenden die Ameisen reine Koppelnavigation ([Wehner & Srinivasan 81]) und benutzen dabei die Polarisationsmuster des Himmels als globale Landmarke. Das Muster polarisierten Lichts am blauen Himmel, der sogenannte E-Vektor, wird durch die Sonnenposition bestimmt ([Wehner & Räber 79]). Diese Polarisationsmuster bleiben während der relativ kurzen Nahrungsexkursion von Wüstenameisen praktisch konstant und bieten daher einen zuverlässigen Anhaltspunkt für die angestrebte Richtung. Da eine Ameise auf der Nahrungssuche und beim Heimkehren keine Kipp- oder Rollbewegungen durchführt, verändern sich die Polarisationsmuster nur im Verhältnis zu Drehungen um die vertikale Achse — worin die für Wegintegration und Koppelnavigation relevante Information besteht.

Wie die Ameisen verwenden auch die Bienen die Position der Sonne und die Polarisationsmuster des Himmels für ihre Navigation ([Gould & Gould 88, S. 126] und [Waterman 89]). Abbildung 5.6 veranschaulicht ein Experiment, das zeigte, daß die Flugbahnen der Bienen im Verhältnis zu ihrem Bienenstock vom Sonnenstand abhängen. Wenn der Bienenstock über Nacht um mehrere Kilometer versetzt wird (Abbildung 5.6, oben), verlassen die Bienen morgens den Stock trotzdem in der gleichen Richtung wie am vorigen Tag. Wird der Bienenstock versetzt, während sich die Bienen auf Nahrungssuche befinden (Abbildung 5.6, Mitte), fliegen die Bienen zum alten Standort, stellen ihren Irrtum fest und fliegen dann zum neuen Standort des Bienenstocks. Wenn in einem dritten Versuch der Bienenstock auf einen anderen Kontinent versetzt wird, fliegen die Bienen wieder im gewohnten Winkel zur Sonne los, geraten aber im Laufe des Tages zunehmend in Verwirrung (Abbildung 5.6, unten).

Auch Vögel verwenden globale Landmarken beim Navigieren. Die Orientierung an Himmelskörpern ist das Fundament des Vogelnavigationssystems. Ein Beispiel unter vielen ist der Indigofink (*Passerina cyanea*). Planetariumsexperimente mit zugbereiten Indigofinken zeigten, daß sich Vögel an Sternen orientieren. Im Planetarium wählten die Vögel die gleiche Richtung, in die sie auch in

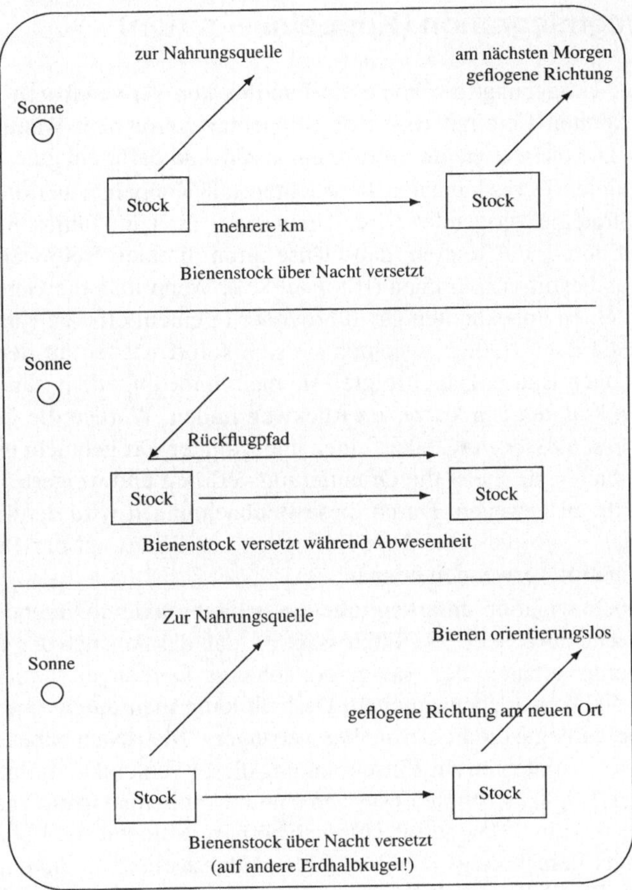

Abbildung 5.6. DIE VERWENDUNG VON REFERENZLANDMARKEN BEI *Apis mellifera*

der freien Natur gezogen wären. Wurde der künstliche Himmel gedreht, änderte sich auch dementsprechend ihre Flugrichtung ([Waterman 89, S. 109]).

Der wichtigste Anhaltspunkt für Vögel ist die scheinbare Rotation des gesamten Himmels um den Himmelspol. Aus Experimenten im Planetarium wurde deutlich, daß Vögel sich korrekt orientieren können, solange der künstliche Himmel um einen feststehenden Himmelspol rotiert, selbst wenn sich die künstlichen Sternbilder von denen des wirklichen Nachthimmels unterscheiden. Indem die Vögel die Sternbewegung über einen längeren Zeitraum beobachten, sind sie in der Lage, die Position des Himmelspols zu bestimmen — wie es auch Menschen z.B. anhand einer langzeitbelichteten Aufnahme des Nachthimmels können.

5.2.2 Wegintegration (Koppelnavigation)

In einer Umgebung, die keine als Landmarken verwendbaren Merkmale aufweist, können Tiere mit Hilfe von Koppelnavigation bzw. Wegintegration navigieren. Die oben erwähnten Wüstenameisen sind dafür ein gutes Beispiel.

Bei vielen Tieren kann man beobachten, daß Koppelnavigation als eine zusätzliche Strategie verwendet wird. Ursula von St. Paul führte Experimente mit Gänsen durch, die zeigten, daß Gänse ihren direkten Heimweg durch Wegintegration bestimmen können ([St. Paul 82]). Wenn man die Gänse entweder zu Fuß an einen unbekannten Ort führte oder in einem offenen Käfig dorthin rollte und sie dann freiließ, machten sie sich sofort wieder auf den direkten Weg zurück nach Hause. Dabei folgten sie nicht unbedingt dem (längeren) Hinweg, sondern konnten den kürzesten Rückweg finden. Wurden die Gänse jedoch in einem *geschlossenen* Käfig an einen unbekannten Ort gebracht und dann freigelassen, hatten sie meist die Orientierung verloren und weigerten sich, sich von der Stelle zu bewegen. Durch diese Beobachtungen wird deutlich, daß Gänse *optischen Fluß* (die scheinbare Bewegung des Bildes auf der Retina) für Koppelnavigation verwenden können.

Koppelnavigation unterliegt allerdings häufig akkumulierenden Driftfehlern (dazu siehe auch Seite 98). Interessant ist, daß das Ausmaß der Driftfehler vom Bewegungsverhalten des Navigators abhängt: Drehungen verursachen größere Fehler als Vorwärtsbewegungen. Deshalb kann man durch eine geeignete Bewegungsstrategie die Fehlerquellen verringern. Menschen haben beispielsweise Navigationsstrategien zur Einschränkung dieser Fehlerakkumulation entwickelt. Bevor es Trägheitsnavigationssysteme und Satellitennavigation gab, verwendete man für maritime Navigation Himmelskörperpositionen und Ephemeriden. Man versuchte, Berechnungs- und Meßfehler dadurch einzuschränken, daß man „entlang der Parallelen segelte" (also entweder Richtung Ost/West oder Nord/Süd), statt diagonal direkt auf das Ziel zuzusteuern. Die hauptsächlich parallel der Längengrade verlaufenden Passatwinde und Ozeanströmungen waren weitere Gründe für diese Strategie.

Polynesische Navigatoren verwenden eine ähnliche Methode, indem sie ihre Kanus nur parallel oder im rechten Winkel durch die Wellen steuern — auf diese Weise können sie schon geringe Kursabweichungen an der Rollbewegung des Kanus erkennen.

5.2.3 Routen

Eine andere weitverbreitete Strategie bei der Tiernavigation ist, kanonischen Pfaden zu folgen. Waldameisen (*Formica rufa*) verwenden zum Beispiel bestimmte Pfade zwischen Nest und Nahrungsquelle so intensiv und regelmäßig, daß ihre Routen auf dem Waldboden mit der Zeit klar sichtbar werden. Nach jahrelanger Benutzung ist entlang dieser Pfade der Bodenbewuchs verschwunden, und die schwarzen Spuren zeigen die gewohnte Route der Ameisen ([Cosens 93]).

Ein weiteres Beispiel sind Tafelenten, die ebenfalls kanonische Pfade für ihre Navigation verwenden. Jedes Jahr ziehen sie auf den gleichen engen Flugbahnen durch das Mississippital ([Waterman 89, S. 176]).

Routen sind als Navigationshilfen so effektiv, daß Menschen ihre Besiedlung oft entlang fester Routen (z.B. Straßen und Flüsse) strukturiert haben.

5.2.4 Erkundung: Navigation bei Vögeln

Tiere können also zum Navigieren lokale Landmarken, kanonische Routen oder Koppelnavigation (z.B. durch einen Sonnenkompaß) verwenden. Es gibt aber auch Tiere, die ohne solche Hilfsmittel in der Lage sind, von einem völlig unbekannten Ort zurück nach Hause zu finden. Wenn man zum Beispiel Brieftauben an einem ihnen unbekannten Ort aufläßt, können sie normalerweise trotzdem wieder zu ihrem eigenen Taubenschlag zurückkehren ([Emlen 75]). Wie schaffen die Vögel das?

Man kann durch entsprechend durchgeführte Experimente (Transport zum Auflaßort im verdeckten Käfig) ausschließen, daß die Brieftauben auf dem Hinweg Wegintegration durchführen. Auch landmarkenbasierte Navigation kommt nicht in Frage, weil die Tauben den Auflaßort vorher nicht gesehen haben und von bekannten Landmarken zu weit entfernt sind.

Die aktuelle Theorie über Langstreckennavigation bei Vögeln gründet sich in erster Linie auf der Annahme eines Kompaßsinns, der sich in Experimenten mit Vögeln sehr klar demonstrieren läßt ([Wiltschko & Wiltschko 98]). Tatsächlich besitzen Vögel eine Reihe verschiedener Kompaßsinne. Erstens verwenden sie einen magnetischen Kompaß, der die Inklination des Erdmagnetfelds mißt (also die Richtungen „hin zum Äquator" bzw. „fort vom Äquator" statt „Norden" und „Süden", [Wiltschko & Wiltschko 95]). Zweitens besitzen die Vögel einen Sonnenkompaß, der nicht genetisch fixiert ist, sondern von den Jungvögeln erlernt wird, da ja die scheinbare Bewegung der Sonne ortsabhängig ist (wenn nötig, kann der erlernte Sonnenkompaß später modifiziert werden). Sobald er erlernt ist, ist der Sonnenkompaß der am meisten verwendete Kompaßsinn bei den Brieftauben (und ist auch generell bei anderen Vögeln weit verbreitet).

Experimente zeigen, daß Vögel hauptsächlich ortsspezifische Information verwenden, um ihre Rückkehrrichtung zu bestimmen, weniger die unterwegs gesammelte Information ([Walcott & Schmidt-Koenig]). Diese Beobachtungen führten zum Konzept der *Navigationskarte*.

Man nimmt an, daß diese Navigationskarte (oder „Rasterkarte") eine richtungsorientierte Repräsentation von navigationsrelevanten Faktoren darstellt. Diese Faktoren sind in der Natur vorkommende Gradienten (z.B. die variierende Stärke des Erdmagnetfelds), die von den Vögeln wahrgenommen werden können, und deren Schnittwinkel nicht zu spitz ist. Es gibt keine experimentellen Beweise, daß solche Gradienten tatsächlich verwendet werden, aber die Gradientenhypothese funktioniert gut als Erklärung für die experimentellen Beobachtungen (besonders für die Frage, warum Vögel in der Lage sind, von noch nie zuvor besuchten Orten direkt nach Hause zu fliegen). Als mögliche Gradienten werden zum Beispiel von Bergketten oder vom Meer verursachter Infraschall oder die Feldstärke des Erdmagnetfelds in Betracht gezogen.

Großräumige Navigation mit Hilfe einer solchen Navigationskarte könnte etwa durch das folgende Verhalten erreicht werden:

> „Beim Umherfliegen nehmen die jungen Tauben ihre Flugrichtung durch ihre Kompaßmechanismen wahr, und gleichzeitig registrieren sie unterwegs auch die Veränderungen der Gradienten. Diese beiden Informationskategorien werden kombiniert und der „Karte" hinzugefügt, indem Veränderungen der Gradienten jeweils mit der momentanen Flugrichtung assoziiert werden. Allmählich bildet sich auf diese Weise eine mentale Repräsentation der Navigationsfaktoren heraus, die die Gradientenverteilung in der Umgebung des Taubenschlags realistisch wiedergibt" ([Wiltschko & Wiltschko 98]).

Die Navigationskarte wird für mittel- und großräumige Navigation verwendet, wobei jedoch Experimente darauf hindeuten, daß Tauben auch beim Navigieren in sehr vertrauter Umgebung ihren Kompaßsinn verwenden. Experimente mit Zeitverschiebung (wobei künstlich Veränderungen im Sonnenkompaß hervorgerufen werden) zeigen, daß Tauben selbst in bekannter Umgebung nicht ausschließlich Landmarken verwenden, sondern auch hier auf ihren Sonnenkompaß vertrauen.

Sobald die Vögel in die unmittelbare Nähe des Taubenschlags kommen, können sie die Navigationskarte nicht mehr verwenden, da die lokalen Gradientenwerte nicht mehr von den Werten für den Heimstandort zu unterscheiden sind. Man nimmt an, daß die Vögel von da an zum Navigieren eine „Mosaikkarte" verwenden, die eine richtungsorientierte Repräsentation lokaler Landmarken darstellt.

Zusammenfassend: Vögel verwenden einen Navigationsmechanismus, der außerordentlich gut an ihre spezifische Situation angepasst ist (Sonnenkompaß, Navigationskarte und Mosaikkarte sind erlernte Mechanismen und können noch von erwachsenen Vögeln durch Lernen modifiziert werden). Ihr Navigationssystem deckt jede Reichweite ab, von mehreren hundert Kilometern (Sonnenkompaß und Navigationskarte) bis in die unmittelbare Umgebung des Taubenschlags (Mosaikkarte und Sonnenkompaß).

5.2.5 Navigation bei Menschen

Menschen besitzen keinen vergleichbar ausgefeilten Navigationssinn wie etwa die Vögel (wir haben zum Beispiel keinen Kompaßsinn), dennoch sind Menschen in der Lage, zuverlässig, über weite Entfernungen und unter schwierigen Bedingungen zu navigieren. Welche Mechanismen verwenden wir dabei?

Die wichtigste Fähigkeit, die der Mensch zum Navigieren nutzen kann, ist, selbst sehr geringe Veränderungen und Merkmale in der Umgebung in Betracht zu ziehen und alle verfügbaren Landmarken (auch Wellenmuster, Wolkenformationen oder das Auftreten bestimmter Tierarten) intensiv zu beobachten.

Das Grundprinzip menschlicher Navigation ist die Verwendung von Landmarkeninformation. Landmarken werden zunächst identifiziert und dann auf *kognitiven Karten* gespeichert. Dabei handelt es sich um eine verzerrte Raumdarstellung von hoher Auflösung in der Heimatumgebung und immer geringerer Genauigkeit mit zunehmender Entfernung. [Lynch 60] untersuchte, welche Repräsentation Menschen von ihrer Heimatstadt besitzen und befragte dafür Einwohner von vier sehr verschiedenen amerikanischen Städten. Er stellte fest, daß die kognitiven Karten die folgenden Elemente enthielten:

- Prominente Landmarken wie das eigene Wohnhaus, der Arbeitsplatz, Kirchen, Theater oder auffällige Schilder;
- wichtige Routen wie Autobahnen;
- Überquerungsmöglichkeiten solcher Routen, und
- Grenzen oder Grenzgebiete (z.B. Seen oder Parkanlagen) zwischen verschiedenen Vierteln.

Verwaltungsbezirke z.B. waren für die kognitiven Karten von sehr untergeordneter Bedeutung.

Polynesische Navigation Die Einwohner der polynesischen Inseln sind in der Lage, ohne Kompaß oder metrische Karten erfolgreich über mehrere tausend Kilometer auf dem offenen Meer zu navigieren: die *Hokulea* legte mit traditionellen Navigationsmethoden die 6000 km lange Strecke zwischen Tahiti und Hawaii zurück ([Kyselka 87, Lewis 72, Gladwin 70] und [Waterman 89, Kap. 3]). Diese Navigationsleistung war möglich, weil die Navigatoren alle verfügbaren Informationsquellen (lokale und Referenzlandmarken sowie spezifische Eigenschaften der Umgebung) nutzten.

Für ihren anfänglichen Steuerkurs verwenden die Navigatoren Sterne, Sonne und Mond als Referenzlandmarken. Die Position eines bestimmten Sterns bei Auf- oder Untergang (während er sich also senkrecht im Verhältnis zum Horizont bewegt) kann zum Beispiel die Richtung einer bestimmten Insel angeben (siehe Abbildung 5.7). Eine andere Möglichkeit ist, lokale Landmarken der Ausgangsinsel in eine Linie zu bringen, um den Anfangskurs zu bestimmen ([Waterman 89, Kap. 3]).

Unterwegs dienen Wind- und Wellenmuster (die normalerweise für bestimmte Meeresgegenden typisch sind, weil sie von der Lage der Inseln beeinflußt werden) als lokale Landmarken. In vielen Gegenden der Erde sind typische Wettermerkmale in der Tat so zuverlässig zu beobachten, daß nicht nur Menschen, sondern auch Tiere sie für ihre Navigation verwenden. Sperber und Grasmücken fliegen zum Beispiel 2000 bis 3000 km von Kanada und Neuengland bis zur südamerikanischen Nordküste. Computermodellierung ihrer Flüge deutet darauf hin, daß bei genauer zeitlicher Abstimmung ihres Abflugs (was nach Beobachtungen der Fall zu sein scheint) die Vögel durch typische, regelmäßig wiederkehrende Windverhältnisse zu ihrem Ziel gelenkt werden ([Waterman 89, S. 27]).

Obwohl der Navigator von seinem Kanu aus nur etwa 15 km Sichtweite hat, kann er Inseln in wesentlich größerer Entfernung ausmachen. Da Land im Vergleich zum Meer eine höhere Temperatur hat, steigen über einer Insel Luftmassen auf, kühlen dabei ab und bilden stationäre Wolken (siehe Abbildung 5.7). Wolken über Inseln können durch ihre spezielle Färbung von Wolken über dem offenen Meer unterschieden werden, weil Atolle ein grünliches Licht auf die Unterseite dieser weißen Wolken werfen.

Manche Landvögel fliegen regelmäßig hinaus aufs offene Meer und können als Hinweis auf naheliegendes Festland dienen. Noddy-Seeschwalben und Feenseeschwalben (*gygis alba*) fliegen bei Sonnenuntergang stets aufs Festland zurück, genauso auch die Rußseeschwalbe. Tölpel sind die Lieblingsvögel der Navigatoren, weil sie sich so auffällig verhalten: bei Sonnenuntergang fliegt der Tölpel auf ein vorbeifahrendes Kanu zu und umkreist es, als ob er darauf landen wollte. Auch dem unaufmerksamsten Navigator kann das nicht entgehen. Kurz bevor die Sonne untergeht, fliegt der Tölpel dann direkt nach Hause. Der Navigator muß nur noch dem Lotsen folgen!

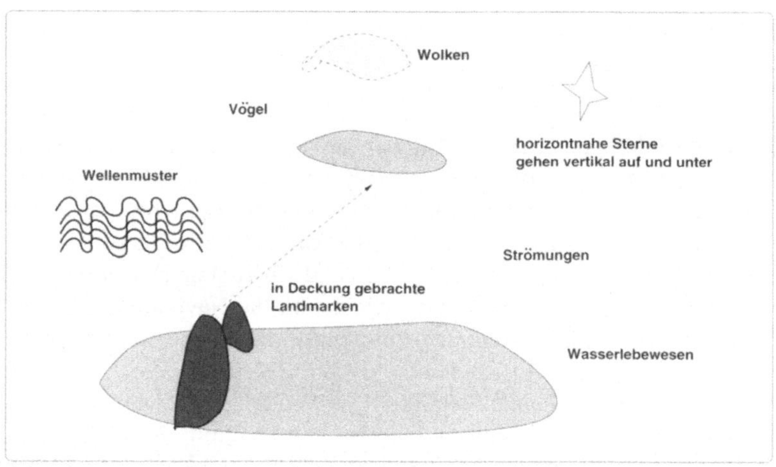

Abbildung 5.7. ZUVERLÄSSIGE NAVIGATION IN POLYNESIEN UND DEN KAROLINEN WIRD DURCH DIE ANWENDUNG MEHRERER METHODEN GLEICHZEITIG ERREICHT

Zusätzlich zu diesen Anhaltspunkten nutzen die Navigatoren auch andere Eigenschaften ihrer Umgebung. Die Inseln von Hawaii erstrecken sich über eine Länge von 750 km, sind aber nur 150 km breit. Das heißt, daß der Navigator eine hohe „Trefferquote" hat, wenn er auf die Breitseite der Inselkette zielt; er muß nur ungefähr in die richtige Richtung steuern. Sobald er dann eine Insel ausmacht, kann er lokale Landmarken verwenden, um sein eigentliches Ziel zu erreichen. Man kann beobachten, daß polynesische Navigatoren im allgemeinen konservativ entscheiden, also im Zweifelsfall die sichere Route wählen, auch wenn es sich dabei um einen Umweg handelt ([Gladwin 70]).

Navigation auf den Karolinen (Mikronesien) Navigatoren in Polynesien wie auch auf den Karolinen sind darauf angewiesen, daß sie über lange Entfernungen auf offener See zuverlässig navigieren können und verwenden dafür im Wesentlichen die gleichen Prinzipien. Ihre Methoden sind jedoch in der Praxis auf ihre jeweilige Umgebung abgestimmt, und ein Navigator von den Karolinen wäre nicht in der Lage, in Polynesien zu navigieren (und umgekehrt, [Gladwin 70]).

Auf den Karolinen navigiert man hauptsächlich mit Hilfe von Koppelnavigation. Zunächst wird der Kurs anhand von Himmelskörpern und Landmarken bestimmt. Da die Inseln in der Nähe des Äquators liegen, gehen die Sterne fast genau senkrecht zum Horizont unter (bzw. auf) und dienen dadurch als nützliche Richtungshinweise. Jedes Navigationsziel hat seinen eigenen zugeordneten Navigationsstern, und die Information über die „richtigen" Sterne wird von Gerneration zu Generation weitergereicht. Ein solcher Navigationsstern läßt sich relativ leicht bestimmen, zumindest, wenn man von einer kleinen Insel aus eine große ansteuert. Indem der Navigator unterwegs zurückblickt, kann er dann auch den Navigationsstern für die kleinere Insel für seinen Rückweg bestimmen.

Unterwegs helfen Wellenmuster bei der Kurskorrektur. In den Karolinen gibt es drei Hauptwellenmuster, die aus drei hauptsächlichen Kompaßrichtungen kommen. Der Navigator kann also durch Beobachtung der Wellen den Kurs des Kanus kontrollieren. Wie in Polynesien steuert der Navigator auch hier meist sein Kanu entweder genau parallel oder genau rechtwinklig zum Wellenverlauf, was eine typische Seitwärts- oder Stampfbewegung des Kanus verursacht. Schon geringe Kursabweichungen kann man dadurch erkennen, daß das Kanu zu rollen beginnt.

Sobald man sich dem Ziel nähert, dienen wieder Wolken und andere offensichtliche Anhaltspunkte zur präzisen Positionsbestimmung der angesteuerten Insel.

5.2.6 Schlußfolgerungen für die Robotik

Ein grundlegendes Merkmal der Navigation bei Mensch und Tier ist die Verwendung einer Vielzahl verschiedener Informationsquellen. Der Navigator verläßt sich nicht auf einen einzigen Mechanismus, sondern kombiniert die verschiedensten Informationen, um sich dann für einen bestimmten Kurs zu entscheiden.

Beispiele für mehrfache Informationsquellen sind der magnetische und der Sonnenkompaß bei der Vogelnavigation; Wellenmuster, Meeresflora und -fauna sowie Wetterbeobachtungen beim Menschen; oder Sonnenstand und Landmarken bei Insekten.

In der mobilen Robotik haben wir bereits eine Anzahl von individuellen Navigationskompetenzen und -mechanismen entwickelt. Wenn man diese wie bei den biologischen Navigatoren kombiniert und parallel verwendet, werden die Navigationssysteme für Roboter ebenfalls zuverlässiger und robuster.

5.2.7 Literaturhinweise: Navigation bei Tieren und Menschen

Tiernavigation

- Talbot H. Waterman, *Animal Navigation*, Scientific American Library, New York, 1989.
- C.R. Gallistel, *The Organisation of Learning*, MIT Press, Cambridge MA, 1990.
- *The Journal of Experimental Biology*, January 1996.

Navigation beim Menschen

- Thomas Gladwin, *East is a Big Bird*, Harvard University Press, Cambridge MA, 1970.
- D. Lewis, *We, the Navigators*, University of Hawaii Press, Honolulu, 1972.

5.3 Roboternavigation

5.3.1 Spurgeführte Fahrzeuge

Wenn man einen Roboter dazu bringen will, sich auf einen bestimmten Ort hinzubewegen, dann ist die einfachste Methode, ihn zu *führen*. Normalerweise geschieht dies durch Induktionsschleifen oder Magnete im Boden, auf dem Boden aufgemalte Linien, oder durch Baken, Markierungen oder Strichcodes usw. in der Umgebung. Solche spurgeführten Fahrzeuge oder *Automated Guided Vehicles* (AGVs, siehe Abbildung 2.1) werden im industriellen Umfeld für Transportaufgaben verwendet. Sie können über 500 kg Nutzlast befördern und bis zu 50 mm genau positioniert werden.

AGVs sind Roboter, die für eine spezifische Aufgabe entwickelt werden und durch ein vorgegebenes Programm oder einen Menschen gesteuert werden. Es ist sehr schwierig, sie für alternative Routen umzuprogrammieren und ihr Einsatz erfordert oft Anpassungsmaßnahmen in der Umgebung.

Die Installation von AGVs ist teuer und unflexibel, weil ihre Umgebung speziell auf sie abgestimmt und vorbereitet werden muß. Es wäre daher wünschenswert, ein Roboternavigationssystem zu entwickeln, mit dem der mobile Roboter in einer unmodifizierten („natürlichen") Umgebung navigieren kann.

Die fundamentalen Kompetenzen für Navigation sind, wie zuvor erwähnt, Lokalisationsfähigkeit, Routenplanung, Kartenerstellung und Karteninterpretation. Wenn wir einen *autonomen* Roboter entwickeln wollen, der in unmodifizierter Umgebung navigieren kann, müssen wir alle diese Kompetenzen in einem Bezugssystem verankern, statt den Roboter einer festgelegten Route folgen zu lassen.

In der Robotik handelt es sich bei diesem Bezugssystem meist entweder um ein kartesisches (oder verwandtes) Koordinatensystem oder um ein landmarkenbasiertes System. Das erstere verwendet Koppelnavigationsstrategien mit Wegstreckenmessung (Odometrie), das letztere verwendet Signalverarbeitungsstrategien für die Identifizierung und Klassifizierung von Landmarken. Es gibt auch

Mischmodelle (die meisten gegenwärtig eingesetzten Systeme beinhalten Elemente sowohl der Koppelnavigation als auch der Landmarkenerkennung). David Lee ([Lee 95]) erstellt eine nützliche Taxonomie von Weltmodellen, erkennbar distinkten Ortspositionen, topologischen Karten, metrisch-topologischen Karten und rein metrischen Karten.

5.3.2 Navigationssysteme, die hauptsächlich auf kartesischen Bezugsrahmen und Koppelnavigation basieren

Wegen der Driftprobleme bei der Odometrie finden sich kaum Roboternavigationssysteme, die ausschließlich auf Koppelnavigation basieren. Häufiger gibt es Navigationssysteme, die zwar vorwiegend Koppelnavigation verwenden, aber zusätzlich auch Sensorinformation hinzuziehen.

Ein gutes Beispiel für ein Roboternavigationssystem, das allein auf einem kartesischen Bezugsrahmen und Koppelnavigation beruht, findet sich bei der Verwendung von Evidenzrastern (*certainty grids* oder *evidence grids*, [Elfes 87]). Hierbei wird die Umgebung des Roboters in Zellen festgelegter Größe eingeteilt, die zuerst als „unbekannt" initialisiert werden. Während der Roboter seine Umgebung erkundet und seine aktuelle Position mit Hilfe von Koppelnavigation schätzt, werden allmählich mehr und mehr Zellen in „freie" oder „besetzte" Zellen umbenannt, je nach Information der Entfernungssensoren, bis auf diese Weise die gesamte Umgebung definiert ist.

Rastersysteme dieser Art, bei denen die Belegung von Zellen eingetragen wird, gehen von einer leeren Karte aus, die nach und nach ausgefüllt wird, während der Roboter seine Umgebung erkundet. Sie haben deshalb den Nachteil, daß alle Fehler in der Positionseinschätzung des Roboters Auswirkungen auf die Kartenerstellung wie auch die Karteninterpretation haben.

Man kann einige dieser Schwierigkeiten dadurch umgehen, daß man dem Roboter eine fertige Karte vorgibt. [Kampmann & Schmidt 91] stellen ein Beispiel für ein solches System vor. Sie geben ihrem Roboter *MACROBE* eine zweidimensionale geometrische Karte vor, bevor er in Betrieb genommen wird. Der Roboter bestimmt dann freien und belegten Raum, indem er die Umgebung in durchquerbare Regionen aufteilt und so seine Routen plant. Dafür muß der Roboter allerdings genau wissen, wo er sich jeweils gerade befindet. *MACROBE* verwendet dafür Koppelnavigation und vergleicht außerdem parallel dazu stets zwischen der Karte und der genauen Entfernungsinformation einer dreidimensionalen Laserkamera.

Ein ähnliches, ebenso auf einem kartesischen Koordinatensystem basierendes System ist *ELDEN*. Das *ELDEN*-System ([Yamauchi & Beer 96]) verwendet „adaptive Ortsnetzwerke" (*adaptive place networks*), um eine räumliche Repräsentation zu erstellen. Einheiten in diesen adaptiven Ortsnetzwerken entsprechen jeweils einer Region im kartesischen Raum, während Verbindungen zwischen Einheiten das auf Odometrie basierende topologische Verhältnis (genauer: die Kompaßrichtung) zwischen den jeweiligen „Ortseinheiten" bezeichnen. Da dieses System entscheidend von präziser Odometrie abhängig ist, kehrt der

Roboter alle 10 Minuten zu einer festgelegten Kalibrierposition zurück, um die
Odometrie zu korrigieren.

Das *OXNAV*-Navigationssystem ([Stevens *et al.* 95]) beruht ebenfalls auf einer kartesischen Karte, die in diesem Fall unterscheidbare Sonarmerkmale enthält
und vor Inbetriebnahme durch den Bediener installiert wird. Der Roboter verwendet Stereosonarsensoren, um Umgebungsmerkmale zu identifizieren. Dann
kombiniert er mit einem Kalmanfilter odometrische Daten, Merkmalsdaten und
vorgegebene Karteninformation, um seine aktuelle Position zu schätzen.

Es gibt noch zahlreiche weitere verwandte Beispiele (Maeyama, Ohya & Yuta
[Maeyama *et al.* 95] stellen zum Beispiel ein ähnliches System für den Betrieb
im Freien vor), die alle auf der Verwendung einer kartesischen Karte und Koppelnavigation beruhen, häufig ergänzt durch Landmarkeninformation.

5.3.3 Navigationssysteme, die hauptsächlich auf Landmarkeninformation basieren

Die Alternative zu einem Navigationssystem, das auf der Verwendung eines globalen kartesischen Bezugsrahmens aufgebaut ist und in dem der Roboter seine
Bewegungen durch Odometrie selbst integriert, wäre ein System, bei dem der
Roboter anhand von Landmarken navigiert. Der Begriff „Landmarke" steht hierbei für jede ortsabhängige Sensorwahrnehmung (siehe Seite 100). Damit ein solches System funktionieren kann, müssen eine Anzahl von Bedingungen erfüllt
sein.

Sensorwahrnehmungen sind grundsätzlich immer durch Rauschen und Variation beeinträchtigt. Daher ist es nicht sinnvoll, unbehandelte Sensordaten direkt
zu verwenden. Stattdessen sind Abstraktionsmethoden notwendig, die die wesentlichen Merkmale einer Landmarke beibehalten, aber die Rauschkomponen-
ten eliminieren.

Clustermethoden Um Daten zu abstrahieren, kann man Clustermechanismen verwenden, die Daten topologisch zusammenfassen: ähnlich erscheinende Daten
werden zusammen gebündelt. Bei der Clusteranalyse von verrauschten Sensordaten werden also nicht nur identische, sondern auch ähnliche Daten zusammen-
gefaßt. Beispiele für selbstorganisierende Clustermechanismen sind:

- Kohonens selbstorganisierende Merkmalskarte ([Kohonen 88], siehe S. 74).
  Anwendungen finden sich in den Fallstudien 5 und 6.
- RCE Netzwerk (*Restricted Coulomb Energy networks*). [Kurz 96] beschreibt
  ein Beispiel für die Verwendung eines RCE Netzes.
- „Neuronales Gas" Netzwerke (*growing neural gas networks*, [Fritzke 95]).
  Ein Anwendungsbeispiel ist der mobile Roboter *ALICE* ([Zimmer 95]),
  der Koppelnavigation verwendet und die Driftfehler durch gebündelte So-
  narmessungen korrigiert. Eine Erweiterung dieses Ansatzes durch den Ein-
  satz von Videoaufnahmen für die Navigation findet sich bei von Wichert
  ([Wichert 97]).

Perzeptuelle Kongruenz Für bestimmte Umgebungen kann man davon ausgehen, daß der Roboter nur eine feste Anzahl von Orten anfährt und für jeden Ort eine *unverwechselbare* Sensormessung erhält. In diesem Fall kann man die Sensordaten direkt verwenden. Franz, Schölkopf, Mallot und Bülthoff ([Franz *et al.* 98]) stellen zum Beispiel die Umgebung ihres Roboters als *Graph* dar. Sie verwenden keinerlei metrische Information, stattdessen stehen die Knotenpunkte für Kameraufnahmen (von jeweils 360 Grad) und die Kanten für die Beziehungen zwischen Aufnahmen. Der Roboter ist in der Lage, entlang der Kanten zu navigieren, ohne metrische Informationen zu verwenden.

Leider kann man sich in den allerwenigsten Fällen auf unzweideutige Sensorwahrnehmungen verlassen. Meistens soll der Roboter lange Strecken in einer Umgebung zurücklegen, die mehr oder weniger gleichförmig erscheint, wie zum Beispiel eine Büroumgebung. In solchen Umgebungen gibt es normalerweise viele gleich aussehenden Stellen (perzeptuelle Kongruenz). Perzeptuelle Kongruenz stellt ein besonders schwerwiegendes Problem für Navigationssysteme dar, die von Lokalisation durch Perzeption abhängen. Dies Problem kann auf verschiedene Weise gelöst werden.

Man kann die Unterscheidung von ähnlichen Orten dadurch erreichen, daß man die Anzahl und Art der Sensoren sowie die Menge der Sensordaten erhöht. Bühlmeier *et al.* ([Bühlmeier *et al.* 96]) haben diese Methode erfolgreich eingesetzt. Fallstudie 5 (S. 123) gibt ein weiteres Beispiel. Natürlich hat diese Methode auch Grenzen, da die Zahl der Sensoren nicht beliebig erhöht werden kann. Außerdem führt die gesteigerte Wahrnehmungsschärfe dazu, daß kleine Schwankungen mehr Einfluß ausüben und das System dadurch weniger robust und zugleich speicherintensiver wird. Bei einer gleichförmigen Umgebung (z.B. lange Korridore) erhofft man jedoch gerade das Gegenteil, nämlich weniger Wahrnehmungsschärfe und weniger Speicherplatz für die Repräsentation der Örtlichkeit. Bei einer komplexeren Umgebung müssen wir damit rechnen, daß örtliche Verwechslungen vorkommen und benötigen daher Mechanismen, die die Möglichkeit von perzeptueller Kongruenz einbeziehen und damit umgehen können.

Ein anderer Ansatz, das Problem der perzeptuellen Kongruenz anzugehen, besteht deshalb darin, die zeitliche Sequenz der lokalen Sensorwahrnehmungen bei der Ortsbestimmung zu berücksichtigen. In Fallstudie 5 kombinieren wir in der Eingangsinformation der selbstorganisierenden Merkmalskarte die aktuelle mit der vorhergehenden Sensor- und Motorerfahrung des Roboters. Tani und Fukumura ([Tani & Fukumura 94]) fügen bei ihrer auf künstlichen neuronalen Netzen aufgebauten Steuerung ebenfalls vorhergehende Sensormessungen der Eingangsinformation hinzu.

Ein Nachteil dieser Methode ist, daß der Roboter die zunächst gespeicherten Orte in genau der gleichen Weise wieder anfahren muß, damit die korrekte Zuordnung vorheriger Information überhaupt möglich wird. In einer komplexen Umgebung kann man das nur erreichen, indem man das Navigationsverhalten des Roboters beschneidet (oft auf festgelegte Routen), was natürlich eine starke Einschränkung bedeutet. Unsere Fallstudie 5 auf Seite 123 verdeutlicht, daß man eine ganze Reihe von verschieden langen „Zeitfenstern" der Vorgeschichte braucht, um die Lokalisation in einer Umgebung mit perzeptueller Kongruenz zu ermöglichen. Es reicht also nicht aus, nur *eine* bestimmte Zeitspannenlänge der Sensorvorgeschichte festzulegen. Die Bewältigung des perzeptuellen Kongruenzsproblems durch zeitliche Wahrnehmungsmuster ist davon abhängig, wieviel Vorgeschichte gespeichert wurde. Diese Methode ist weiterhin nicht in der Lage, durch Abstraktion beliebig große mehrdeutige Bereiche in der Roboterumgebung zu verarbeiten.

Ein zusätzliches Problem ist Sensorrauschen; ein einziger Ausreißer in den Sensorwahrnehmungen beeinflußt die nächsten n Eingangssignale des Systems, wobei n die Anzahl der vorhergehenden Wahrnehmungen ist, die zur Lokalisation herangezogen werden.

Ein weiterer Ansatz zur Lösung des Problems der perzeptuellen Kongruenz ist, durch die Kombination von Wahrnehmung und Koppelnavigation ähnlich wirkende Orte auseinanderzuhalten. Hierbei wird die durch Koppelnavigation geschätzte Position des Roboters korrigiert, indem die beobachteten Merkmale mit dem internen Weltmodell verglichen werden (siehe zum Beispiel [Atiya & Hager 93,Edlinger & Weiss 95,Horn & Schmidt 95,Kurz 96], [Kuipers & Byun 88,Yamauchi & Langley 96] und [Zimmer 95]). Kuipers und Byun ([Kuipers & Byun 88]) steuern den Roboter auf gut unterscheidbare Orte zu und kalibrieren so das Odometriesystem. Diese Methoden sind sehr effektiv, solange der Roboter zu Anfang ungefähr weiß, wo er sich befindet. Sie sind allerdings ungeeignet für den Fall, daß der Roboter alle Orientierung verloren hat.

Die bei diesen Lokalisationsmethoden eingesetzten Karten basieren meist auf Graphen und verwenden topologisch verbundene Netzknoten, die Orte repräsentieren. Zusätzlich kann metrische Information gespeichert werden, die den relativen Vorwärts- und Drehbewegungen des Roboters zwischen zwei Orten entspricht ([Kurz 96,Yamauchi & Langley 96,Zimmer 95]). Die Positionsaktualisierung kann kontinuierlich ([Kurz 96]) oder episodisch ([Yamauchi & Langley 96]) geschehen. Manche Methoden können auch in einer dynamischen Umgebung angewandt werden ([Yamauchi & Langley 96] [Zimmer 95]) und sind sogar in der Lage, vorübergehende Veränderungen wie sich bewegende Personen von permanenten Veränderungen in der Umgebung zu unterscheiden ([Yamauchi & Langley 96]).

Hippocampusmodelle der Lokalisation Topologische Karten, die durch Mechanismen der Selbstorganisation entwickelt werden, stehen in engem Zusammenhang mit Hippokampusmodellen der Lokalisation bei Tieren ([Recce & Harris 96] geben eine Einführung). Beim Roboter besteht die Karte aus einer diskreten Menge distinkter Orte, die beim Tier den Ortszellen auf dem Hippokampus entsprechen. Bei der Roboterlokalisation handelt es sich im Wesentlichen um ein Lernschema mit Wettbewerbscharakter, bei dem die Kartenlokation mit der höchsten „Aktivierung" die Standortschätzung liefert. Fallstudie 7 illustriert dies mit einem konkreten Beispiel.

5.3.4 Schlußfolgerungen

In Abschnitt 5.2.6 haben wir gesehen, daß die Stärke der biologischen Navigatoren darin liegt, daß sie eine Vielzahl von Informationsquellen kombinieren können. Diese Kombination von Information ist auch ein vielversprechender Ansatz in der Roboternavigation.

Jedes Navigationsprinzip hat auf sich allein gestellt charakteristische Stärken und Schwächen (ob Koppelnavigation oder Landmarkennavigation), und nur durch die Kombination der Systeme kann man die jeweiligen Nachteile überwinden und gleichzeitig alle Vorteile ausnutzen.

Koppelnavigationssysteme haben den gravierenden Nachteil der Driftfehler, die ohne externe Messungen nicht korrigiert werden können.

Da sich landmarkenbasierte Navigation auf Exterozeption gründet, entstehen keine unkorrigierbaren Driftfehler, stattdessen sind hier perzeptuelle Kongruenzen das Problem. Perzeptuelle Kongruenz ist allerdings nicht in allen Fällen unerwünscht: es handelt sich dabei immerhin um eine verallgemeinerte (also speichereffiziente) Repräsentation der Roboterumgebung. Schwierigkeiten entstehen erst dann, wenn zwei identisch aussehende Orte verschiedene Aktionen des Roboters erfordern.

Hybride Systeme versuchen, die positiven Aspekte beider Ansätze beizubehalten und gleichzeitig deren Probleme zu umgehen. Unterschiedliche Umgebungen erfordern allerdings auch unterschiedliche Sensorverarbeitungsmethoden, daher besteht das Risiko, daß hybride Ansätze schließlich zu sorgfältig auf genau eine bestimmte Umgebung abgestimmt sind. Um einen breiten Einsatzbereich zu erreichen, wären hier Lernfähigkeit und vor allem Selbstorganisation hilfreich.

Selbstorganisation würde auch ein weiteres größeres Problem lösen helfen: Mensch und Maschine haben verschiedene Perspektiven und nehmen ihre Umgebung auf verschiedene Weise wahr. Es ist daher sinnvoller, den Roboter selbst die Landmarken auswählen zu lassen, als da ein Mensch die aus seiner Sicht navigationsrelevanten Landmarken auswhlt.

Literaturhinweise zur Roboternavigation

- J. Borenstein, H.R. Everett und L. Feng, *Navigating Mobile Robots*, A K Peters, Wellesley MA, 1996.
- G. Schmidt (Hrsg.), *Information Processing in Autonomous Mobile Robots*, Springer Verlag, Berlin, Heidelberg, New York, 1991.

5.4 Fallstudien navigierender Roboter

Es ist, wie gesagt, erstrebenswert, Roboternavigationssysteme zu entwickeln, die nicht von einer speziellen Modifizierung ihrer Umgebung abhängig sind. Solche Systeme sind nicht nur flexibler als spurgeführte Fahrzeuge, sondern auch kostengünstiger zu installieren.

Wegen der akkumulierenden Driftfehler in odometriebasierten Navigationssystemen ist es außerdem ein großer Vorteil, wenn diese Roboternavigationssysteme auf Exterozeption statt auf Propriozeption basieren.

Im Folgenden stellen wir einige Roboternavigationssysteme vor, die nach diesen Prinzipien auf realen Robotern entwickelt und getestet wurden. Die Fallstudien enthalten reichlich detaillierte Information und sollen dem Leser die praktischen Aspekte veranschaulichen, die man in der Praxis berücksichtigen muß, wenn man einen mobilen Roboter dazu bringen will, in einer unmodifizierten Umgebung mit Hilfe von Landmarken zu navigieren.

5.4.1 Fallstudie 4.
GRASMOOR: Ameisenähnliche Roboternavigation

Das Prinzip der kompaßbasierten Koppelnavigation, wie man sie bei Ameisen beobachtet (siehe S. 105), kann leicht auf einem einfachen Roboter mit nur vier Lichtsensoren implementiert werden (siehe Abbildung 5.8 für den Aufbau eines solchen Roboters).

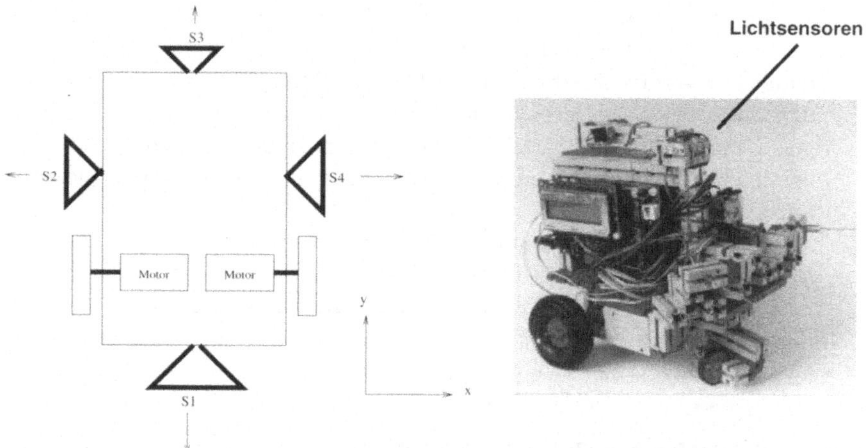

Abbildung 5.8. EIN EINFACHER MOBILER ROBOTER MIT DIFFERENTIALMOTORSTEUERUNG UND VIER LICHTSENSOREN (S1 BIS S4). DIE LICHTSENSOREN WEISEN ALLE IN VERSCHIEDENE RICHTUNGEN UND DECKEN JEWEILS EINEN WINKEL VON ETWA 160 GRAD AB.

In Umgebungen mit einem ausgeprägtem Lichtgradienten, etwa in Räumen mit nur einer Fensterfront, bei Sonne im Freien oder in einer Umgebung mit künstlich erzeugten Lichtgradienten (z.B. eine einzige Lichtquelle in einer entfernten Ecke des Raumes) kann man unter Verwendung der Lichtsensoren des Roboters ein einfaches und doch effektives kompaßbasiertes Navigationssystem entwickeln.

In einem kartesischen Koordinatensystem läßt sich die aktuelle Fahrtrichtung des Roboters durch die Differenzen zwischen gegenüberliegenden Sensormessungen (daher der Name *Differentiallichtkompaß*) bestimmen:

$$dx \propto S4 - S2,$$
$$dy \propto S3 - S1,$$

wobei dx und dy die x- und y-Komponente der Roboterbewegung pro Zeiteinheit und S1 bis S4 die Messungen der vier Lichtsensoren sind. Hieraus erhalten wir die korrekte momentane Fahrtrichtung des Roboters für alle Umgebungen, in denen die generelle Lichtintensität konstant ist und dx und dy allein von der Ausrichtung des Roboters und nicht von der Helligkeit der Umgebung abhängig sind.

Um das System gegen Schwankungen der Gesamthelligkeit in der Umgebung unempfindlich zu machen, lassen sich dx und dy weiterhin wie folgt normalisieren:

$$dx = \frac{S4-S2}{\sqrt{(S4-S2)^2+(S3-S1)^2}},$$
$$dy = \frac{S3-S1}{\sqrt{(S4-S2)^2+(S3-S1)^2}}.$$

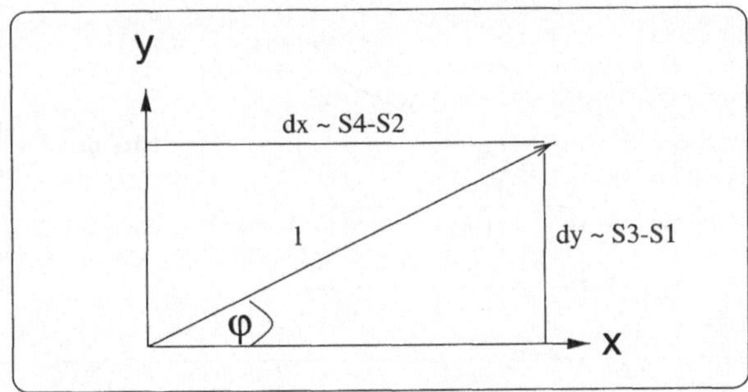

Abbildung 5.9. TRIGONOMETRIE BEIM DIFFERENTIALLICHTKOMPASS

Für die Roboterimplementation kann es praktisch sein, trigonometrische Funktionen zu verwenden (und zur schnelleren Berechnung in Nachschlagtabellen aufzulisten):

$$\tan \varphi = \frac{S3-S1}{S4-S2},$$

$$dx = l \cos \varphi,$$

$$dy = l \sin \varphi,$$

wobei l die zurückgelegte Distanz (bei konstanter Geschwindigkeit proportional zur Fahrdauer) und φ der vom Differentiallichtkompaß gemessene Winkel ist.

Wenn der Roboter mit konstanter Geschwindigkeit fährt, wird die momentane Position des Roboters kontinuierlich durch Gleichung 5.1 und 5.2 aktualisiert.

$$x\,(t+1) = x\,(t) + dx \; , \tag{5.1}$$

$$y\,(t+1) = y\,(t) + dy \; . \tag{5.2}$$

Wenn der Roboter sich allerdings nicht mit konstanter Geschwindigkeit fortbewegt, muß die tatsächlich zurückgelegte Distanz auf andere Weise gemessen werden, etwa durch Odometrie.

Auf dem Hinweg wird die momentane Position des Roboters kontinuierlich durch die Gleichungen 5.1 und 5.2 aktualisiert. Für den Rückweg (oder den Weg zu einem beliebigen anderen Ort) kann die gewünschte Richtung nach Abbildung 5.10 bestimmt werden. Für die Heimkehr ist es jedoch am einfachsten und sichersten, den Roboter in die „richtige" Richtung fahren zu lassen, indem man sicherstellt, daß die Vorzeichen von x und dx bzw. y und dy jeweils verschieden sind (unter der Annahme, daß die Heimposition des Roboters im Ursprung des Koordinatensystems liegt). Abbildung 5.11 zeigt ein solches Heimkehrverhalten.

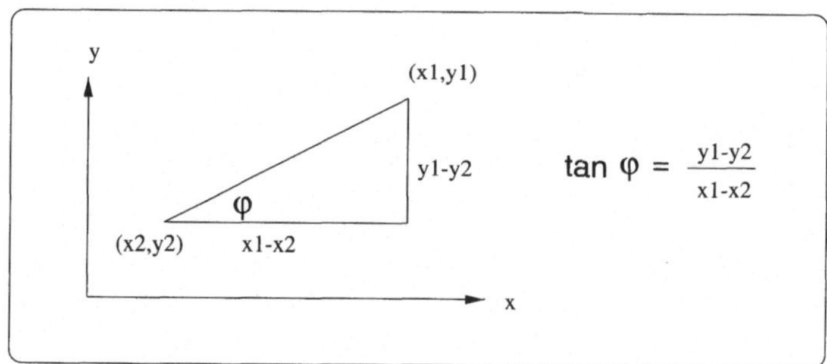

Abbildung 5.10. HEIMKEHR AUS POSITION (x_1, y_1) NACH HEIMPOSITION (x_2, y_2) DURCH PRÄZISE RICHTUNGSBESTIMMUNG

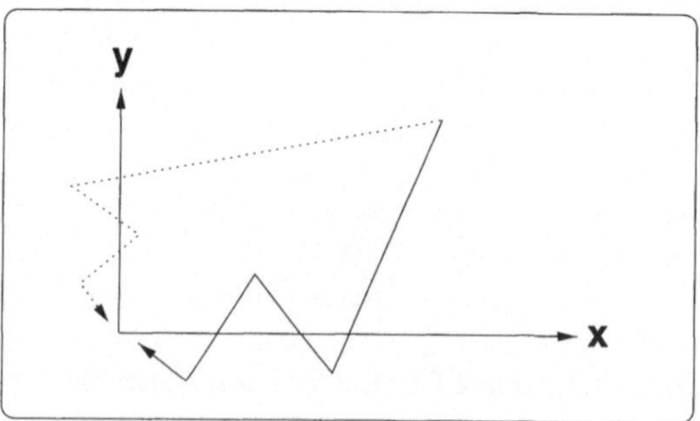

Abbildung 5.11. HEIMKEHR NACH $(0,0)$ DURCH ITERATIVE FEHLERREDUZIERUNG IN DER X- UND Y-RICHTUNG MIT EINER REIN LOKALEN STRATEGIE

5.4.2 Fallstudie 5. *ALDER*: Zwei Experimente zur Anwendung von Selbstorganisation bei der Kartenerstellung

Wir hatten zuvor schon gute Gründe für die Verwendung von landmarkenbasierten Navigationssystemen festgestellt: bei Landmarkenerkennung anhand von Exterozeption erhält man ein robusteres Navigationsverfahren, das nicht für Odometriedriftfehler anfällig ist. Der Roboter *beobachtet* direkt, wo er sich befindet, statt seine Position durch Koppelnavigation zu *schätzen*. Dies funktioniert natürlich nur, wenn die Landmarken eindeutig identifiziert werden können. Beträchtliche Verwirrung kann entstehen, wenn mehrere Orte in der realen Welt die gleichen perzeptuellen Merkmale besitzen, oder umgekehrt ein und derselbe Ort bei aufeinanderfolgenden Durchgängen verschiedene perzeptuelle Charakteristika erzeugt. Beide Probleme treten in der realen Welt regelmäßig auf. Wie man mit ihnen umgeht, wird später in diesem Kapitel diskutiert. Zunächst wollen wir erst einmal davon ausgehen, daß eindeutige Orte in der Welt des Roboters auch eindeutige perzeptuelle Signaturen besitzen.

Ein landmarkenbasiertes Navigationssystem ist natürlich darauf angewiesen, daß Landmarken überhaupt erst einmal als solche identifiziert werden. Man könnte deshalb (als Bediener) für den Roboter einfach bestimmte Merkmale der Umgebung von Hand als Landmarken vordefinieren und einen Detektionsalgorithmus entwickeln, der diese Landmarken wiedererkennt und zum Navigieren verwendet. Diese Strategie funktioniert gut in Umgebungen, die sich leicht für den Roboterbetrieb modifizieren lassen, etwa durch die Anbringung von perzeptuell distinkten und leicht identifizierbaren Objekten (z.B. Baken oder Markierungen). Eine so modifizierte Umgebung verwendet im Grunde das gleiche Prinzip wie eine für Menschen klar strukturierte Umgebung: wir erleichtern uns ebenso unsere Navigationsaufgaben durch leicht erkennbare Wegweiser und Markierungen.

Das Problem der „perzeptuellen Diskrepanz" Wie kann Navigation aber in *unmodifizierten* Umgebungen funktionieren? Hier ist es nicht sinnvoll, Landmarken vorzudefinieren, weil man eventuell Landmarken auswählt, von denen man zwar *annimmt*, daß der Roboter sie gut wahrnehmen kann, die sich dann aber in der Praxis vom Roboter nur schwer identifizieren lassen. Außerdem kann es leicht passieren, daß man für den Roboter leicht erkennbare Landmarken übersieht, weil der Mensch sie nur schwer wahrnimmt. Ein Beispiel dafür sind Türrahmen, die etwas von der glatten Wand hervorstehen. Normalerweise beachten Menschen diese Rahmen nicht besonders, für die Sonarsensoren eines Roboters sind sie aber hervorstechende Merkmale, weil der Sonarimpuls von den Türrahmen sehr gut reflektiert wird. Türrahmen wirken praktisch wie Baken.

Hierbei handelt es sich um das Problem der „perzeptuellen Diskrepanz", das wir schon im Abschnitt 4.1.1 erwähnt haben. Aus diesem Grund ist es am besten, wenn so wenig wie möglich Information vordefiniert und stattdessen Lernen und Selbstorganisation eingesetzt wird.

Wir müssen den Roboter dazu bringen, geeignete Landmarken autonom zu identifizieren, auf einer Karte einzutragen und für die Navigation zu verwenden. Der Roboter würde also zunächst selbständig eine unbekannte Umgebung erkunden, dabei perzeptuell unverwechselbare Merkmale der Umgebung identifizieren und zugleich verschiedene perzeptuelle Signaturen auseinanderhalten. Sobald diese perzeptuelle Karte erstellt ist, kann sie für eine Vielzahl von Navigationsaufgaben verwendet werden. In dieser Fallstudie untersuchen wir die Verwendung einer solchen Wahrnehmungskarte für die Lokalisation. In Fallstudie 6 wird sie dann für das Erlernen von Routen eingesetzt.

Zusammenfassend ist ein Mechanismus nötig, der es dem Roboter ermöglicht, seine Wahrnehmungen autonom zu clustern, perzeptuell hervorstechende Merkmale zu identifizieren und sie beim nächsten Mal wiederzuerkennen.

Definition von „Karte" Für unsere Zwecke definieren wir „Karte" als jede eins-zu-eins Abbildung (Bijektion) von Statusraum auf Kartenraum. Beispiele solcher Karten sind U-Bahn-Linienpläne, Telephonverzeichnisse oder Stammbäume. Das Verhältnis von einzelnen Haltestellen zueinander, zwischen Telephonnummern und Telephonbesitzern, sowie zwischen den einzelnen Familienangehörigen sind jeweils in diesen „Karten" enthalten. Eine Karte ist daher nicht einfach eine Abbildung der Welt des Roboters aus der Vogelperspektive.

Bei dem in dieser Fallstudie beschriebenen Kartensystem hat der Status-Raum, dessen Repräsentation durch ein selbstorganisierendes Netzwerk erstellt wird, nichts mit den tatsächlichen physikalischen Orten in der realen Welt zu tun, zumindest nicht unmittelbar. Was diese Karten *in Wirklichkeit* repräsentieren, ist der *perzeptuelle* Raum des Roboters. Falls keine perzeptuelle Kongruenz auftritt, haben wir hier eine unverwechselbare eins-zu-eins Korrelation zwischen perzeptuellem Raum und physikalischem Raum, die für Roboternavigationssysteme genutzt werden kann.

Wo wir den Begriff „Karte" verwenden, besitzt er immer die hier definierte breitere Bedeutung.

Experiment 1: Lokalisation durch Perzeption Unter Verwendung einer ringförmigen, eindimensionalen selbstorganisierenden Merkmalskarte (SOMK) von 50 Einheiten wurden mit *ALDER* (siehe Abbildung 4.14) Experimente durchgeführt, bei denen der Roboter durch Selbstorganisation autonom eine Karte erstellen und diese Karte für seine Selbstlokalisation verwenden konnte.

Die Funktionsweise eines solchen Netzwerks haben wir bereits auf Seite 74 beschrieben. Die Gewichtsvektoren wurden jeweils in einem Bereich von ± 2 benachbarten Zellen (konstant über den gesamten Zeitraum) aktualisiert. Abbildung 5.12 zeigt eine typische Netzwerkreaktion (der Ring ist hier aufgeschnitten als Reihe abgebildet).

Mit einer vorprogrammierten Explorationsstrategie folgte *Alder* den Wänden der Experimentierumgebung. Im Laufe dieser Exploration entwickelten sich auf der SOMK Muster, die mit den Ecken der Experimentierumgebung korreliert waren.

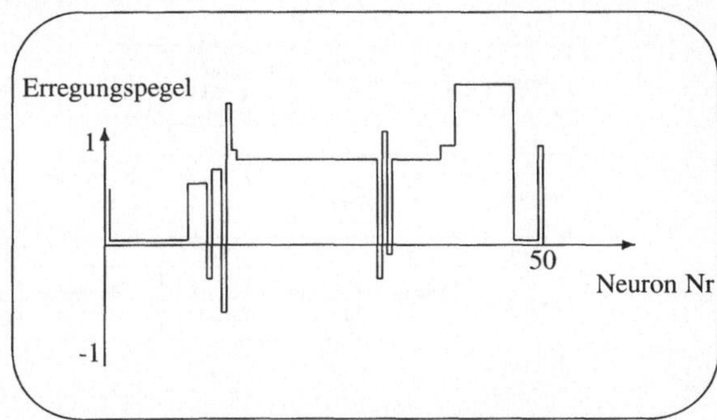

Abbildung 5.12. EINE TYPISCHE REAKTION DES RINGS IM TRAINIERTEN ZUSTAND

Der Eingangsvektor Ein selbstorganisierendes Netz clustert die Eingangsinformation in einer (statistisch) sinnvollen Weise. Wenn die Eingangsdaten aber keine sinnvolle Information enthalten („sinnvoll" im Bezug auf die Aufgabe, eine interne Repräsentation des Wahrnehmungsraumes zu erstellen), kann das Netzwerk auch keine sinnvolle Struktur erzeugen. Der Eingangsvektor, den wir anfangs verwendeten, enthielt ausschließlich Information darüber, ob der Roboter auf seiner linken oder seiner rechten Seite ein Signal empfangen hatte, und Information über die zwei vorhergehenden Sensormessungen (wiederum nur, ob ein Hindernis rechts oder links wahrgenommen wurde), sowie grobe Odometriedaten (einfach die Anzahl der Radumdrehungen). Diese Art von Information reichte nicht aus, um eine sinnvolle Repräsentation des Wahrnehmungsraumes entwickeln zu können (zumindest ohne daß man eine beträchtliche Anzahl von Eingangsvektoren benötigte). Die SOMK Erregungsmuster zeigten daher letztlich nur wenig Korrelation mit spezifischen Orten in der realen Welt.

Der Grund war offensichtlich ein Mangel an ausreichender Struktur im Eingangsvektor des Netzwerks. Wir verbesserten also den Eingangsvektor, indem wir die Sensorinformation zuerst aufbereiteten. Statt die Daten direkt von den Sensoren ins Netz einzuspeisen, wurden die Sensordaten zunächst dafür verwendet, konvexe und konkave Ecken zu bestimmen[1]. Diese Daten dienten dann als Trainingsinformation für das Netzwerk. Der Eingangsvektor, mit dem wir schließlich die im Folgenden beschriebenen Ergebnisse erzielten, enthielt sowohl Information über die gegenwärtige Ecke und vorherige Ecken, als auch die Distanz, die zwischen der vorigen und der jetzigen Ecke zurückgelegt wurde (siehe Abbildung 5.13, oben).

Zusammenfassung des Versuchsverfahrens

1. Initialisierung des ringförmigen selbstorganisierenden Netzes: die Gewichtsvektoren aller Zellen bekommen Zufallswerte;

---

[1] Dies ist sehr einfach: wenn die Zeitspanne, die der Roboter braucht, um sich zur Wand zu drehen, einen bestimmten Schwellwert überschreitet, wird eine konvexe Ecke angenommen. Wenn er weniger als eine bestimmte Schwellwertzeit braucht, nimmt man eine konkave Ecke an.

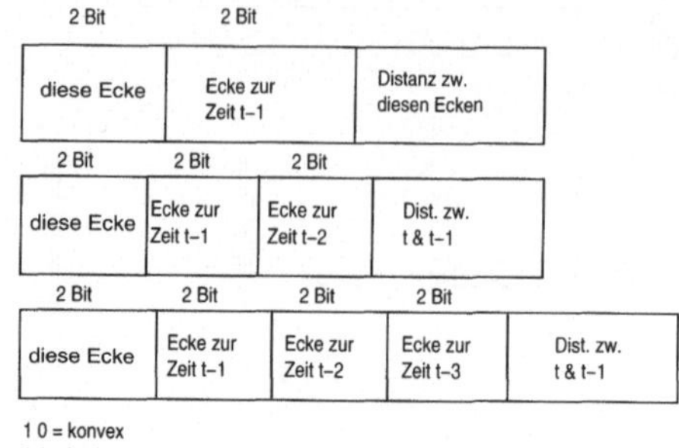

Abbildung 5.13. EINGANGSVEKTOREN FÜR DIE DREI STUFEN IN EXPERIMENT 1

2. Normalisierung aller Gewichtsvektoren;

3. Bestimmung des Eingangsvektors;

4. Berechnung der Netzreaktion auf diesen Reiz für jede Zelle des Rings, nach Gleichung 4.15 (S. 75);

5. Bestimmung der am stärksten reagierenden Einheit;

6. Aktualisierung der Gewichtsvektoren innerhalb von ± 2 Zellen im Umkreis der am stärksten reagierenden Zelle, nach Gleichung 4.6 und 4.7;

7. Normalisierung dieser fünf neuen Gewichtsvektoren;

8. Wiederholung des Vorgangs ab Schritt 3.

Versuchsergebnisse Der Roboter wurde in eine abgeschlossene Versuchsumgebung wie in Abbildung 5.14 plaziert. Wir ließen ihn seine Umgebung erkunden, wobei er der Wand stets in derselben Richtung folgte und mehrere Runden fuhr. Der Versuchsaufbau bestand aus Wänden, die für die Roboterfühler wahrnehmbar waren, und wies sowohl konvexe wie auch konkave Ecken auf.

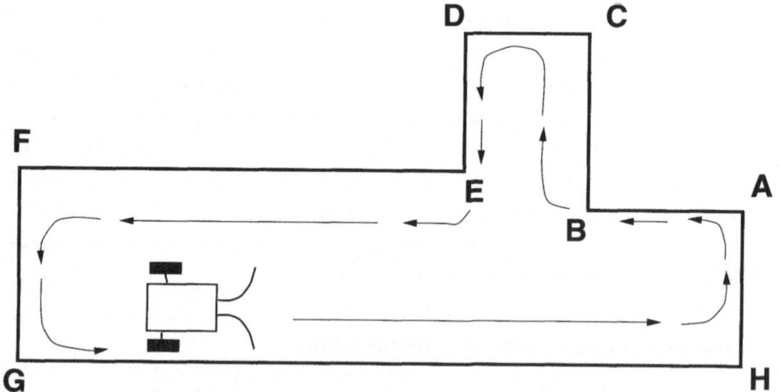

Abbildung 5.14. EINE TYPISCHE UMGEBUNG FÜR *ALDER*

Jedesmal, wenn eine konvexe oder konkave Ecke entdeckt wurde, wurde ein Eingangsvektor (siehe Abbildung 5.13) erzeugt und in den Ring eingespeist. Der

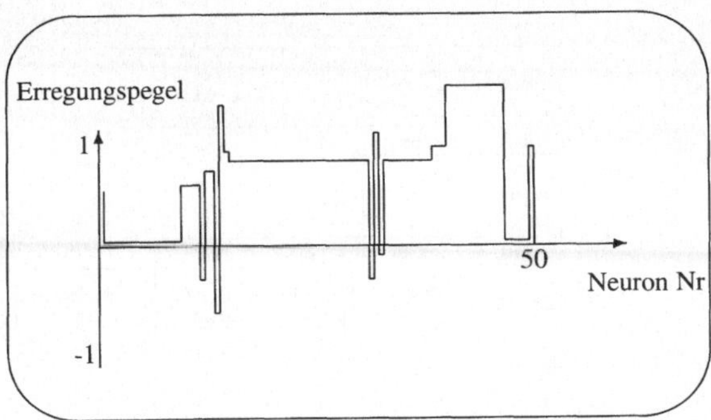

Abbildung 5.12. EINE TYPISCHE REAKTION DES RINGS IM TRAINIERTEN ZUSTAND

Der Eingangsvektor Ein selbstorganisierendes Netz clustert die Eingangsinformation in einer (statistisch) sinnvollen Weise. Wenn die Eingangsdaten aber keine sinnvolle Information enthalten („sinnvoll" im Bezug auf die Aufgabe, eine interne Repräsentation des Wahrnehmungsraumes zu erstellen), kann das Netzwerk auch keine sinnvolle Struktur erzeugen. Der Eingangsvektor, den wir anfangs verwendeten, enthielt ausschließlich Information darüber, ob der Roboter auf seiner linken oder seiner rechten Seite ein Signal empfangen hatte, und Information über die zwei vorhergehenden Sensormessungen (wiederum nur, ob ein Hindernis rechts oder links wahrgenommen wurde), sowie grobe Odometriedaten (einfach die Anzahl der Radumdrehungen). Diese Art von Information reichte nicht aus, um eine sinnvolle Repräsentation des Wahrnehmungsraumes entwickeln zu können (zumindest ohne daß man eine beträchtliche Anzahl von Eingangsvektoren benötigte). Die SOMK Erregungsmuster zeigten daher letztlich nur wenig Korrelation mit spezifischen Orten in der realen Welt.

Der Grund war offensichtlich ein Mangel an ausreichender Struktur im Eingangsvektor des Netzwerks. Wir verbesserten also den Eingangsvektor, indem wir die Sensorinformation zuerst aufbereiteten. Statt die Daten direkt von den Sensoren ins Netz einzuspeisen, wurden die Sensordaten zunächst dafür verwendet, konvexe und konkave Ecken zu bestimmen[1]. Diese Daten dienten dann als Trainingsinformation für das Netzwerk. Der Eingangsvektor, mit dem wir schließlich die im Folgenden beschriebenen Ergebnisse erzielten, enthielt sowohl Information über die gegenwärtige Ecke und vorherige Ecken, als auch die Distanz, die zwischen der vorigen und der jetzigen Ecke zurückgelegt wurde (siehe Abbildung 5.13, oben).

Zusammenfassung des Versuchsverfahrens

1. Initialisierung des ringförmigen selbstorganisierenden Netzes: die Gewichtsvektoren aller Zellen bekommen Zufallswerte;

---

[1] Dies ist sehr einfach: wenn die Zeitspanne, die der Roboter braucht, um sich zur Wand zu drehen, einen bestimmten Schwellwert überschreitet, wird eine konvexe Ecke angenommen. Wenn er weniger als eine bestimmte Schwellwertzeit braucht, nimmt man eine konkave Ecke an.

2 Bit	2 Bit	
diese Ecke	Ecke zur Zeit t–1	Distanz zw. diesen Ecken

2 Bit	2 Bit	2 Bit	
diese Ecke	Ecke zur Zeit t–1	Ecke zur Zeit t–2	Dist. zw. t & t–1

2 Bit	2 Bit	2 Bit	2 Bit	
diese Ecke	Ecke zur Zeit t–1	Ecke zur Zeit t–2	Ecke zur Zeit t–3	Dist. zw. t & t–1

1 0 = konvex
0 1 = konkav

Abbildung 5.13. EINGANGSVEKTOREN FÜR DIE DREI STUFEN IN EXPERIMENT 1

2. Normalisierung aller Gewichtsvektoren;
3. Bestimmung des Eingangsvektors;
4. Berechnung der Netzreaktion auf diesen Reiz für jede Zelle des Rings, nach Gleichung 4.15 (S. 75);
5. Bestimmung der am stärksten reagierenden Einheit;
6. Aktualisierung der Gewichtsvektoren innerhalb von ± 2 Zellen im Umkreis der am stärksten reagierenden Zelle, nach Gleichung 4.6 und 4.7;
7. Normalisierung dieser fünf neuen Gewichtsvektoren;
8. Wiederholung des Vorgangs ab Schritt 3.

Versuchsergebnisse Der Roboter wurde in eine abgeschlossene Versuchsumgebung wie in Abbildung 5.14 plaziert. Wir ließen ihn seine Umgebung erkunden, wobei er der Wand stets in derselben Richtung folgte und mehrere Runden fuhr. Der Versuchsaufbau bestand aus Wänden, die für die Roboterfühler wahrnehmbar waren, und wies sowohl konvexe wie auch konkave Ecken auf.

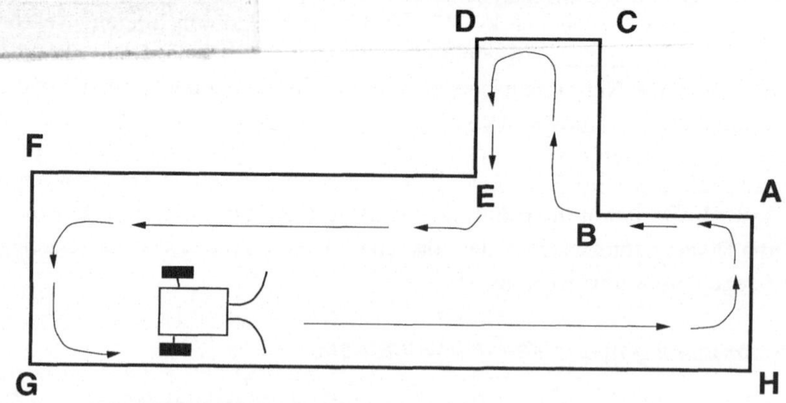

Abbildung 5.14. EINE TYPISCHE UMGEBUNG FÜR *ALDER*

Jedesmal, wenn eine konvexe oder konkave Ecke entdeckt wurde, wurde ein Eingangsvektor (siehe Abbildung 5.13) erzeugt und in den Ring eingespeist. Der

Faktor η für die Aktualisierung der Gewichtsvektoren (siehe Gleichungen 4.6 und 4.7) war anfangs sehr hoch (5,0), nahm aber nach jedem neuen Eingangsvektor jeweils um 5 Prozent ab. Je länger der Roboter in seiner abgeschlossenen Versuchsumgebung herumfuhr, umso ausgeglichener und stabiler wurde der Ring und umso präziser wurde die Reaktion auf einen speziellen Eingangsstimulus.

Nach etwa drei Runden markierten wir eine ausgewählte Ecke, indem wir einen Signalknopf am Roboter drückten. Die Netzwerkreaktion für diese bestimmte („markierte") Ecke wurde daraufhin gespeichert. Alle folgenden Reaktionen wurden dann mit dieser Zielreaktion verglichen, indem die Euklidische Differenz zwischen den Reaktion berechnet wurde (je geringer dieser Wert, desto größer die Übereinstimmung). Sollte der Roboter tatsächlich eine sinnvolle Repräsentation des Wahrnehmungsraumes erstellt haben, müßte diese Differenz an der markierten Ecke gering, an jeder anderen Ecke deutlich größer sein.

Abbildung 5.15 zeigt die Ergebnisse für die Erkennung der Ecken H (links) und F (rechts). Die Säulendiagramme der verschiedenen Orte in der abgeschlossenen Versuchsumgebung geben die Euklidische Distanz zwischen der Netzantwort an diesem Ort und der Netzantwort am markierten Ort an. Die horizontale Achse der Säulendiagramme ist die Zeitachse.

Für Ecke H sind die Ergebnisse perfekt: einzig bei Ecke H ist die Euklidische Distanz zwischen Zielerregungsmuster und beobachtetem Erregungsmuster gering. Ecke H wurde also eindeutig identifiziert und nicht mit einer anderen Ecke verwechselt. In diesem Stadium ist der Roboter in der Lage, zu Position H zurückzukehren, unabhängig von seiner Ausgangsposition entlang der Wand.

Bei Ecke F ist die Situation anders. Weil die Eingangsvektoren, die bei F und C erzeugt wurden, ähnlich sind, ist auch die Netzreaktion für die beiden Ecken ähnlich. Der Roboter kann daher nicht entscheiden, ob er sich bei Ecke F oder C befindet. Er kann allerdings trotzdem noch zwischen Ecken F/C und allen anderen Ecken unterscheiden.

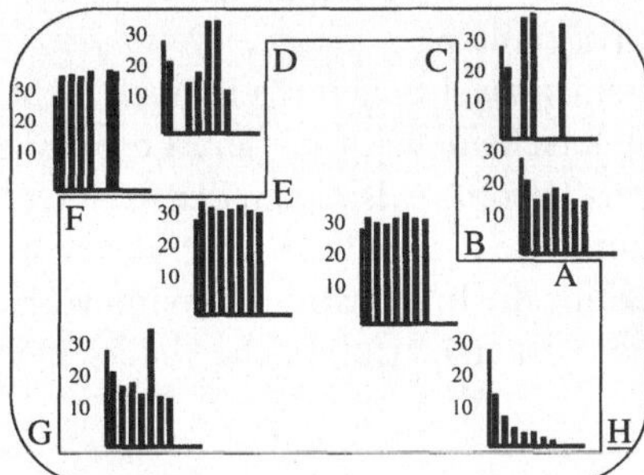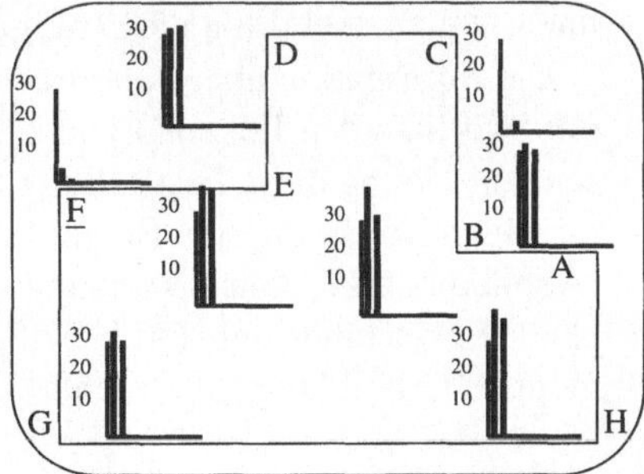

Abbildung 5.15. WIEDERERKENNEN DER ECKEN H (LINKS) UND F (RECHTS). DIE SÄULENLÄNGE BEI DEN EINZELNEN ORTEN GEBEN DIE EUKLIDISCHE DIFFERENZ ZWISCHEN DER NETZREAKTION FÜR DIESEN BESTIMMTEN ORT UND DER NETZREAKTION FÜR ECKE H BZW. F AN. JEDE SÄULE STEHT FÜR EINEN NEUEN DURCHGANG.

Das gleiche gilt für die Ecken B und E: sie sind beide konvex, bei beiden ist die vorhergehende Ecke konkav und die Entfernungen sind ähnlich. Unsere Vermutung, daß diese beiden Ecken eine identische Repräsentation auf der erstellten Karte bekommen, bestätigten sich im Experiment (siehe Abbildung 5.16). Wie bei den Ecken F und C kann der Roboter auch die Ecken B und E nicht unterscheiden.

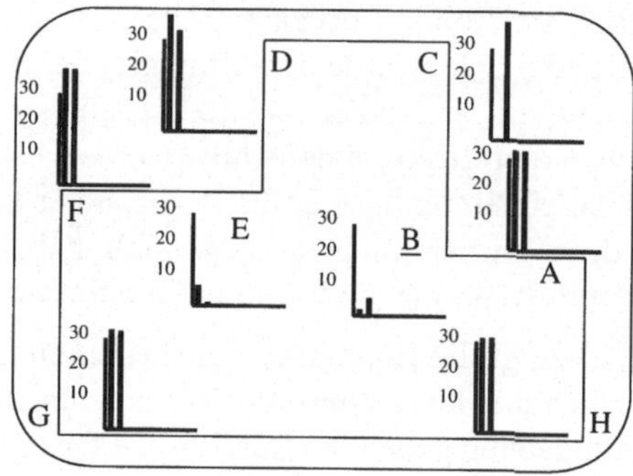

Abbildung 5.16. WIEDERERKENNEN VON ECKE B, UNTER EINBEZIEHUNG EINER VORHERGEHENDEN ECKE

Erweiterung des Eingangsvektors Eine Möglichkeit, das Problem dieser perzeptuellen Kongruenz zu lösen, besteht in der Erweiterung der im Eingangsvektor enthaltenen Information. In den hier beschriebenen Experimenten erweiterten wir den in Abbildung 5.13 (oben) gezeigten Eingangsvektor, um zu testen, ob der Roboter dadurch Ecke B eindeutig identifizieren und von allen anderen Ecken seiner Umgebung unterscheiden würde. Wir erweiterten den Eingangsvektor zunächst um eine zusätzliche Komponente, die nun Information über den Typ von *zwei* vorhergehenden Ecken enthielt (Abb. 5.13, Mitte). Dann fügten wir nochmals eine weitere Komponente mit *drei* vorhergehende Ecken (Abb. 5.13, unten) hinzu. Abbildung 5.17 zeigt die Ergebnisse.

Die Information über die vorhergehenden zwei Ecken reicht noch nicht aus, um zwischen den Ecken B und E zu unterscheiden (es sei dem Leser überlassen, zur Übung diese Feststellung zu verifizieren). Also kann der Roboter auch mit einem so erweiterten Eingangsvektor diese beiden Orte nicht unterscheiden (Abbildung 5.17, links). Wenn man allerding die Information über drei vorhergehende Ecken einbezieht (Abb. 5.13, unten), ist eine erfolgreiche Unterscheidung möglich (Abbildung 5.17, rechts).

Zusammenfassung von Experiment 1 Der Versuchsvorgang läßt sich folgendermaßen zusammenfassen: nachdem der Roboter ausreichend Zeit hatte, seine Umgebung zu erkunden, war er in der Lage, bestimmte vom Versuchsleiter markierte Ecken wiederzuerkennen. Wenn der Eingangsvektor für das selbstorganisierende Netz zu wenig Information enthielt, verwechselte *ALDER* allerdings

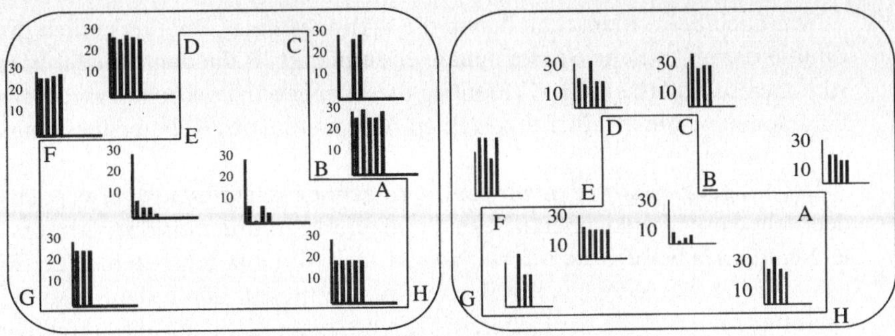

Abbildung 5.17. WIEDERERKENNUNG VON ECKE B UNTER BERÜCKSICHTIGUNG VON ZWEI VORHERGEHENDEN ECKEN (LINKS) BZW. VON DREI VORHERGEHENDEN ECKEN (RECHTS)

ähnliche Ecken (wie zu erwarten), einfach weil ihre jeweiligen Eingangsvektoren identisch waren.

Die Fähigkeit des Roboters, die markierte Ecke zuverlässig wiederzuerkennen, verbesserte sich mit zunehmender Erfahrung. Die Differenz zwischen dem Netzerregungsmuster an der markierten Ecke zum Zeitpunkt t und dem Erregungsmuster an derselben Ecke zum Zeitpunkt $t + 1$ verringerte sich kontinuierlich und erreichte schließlich Null.

Interessanterweise kann man zwischen *ALDER*s Verwendung von selbstorganisierenden Merkmalskarten für die Landmarkenerkennung und der Navigation der Bienen Gemeinsamkeiten beobachten (siehe S. 105). Wie die Bienen erstellt auch *ALDER* keine konventionelle Grundrißkarte, sondern verwendet zur Landmarkenerkennung „Momentaufnahmen", also distinkte Erregungsmuster des selbstorganisierenden Netzwerks als Reaktion auf den Sensorinput.

Wie bei den Bienen ist auch der hier beschriebene Mechanismus sehr robust und relativ unempfindlich gegen Rauschen. „Unerkannte" Ecken, variierende Distanzmessungen und sogar die Versetzung des Roboters in eine andere Umgebung (ohne daß der Steuerungsmechanismus es merkt) können *ALDER*s Ortserkennungsfähigkeiten nicht behindern. Cartwright und Collett kommentieren die Navigation der Bienen so: „Das Orientierungssystem der Bienen wird selbst durch beträchtliches Rauschen nicht gestört" ([Cartwright & Collett 83]).

Experiment 2: Die Verwendung verschiedener Eingangsstimuli für Lokalisation

Im ersten Experiment hatten wir für die Ortserkennung vorbehandelte Sensorinformation (über den jeweiligen Typ der Ecken) verwendet. Unser zweites Experiment zeigt, daß Selbstlokalisation auch ohne direkte Sensorinformation möglich ist. Stattdessen benutzt man die Vorgeschichte der *Motoraktionsbefehle* der Robotersteuerung als Eingangssignal für das selbstorganisierende neuronale Netzwerk.

Wahrnehmung und Aktion werden in der Robotik häufig als separate Funktionen behandelt, sind aber in Wirklichkeit zwei Aspekte *derselben* Funktion und können nicht isoliert voneinander betrachtet werden.

Wie auch beim Menschen haben die Aktionen eines Roboters einen großen Einfluß darauf, welche Sensorsignale er empfängt — die dann wiederum seine Aktionen beeinflussen. Eine Trennung dieser engen Interaktion in zwei separate Funktionen würde zu einer inkorrekten Aufspaltung des Robotersteuerungsproblems führen.

Der Eingangsvektor, den wir für die folgenden Experimente verwenden, verdeutlicht diesen Punkt: er enthält keinerlei direkte Information über Sensorsignale. Stattdessen besteht die Information aus den Motoraktionsbefehlen der Robotersteuerung, die jedoch selbst wiederum, wie gesagt, durch die Sensorsignale beeinflußt werden, die der Roboter aufgrund seiner Aktionen aufnimmt. Die Information über Motoraktionsbefehle der Robotersteuerung bildet eine kleinere Gruppe von Signaltypen, und Rauschen kommt viel seltener vor. Trotzdem charakterisieren sie auf angemessene Weise die Interaktionen zwischen Roboter und Umgebung bei der Erfüllung einer Aufgabe — in unserem Fall beim Wandfolgen.

Für die Ortserkennungsexperimente wurde der Roboter wieder in eine abgeschlossene Versuchsumgebung wie in Abbildung 5.14 plaziert. Der Roboter folgte dann der Wand, wobei sein Verhalten (Wandfolgen und Hindernisausweichen) vorprogrammiert war. Die Bewegungen des Roboters wurden durch sein vorprogrammiertes Verhalten bestimmt, das natürlich Sensorinformation verwendete. Die Erstellung der selbstorganisierenden Merkmalskarte ist jedoch ein vom Wandfolgeverhalten völlig unabhängig ablaufender Prozeß, weil dabei allein die Motoraktionsbefehle der Steuerung (während des Wandfolgens) berücksichtigt werden.

Jedes Mal, wenn das Wandfolge- oder Hindernisausweichverhalten den Roboter die Richtung wechseln ließ, wurde für den entsprechenden neuen Motoraktionsbefehl ein Motoraktionsvektor erzeugt. Der 9-bit lange Motoraktionsvektor in Abbildung 5.18 bildete den Eingangsvektor für die selbstorganisierende Merkmalskarte.

Motoraktion		**Dauer**
vorwärts	01 01	00000 weniger als 0,9s
links	01 10	00001 0,9 - 1,3s
rechts	10 01	00011 1,3 - 1,7s
		00111 1,7 - 2,1s
		01111 2,1 - 2,6s
		11111 über 2,6s

Abbildung 5.18. MOTORAKTIONSVEKTOR

Wir können also aus Abbildung 5.18 ersehen, daß die selbstorganisierende Merkmalskarte (SOMK) keinerlei direkte Information über Sensorsignale bekommt. Die einzige dem Netzwerk verfügbare Information bezieht sich auf Motoraktionsbefehle.

Experimente mit einer 10 x 10 SOMK   Wir ließen zunächst den Roboter seine abgeschlossene Umgebung durch Wandfolgen erkunden. Bei jedem neuen Motoraktionsbefehl der Robotersteuerung erzeugte er einen entsprechenden neuen Eingangsvektor (siehe Abbildung 5.18). Abbildung 5.19 zeigt die Reaktion einer 10 x 10 SOMK auf verschiedene Eingangsreize.

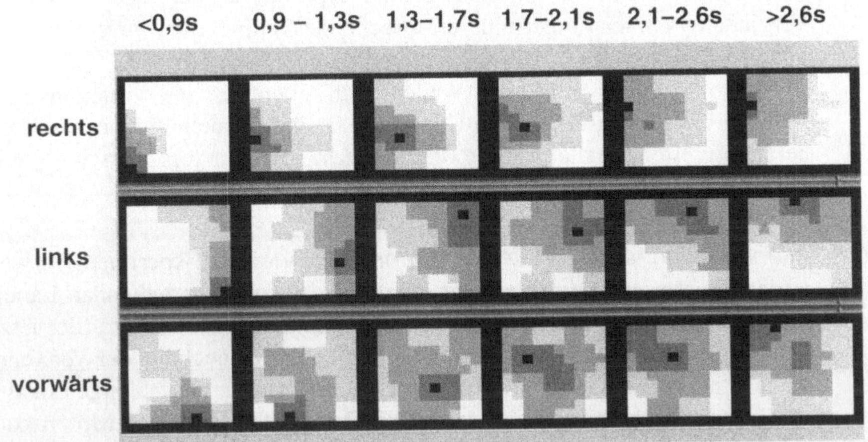

Abbildung 5.19. ERREGUNGSMUSTER EINER 10×10 SOMK FÜR DIE EINGANGSVEKTOREN BEI VERSCHIEDENENEN MOTORAKTIONEN. JE DUNKLER DIE ZELLE, UMSO GRÖSSER IHR ERREGUNGSWERT. DIE REIHEN VON OBEN NACH UNTEN ZEIGEN DIE KARTENREAKTION AUF DIE JEWEILIGEN MOTORAKTIONEN „RECHTS", „LINKS" UND „VORWÄRTS". DIE SPALTEN ZEIGEN VON LINKS NACH RECHTS DIE DAUER DER MOTORAKTION IN SECHS STUFEN WIE IN ABBILDUNG 5.18, IN ANSTEIGENDER REIHENFOLGE.

Vergleich mit biologischen „Karten"   Zwei interessante Beobachtungen lassen sich anhand dieser SOMK-Reaktionsmuster für verschiedene Eingangsvektoren machen:

- Die Größe der erregten Fläche ist ungefähr proportional zur Häufigkeit des Eingangssignals, das die Erregung verursacht.
- Ähnliche Eingangsvektoren erregen benachbarte Zonen. In diesem Beispiel kann man sehen, daß Vorwärtsbewegungen den zentralen Bereich des Netzwerks stimulieren, Bewegungen nach links die rechte Gegend und Bewegungen nach rechts den linken Bereich des Netzwerks. Innerhalb dieser Hauptbereiche gibt es Variationen, die von der Dauer der Bewegung abhängen.

Auch bei Lebewesen finden sich häufig Zuordnungen, die diese Eigenschaften haben: Entwicklung durch Selbstorganisation, Wahrung von Nachbarschaftsbeziehungen und die Repräsentation der Signalhäufigkeit durch die Größe der Erregungsfläche.

[Churchland 86] gibt einen guten Überblick über somatotopische Zuordnungen („somatotopisch", weil sie die verschiedenen Sinne des Körpers für Berührung, Druck, Vibration, Temperatur und Schmerz auf den Kortex abbilden). Diese somatotopischen Zuordnungen bewahren die Nachbarschaftsbeziehungen zwischen Sensoren (d.h. Signale benachbarter Sensoren erregen auch benachbarte Bereiche des Kortex). Körperbereiche mit höherer Sensordichte nehmen auch größere Kortexflächen ein. Experimente haben gezeigt, daß sich bei Veränderungen in der Natur der Reize die entsprechende Zuordnung auf dem Kortex ebenfalls ändert. [Clark *et al.* 88] beschreiben Experimente, bei denen die operative Verbindung zweier Finger eine entsprechende Veränderung ihrer Kortexabbildung zur Folge hatte.

Topologische Zuordnungen finden sich ebenfalls im visuellen Kortex, [Allman 77] gibt darüber einen Überblick. Beim Makakenaffe, um ein Beispiel herauszugreifen, ist die primäre Sehrinde (*aria striata*) topologisch organisiert ([Hubel 79]).

Ortserkennung anhand von Motoraktionen   Im vorigen Experiment verwendete der Roboter zur Ortserkennung die *Sequenz* der vorhergehenden Landmarken (Ecken), die er unmittelbar vor der momentanen Landmarke (der jetzigen Ecke) wahrgenommen hatte. Ein ähnlicher Ansatz ist auch bei der Verwendung von Motoraktionen nötig. Es stellte sich heraus, daß für zuverlässige Lokalisation ein strikt festgelegter Zeitraum für die Berücksichtigung von Motoraktionen nicht sinnvoll war: manche Orte sind schon durch eine kurze Aktionssequenz eindeutig identifiziert, andere erst durch lange Sequenzen.

Wir wählten deshalb ein System von *sieben* unabhängigen zweidimensionalen SOMK, die parallel arbeiteten. Jede SOMK bestand aus 12×12 Zellen. Die Eingangsvektoren für die Netzwerke waren jeweils verschieden, wurden aber alle auf die gleiche Weise nach Abbildung 5.18 aus den Motoraktionsvektoren erzeugt. Indem wir jeweils 2, 4, 6, 8, 12, 16, und 24 dieser einfachen Motoraktionsvektoren kombinierten, erhielten wir sieben SOMK-Eingangsvektoren, die einer jeweils zunehmend längeren „Vorgeschichte" der Roboteraktionen entsprachen.

Die Länge der jeweiligen „Vorgeschichte" ist so gewählt, daß das erwartete Spektrum der Aktionsperiodizität abgedeckt ist. Wenn man sich die Aktionssequenzen, die der Roboter bei seinen Runden durch seinen Experimentraum erzeugt, als eine periodische Serie vorstellt, wobei eine Periode ungefähr der Durchschnittszahl von Aktionsvektoren für eine komplette Runde entspricht, dann ermöglicht die Verwendung von SOMK, die auf jeweils unterschiedliche „Frequenzbänder" abgestimmt sind, die zeitliche Struktur der Serie über ihr gesamtes Spektrum darzustellen. Diese Darstellungen sind praktisch die „Fingerabdrücke" einzelner physikalischer Orte und können mit ihnen assoziiert werden.

Die Menge der Erregungsmuster der sieben SOMK, die der Roboter an einem bestimmten Ort seiner Umgebung erzeugt, kann daher zur eindeutigen Identifizierung dieses Ortes und zur Unterscheidung von allen anderen Orten verwendet werden.

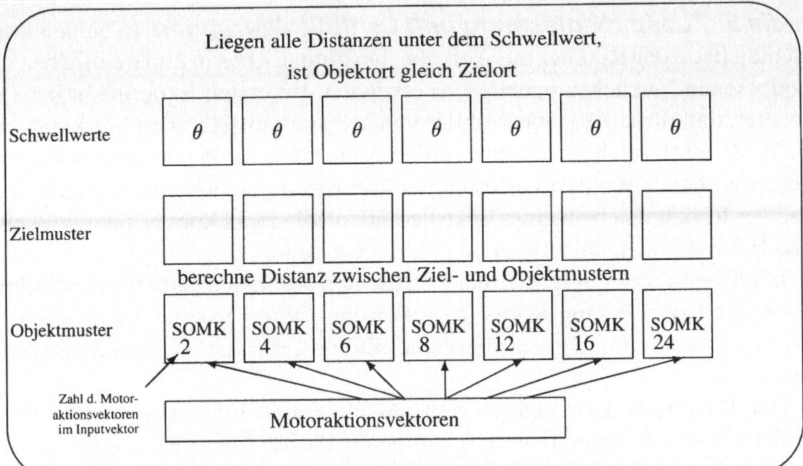

Abbildung 5.20. UNSER SYSTEM FÜR ORTSERKENNUNG

Versuchsverlauf Der Roboter wurde in die abgeschlossene Versuchsumgebung plaziert und fuhr seine Runden, indem er immer der Wand folgte. Jedes Mal, wenn ein neuer Motorbefehl erfolgte (aufgrund des vorprogrammierten Wandfolge- oder Hindernisausweichverhaltens), wurde auch ein Motoraktionsvektor erzeugt. Dieser Vektor, zusammen mit der entsprechenden Anzahl vorhergehender Motoraktionsvektoren, bildete das Eingangssignal für die sieben SOMK. Nach einer ausreichenden Zeitspanne (etwa fünf vollständige Runden an der äußeren Wand der Versuchsumgebung entlang) hatten sich die Merkmalskarten in stabile Strukturen organisiert, die den topologischen Beziehungen und der proportionalen Häufigkeit der Eingangsvektoren entsprachen.

Nach diesem Lerndurchgang wurden die Erregungsmuster aller sieben Netzwerke für einen bestimmten Ort (die *Zielmuster*) gespeichert. Alle darauffolgenden Gruppen von sieben Erregungsmustern, die durch neue Eingangsvektoren (*Objektmuster*) erzeugt wurden, wurden dann mit der Gruppe der sieben Zielmuster verglichen. Hierfür wurde die Euklidische Distanz (oder auch die City-Block-Distanz) zwischen Paaren von Ziel- und Objektmustern berechnet. Waren die Distanzwerte zwischen jedem der sieben Objekt- und Zielmusterpaare geringer als ein bestimmter für jedes Paar festgelegter Schwellwert, dann identifizierte der Roboter den Ort als den Zielort.

Ergebnisse Die Ergebnisse wurden mit den vom Roboter erzeugten Daten berechnet. Die Berechnungen selbst wurden jedoch off-line auf einer Workstation durchgeführt.

In vier von fünf Runden erkannte der Roboter die Ecke H, in fünf von fünf Runden die Ecken E und F. In keinem einzigen Fall identifizierte der Roboter eine Ecke irrtümlich als Zielecke.

Fallstudie 5: Zusammenfassung und Schlußfolgerungen In beiden Experimenten hatte der Roboter die Aufgabe, bestimmte Orte in einer einfachen abgeschlossenen Versuchsumgebung zu erkennen. Im ersten Experiment haben wir gezeigt, daß diese Aufgabe mithilfe von selbstorganisierenden Merkmalskarten (SOMK) erfolgreich ausgeführt werden konnte. Der dafür verwendete Eingangsvektor enthielt detaillierte Information über die angefahrenen Landmarken: z.B. daß der Roboter sich an einer Ecke befand, ob die Ecke konvex oder konkav war und Informationen über zuvor angefahrene Ecken.

In unserem zweiten Experiment versuchten wir, den ausdrücklichen Informationsgehalt im Eingangsvektor zu reduzieren. Wir versuchten außerdem, Eingangsvektoren zu erzeugen, die keine direkte Information über Sensorsignale enthielten.

Der Eingangsvektor enthielt nun ausschließlich Information über die Motorbefehle der Robotersteuerung und deren Dauer. Vektoren, die aus einer unterschiedlichen Anzahl (2, 4, 6, 8, 12, 16 und 24) dieser Motoraktionsvektoren zusammengestellt wurden, bildeten die Eingangsreize für sieben unabhängige selbstorganisierende Merkmalskarten (SOMK), die jeweils zweidimensional mit 12×12 Zellen angelegt waren. Um eine bestimmte Ecke identifizieren zu können, mußten alle sieben Erregungsmuster eine ausreichende Ähnlichkeit mit einer gespeicherten Gruppe von Zielmustern aufweisen.

Das Ortserkennungssystem war in diesem Experiment sehr erfolgreich und konnte Ecke H in vier von fünf Fällen und Ecken E und F in fünf von fünf Fällen wiedererkennen, ohne jegliche Fehlidentifikation.

Die Verwendung von selbstorganisierenden Merkmalskarten für die Ortserkennung verleiht der Robotersteuerung ein hohes Maß an Unabhängigkeit. Der Roboter ist in der Lage, seine eigene Repräsentation der Umgebung unabhängig vom Entwerfer zu erstellen.

Es lassen sich im Wesentlichen drei Schlüsse aus diesen Experimenten ziehen. Erstens konnten wir zeigen, daß es in der Tat möglich ist, bei einem Roboter Selbstlokalisation durch Selbstorganisation zu erreichen, ohne Vorwissen wie Karten einzuprogrammieren und ohne die Umgebung durch künstliche Landmarken zu modifizieren.

Zweitens wurde deutlich, wie eng Wahrnehmung und Aktion miteinander verknüpft sind. Der „Sensor" im zweiten Experiment ist eigentlich allein das Verhalten des Roboters. Indem man einen Eingangsvektor wählt, der keine direkte Information über Sensorsignale enthält, wird das System unabhängig von den tatsächlich verwendeten Sensoren. Ob Berührungssensoren, Ultraschall-, Infrarot- oder andere Sensoren eingesetzt werden: das Ortserkennungssystem bleibt dasselbe.

Drittens sind in diesem Ansatz die von den SOMK identifizierten Merkmale zeitlich verteilt. Für die Ortserkennung werden also nicht nur räumliche, sondern auch zeitliche Merkmale verwendet. Diese Methode nutzen wir auch wieder in Fallstudie 7.

Fallstudie 5: Literaturhinweis

- Die fünfte Fallstudie basiert auf [Nehmzow & Smithers 91] und [Nehmzow *et al.* 91], wo sich auch detaillierte Informationen über die Versuchsabläufe und weitere bibliographische Angaben finden.

5.4.3 Fallstudie 6. *FortyTwo*: Routenlernen in unmodifizierten Umgebungen

Die vorige Fallstudie hat gezeigt, wie Kartenerstellung durch Selbstorganisation für Selbstlokalisation verwendet werden kann. Kartenerstellung ist eine wichtige und grundlegende Komponente in jedem Roboternavigationssystem. Nun stellt sich die Frage, ob auf diese Weise erstellte Karten auch für andere Navigationsaufgaben geeignet sind. Wäre es zum Beispiel möglich, mit Hilfe solcher Karten Wahrnehmung mit Aktion zu assoziieren, also zielgerichtete Bewegung zu erzeugen?

In dieser sechsten Fallstudie stellen wir ein Routenlernsystem vor, in dem der Roboter zuerst seine Umgebung durch einen Selbstorganisationsprozeß kartographiert und dann diese Karte dafür verwendet, einer bestimmten Route autonom zu folgen. Das Navigationssystem wurde ausgiebig mit dem Roboter *FortyTwo* getestet, hat sich als zuverlässig erwiesen und kann sowohl Rauschen wie auch Veränderungen in der Umgebung verkraften.

Das Kernstück dieses Systems ist wieder eine selbstorganisierende Merkmalskarte (*Self-Organising Feature Map* oder SOMK, siehe S. 74).

Da beim Erlernen von Routen Assoziationen zwischen Orten und Aktionen hergestellt werden müssen, enthalten nun Eingangs- und Gewichtsvektoren die jeweils erwünschte Aktion als zusätzliches Element. (Abb. 5.21). Während der überwachten Trainingsphase durch den Bediener fließen die Steueraktionen des Bedieners mit in den Eingangsvektor ein und werden dann durch Selbstorganisation Teil des Gewichtsvektors für die trainierten Einheiten.

Beim nächsten, selbständigen Durchfahren der Route wird der Aktionsteil des Eingangsvektors auf Null gesetzt. Die erwünschte Aktion kann dann aus dem Gewichtsvektor der am stärksten auf einen Reiz reagierenden Einheit abgerufen werden. Die SOMK fungiert so als Assoziativspeicher für die Verbindungen zwischen Wahrnehmungsinformation und Aktion (siehe [Heikkonen 94]).

Abbildung 5.21 zeigt das allgemeine Prinzip der SOMK als Assoziativspeicher sowie den Sequenzablauf bei Wiederabruf der Aktionen. Zunächst erhält der Roboter seine Wahrnehmungsinformation. Der Aktionsteil des Eingangsvektors wird auf Null gesetzt, der Vektor in das Netzwerk eingespeist und die stärkste Einheit (der „Sieger") ermittelt.

Bei dieser stärksten Einheit handelt es sich um die Zelle, deren Gewichte am stärksten mit den momentanen Sensordaten übereinstimmen. Aufgrund der topologischen Kartenanordnung auf der SOMK wird diese stärkste Einheit mit großer Wahrscheinlichkeit in der gleichen Kartengegend liegen, die auch während der Trainingsphase an diesem physikalischen Ort der Route erregt wurde. Zuletzt wird dann die Aktion aus dem Gewichtsvektor der stärksten Zelle abgerufen.

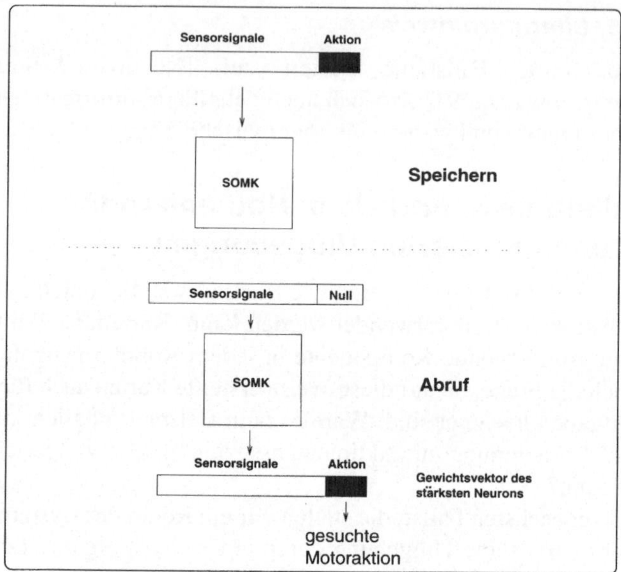

Abbildung 5.21. SOMK ALS ASSOZIATIVSPEICHER

Es gibt also zwei Betriebsphasen:

1. Trainingsphase — Verbindungen zwischen Aktion und Wahrnehmungsinformation werden hergestellt und die Gewichte der stärksten Zelle und ihrer Nachbarzellen aktualisiert;
2. Abrufphase — nur Wahrnehmungsinformation wird ins Netzwerk eingespeist (Nullen für den Aktionsteil), und die Aktionen werden von den Gewichten der stärksten Zelle wieder abgerufen (in der Abrufphase werden die Gewichte nicht aktualisiert).

Versuchsablauf Der Sensorteil des Inputvektors enthielt 22 Komponenten, 11 Integerwerte für Entfernungen zwischen 0 und 255 Zoll aus den Sonarsensoren und 11 Binärwerte für die Messungen der Infrarotsensoren, siehe Abbildung 5.23. Abbildung 5.22 zeigt den gesamten Eingangsvektor.

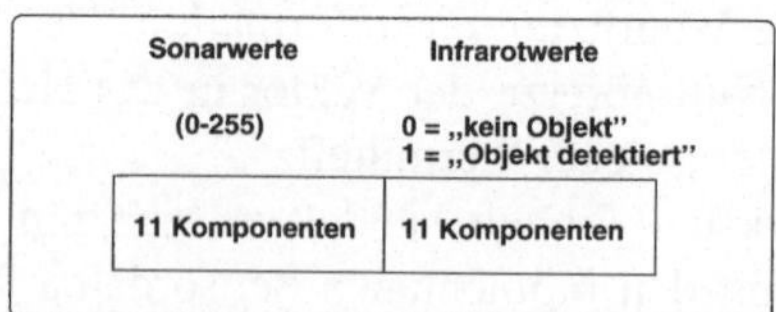

Abbildung 5.22. SENSORTEIL DES INPUTVEKTORS

Während der Trainingsphase wurde das Bewegungssignal des Bedieners (vom joystick) im Aktionsteil des Eingangsvektors so kodiert:

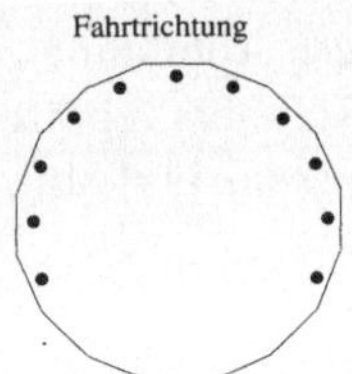

Abbildung 5.23. VERWENDETE SENSOREN

1 0 — vorwärts (mit konstanter Geschwindigkeit)
0 1 — links (mit konstanter Drehgeschwindigkeit)
0 -1 — rechts (mit konstanter Drehgeschwindigkeit)
1 1 — vorwärts und links
1 -1 — vorwärts und rechts

Der Aktionsteil ergab also zusammen mit dem Sensorteil einen Eingangsvektor mit insgesamt 24 Komponenten.

Um eine ausgewogene Interpretation aller Abschnitte des Gewichtsvektors (Sonarsensoren, Infrarotsensoren und Aktion) zu erreichen, wurden die Komponenten unabhängig voneinander normalisiert.

Für diese Experimente wurde ein Netzwerk von 15×15 Zellen, einer Lernrate von 0,2 und einer Nachbarregion der Größe 1 verwendet. Das Netzwerk war torusförmig, um Kanteneffekte[2] zu vermeiden. Die Gewichte der Zellen wurden zu Anfang zufällig gewählt.

Versuchsergebnisse *FortyTwo* wurde trainiert, vier verschiedene Routen zu erlernen und zu navigieren. In jedem Experiment konnte der Roboter die Route fünfmal erfolgreich navigieren. Für jede einzelne Route wurde das Experiment viermal wiederholt, jeweils mit einem neu initialisierten Netzwerk (d.h. 20 erfolgreiche Durchgänge der gesamten Route für jede der vier trainierten Routen). Bei jedem dieser Versuche wurde die Zahl der benötigten Trainingsdurchgänge an jeder Ecke aufgezeichnet, d.h. wie oft der Roboter an einem bestimmten Ort trainiert werden mußte, bis an diesem Punkt der Route autonomer Betrieb erreicht wurde.

Außerdem wurde die gesamte Trainingszeit für jeden Versuch aufgezeichnet, d.h. wie lange es dauerte, bis der Roboter eine erste vollständige Runde der Route ohne Fehler navigieren konnte (und zusätzlich vier weitere erfolgreiche Runden).

Route 1 Abbildung 5.24 zeigt die erste Route, für die *FortyTwo* im Labor trainiert wurde.

Für diese einfache Route betrug die durchschnittliche Trainingsdauer etwa 18 Minuten. Abbildung 5.25 zeigt eine Netzwerkreaktion für die Route (aus

---

[2] Bei einem torusförmigen Netzwerk gibt es keine Kanten, weil das Netz sowohl in horizontaler als auch in vertikaler Richtung ringförmig geschlossen ist.

Versuchsdurchgang 1). Diese Abbildung zeigt, wie die zurückgelegte Route im Wahrnehmungsraum des Roboters repräsentiert ist: durch das jeweils maximal erregte Neuron des Netzwerks. Abbildung 5.26 zeigt das Ergebnis für Route 1.

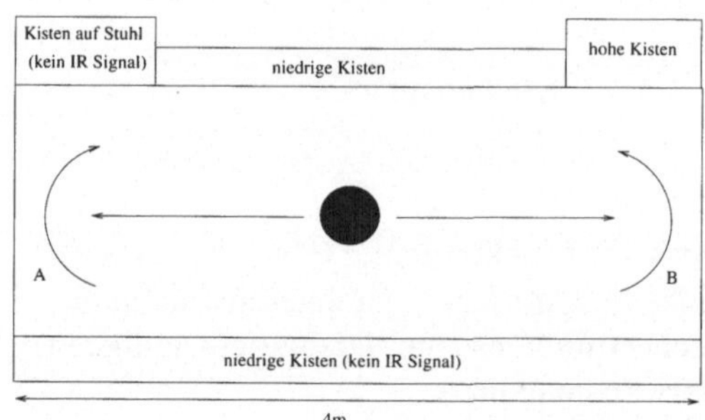

Abbildung 5.24. ROUTE 1

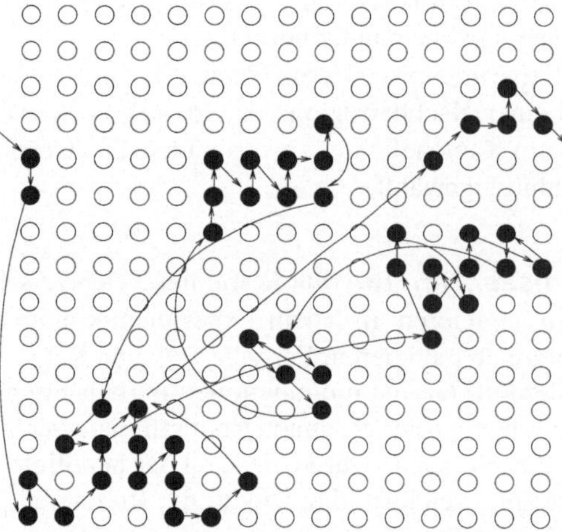

Abbildung 5.25. EINE NETZWERKREAKTION FÜR ROUTE 1. MAN SIEHT, WIE DIE LANGE GERADE BEWEGUNG IM PHYSISCHEN RAUM (ABBILDUNG 5.24) AUF DEN PERZEPTUELLEN RAUM ABGEBILDET WIRD.

Route 2 Bei der zweiten Route handelte es sich wieder um eine einfache Laborroute (siehe Abbildung 5.27) mit einer durchschnittlichen Trainingsdauer von etwa 23 Minuten. Abbildung 5.27 ist ein Beispiel für eine Netzwerkreaktion bei dieser Route (aus Versuchsdurchgang 1). Der Roboter fuhr in Bereich A ab und kehrte dorthin wieder zurück. Die in jeder Region aktivierten Zellen sind jeweils entsprechend markiert. Die Ergebnisse für diese Route finden sich in Abbildung 5.28.

Versuch 1

Ort	benötigte Trainingsbesuche
A	4
B	5
gesamte Trainingsdauer ca.	14 Min.

Versuch 2

Ort	benötigte Trainingsbesuche
A	3
B	5
gesamte Trainingsdauer ca.	19 Min.

Versuch 3

Ort	benötigte Trainingsbesuche
A	3
B	4
gesamte Trainingsdauer ca.	15 Min.

Versuch 4

Ort	benötigte Trainingsbesuche
A	3
B	5
gesamte Trainingsdauer ca.	21 Min.

Abbildung 5.26. ROUTE 1: ERGEBNISSE

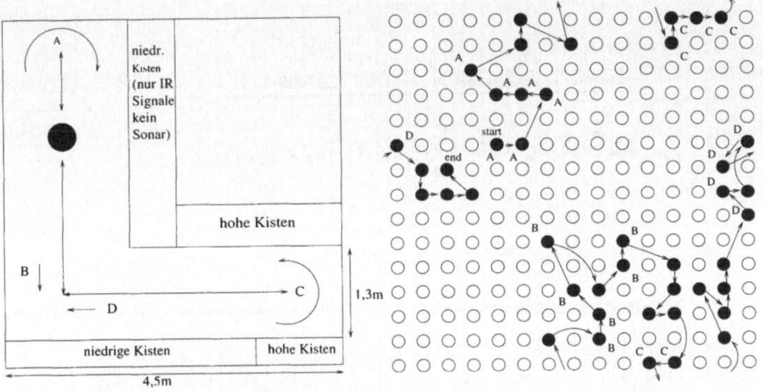

Abbildung 5.27. ROUTE 2 UND DIE ENTSPRECHENDE NETZWERKREAKTION

Route 3 Dies war die erste Route, die außerhalb des Roboterlabors gefahren wurde (Abbildung 5.29). Es handelte sich dabei wieder um eine relativ einfache Route, jedoch wesentlich länger als alle vorhergehenden Routen innerhalb des Labors, und eine größere Anzahl von Richtungsänderungen mußte erlernt werden. Um diese Route perfekt zu beherrschen, brauchte der Roboter im Durchschnitt 36 Minuten.

Aus den in Abbildung 5.30 gezeigten Ergebnissen wird deutlich, daß die Orte C und E für das System am schwierigsten zu unterscheiden waren. Der Grund liegt darin, daß diese beiden Orte perzeptuell recht ähnlich sind. Wenn man Ab-

Versuch 1

Ort	benötigte Trainingsbesuche
A	3
B	4
C	4
D	5
gesamte Trainingszeit ca.	25 Min.

Versuch 2

Ort	benötigte Trainingsbesuche
A	4
B	4
C	3
D	4
gesamte Trainingszeit ca.	22 Min.

Versuch 3

Ort	benötigte Trainingsbesuche
A	3
B	4
C	3
D	4
gesamte Trainingszeit ca.	24 Min.

Versuch 4

Ort	benötigte Trainingsbesuche
A	3
B	4
C	5
D	4
gesamte Trainingszeit ca.	20 Min.

Abbildung 5.28. ERGEBNISSE FÜR ROUTE 2

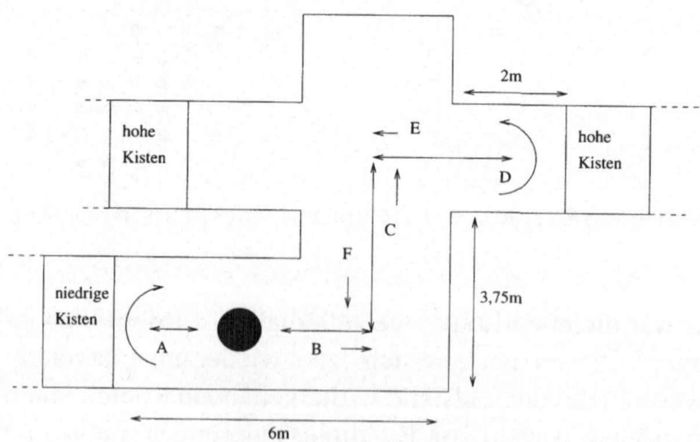

Abbildung 5.29. ROUTE 3

Versuch 1

Ort	benötigte Trainingsbesuche
A	3
B	3
C	5
D	4
E	5
F	3
gesamte Trainingsdauer ca.	28 Min.

Versuch 2

Ort	benötigte Trainingsbesuche
A	3
B	3
C	6
D	3
E	5
F	4
gesamte Trainingsdauer ca.	41 Min.

Versuch 3

Ort	benötigte Trainingsbesuche
A	4
B	3
C	6
D	3
E	4
F	3
gesamte Trainingsdauer ca.	34 Min.

Versuch 4

Ort	benötigte Trainingsbesuche
A	3
B	3
C	4
D	3
E	6
F	3
gesamte Trainingsdauer ca.	38 Min.

Abbildung 5.30. ERGEBNISSE FÜR ROUTE 3

bildung 5.29 betrachtet, erkennt man, wie der Roboter an beiden Punkten der Route mit einer ähnlichen Situation konfrontiert wird. In beiden Fällen liegt sowohl vor dem Roboter als auch zu beiden Seiten ein Korridor. Obwohl diese Korridore verschieden lang sind, ist die Ähnlichkeit doch groß genug, um im frühen Stadium der Netzentwicklung Verwirrung hervorzurufen.

Route 4 Diese Route unterschied sich von den vorhergehenden Routen vor allem darin, daß sie einen Rundkurs darstellte. *FortyTwo* brauchte im Durchschnitt 49 Minuten, um Route 4 zu erlernen.

Abbildung 5.32 zeigt, daß Ort D am schwierigsten zu erlernen war. Der Grund ist, daß die Öffnung bei D, durch die der Roboter mit einer Linksdrehung hindurchfahren mußte, sehr eng war (siehe Abbildung 5.31) und daher an diesem

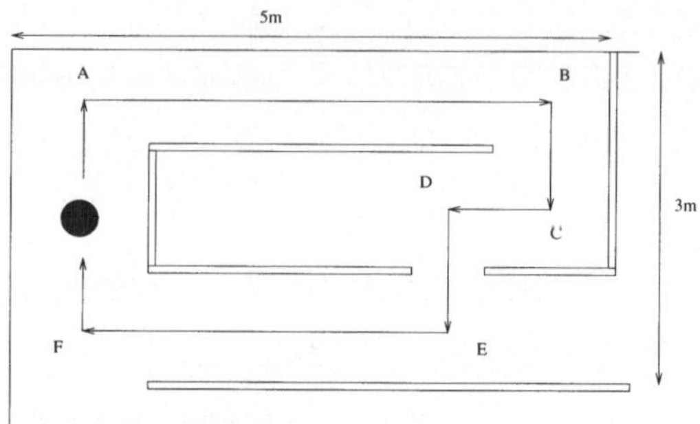

Abbildung 5.31. ROUTE 4

Ort ein höheres Maß an Aktionspräzision erforderte. Deshalb war hier zusätzliches Training nötig.

Fehlertoleranz Anhand von Route 4 wurde ein Robustheitstest des Systems ausgeführt. Sobald das Netzwerk im Versuch 1 vollständig trainiert war, wurden zwei zufällig ausgewählte Sensoren „außer Betrieb" gesetzt, indem ihre Messungen im Eingangsvektor jeweils durch Null ersetzt wurden (siehe Abbildung 5.33).

Mit einer auf diese Weise eingeschränkten Sensorkapazität war der Roboter trotzdem noch in der Lage, die gesamte Route erfolgreich zu absolvieren. Das ist dadurch zu erklären, daß in diesem Fall die verbleibenden Sensoren das Netzwerk mit perzeptuellen Stimuli versorgen, die den ursprünglichen ausreichend ähneln, so daß die gelernten Aktionen trotzdem noch korrekt abgerufen werden können (vergleiche mit dem auf Seite 81 beschriebenen unbemerkten Sensorausfall). Selbstverständlich ist die Wahrscheinlichkeit eines irrtümlichen Abrufs aufgrund von perzeptueller Kongruenz umso höher, je mehr Sensoren ausfallen. Der Navigationsmechanismus ist prinzipiell von klar unterscheidbaren Sensormessungen abhängig, wobei er eine gewisse Abnahme an Schärfe verkraften kann.

Verallgemeinerung Um die Verallgemeinerungsfähigkeit des Systems zu testen, wurde der Roboter darauf trainiert, an einer Wegkreuzung rechts abzubiegen. Dann wurde er mit einer leicht abweichenden Kreuzung konfrontiert. Abbildung 5.34a zeigt die ursprüngliche Kreuzung, an der der Roboter trainiert worden war, Abbildungen 5.34b und 5.34c zeigen die beiden Variationen, anhand deren der Roboter nach der Trainingsphase getestet wurde. Die Trainingsphase für die Abzweigung dauerte etwa vier Minuten, wobei der Roboter dreimal in die gewünschte Abbiegerichtung geführt wurde, bis er die Kreuzung autonom bewältigen konnte.

Der Roboter wählte in beiden Variationen der Kreuzung die korrekte Abzweigrichtung, ohne weiteres Training. Die Bewegungen des Roboters waren allerdings bei den variierten Kreuzungen nicht so glatt wie bei der trainierten Abbiegung. Bei Experimenten zum Routenlernen beobachteten wir eine ähnliche Robustheit, wenn wir Landmarken (Kartonstapel) um bis zu 50 cm ver-

Versuch 1

Ort	benötigte Trainingsbesuche
A	3
B	1
C	2
D	7
E	3
F	2
gesamte Trainingsdauer ca.	53 Min.

Versuch 2

Ort	benötigte Trainingsbesuche
A	4
B	2
C	4
D	6
E	3
F	2
gesamte Trainingsdauer ca.	40 Min.

Versuch 3

Ort	benötigte Trainingsbesuche
A	3
B	2
C	3
D	6
E	4
F	3
gesamte Trainingsdauer ca.	42 Min.

Versuch 4

Ort	benötigte Trainingsbesuche
A	4
B	2
C	3
D	6
E	4
F	2
gesamte Trainingsdauer ca.	61 Min.

Abbildung 5.32. ERGEBNISSE FÜR ROUTE 4

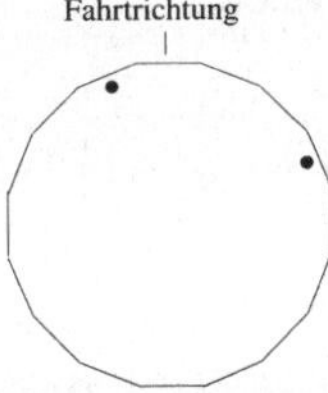

Abbildung 5.33. AUSSER BETRIEB GESETZTE SONARSENSOREN IM EXPERIMENT ZUR FEH-
LERTOLERANZ

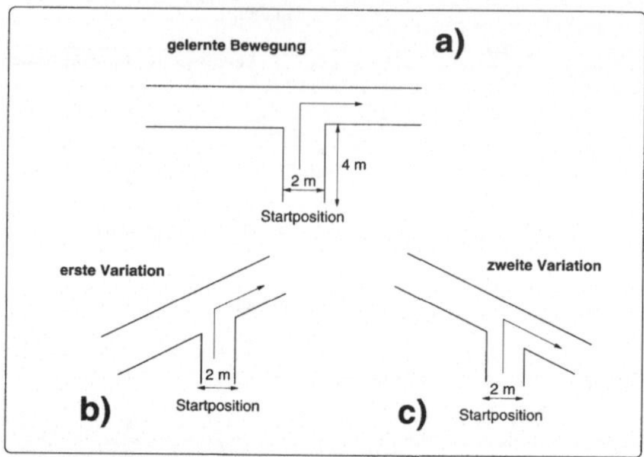

Abbildung 5.34. VERALLGEMEINERUNG: DER ROBOTER WURDE DARAUF TRAINIERT, AN KREUZUNG A) NACH RECHTS ABZUBIEGEN. ER WAR OHNE WEITERES TRAINING IN DER LAGE, AUCH AN KREUZUNG B) UND C) KORREKT ABZUBIEGEN.

schoben: der Roboter war immer noch in der Lage, die Route erfolgreich zu absolvieren, allerdings mit weniger glatten Bewegungen.

Fallstudie 6: Schlüsse Diese Experimente zeigen, wie man ein auf Selbstorganisation basierendes Kartenerstellungssystem dafür verwenden kann, einen Roboter Routen lernen zu lassen, und zwar völlig unabhängig von vorinstallierten Karten oder künstlichen Landmarken. Die hier vorgestellten Experimente wurden ausgewählt, um den Mechanismus zu verdeutlichen. Die vier kurzen Routen dienen dabei nur als Beispiele, und der Mechanismus kann auch für längere Routen verwendet werden. *FortyTwo* fährt inzwischen regelmäßig auf den Korridoren der Universität Manchester umher und folgt Routen von über 150 m.

Die Frage, die uns interessiert, ist natürlich, genau *wie gut* ein solches Routenlernsystem ist, statt einfach Aussagen wie „es funktionierte sehr gut" zu akzeptieren. Fallstudie 11 (S. 212) beschreibt deshalb eine quantitative Leistungsanalyse dieses Routenlernsystems.

Fallstudie 6: Literaturhinweise

- Carl Owen und Ulrich Nehmzow, Route Learning in Mobile Robots through Self-Organisation, *Proc. Eurobot 96*, S. 126-133, IEEE Computer Society, 1996.
- Carl Owen und Ulrich Nehmzow, Map Interpretation in Dynamic Environments, *Proc. 8th International Workshop on Advanced Motion Control*, IEEE Press, ISBN 0-7803-4484-7, 1998.

5.4.4 Fallstudie 7. *FortyTwo*: Lokalisation durch Hypothesenerstellung

"Diese Karte ist bestimmt ganz prima, … wenn man nur wüßte, wo auf der Karte wir gerade sind!" (Jerome K. Jerome, *Drei Mann in einem Boot*).

Die siebte Fallstudie befaßt sich mit dem Problem der Lokalisation bei autonomen mobilen Robotern in Umgebungen, die ein hohes Vorkommen an perzeptueller Kongruenz aufweisen. Insbesondere interessiert uns in diesem Fall das grundlegendere Problem der Neu-Lokalisation (d.h. Lokalisation von Grund auf, ohne je eine Ausgangsposition gekannt zu haben).

Während der Explorationsphase erstellt der Roboter zunächst eine Karte von seiner Umgebung, indem er mit einem selbstorganisierenden neuronalen Netz seinen Wahrnehmungsraum clustert. Der Roboter wird dann an einem beliebig gewählten Ort innerhalb dieser Umgebung plaziert, wo er nun versucht, seine Position zu bestimmen. Der Roboter ist in der Lage, seine eigene Position im Verhältnis zu den perzeptuellen Landmarken sehr rasch festzustellen, indem er seine unmittelbare Umgebung aktiv erkundet und Informationen über die relative Odometrie zwischen lokalen Landmarken sammelt.

Da uns vor allem der Einsatz von autonomen Robotern in *unmodifizierten* Umgebungen interessiert, vermeiden wir auch hier wieder vorinstallierte Karten oder externe Vorrichtungen wie Markierungen oder Baken für die Positionsbestimmung. Um vollständig autonom zu agieren, muß sich der Roboter daher völlig auf seine eigenen Wahrnehmungen bei Exploration, Kartenerstellung und Relokalisierung verlassen. Um das zu erreichen, kann Propriozeption und/oder Exterozeption verwendet werden. Aus den zuvor dargelegten Gründen (Abschnitt 3.1.9) haben wir uns für eine landmarkenbasierte Methode entschieden, bei der auch die Sequenz der Sensorwahrnehmungen berücksichtigt wird.

Versuchsverlauf Der Roboter erstellt zunächst eine Karte seiner Umgebung. Er verwendet ein selbstorganisierendes ART2 Netz (*adaptive resonance theory*), um seinen perzeptuellen Raum durch Clusteranalyse zu strukturieren. Der Roboter wird dann an einen beliebigen Ort in seiner Umgebung plaziert (seine Sensoren sind währenddessen abgeschaltet). Es folgt nun eine aktive Erkundungsphase, in der der Roboter Information über die relative Odometrie zwischen perzeptuell unterscheidbaren Orten sammelt. So werden vorhergehende Wahrnehmungen dafür verwendet, die Auswahl zwischen mehreren Positionshypothesen des Roboters zu treffen. Die resultierenden Positionsschätzungen werden dann zusätzlich anhand des zuvor erstellten Weltmodells korrigiert.

Kartenerstellung und Lokalisation sind als Kompetenzen unabhängig von der verwendeten Explorationsstrategie. In dieser Fallstudie wird die Leistungsfähigkeit des Systems mit zwei verschiedenen Explorationsverhaltensweisen (Konturfolgen und zufälliges Herumwandern) demonstriert, die der Roboter jeweils autonom mit Hilfe von Instinktregeln erworben hatte (siehe Fallstudie 1). Das System als Ganzes besteht aus einer Hierarchie von Verhaltensweisen (siehe Abbildung 5.35), wobei jede einzelne Verhaltensweise weitgehend gegen Fehler in

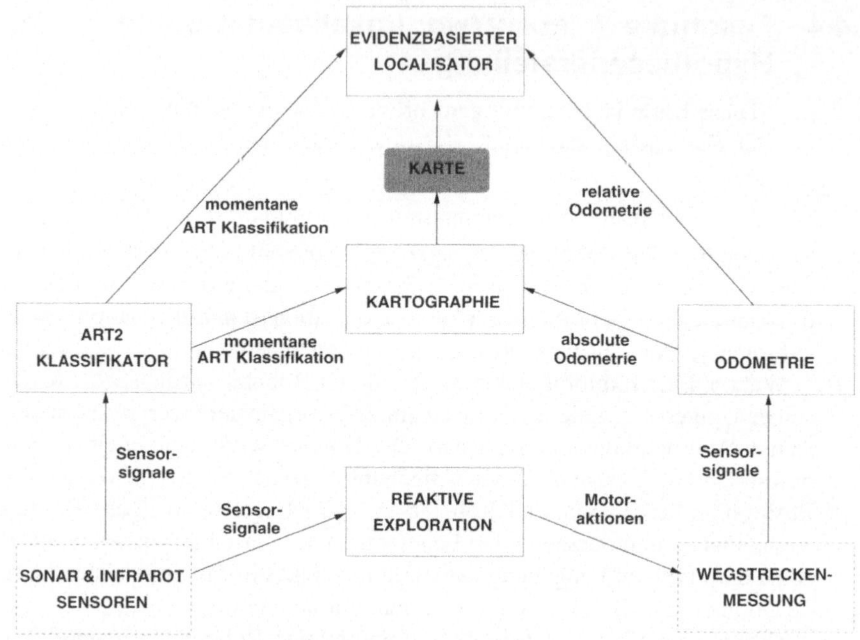

Abbildung 5.35. SYSTEMARCHITEKTUR ZUR LOKALISATION. DIE KÄSTEN MIT DURCHGE-
HENDEM RAHMEN STELLEN VERHALTENSMODULE DAR, PFEILE ZEIGEN DIE ABHÄNGIGKEI-
TEN ZWISCHEN VERSCHIEDENEN TEILEN DES SYSTEMS. DER GRAUE KASTEN STEHT FÜR
DIE KARTENREPRÄSENTATION, DIE KÄSTEN MIT GESTRICHELTEM RAHMEN SIND HARDWA-
REKOMPONENTEN.

den vorhergehenden Ebenen resistent ist. Dadurch ist das Lokalisationssystem
robust und hat sich in hunderten von Laborversuchen als erfolgreich erwiesen,
bei realen Robotern wie auch in Simulationen.

Das Problem der perzeptuellen Kongruenz In dieser Fallstudie werden mit
Hilfe von Information aus der zeitlichen Abfolge von Wahrnehmungen alternative Positionseinschätzungen bewertet, die ihrerseits durch den Vergleich mit einem autonom erworbenen Weltmodell gewonnen wurden. Die verwendete Karte
ist ähnlich wie die auf Graphen basierten Modelle, wie sie bei
[Yamauchi & Langley 96] und [Kurz 96] beschrieben werden.

Perzeptuelle Klassifikation Die erste Teilaufgabe des Roboters besteht darin,
unterscheidbare Orte in seinem Wahrnehmungsraum zu erkennen. Dies wird
durch die mit realen Sensoren verbundenen Problemen erschwert. Zum Beispiel
sind die Sensorwahrnehmungen ein und desselben Ortes bei jedem Durchgang
leicht verschieden. Auch einzelne Sensormessungen können in sich schon widersprüchlich, ungenau und unzuverlässig sein. Deshalb muß der Roboter verallgemeinern können, um die wesentlichen und relevanten Merkmale in einer

bestimmten Situation herauszufiltern, ohne von den feineren Einzelheiten einzelner Sensormuster abgelenkt zu werden.

Um vordefinierte Information möglichst gering zu halten, verwenden wir ein selbstorganisierendes Klassifikationssystem. Die neuronale Netzarchitektur ART2 ([Carpenter & Grossberg 87]) klassifiziert die Eingangssignale, so daß ähnliche Muster in die gleichen Klassen und verschiedene Muster in getrennte Klassen gruppiert werden. Die gespeicherten Klassendefinitionen sind praktisch Prototypen oder Schablonen zum Vergleich mit aktuellen Wahrnehmungen in der Welt.

Vorteile selbstorganisierender Mechanismen Das autonome Clustern der Roboterwahrnehmungen durch einen selbstorganisierenden Klassifikationsmechanismus umgeht das Problem, wie man individuelle Umgebungsmerkmale einem internen Weltmodell zuordnet. Statt zu versuchen, bestimmte Objekte in der Roboterumgebung zu identifizieren, faßt der Mechanismus die rohen Sensordaten nach ihrer Ähnlichkeit zusammen. Das bedeutet, daß die perzeptuellen Gruppierungen des Roboters (ART-Klassifikationen) nicht unbedingt direkt *unseren* gewohnten Kategorien von Umgebungsmerkmalen entsprechen (wie „Ecke", „Wand", „Karton" usw.). Perzeptuelle Landmarken, die für den Roboter sinnvoll und angemessen sind, werden nicht willkürlich vom menschlichen Entwerfer definiert, sondern kristallisieren sich heraus (sind emergent).

ART ist nicht die einzige Methode zur Lösung der Lokalisierungsaufgabe. In den Fallstudien 5 und 6 haben wir außerdem selbstorganisierende Merkmalskarten verwendet (siehe auch [Kurz 96,Nehmzow *et al.* 91] und [Owen 95]). Andere Möglichkeiten sind RCE Netze (*restricted Coulomb energy nets*, [Kurz 96]), wachsende Zellstrukturen (*growing cell structures*, [Fritzke 94,Zimmer 95]), Vektorquantisierungsnetze (*vector quantisation networks*, [Kohonen 95]) usw. Die spezifischen Vor- und Nachteile der ART-Methode werden im Folgenden besprochen.

Bei Kartenerstellung und Lokalisation wird das ART-Netz als *black box* für die Klassifizierung von Sensormustern eingesetzt. Leser, die nicht an der detaillierten Funktionsweise der ART-Architektur interessiert sind, können die nächsten Absätze überspringen.

Eigenschaften von ART Die folgenden wesentlichen Eigenschaften von ART verdeutlichen zugleich die Motivation für die Verwendung dieser bestimmten Klassifikationsstrategie.

- *Unüberwachtes Lernen.* Selbstorganisation hat zur Folge, daß sich geeignete Wahrnehmungsmodelle von selbst herausbilden und daher nicht vom Entwerfer erstellt werden müssen.
- *Lernen in Echtzeit.* Eine off-line Verarbeitung der Daten ist nicht notwendig.
- *Kontinuierlicher Lernprozeß.* Während des normalen Betriebs wird kontinuierlich gelernt, so daß es keine getrennten Trainings- und Testphasen gibt.
- *Lösung für das Dilemma von „Stabilität oder Plastizität".* Das Netzwerk kann neue Information erlernen, ohne alte Lerninhalte zu vergessen, indem

das Netz neue Wahrnehmungskategorien erstellt. In anderen kompetitiven Lernsystemen (z.B. SOMK) muß die Größe des Netzwerks und damit der Umfang der speicherbaren Information im Voraus festgelegt werden.

- *Veränderliche Empfindlichkeit für perzeptuelle Details.* Ein voreingestellter Varianzparameter (die sogenannte „Wachsamkeit" oder *vigilance*) bestimmt die Größe der Cluster. Ein hoher Wert ergibt feine Kategorieeinteilungen, ein niedriger Wert grobe Kategorien.
- *Geschlossene Kategoriegrenzen.* Ein einzelnes Muster kann nur einer bestimmten Kategorie zugeordnet werden, wenn die Ähnlichkeit oberhalb des festgelegten Wachsamkeitsschwellwerts liegt. Wenn das Muster keiner Kategorie genügend ähnelt, wird es auch nicht zugeordnet. Die ART kann auf diese Weise feststellen, ob dieses Muster zuvor schon einmal trainiert wurde. Andere vergleichbare Netzwerke, wie Vektorquantisierung, SOMK usw. ordnen die Eingangsinformation stets dem nächstliegenden Knotenpunkt zu, selbst wenn die tatsächliche Ähnlichkeit zu den gespeicherten Mustern extrem gering ist. Dagegen hat die ART den Vorteil, daß es klare Kriterien für die Unterscheidung von bekannten und unbekannten Eingangsmustern besitzt. ART kann allerdings nicht mehr (wie entsprechende Netzwerke) bei verrauschten Eingangsdaten eine Klassifikation „erraten".
- *Automatische Skalierung.* Diese Eigenschaft verhindert, daß ein Muster, das eine Teilmenge eines anderen Musters ist, der gleichen Kategorie zugeordnet wird. Dadurch können Muster, die sich in einigen Merkmalen überlappen, trotzdem noch unterschieden werden. Grossberg ([Grossberg 88]) nennt dies die „kontextabhängige Erkennung signifikanter Merkmale".

Allerdings weist die ART auch einige Nachteile auf. Häufig wird die Komplexität und allgemeine Abhängigkeit von spezifischen Details der Implementierung kritisiert. Die Werte vieler einzelner Parameter muß vom Entwerfer experimentell mehr oder weniger willkürlich bestimmt werden. Das Problem von „Stabilität oder Plastizität" löst die ART zwar durch Hinzufügen weiterer Knotenpunkte, es kann aber vorkommen, daß dadurch immer neue Prototypen erzeugt werden, selbst wenn der Roboter innerhalb eines zuvor erkundeten Bereichs seiner Umgebung bleibt. Ein weiteres Problem ist *Übertrainieren*, wobei an bestimmten Orten neue Kategorisierungen auftreten, die zuvor mit einer anderen ART-Kategorie assoziiert worden waren.

Das ART-Informationsverarbeitungsmodell Die ART-Architektur besteht im Prinzip aus zwei vollständig verbundenen Schichten von Einheiten: einer Merkmalsschicht (F1), in die die Sensorsignale eingehen, und einer Kategorienschicht (F2), deren Einheiten den perzeptuellen Clustern oder Prototypen entsprechen (siehe Abbildung 5.36). Es gibt zwei Verbindungen mit jeweils eigenen Gewichtsvektoren zwischen diesen Schichten, einen Vorwärtspfad und einen Rückpfad. Im Vorwärtspfad wird das am stärksten ansprechende Neuron weiter verstärkt („winnner takes all"), in der Rückkopplungsphase wird ein Ähnlichkeitskriterium dazu verwendet, die erstellte Klassifikation entweder zu übernehmen oder zu verwerfen.

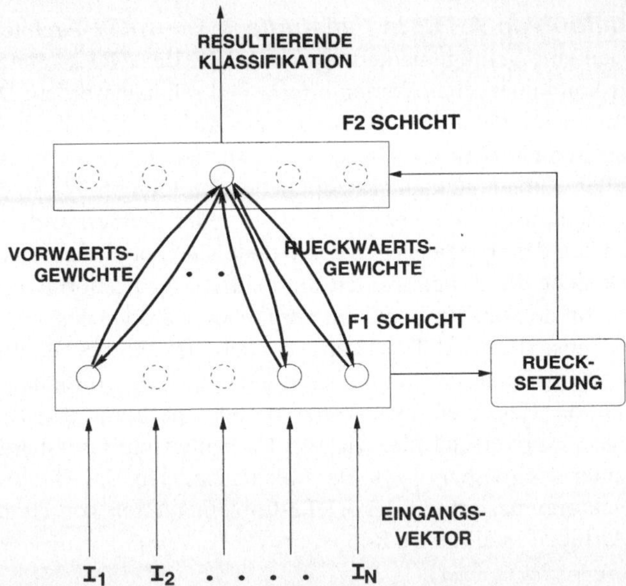

Abbildung 5.36. DAS PRINZIP DER ART-ARCHITEKTUR. DIE EINHEITEN IN DER MERKMALS-
SCHICHT (F1) SIND DURCH ZWEI SEPARATE MENGEN VON GEWICHTEN VOLLSTÄNDIG MIT JE-
DER EINHEIT DER KATEGORIESCHICHT (F2) VERBUNDEN. NUR EINIGE DER VOR- UND RÜCK-
KOPPLUNGSVERBINDUNGEN SIND HIER DARGESTELLT.

Wird ein Signal in das Netzwerk eingespeist, werden die Eingangsdaten mit
jedem der bereits existierenden Prototypen verglichen (durch die Vorwärtsge-
wichte), um den am stärksten ansprechenden Knotenpunkt zu ermitteln. Wenn
die Ähnlichkeit zwischen Eingangsmuster und dem stärksten Knoten (durch die
Rückkopplungsgewichte) den Ähnlichkeitsschwellwert übersteigt, wird der adaptive Lernmechanismus aktiviert und das bereits gespeicherte Muster so modifiziert, daß es dem Eingangsmuster noch ähnlicher wird. Die genaue Lernme-
thode hängt dabei von dem jeweils verwendeten ART-Netz ab.

Falls der Ähnlichkeitsschwellwert nicht überschritten wurde, erfolgt eine Rück-
setzung, wobei die vorherige Siegereinheit blockiert wird und das Netz nach
einem neuen Knotenpunkt sucht, der mit dem Eingangsmuster übereinstimmt.
Wenn keiner der gespeicherten Prototypen den Eingangsdaten ausreichend ähnelt,
wird ein vollständig neuer, dem Eingangsmuster entsprechender Prototyp erzeugt.

In unseren frühen Clusterexperimenten wurde das ART1-Netz
([Grossberg 88]) getestet, erwies sich aber als unzuverlässig, weil es binäre Ein-
gangsdaten benötigte. Die einzelnen Sensormessungen mußten mit Hilfe eines
Schwellwerts in Binärsignale grobkodiert werden. Sensorrauschen um den
Schwellwert herum und Abweichungen im Explorationsverhalten des Roboters
erzeugten zu viele inkonsistente Eingangsmuster und hatten Fehlklassifizierun-
gen und irreführende Prototypbildungen zur Folge. Deshalb wurde ein ART2-
Netz implementiert, das kontinuierliche Eingangswerte verarbeitet.

Implementation von ART2 in Fallstudie 7   Die ART2-Architektur ist im Wesentlichen eine Verallgemeinerung von ART1. Bei ART2 können Eingangsmuster mit kontinuierlichen Werten erlernt und erkannt werden. Die zugrundeliegende Konnektivität ist die gleiche wie bei ART1, außer daß jede Einheit in der Merkmalsschicht (F1) jeweils nochmals aus einem Teilnetzwerk mit sechs individuellen Knotenpunkten besteht (siehe Abbildung 5.37), in denen ein Großteil der Steuerungsdaten verarbeitet wird. Jedes Teilnetzwerk fungiert als Puffer zwischen dem Eingangssignal und dem Rückkopplungssignal durch die Kategorieschicht (F2). Hier werden die beiden Signale normalisiert und kombiniert, bevor sie vom Reset-Modul verglichen werden. Zusätzlich zur Grundarchitektur besitzt ein ART2 außerdem noch eine Vorbehandlungsschicht (F0), die aus einem Teilnetzwerk mit vier Knotenpunkten pro Einheit besteht. Sie hat die Funktion, Rauschen noch weiter zu verringern und den Kontrast der Eingangsmuster zu verschärfen, wie von Carpenter und Grossberg vorgeschlagen ([Carpenter & Grossberg 87]). Der Mechanismus für die Aktualisierung der Gewichtsvektoren basiert auf der ART2-Implementation von Paolo Gaudiano am CMU Artificial Intelligence Repository (`http://www.cs.cmu.edu/Groups/AI/html/repository.html`).

Gleichungen für die F0-Schicht   Die folgenden Gleichungen beschreiben die Dynamik der F0-Schicht, von unten nach oben im Fluß durch das Netzwerk. I ist der Eingangsvektor, der in das Netz eingespeist wird, a, b, c, d, e und θ sind Konstanten (siehe Seite 153), und $f(x)$ ist eine Rauschfilterfunktion (siehe Seite 151).

$$w_i' = I_i + au_i' \, ,$$

$$x_i' = \frac{w_i'}{e + \|w'\|} \, ,$$

$$v_i' = f(x_i) \, ,$$

$$u_i' = \frac{v_i'}{e + \|v'\|} \, .$$

Gleichungen für die F1-Schicht   Die folgenden Gleichungen beschreiben die Dynamik der F1-Schicht, wiederum von unten nach oben im Fluß durch das Netzwerk.

$$w_i = u_i' + au_i \, ,$$

$$x_i = \frac{w_i}{e + \|w\|} \, ,$$

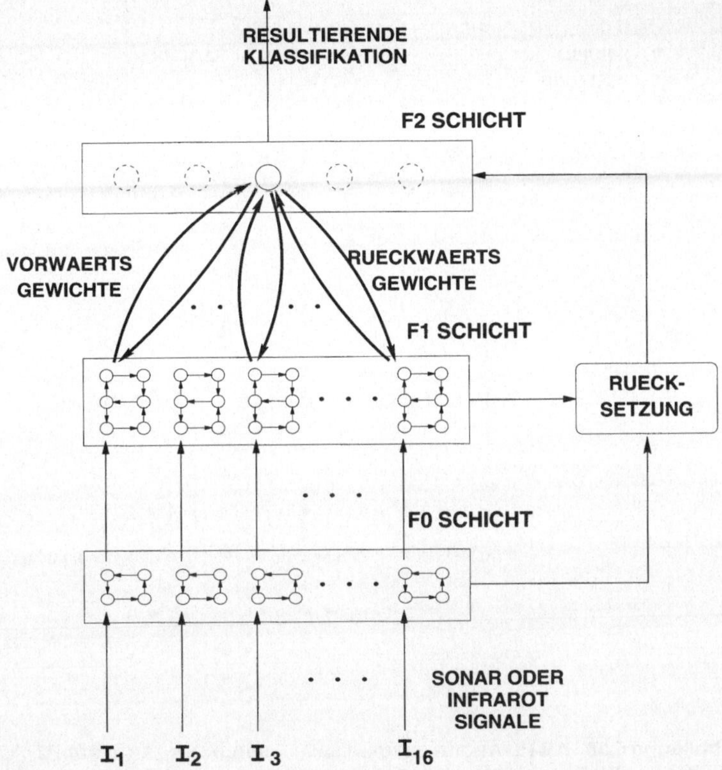

Abbildung 5.37. ART2-ARCHITEKTUR FÜR LOKALISATION. JEDE F1-EINHEIT BESTEHT AUS EINEM TEILNETZWERK MIT SECHS KNOTEN, JEDE F0-EINHEIT AUS EINEM TEILNETZWERK MIT VIER KNOTEN. DIE F1- UND F2-SCHICHTEN SIND VOLLSTÄNDIG VERBUNDEN; NUR EINIGE DER VERBINDUNGEN SIND DARGESTELLT.

$$v_i = f(x_i) + bf(q_i) \, ,$$

$$u_i = \frac{v_i}{e + \|v\|} \, .$$

$$p_i = \begin{cases} u_i & \text{wenn F2 inaktiv} \\ u_i + dz_{Ji} & \text{wenn } J\text{-ter F2-Knoten aktiv} \end{cases}$$

$$q_i = \frac{p_i}{e + \|p\|} \, .$$

Rauschfilter Die folgende Gleichung wurde verwendet, um Hintergrundrauschen unterhalb eines festgelegten Schwellwerts θ an den Knoten v_i' und v_i herauszufiltern:

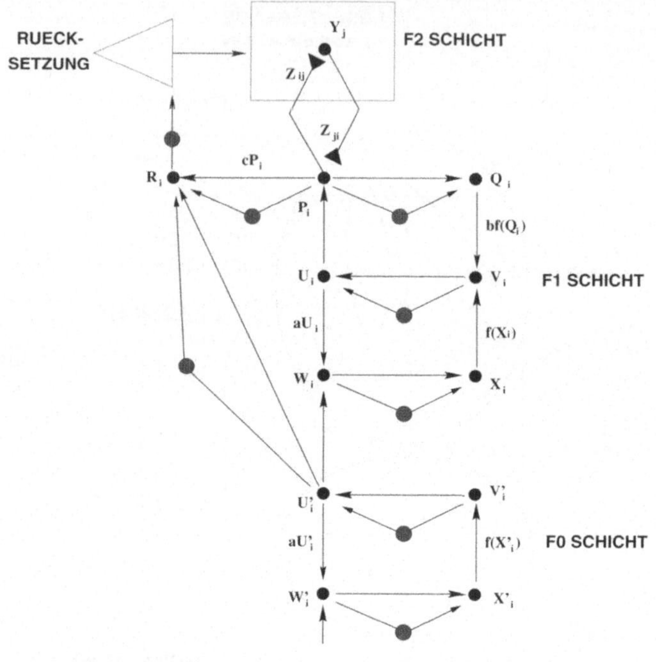

Abbildung 5.38. ART2-ARCHITEKTUR. DIESE ABBILDUNG ZEIGT DIE F2-SCHICHT (KNO-TEN Y), DIE F1-SCHICHT (KNOTEN P, Q, U, V, W UND X), DIE F0-SCHICHT (KNOTEN U', V', W' UND X'), DAS RESET-MODUL, VORKOPPLUNGSGEWICHTE (ZIJ) UND RÜCKKOPPLUNGS-GEWICHTE (ZJI) FÜR EIN EINZIGES ELEMENT I IM INPUTVEKTOR I. DIE PFEILE ZEIGEN DIE VERARBEITUNGSSCHRITTE ZWISCHEN DEN KNOTEN AN. DIE ANGEDEUTETEN KREISE BE-DEUTEN EINEN NORMALISIERUNGSVORGANG AM ASSOZIIERTEN VEKTOR. (IN ANLEHNUNG AN [CARPENTER & GROSSBERG 87].

$$f(x) = \begin{cases} 0 \text{ wenn } 0 \le x < \theta \\ x \text{ wenn } x > \theta \end{cases}$$

Gewichtsvektoren Die Gewichte von unten nach oben (z_{ij}) und von oben nach unten (z_{ji}) zwischen den Schichten F1 und F2 werden folgendermaßen initialisiert, wobei M die Anzahl der Einheiten in der F1-Schicht ist:

$$z_{ij} = \frac{1}{(1-d) \times \sqrt{M}} \text{ für alle Einheiten } i \text{ in F1, } j \text{ in F2 },$$

$$z_{ji} = 0 \text{ für alle Einheiten } j \text{ in F2, } i \text{ in F1 }.$$

Anhand der folgenden Differenzialgleichungen wurden die Gewichte für die stärkste F2-Einheit J eingestellt. Die Gleichungen wurden mit Hilfe des Runge-Kutta-Verfahrens gelöst (siehe [Calter & Berridge 95] für eine Beschreibung dieser Methode).

$$\frac{dz_{iJ}}{dt} = d(1-d)\left[\frac{u_i}{1-d} - z_{iJ}\right],$$

$$\frac{dz_{Ji}}{dt} = d(1-d)\left[\frac{u_i}{1-d} - z_{Ji}\right].$$

Reset-Modul Die Aktivierung des Reset-Moduls r (für eine Neueinstellung) wird durch die folgende Gleichung bestimmt:

$$r_i = \frac{u_i' + cp_i}{e + \|u'\| + \|cp\|}.$$

Die F2-Schicht wird zurückgesetzt, wenn die folgenden Kriterien nach der Rückkopplungsphase erfüllt sind, bei einem vorgegebenen Wachsamkeitsparameter ρ:

$$\frac{\rho}{e + \|r\|} > 1.$$

Parameterwerte Die folgenden Parameterwerte wurden in sämtlichen in diesem Teil dokumentierten Experimenten und Simulationen verwendet:

$$a = 5,0; b = 5,0; c = 0,225; d = 0,8; e = 0,0001; \theta = 0,3.$$

Der Wachsamkeitsschwellwert ρ wurde für verschiedene Experimente und Simulationen jeweils verschieden eingestellt. Bei Roboterexperimenten und Simulationen mit Infraroteingangssignalen wurde $\rho = 0,9$ verwendet. Bei Simulationen mit Sonarsignalen war $\rho = 0,75$. Generell stellte sich heraus, daß der Wert des Wachsamkeitsparameters innerhalb eines Bereichs von etwa $0,7 \leq \rho < 1,0$ einen entscheidenden Effekt hatte, hohe Werte bewirkten eine feine Kategorisierungsauflösung und niedere Werte eine grobe Kategorisation.

Tabelle 5.1 zeigt die variablen Parameter, die für die unterschiedlichen Komponenten des Lokalisationssystems in den verschiedenen Experimenten und Simulationen verwendet wurden.

Beim ART2 geschieht adaptives Lernen, indem die gespeicherten Gewichtsvektoren in die Richtung des Eingangsvektors gedreht werden (die Vektorlänge wird aufgrund der Normalisierung ignoriert). Die Lerngeschwindigkeit wurde beschleunigt, indem das Netz vor jedem Trainingsschritt vollständig in den stabilen Zustand überführt wurde. Das bedeutet, daß die Gewichtsvektoren so weit wie irgend möglich gedreht werden, und der Roboter sich so schon nach einem einzigen Trainingsbesuch an Orte erinnern kann. Die Differenzialgleichungen für den Gewichtsausgleich wurden wiederum mit Hilfe des Runge-Kutta-Verfahrens gelöst.

Den Eingangsvektor des ART2-Netzes lieferten entweder die auf der Drehkuppel von *FortyTwo* angebrachten 16 Infrarotsensoren oder die 16 Sonarsensoren, je nach Experiment oder Simulation. Die Drehkuppel des Roboters blieb

Param.	Beschreibg.	Wert in Roboter-experimenten	Wert in Wandfolge-simulationen	Wert in 2-D-simulationen
ρ	Wachsamkeitsschwellwert in ART2-Netzwerk	0,9	0,9	0,75
D	Distanzschwellwert in Kartenerstellung	0,25 m	0,25 m	0,25 m
$GAIN$	Wachstumsfaktor in Lokalisation	8,0	3,0	3,0
$DECAY$	Schwundfaktor in Lokalisation	0,7	0,7	0,7
MIN	zuläss. Unsicherheit in Lokalisation	0,5	0,5	0,5
T	Vergleichsdistanz in Lokalisation	0,50 m	0,50 m	0,50 m

Tabelle 5.1. PARAMETER FÜR DAS LOKALISATIONSSYSTEM

während der Fahrt stets stationär, damit alle Sensormuster die gleiche Orientierung hatten, unabhängig von der Fahrtrichtung des Roboters.

Der Roboter konnte mit der ART2-Implementation seinen Wahrnehmungsraum erfolgreich und konsistent zwischen der ersten Aufnahme und weiteren Besuchen desselben Ortes klassifizieren. Abbildung 5.39 zeigt die Ergebnisse einer Simulation, bei der ART2 zusammen mit einem Wandfolgeverhalten implementiert wurde. Der physikalische Raum des Roboters ist in Bereiche aufgeteilt, die den ART-Kategorien entsprechen (diese Bereiche nennen wir im Folgenden „perzeptuelle Regionen"). Als Beispiel für perzeptuelle Kongruenz sind in dieser Abbildung diejenigen Regionen grau hervorgehoben, die in dieselbe ART-Kategorie fallen.

Probleme bei ART-Netzwerken Bei ART-Netzen hat eine neuartige Wahrnehmung stets die Erzeugung eines neuen Prototyps zur Folge. Dadurch können verrauschte oder fehlerhafte Eingangsmuster die Erstellung von falschen oder überflüssigen ART-Kategorien und Fehlklassifizierungen verursachen. In der wirklichen Welt, mit realen Sensoren, wird sich wohl keine Klassifizierungsmethode je als völlig fehlerfrei erweisen. Zudem traten bei der ART2-Implementation nur selten die genannten Probleme auf. Die ART2-Implementation funktionierte so zufriedenstellend, daß bei unseren Experimenten der Lokalisationsalgorithmus jedesmal erfolgreich war.

Ein weiteres potentielles Problem ist Übertrainieren, das bei uns nach längerer Verwendung des ART2-Netzes in normalem Betrieb auftrat, etwa nach fünf oder sechs Runden Wandfolgen. Neue Klassifikationen tauchten auf, die nicht mit den Ergebnissen früherer Runden übereinstimmten. Der Grund dafür war, daß bei kontinuierlichem Lernen die Prototypvektoren ständig neu angepaßt werden, während die gespeicherten Muster kontinuierlich näher zu den momentanen Eingangsmustern bewegt werden. Es stellte sich heraus, daß gelegentlich neue Prototypen erstellt wurden, um die „Lücken" zwischen bestehenden, zuvor überlappenden Clustern zu füllen, die durch adaptives Lernen verschoben wurden.

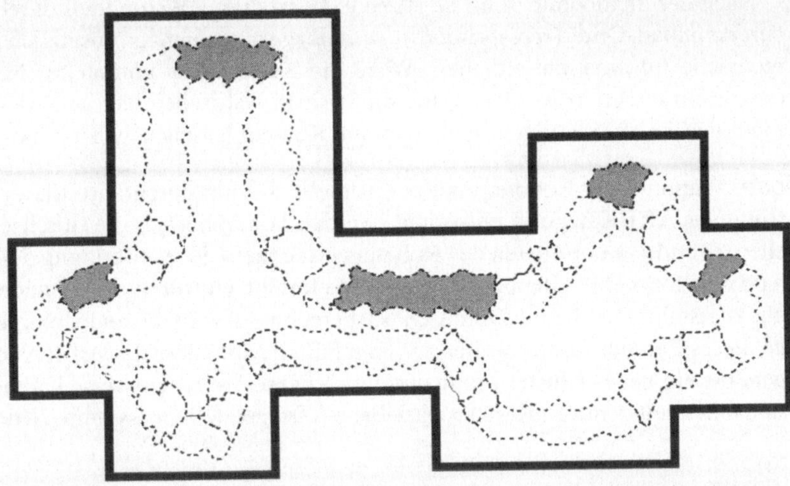

Abbildung 5.39. ART2-KLASSIFIZIERUNGEN IN EINER WANDFOLGESIMULATION. WÄHREND DER ROBOTER DEN WÄNDEN EINES RAUMES FOLGT, WIRD DIE UNMITTELBARE UMGEBUNG IN REGIONEN VERSCHIEDENER ART-KATEGORIEN AUFGETEILT. DIE GRAUSCHATTIERTEN REGIONEN ZEIGEN EINEN FALL VON PERZEPTUELLER KONGRUENZ: ALLE DIESE BEREICHE HABEN DIE GLEICHE ART-KLASSIFIKATION.

Dieses Problem konnten wir in dem hier beschriebenen Lokalisationssystem vermeiden, indem der Trainingsmechanismus nach Fertigstellung der Karte abgeschaltet wurde. Die gelernten Muster blieben während der Lokalisation unverändert. Beim Wandfolgen wurde zum Beispiel die Trainingsphase abgeschlossen, sobald der Roboter durch Koppelnavigation feststellte, daß er eine vollständige Runde entlang der Wände des abgeschlossenen Versuchsraums gefahren war.

Kartenerstellung Nach der Erzeugung der perzeptuellen Cluster ist der nächste Schritt die Erstellung einer Karte von den während der Explorationsphase besuchten Orten. Diese Karte enthält gespeicherte „Orte", wobei jeder Ort einer mit (x, y) Koordinaten assoziieren ART-Kategorie entspricht. Die Koordinaten werden durch Koppelnavigation berechnet. Neue Orte werden in die Karte eingetragen, wenn entweder eine neue ART-Kategorie wahrgenommen wird, oder wenn sich der Roboter um mehr als die Distanz $D = 25\,cm$ weiterbewegt hat.

Die Karte ist eine Clusterdarstellung des kartesischen Raums und besteht aus einer diskreten Menge gespeicherter Punkte. Die Clusterregionen werden vom ART-Klassifikationsmechanismus definiert. Die gespeicherten Positionen entsprechen sogenannten „Ortsprototypen". Diese Repräsentation berücksichtigt auch mögliche perzeptuelle Kongruenz, indem sie die Zuordnung von mehreren gespeicherten Orten auf der Karte zu einzelnen perzeptuellen Signaturen (ART-Kategorien) zuläßt (statt nur eine eins-zu-eins Beziehung).

Nach der Taxonomie von Lee ([Lee 95]), ist dieses Weltmodell durch „wiedererkennbare Orte" (*recognisable locations*) gekennzeichnet, zusätzlich ist auch metrische Information enthalten. Wenn die Karte in ein komplettes Navigationssystem integriert werden sollte, müßte man wahrscheinlich außerdem noch topologische Verbindungen speichern, um Routenplanung usw. zu ermöglichen.

Methode Während der Roboter eine perzeptuelle Region durchfährt, die einer bestimmten ART-Kategorie entspricht, werden kontinuierlich die durchschnittlichen x- und y-Koordinaten des Roboters errechnet (siehe Abbildung 5.40). Sobald der Roboter in eine neue perzeptuelle Region eintritt, wird ein neuer Ortspunkt erstellt. Durch eine Durchschnittsberechnung wird die angenommene Lage dieses Punktes immer weiter zur ungefähren Mitte des Clusters hin verschoben, bis ein neues Cluster produziert wird. Diese Vorgehensweise hat Gemeinsamkeiten mit dem von Kurz beschriebene Kartenerstellungssystem ([Kurz 96]).

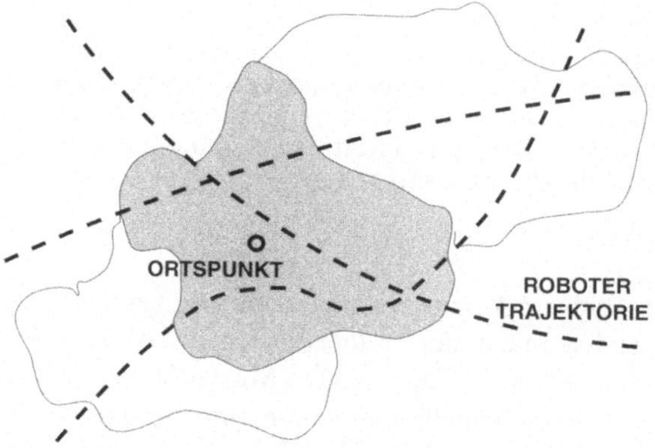

Abbildung 5.40. DIE ERZEUGUNG VON ORTSPUNKTEN. WÄHREND DER ROBOTER EINE PERZEPTUELLE REGION DURCHFÄHRT, DIE EINER BESTIMMTEN ART-KATEGORIE ENTSPRICHT (SCHATTIERT), WIRD KONTINUIERLICH DER DURCHSCHNITT DER x- UND y-KOORDINATEN FÜR DIE POSITION DES ENTSPRECHENDEN ORTSPUNKTES ERRECHNET (NACH [KURZ 96]).

Ein neuer Ortspunkt wird außerdem auch dann erstellt, wenn die zurückgelegte Entfernung des Roboters von der momentanen Punktposition einen Schwellwert von $D = 25\,cm$ überschreitet. Dadurch entstehen in großflächigen perzeptuellen Regionen mehrere Punktpositionen (siehe Abbildung 5.41). Das Problem der perzeptuellen Kongruenz kann hierdurch teilweise gelöst werden, da verschiedene Orte, die dieselbe perzeptuelle Signatur teilen, durch verschiedene Punkte auf der Karte repräsentiert sind — vorausgesetzt, daß sie weiter als D voneinander entfernt liegen. Andernfalls würde zum Beispiel der Durchschnitt der x- und y-Koodinaten aller grauschraffierten Regionen in Abbildung 5.39 einen Punkt irgendwo in der Mitte des Raumes ergeben. Das wäre natürlich eine inkorrekte Abbildung, da dieser Punkt mit keinem der individuellen Orte übereinstimmt, von denen er abgeleitet wurde.

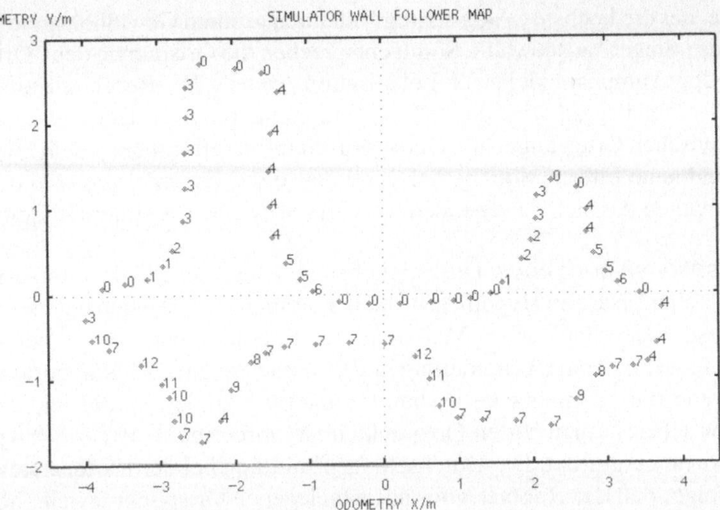

Abbildung 5.41. BEIM WANDFOLGEN ERSTELLTE ORTSPUNKTE. DIE HIER EINGEZEICHNE-
TEN ORTSPUNKTE ENTSPRECHEN DEN PERZEPTUELLEN REGIONEN IN ABBILDUNG 5.39. DIE
ZAHLEN ENTSPRECHEN DEN ART2-KLASSIFIKATIONEN, DIE PUNKTE MIT DER ZAHL ‚0' LIE-
GEN ZUM BEISPIEL IN DEN SCHRAFFIERTEN BEREICHEN DER ABBILDUNG 5.39.

Odometriedrift Ein schwerwiegender Nachteil der hier vorgestellten Arbeit ist die
Abhängigkeit von globaler Odometrie für die Errechnung der metrischen Kar-
tenkomponenten. (Dieses Problem hat allerdings keinen Einfluß auf den Lokalisationsalgorithmus, da dieser nur kurze Entfernungen zwischen *lokalen* Landmarken odometrisch berechnet.) Während der Prozeß der Durchschnittsermittlung lokale Odometrievariationen ausgleicht, unterliegt die Karte insgesamt globalen Driftfehlern. Bei unseren Experimenten war das kein Problem, weil nur
relativ kurze Routen gefahren wurden, mit dem Wandfolgemechanismus wurde
die Karte in nur einer einzigen Runde erstellt. In großflächigen, komplexen Umgebungen könnten jedoch Odometriefehler die Zuordnung von falschen „nächstliegenden" Punkten während der Kartenerstellung verursachen.

Das Problem ließe sich lösen, indem man die separaten Phasen der Kartenerstellung und Lokalisation kombiniert, also durch die Implementation von kontinuierlichem Lernen. Dabei würde die Karte ständig zur Korrektur der momentanen Positionschätzung herangezogen, die wiederum zur Aktualisierung der Karte verwendet würde. Auf Abbildung 5.35 bezogen bedeutet dies, daß eine Verbindung von der Lokalisationsinstanz zurück zum Koppelnavigationsmechanis-
mus hergestellt würde und die absoluten Odometriewerte anhand der Ergebnisse
des Lokalisationsalgorithmus korrigiert würden. In der Auswertung am Ende
dieser Fallstudie wird auf diese Möglichkeit näher eingegangen.

Lokalisation Das Prinzip der Lokalisationsmethode ist hier ähnlich wie bei ART
und anderen vergleichbaren Lernmechanismen. Derjenige Ortspunkt auf der Kar-

te, der die höchste „Aktivierung" oder den größten Gewißheitsgrad besitzt, wird als „Sieger" ausgewählt. Somit entsprechen die Ortspunkte den „Ortszellen" der Hippokampusmodelle für Lokalisation (siehe z.B. [Recce & Harris 96]). Der Gewißheitsgrad wird durch Information aus relativen Odometrieberechnungen zwischen Orten angepaßt. Der Algorithmus vergleicht bei jedem Durchgang alte und neue Information, berücksichtigt also die *Veränderungen* in den Wahrnehmungen des sich bewegenden Roboters über einen bestimmten Zeitraum.

Lokalisationsalgorithmus Die möglichen Positionen erscheinen im Arbeitsspeicher als eine Liste von Hypothesen und bekommen jeweils einen eigenen Gewißheitsgrad zugeordnet. Jedes Mal wenn der Roboter einen Ort als neu wahrnimmt, d.h. wenn er eine Veränderung in der momentanen ART-Kategorie erkennt oder wenn die odometrische Distanzveränderung größer als die maximale Distanz zwischen gespeicherten Ortspunkten ist, wird eine neue Liste möglicher Positionen hergestellt. Die Durchschnittsermittlung bei der Kartenerstellung hat zur Folge, daß der Roboter vom nächstgelegenen Ortspunkt jeweils höchstens um Distanz D entfernt ist — die maximale Distanz zwischen den gespeicherten Orten beträgt also $2D$. Durch einen Zuordnungsprozeß werden dann beide Informationsquellen kombiniert und ergeben eine aktualisierte Hypothesenliste. Der Algorithmus sieht folgendermaßen aus:

0. *Initialisierung.* Erstelle eine Menge von Hypothesen, $H = \{h_0, ..., h_N\}$, bestehend aus Ortspunkten, die der momentanen ART-Kategorie entsprechen. Initialisiere die Gewißheitsgrade: $\forall h_i \in H$, setze $\mathrm{conf}(h_i) = 1$.
1. Warte, bis sich die ART-Kategorie ändert oder der Roboter die Distanz $2D$ zurückgelegt hat, wobei D der während der Kartenerstellung verwendete Distanzschwellwert ist.
2. Für jede Hypothese h_i addiere die Odometrieveränderung $(\triangle x, \triangle y)$ zu den Koordinaten von h_i, (x_{h_i}, y_{h_i}) hinzu.
3. Erzeuge eine zweite Hypothesenmenge von möglichen Kandidaten, $H' = \{h'_0, ..., h'_N\}$.
4. Für jedes h_i, finde das nächstgelegene h'_j, speichere dabei die Distanz zwischen den Paaren, d_{h_i}.
5. Sammle Informationsdaten bei Distanzschwellwert T, minimalem Gewißheitsgrad MIN, Verstärkungsfaktor $GAIN > 1$ und Abschwächungsfaktor $0 < DECAY < 1$:
   $\forall h_i \in H$
       falls $d_{h_i} < T$
           ersetze (x_{h_i}, y_{h_i}) mit $(x_{h'_j}, y_{h'_j})$ aus den passenden h'_j
           setze $\mathrm{conf}(h_i) = \mathrm{conf}(h_i) \times GAIN$
       andernfalls
           setze $\mathrm{conf}(h_i) = \mathrm{conf}(h_i) \times DECAY$
           falls $\mathrm{conf}(h_i) < MIN$ lösche h_i.
6. Entferne alle Duplikate in H, behalte die Hypothese mit dem höchsten Gewißheitsgrad.
7. Füge alle verbleibenden h'_j aus H' zu H hinzu, die nicht schon in H enthalten sind, setze $\mathrm{conf}(h'_j) = 1$.

8. Wiederhole den gesamten Vorgang ab Schritt 1.

In Schritt 2 wird die existierende Menge der Ortsschätzungen aktualisiert, indem die durch relative Odometrie festgestellte Positionsveränderung hinzuaddiert wird. Dann wird eine neue Liste von Hypothesenkandidaten aufgestellt, in die alle Ortspunkte aus der Karte einfließen, die mit der momentanen ART-Kategorie übereinstimmen. Es folgt ein Suchvorgang, bei dem jede der existierenden Hypothesen ihrem nächstliegenden Nachbar in der neuen Kandidatenmenge zugeordnet wird.

Schritt 5 entscheidet dann anhand eines Schwellwertkriteriums, ob der Gewißheitsgrad der einzelnen Hypothesen jeweils erhöht oder verringert werden soll. Wenn also die zugeordneten Positionsschätzwerte ausreichend nah beieinander liegen, zählt das zugunsten dieser bestimmten Hypothese. Der Gewißheitsgrad wird deshalb um die Zuwachsrate (*gain*) erhöht und die Positionsschätzung der alten Hypothese durch den neuen Wert ersetzt. Bei diesem Vorgang werden anhand der Wahrnehmungswerte gute Positionsschätzungen kontinuierlich noch weiter verbessert.

Wenn andererseits die Distanz zwischen den einander zugeordneten Positionen den Schwellwert überschreitet, wird der zugehörige Gewißheitsgrad um den Schwundwert (*decay*) verringert und die Positionsschätzung unverändert gelassen, also nicht durch den nächstliegenden Nachbarwert in der Kandidatenmenge ersetzt. Hypothesen, die unter einen bestimmten Gewißheitswert fallen, werden nicht aufgenommen und aus der Liste der möglichen Positionen entfernt. Auf diese Weise werden schlechte Hypothesen rasch eliminiert und der Suchraum auf ein Minimum begrenzt. An dieser Stelle werden auch durch den Zuordnungsprozeß entstandene Duplikate gelöscht.

Positionen ohne Zuordnung, die sich noch in der Kandidatenmenge befinden, werden ebenfalls der aktuellen Hypothesenliste hinzugefügt und bekommen einen pauschalen Gewißheitswert. Im ersten Durchgang gilt dies natürlich für alle Hypothesenkandidaten, da die Hypothesenmenge zu Anfang leer ist. (Die Initialisierung wurde hier um der Klarheit willen als Schritt 0 aufgelistet, obwohl das eigentlich nicht notwendig wäre). Jedesmal werden sämtliche möglichen Positionen erwogen, die die aktuellen Signaturen aufweisen, so daß der Algorithmus auch unvorhergesehene, willkürliche Positionsänderungen verarbeiten kann.

Schließlich kristallisiert sich eine der Hypothesen als klarer Sieger heraus. In den Experimenten mit einem realen Roboter wurden dafür durchschnittlich 7 Durchgänge durch den Algorithmus benötigt, von durchschnittlich 27 Sekunden Dauer, wobei der Roboter sich mit einer Geschwindigkeit von $0,10ms^{-1}$ fortbewegte. Wenn der Roboter wiederum die Orientierung verlor, verringerte sich der Gewißheitsgrad dieser bestimmten Hypothese allmählich, während sich zugleich eine neue Siegerhypothese herauskristallisierte.

Leistungsfähigkeit Die überarbeitete Version des Algorithmus lokalisiert auf den nächstgelegenen gespeicherten Ortspunkt genau. Also bestimmt die Kartenauflösung die Genauigkeit der Positionsschätzung. Die Kartenauflösung hängt wiederum vom Distanzschwellwert D im Kartenerstellungsprozeß ab. Nachdem die

Lokalisation erfolgreich durchgeführt wurde, sollte daher die Abweichung zwischen tatsächlicher und geschätzter Position zwischen 0 und D liegen.

Ergebnisse Die experimentellen Ergebnisse dieses Selbstlokalisationssystems sowie eine quantitative Leistungsanalyse finden sich in der Fallstudie 11 auf Seite 218.

Auswertung Das Lokalisationssystem funktioniert selbst in Umgebungen, in denen kein einziger Ort eine unverwechselbare perzeptuelle Signatur besitzt. Es ist keine vorgegebene Positionsschätzung nötig, so daß sich der Roboter selbst bei völliger Orientierungslosigkeit wieder zurechtfinden kann. Der Lokalisationsalgorithmus implementiert ein kompetitives Lernsystem, das sich an die Hippokampusmodelle der Biologie anlehnt. Während einer Explorationsphase werden Daten gesammelt, die verschiedene, miteinander im Wettbewerb stehende Ortsschätzungen unterstützen. Perzeptuelle Veränderungen (aus Sonar- und Infrarotmessungen und relativer Odometrie) lösen in Verbindung mit einem internen Weltmodell positive bzw. negative Rückkopplungen für die emergenten Hypothesen aus.

Der Algorithmus weist außerdem weitere interessante emergente Phänomene auf. Selbst wenn sich der Roboter zwischen Orten bewegt, die die gleiche perzeptuelle Signatur besitzen, sammelt er dabei trotzdem weiterhin nützliche Information. Man kann also beobachten, daß sich im Hypothesenwettbewerb ein „Sieger" herausbildet, sobald eine perzeptuell eindeutige Route auf der Karte gefunden wurde. Dies gilt für Routen beliebiger Länge, ist also unabhängig von der Menge der gesammelten Sensordaten. Im Prinzip kann der Algorithmus daher durch Verallgemeinerung ein beliebiges Ausmaß an perzeptueller Kongruenz in der Umgebung ausgleichen, falls folgende Bedingungen erfüllt sind:

1. Die Umgebung muß begrenzt sein (d.h. die Umgebung hat einen klaren Grenzbereich, der vom Inneren perzeptuell unterscheidbar ist und Wandfolgen ermöglicht).
2. Der Roboter besitzt einen Kompaßsinn oder kann aus Umgebungslandmarken eindeutig auf seine Orientierung schließen.
3. Die Explorationsstrategie des Roboters ist so angelegt, daß er schließlich eine perzeptuell unverwechselbare Route durch die Umgebung findet. (Bedingungen 1 und 2 stellen sicher, daß eine solche Route existiert.)

Diese Bedingungen beruhen auf der Überlegung, daß der Roboter in einer begrenzten Umgebung unabhängig von seiner Fahrtrichtung stets auf eine Grenze stoßen wird. Wenn er dann dieser Begrenzung folgt (Wandfolgeverhalten), wird er schließlich auch seine Position bestimmen können, vorausgesetzt, er kann wiederkehrende Wahrnehmungsmuster auf seinem Weg entlang der Eingrenzung unterscheiden. Im schlimmsten Fall (wenn es sich um einen runden oder symmetrischen Raum handelt) braucht der Roboter zu seiner Orientierung einen Kompaß. In unregelmäßigen Räumen ermöglicht aber die relative Position von Landmarken dem Roboter, seine ursprüngliche Orientierung wiederzufinden.

Dabei geht man natürlich von Idealvorstellungen aus. In der Praxis werden die oben angeführten Bedingungen durch die inhärenten Ungewißheiten eines realen Roboters in der realen Welt erschwert. Dennoch zeigen die in Fallstudie 12 auf Seite 218 präsentierten Ergebnisse, daß der hier beschriebene Lokalisationsalgorithmus sehr robust ist und bei absichtlich eingeführten Fehlern nur einen allmählichen Leistungsabfall (*graceful degradation*) aufweist. Bezüglich der dritten Bedingung zeigen die Ergebnisse, daß der Roboter wesentlich bessere Leistungen erzielt, wenn er festgelegten Routen folgt, statt durch beliebiges Umherfahren die Umgebung zu erkunden.

Fallstudie 7: Literaturhinweis

- Eine ausführliche Diskussion dieser Forschungsarbeit und Vorschläge zur Erweiterung im Hinblick auf kontinuierliches Lernen, aktive Exploration, die Identifizierung von Landmarken aus neuen Perspektiven sowie Aufskalierung finden sich bei [Duckett & Nehmzow 96] und [Duckett & Nehmzow 99].

5.4.5 Fallstudie 8: Erkennung von Abkürzungen mittels RBF-Netz

1948 führte Tolman ([Tolman 48]) den Begriff der „kognitiven Karte" ein, um zu beschreiben, wie bei Tieren die Umgebung abgebildet und Routen, Landmarken und das Verhältnis dieser Navigationselemente zueinander kodiert werden. Tolmans These war, daß die Fähigkeit, alternative Routen (Abkürzungen) bestimmen zu können, auf das Vorhandensein einer kognitiven Karte schließen läßt.

Ähnlich argumentieren auch O'Keefe und Nadel ([O'Keefe & Nadel 78]). Die Fähigkeit, Abkürzungen zu finden, sei das entscheidende Merkmal, das Tiere mit kognitiven Karten von Tieren ohne eine solche unterscheide.

Andrew Bennett ([Bennett 96]) erörtert ebenfalls die Frage, ob die Fähigkeit, Abkürzungen bestimmen zu können, auf das Vorhandensein einer kognitiven Karte schließen läßt und kommt zu dem Schluß, daß sie genauso auch trigonometrisch durch Wegintegration gefunden werden können.

In dieser achten Fallstudie betrachten wir ein Roboternavigationssystem, das genau dazu in der Lage ist: nämlich alternative kürzere Routen durch Trigonometrie zu bestimmen. Der interessante Aspekt dabei ist allerdings, daß die Trigonometrie des Roboters hier nicht auf Wegintegration basiert, sondern auf Landmarkenerkennung.

Das folgende Experiment beschreibt einen Versuchsaufbau, bei dem ein Roboter (Nomad 200) seine Wahrnehmungen mit „virtuellen Koordinaten" assoziiert, die praktisch kartesischen Koordinaten entsprechen und die er aus seinem Gedächtnis abruft, sobald eine Landmarke identifiziert ist. Die virtuellen Koordinaten werden dann zur Bestimmung der kürzesten Routen zwischen einzelnen Orten verwendet, selbst wenn diese Routen zuvor noch nie befahren wurden.

Versuchsaufbau Für die Experimente wurde der Roboter mit einer omnidirektionalen CCD-Kamera ausgestattet (siehe Abbildung 5.46), die 360-Grad-Bilder liefert (wie zum Beispiel in Abb. 5.45). Der Roboter wurde manuell entlang der in Abbildung 5.43 gezeigten Bahn durch seine Umgebung (siehe Abb. 5.42) gesteuert.

Abbildung 5.42. DER MOBILE ROBOTER NOMAD 200 (RECHTS, DIE OMNIDIREKTIONALE KAMERA IST HIER NICHT SICHTBAR) UND DIE UMGEBUNG FÜR DIE NAVIGATIONSEXPERIMENTE.

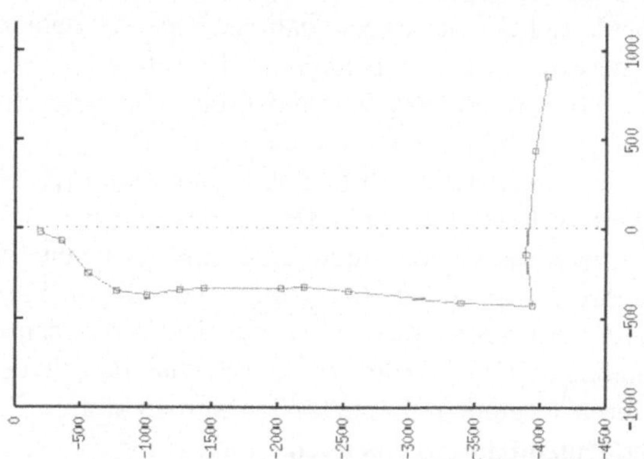

Abbildung 5.43. DIE BAHN DES ROBOTERS IM KARTESISCHEN RAUM. DIE DIMENSIONEN AUF DEN x- UND y-ACHSEN SIND IN $2,5$ MM-SCHRITTEN.

Während der Roboter diese Route abfuhr, wurden mit der omnidirektionalen Kamera über 700 Bilder sowie die jeweils korrespondierenden (vom Odometriesystem des Roboters berechneten) Positionen im kartesischen Raum aufgenommen. Dreißig dieser Wahrnehmungen wurden dann off-line für die hier beschriebenen Experimente verwendet (siehe Abbildung 5.44 für die Positionen, an denen die Bilder aufgenommen wurden).

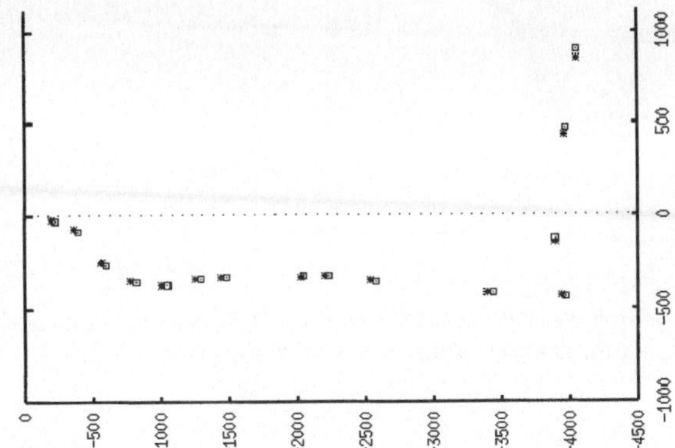

Abbildung 5.44. TRAININGS- UND TESTDATEN ENTLANG DER BAHN VON ABB. 5.43. DIE 15 TRAININGSWAHRNEHMUNGEN (STERNCHEN) WURDEN ZUM TRAINING DES NETZWERKS VERWENDET. MIT DEN 15 TESTWAHRNEHMUNGEN (KÄSTCHEN) WURDE DAS VERHÄLTNIS ZWISCHEN VIRTUELLEN UND KARTESISCHEN KOORDINATEN BESTIMMT. DIMENSIONEN SIND IN EINHEITEN VON 2,5 MM.

Abbildung 5.45. BILDVORVERARBEITUNG I. DAS BILD LINKS ZEIGT DIE ROHDATEN DER OMNIDIREKTIONALEN CCD-KAMERA DES ROBOTERS. RECHTS DAS VORBEHANDELTE BILD, BEI DEM IRRELEVANTE DATEN DURCH NULLEN ERSETZT WURDEN (IM BILD SCHWARZ).

Funktionsweise Der zentrale Gedanke ist hier, Wahrnehmung (Kamerabild) mit Position (virtuelle Koordinaten) zu assoziieren. Bevor jedoch das unverarbeitete Kamerabild dafür verwendet werden kann, muß es zunächst vorverarbeitet werden.

Die omnidirektionale Kamera erzeugte das 360-Grad-Bild durch die Kombination einer nach oben gerichteten Kamera und eines konischen Spiegels (für den Aufbau siehe Abbildung 5.46).

Wenn der Roboter sich dreht, rotiert natürlich auch das Bild. Das ist problematisch, wenn eine spezifische Position mit genau einer bestimmten Wahrnehmung und mit genau einem virtuellen Koordinatenpaar assoziiert werden soll.

Um die Bilder richtungsunabhängig zu machen, teilten wir das Bild jeweils in 90 konzentrische Ringe ein (siehe Abb. 5.47) und verwendeten die Spektralleistung H des Bildes entlang jedes konzentrischen Ringes, nach Gleichung 5.3.

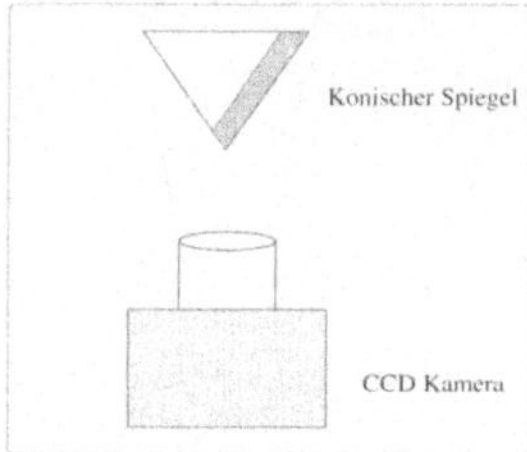

Abbildung 5.46. EINE OMNIDIREKTIONALE CCD-KAMERA, DIE EINE NACH OBEN GERICHTE-
TE KAMERA MIT EINEM KONISCHEN SPIEGEL VERBINDET

$$H = \sum_{j}^{N} h_j^2 \qquad (5.3)$$

wobei h_j der Grauwert des Bildpunktes j des ausgewählten Radius ist, und
N die Gesamtzahl der ausgewählten Bildpunkte entlang eines Radius ($N = 314$
in unseren Experimenten, unabhängig vom Radius).

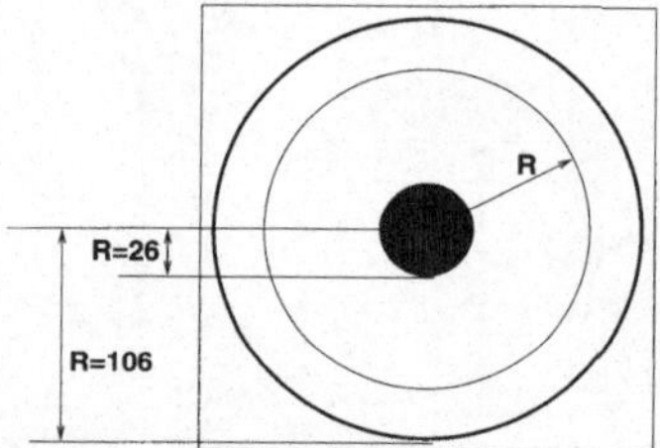

Abbildung 5.47. BILDVORVERARBEITUNG II. UM DIE RICHTUNGSABHÄNGIGKEIT ZU ELI-
MINIEREN, WIRD DIE SPEKTRALLEISTUNG DES BILDES ENTLANG VON 90 KONZENTRISCHEN
RINGEN ZWISCHEN R=26 UND R=106 ERRECHNET. ENTLANG JEDEN RINGES WERDEN GRAU-
WERTE IN SCHRITTEN VON $1, 14°$ ENTNOMMEN, 314 WERTE PRO RING.

Auf diese Weise erhielten wir für jedes Bild einen 90 Elemente langen (normalisierten) Eingangsvektor. Abbildung 5.48 zeigt drei solcher Leistungsspektren. Sie unterscheiden sich deutlich voneinander, woraus folgt, daß die Kame-
rawahrnehmung an diesen drei Orten ebenfalls unterschiedlich war.

Abschließend wurden die 90 Elemente langen Eingangsvektoren mit ihren gespeicherten kartesischen Koordinaten unter Verwendung eines RBF-Netzes (wie
auf Seite 72 beschrieben) assoziiert. Das Netz verwendete 15 Eingangsneuronen — eine für jede Landmarke, die zu erlernen war — und zwei Ausgangsneuronen für den x- und y-Wert der virtuellen Koordinaten.

Versuchsergebnisse Fünfzehn Bilder, die in gleichmäßigen Abständen entlang
der Roboterbahn aufgenommen worden waren, wurden zum Training des Netzes
verwendet, indem einfach jedes einzelne der 15 Eingangsneuronen das gleiche

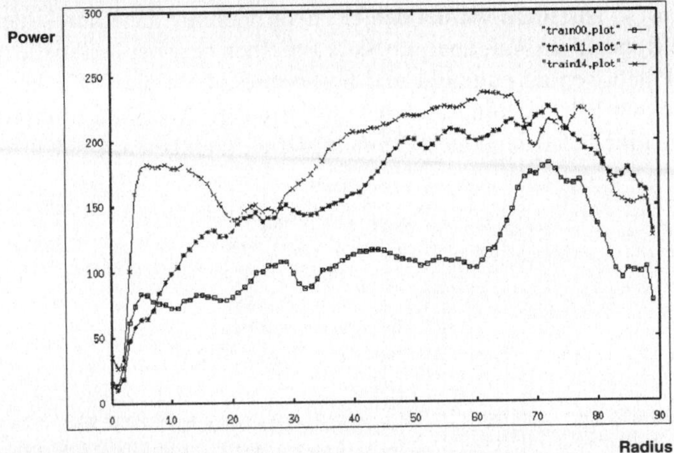

Abbildung 5.48. LEISTUNGSSPEKTREN FÜR DREI VERSCHIEDENE LANDMARKEN

Gewicht wie das Spektrum einer der 15 Landmarken erhielt. Jede Neuron wurde dadurch zum Detektor einer ganz bestimmten Landmarke.

Um die Lokalisationsfähigkeit des Netzes zu testen, wurden 15 verschiedene Orte, die in der Nähe der trainierten Orte lagen, aber nicht mit ihnen identisch waren (siehe Abb. 5.44) dem Netz zur Lokalisation eingegeben. Abbildung 5.49 zeigt die tatsächlich gefahrene Bahn des Roboters (mit Testdaten), und die vom Netzwerk errechnete Bahn. Die beiden Bahnen decken sich weitgehend; der Roboter wußte also recht gut, wo er sich befand.

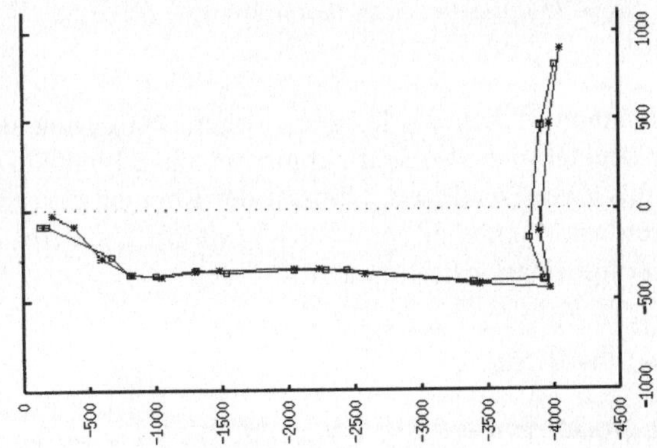

Abbildung 5.49. TATSÄCHLICHE IM TEST GEFAHRENE BAHN (STERNCHEN) UND DIE VOM ROBOTER IN VIRTUELLEN KOORDINATEN WAHRGENOMMENE BAHN (KÄSTCHEN)

Abkürzungen Diese virtuellen Koordinaten können nun für globales räumliches Schließen genutzt werden, etwa um alternative Routen (Abkürzungen) zu bestimmen. Um herauszufinden, wie präzise der Roboter auf einer neuen Route einen Ort ansteuern würde, den er zuvor noch nie angefahren hatte, gaben wir dem Roboter die Aufgabe, den Kurs zwischen den vier in Tabelle 5.2 aufgeführten Positionen zu ermitteln und bestimmten dann die Differenz zwischen der korrekten Fahrtrichtung und der mit virtuellen Koordinaten errechneten Richtung. Tabelle 5.3 zeigt diese Richtungsabweichungen in Grad.

Ort	(x,y)
A	-362,-816
B	-362,-2572
C	-122,-3882
D	895,-4050
E	-27,-212

Tabelle 5.2. DIE KARTESISCHEN POSITIONEN DER VIER LANDMARKEN, ANHAND DEREN DIE FÄHIGKEIT DES ROBOTERS, ABKÜRZUNGEN ZU FINDEN, ÜBERPRÜFT WURDE (SIEHE TABELLE 5.3). DIE KOORDINATEN BEZIEHEN SICH AUF ABB. 5.49.

	nach A	nach B	nach C	nach D
von E	7	2	3	-1
von A		1	0	-1
von B			-3	-4
von C				-2

Tabelle 5.3. BESTIMMUNG NEUER ROUTEN ZWISCHEN DEN POSITIONEN IN TABELLE 5.2. DIE ZAHLEN IN DER TABELLE GEBEN DEN RICHTUNGSFEHLER IN GRAD AN, DER DEM ROBOTER BEI DER BERECHNUNG DER FAHRTRICHTUNG MIT HILFE SEINER VIRTUELLEN KOORDINATEN (STATT DER TATSÄCHLICHEN POSITIONSKOORDINATEN) UNTERLIEF.

Die Berechnungsfehler des Roboters waren sehr gering, die errechneten Abkürzungen deckten sich also sehr gut mit den tatsächlich kürzesten Routen zwischen jeweils zwei Positionen. Obwohl der Roboter zuvor diese Routen noch nie gefahren war, konnte er sie dennoch mit Hilfe anderer, durch Exploration gewonnener Information bestimmen.

Fallstudie 8: Auswertung

Lokalisation in großer Entfernung von bekannten Landmarken Das Netzwerk erzeugt *immer* virtuelle Koordinaten aus seiner Wahrnehmungsinformation, unabhängig davon, ob der Roboter sich an einer bekannten Position oder in großer Entfernung von bekannten Orten befindet. Dies ist ein gravierender Nachteil, da die errechneten virtuellen Koordinaten u.U. bedeutungslos sein können. Eine Lösungsmöglichkeit für dieses Problem ist, den tatsächlichen Erregungswert der am stärksten reagierenden RBF-Einheit zu berücksichtigen (Gleichung 4.13): wenn keiner der Gewichtsvektoren der Eingangsneuronen dem momentan wahrgenommenen Eingangsvektor ähnlich ist (der Roboter also seine Orientierung verloren hat), ist dieser Wert niedrig und signalisiert dadurch schlechte Lokalisation.

Es ist interessant zu beobachten, was geschieht, wenn dem Roboter Landmarken präsentiert werden, die in relativ weiter Entfernung von bekannten Landmarken, aber trotzdem noch in deren Sichtweite liegen.

Wir wählten sieben Landmarken (siehe Tabelle 5.4), um die Lokalisationsfähigkeit des Roboters außerhalb der unmittelbaren Umgebung bekannter Landmarken zu testen. Die Landmarken F bis H waren zuvor schon vom Roboter besucht worden, Landmarken I bis L liegen in größerer Entfernung von bekannten Positionen.

Ort	(x,y)
F	-32,181
G	-432,-3932
H	852,-4044
I	-422,-3192
J	-324,-3929
K	194,-3906
L	-351,-1733

Tabelle 5.4. WAHRE KOORDINATEN DER LANDMARKEN, ANHAND DEREN DIE FÄHIGKEIT DES ROBOTERS ÜBERPRÜFT WURDE, ABKÜRZUNGEN IN GROSSER ENTFERNUNG VON BEKANNTEN ORTEN ZU FINDEN. DIE KOORDINATEN BEZIEHEN SICH AUF ABB. 5.49.

Abbildung 5.50 zeigt die „entfernten" Positionen I, J, K und L mit ihren jeweiligen virtuellen Koordinaten. Die Entfernungen dieser vier Positionen von der nächstgelegenen bekannten Landmarke betragen 50 cm, 61 cm, 72 cm bzw. 27 cm.

Obwohl die Diskrepanz zwischen tatsächlichen und virtuellen Koordinaten hier größer ist als bei Testlandmarken, die sich in der Nähe der Trainingslandmarken befinden (Abb. 5.49), ist die Übereinstimmung dennoch bemerkenswert gut. In allen vier Fällen sind die virtuellen Koordinaten nah genug an den tatsächlichen Positionen der Landmarken, daß Navigation durchaus funktionieren kann, wenn der Roboter in der errechneten Richtung losfährt und dann auf weitere bekannte Landmarken stößt, die eine erneute, präzisere Lokalisation ermöglichen.

Wie zuvor wurde die Richtungsabweichung des Roboters bei neuen Routen mit Hilfe der virtuellen Koordinaten für die Positionen in Tabelle 5.4 bestimmt. Die Richtungsabweichungen in Grad finden sich in Tabelle 5.5.

Diese Abweichungen zeigen, daß Routenplanung häufig mit großer Genauigkeit möglich ist, der Roboter aber trotzdem je nach Situation bei manchen Routen auch um bis zu 50 Grad von der korrekten Richtung abweichen würde. Wenn der Roboter allerdings den Routenplanungsvorgang in regelmäßigen Intervallen entlang der zunächst eingeschlagenen Route durchführt, ist die Wahrscheinlichkeit hoch, daß seine Lokalisation unter Verwendung der Landmarken entlang der Route beständig präziser wird und er so sein Ziel doch noch erreichen kann.

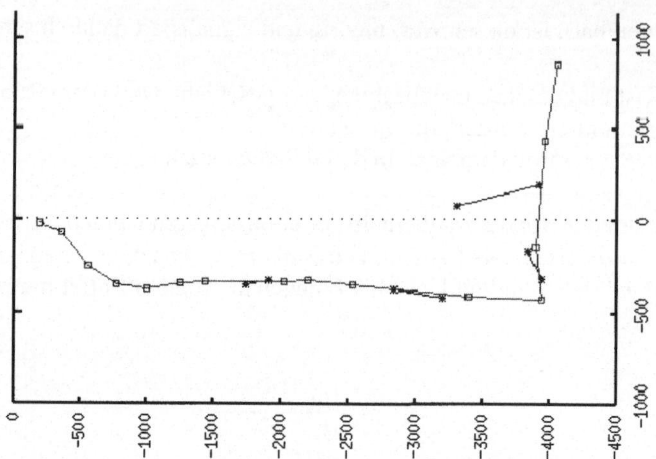

Abbildung 5.50. LOKALISATION IN GROSSER ENTFERNUNG VON BEKANNTEN LANDMARKEN.
KÄSTCHEN BEZEICHNEN DIE POSITIONEN BEKANNTER LANDMARKEN, DIE VERBUNDENEN
STERNCHEN GEBEN DIE TATSÄCHLICHEN UND VIRTUELLEN KOORDINATEN DER ORTE I, J,
K UND L AN (TABELLE 5.4).

	nach F	nach G	nach H
von I	-1	-2	-12
von J	5	23	-7
von K	-1	50	-34
von L	0	-1	1

Tabelle 5.5. RICHTUNGSABWEICHUNGEN IN GRAD, BERECHNET FÜR VERSCHIEDENE NEUE
ROUTEN ZWISCHEN DEN ,,ENTFERNTEN" LANDMARKEN I, J, K, UND L UND DEN BEKANNTEN
LANDMARKEN F, G UND H.

Abkürzungen und kognitive Karten: Literaturhinweise

- *The Journal of Experimental Biology*, Januar 1996.
- J. O'Keefe und L. Nadel, *The Hippocampus as a Cognitive Map*, Oxford University Press, Oxford, 1978.
- J. Gould, The Locale Map of Honey Bees: Do Insects Have Cognitive Maps?, *Science*, Band 232, 1986.
- Ulrich Nehmzow, Toshihiro Matsui und Hideki Asoh, "Virtual Coordinates": Perception-based Localisation and Spatial Reasoning in Mobile Robots, *Proc. Intelligent Autonomous Systems 5 (IAS 5)*, Sapporo 1998. Nachgedruckt in *Robotics Today*, Band 12, Nr. 3, The Society of Manufacturing Engineers, Dearborn MI, 1999.

6 Simulation: Modellierung der Interaktion von Roboter und Umwelt

Zusammenfassung. Dieses Kapitel befaßt sich mit dem Verhältnis zwischen der tatsächlichen Interaktion von Roboter und Umwelt auf der einen Seite und einem numerischen Modell (Simulation) dieser Interaktion auf der anderen Seite. Eine Fallstudie zeigt, wie eine originalgetreue Simulation eines spezifischen Roboters und seiner Interaktion mit einer spezifischen Umgebung entwickelt werden kann.

6.1 Motivation

Experimente mit mobilen Robotern können sich in der Praxis als sehr zeitaufwendig, kostspielig und schwierig herausstellen. Weil die Interaktion des Roboters mit seiner Umgebung sehr komplex ist, liefern Experimente erst nach zahlreichen Durchgängen statistisch aussagefähige Ergebnisse. Roboter funktionieren als mechanisch und elektronisch betriebene Maschinen nicht in allen Experimenten gleich. In manchen Fällen ändert sich ihr Verhalten dramatisch, sobald ein Versuchsparameter geändert wird. Unser Roboter *ALDER* hatte beispielsweise die störende Eigenart, stets leicht nach links abzudrehen, wenn er die Anweisung bekam, geradeaus zu fahren. Mit abnehmender Batterieladung entwickelte er jedoch eine Tendenz nach rechts! Aufgrund solcher Hardwareprobleme erscheint Simulation eine attraktive Alternative.

Wenn man die wesentlichen Komponenten, die die Interaktion von Roboter und Umgebung bestimmen, in einem mathematischen Modell ausdrücken könnte, dann ließen sich allein mit dem Computer Vorhersagen über Versuchsergebnisse machen, ohne einen Roboter verwenden zu müssen. Diese Methode hätte den Vorteil, schneller und kostengünstiger zu sein. Simulationen können außerdem mit präzise definierten Parametern wiederholt werden, wodurch der Benutzer die Auswirkung einzelner Parameter auf das Roboterverhalten bestimmen kann. In Experimenten mit wirklichen Robotern ist das nicht möglich, weil es in der wirklichen Welt nie zwei genau identische Situationen gibt.

Das Ziel von Rechnersimulationen ist:

"ein Modell [zu konstruieren], das für Manipulationen zugänglich ist, die man an dem Original, das es darstellt, nicht durchführen kann, weil dies unmöglich, zu kostspielig oder nicht praktikabel wäre. Die Funktionsweise des Modells kann untersucht werden, und es lassen sich Schlußfolgerungen über die Verhaltenseigenschaften des wirklichen Systems oder eines Subsystems ziehen." ([Shubik 60, S. 909]).

Simulation hat abgesehen von Schnelligkeit, Einfachheit und geringen Kosten noch weitere Vorteile. Wenn es gelingt, ein originalgetreues Modell zu erstellen, kann eine Simulation Vorhersagen über Systeme treffen, die sich durch ihre Komplexität einer direkten Analyse entziehen (z.B. Volkswirtschaftssysteme), oder für die (noch) nicht ausreichende Daten zur Verfügung stehen (z.B. über Weltraumexploration, bevor eine erste Expedition Informationen zurückgebracht hat). Simulation ermöglicht die kontrollierte Modifizierung von Parametern, wodurch wiederum ein besseres Verständnis des Modells erreicht wird. Simulationen lassen sich für Unterricht und Training verwenden, sie regen (etwa in Spielform) Interesse an. Man kann die Fragestellung „was wäre, wenn..." mit Modellen analysieren. Anhand einer Simulation läßt sich auch ein komplexes System einfacher in einzelne Komponenten aufspalten.

6.2   Grundlagen der Computersimulation

Bei einer Simulation wird ein *Modell* für ein *System* definiert. Bei einem solchen System kann es sich um ein Wirtschaftsystem oder eine Fabrik handeln oder zum Beispiel ganz konkret um einen mobilen Roboter, der im Informatikgebäude der Universität Manchester die Post ausliefert. Eingangs- und Ausgangssignale des Systems — zum Beispiel die in einer Fabrik eingehenden Rohmaterialien und die ausgelieferten Endprodukte — werden durch *exogene Variablen* dargestellt, d.h. die Variablen, die sich außerhalb des Modells befinden, während die Elemente des Modells selbst durch modellinterne *endogene Variablen* repräsentiert werden.

Das Modell selbst wird nach Möglichkeit so entworfen, daß es ausschließlich die Aspekte beschreibt, die für die Fragestellung des Benutzers relevant sind. In der mobilen Robotik ist die Auswahl dieser relevanten Aspekte besonders schwierig, weil man nur sehr wenig über die Gesetzmäßigkeiten der Interaktion von Roboter und Umgebung weiß. Es besteht stets die Gefahr, daß dem Modell entweder ein wesentlicher Aspekt fehlt, oder daß es Aspekte enthält, die nicht relevant sind.

6.2.1   Modelle

Zunächst muß man bei Modellen zwischen *stochastischen Modellen* und *deterministischen Modellen* unterscheiden. Ein stochastisches Modell ahmt das zu modellierende System durch die Verwendung von Abläufen nach, die auf (Pseudo-)Zufallszahlen beruhen. Ein Beispiel wäre die Modellierung von Autobahnverkehr, wobei die Anzahl der Autos und ihre Geschwindigkeit zufällig gewählt werden. Ein deterministisches Modell verwendet dagegen deterministische (mathematisch definierte) Verhältnisse zwischen Eingangs- und Ausgangsvariablen. Ein Beispiel hierfür wäre das Modell eines hüpfenden Gummiballs, wobei physikalische Gesetze über Energieverbrauch und Bewegung zur Vorhersage des Ballverhaltens verwendet werden.

Weiterhin muß man zwischen *analytischen* und *numerischen* Lösungen einer Modellierungsaufgabe unterscheiden. Analytische Lösungen sind nachvollziehbare Konkretisierungen des Modells und verwenden Differential- und Integralrechnung, während eine numerische Lösung auf numerischen Annäherungsmethoden beruht, z.B. numerische Integration oder Newtons Algorithmus für die Berechnung von Funktionsnullstellen.

Schließlich unterscheidet man zwischen *Monte Carlo Methoden* einerseits, die einen Zufallszahlengenerator verwenden und die Zeitdimension nicht berücksichtigen, und *Simulationen* andererseits, die auch den Zeitfaktor mit einbeziehen. Eine Monte Carlo Simulation wäre demnach ein Modell, das den Zeitfaktor berücksichtigt und gleichzeitig Zufallszahlen verwendet.

Fast alle in Simulationen verwendete Modelle sind *diskret*, im Gegensatz zu *kontinuierlich*. Das liegt daran, daß sie auf digitalen Computern laufen, die in diskreten Zuständen arbeiten. Dabei wird der Systemzustand des modellierten Systems (z.B. ein Roboter) in regelmäßigen Abständen abgetastet und danach modelliert. Solange die Abtastfrequenz doppelt so hoch ist wie die höchste im modellierten System auftretende Frequenz, stellt dies kein Problem dar. Es kann allerdings unter Umständen schwierig sein, diese höchste Frequenz zu bestimmen.

6.2.2 Validierung, Verifizierung, Bestätigung und andere Probleme

Wenn man nun ein Modell erstellt hat, etwa das Modell eines mobilen Roboters in den Fluren der Universität Manchester, dann stellt sich als nächstes die Frage: wie verhält es sich mit der Genauigkeit der Vorhersagen des Modells? Wenn das Modell zum Beispiel eine Wandkollision vorhersagt, wird diese Kollision auf jeden Fall stattfinden, oder handelt es sich dabei nur um eine „fundierte Annahme"?

Oreskes, Shrader-Frechette und Belitz ([Oreskes *et al.* 94]) behandeln dieses Problem anhand von Modellen für Boden- bzw. Oberflächeneigenschaften und Sicherheitseinschätzungen für die Errichtung von Atomkraftwerken in bestimmten Gegenden. Wenn das Modell ein Stück Land als „sicher" einschätzt, wie sicher ist es dann tatsächlich? Sie unterscheiden zwischen drei Modellklassen: *verifiziert*, *validiert* und *bestätigt*.

Sie definieren *Verifizierung* als den Nachweis, daß eine Proposition wahr ist, was ausschließlich für geschlossene (vollständig bekannte) Systeme erreicht werden kann. Aus zwei Aussagen der Form „aus p folgt q" und „p", folgern wir, daß „q" wahr und damit verifiziert ist. Leider können Modelle physikalischer Systeme nie geschlossen sein, weil geschlossene Systeme Eingangsparameter erfordern, die vollständig bekannt sind. Literatur zu Simulation (z.B.

[Kleijnen & Groenendaal 92]) benutzt den Begriff Verifizierung oft nur für den Beweis, daß während der Erstellung des Modells keine Programmierfehler gemacht wurden. Diese unterschiedliche Verwendung des Begriffs kann zu Verwirrung führen.

Validierung wird bei [Oreskes *et al.* 94], als „Legitimierung" beschrieben und bezeichnet ein Modell, das keine erkennbaren Fehler aufweist und in sich konsistent ist. Es ist daher sinnvoll, den Begriff Validierung auf generischen Rechnercode anzuwenden, aber nicht unbedingt auf eigentliche Modelle. Ob ein Modell validiert bzw. gültig ist, hängt von den qualitativen und quantitativen Eigenschaften der Eingangsparameter ab. Im Gegensatz zu anderen Wissenschaftlern auf diesem Gebiet halten Oreskes *et al.* daran fest, daß Verifizierung und Validierung nicht synonym sind.

Ein Modell kann schließlich als eine Theorie oder als ein allgemeines Gesetz durch Beobachtungen *bestätigt* werden, wenn diese Beobachtungen mit den von dieser Theorie aufgestellten Vorhersagen übereinstimmen. Doch auch bei zahlreichen bestätigenden Beobachtungen kann noch nicht auf die Wahrheitstreue (Verifizierung) noch auf die Gültigkeit (Validierung) des Modells geschlossen werden. „Wenn ein Modell nicht in der Lage ist, zuvor beobachtete Daten zu reproduzieren, dann können wir daraus schließen, daß es in irgendeiner Weise fehlerhaft ist. Der Umkehrschluß ist allerdings nicht zulässig" ([Oreskes *et al.* 94]).

Für die Modellierung der Interaktion von Roboter und Umwelt bedeutet dies leider, daß wir im besten Fall ein *bestätigtes* Modell erreichen können, also ein Modell, dessen (möglichst zahlreiche) Vorhersagen mit (zahlreichen) Beobachtungen übereinstimmen. Wir können jedoch nicht beweisen, daß die Vorhersagen des Modells tatsächlich wahr sind.

Obgleich viele gute Gründe für Simulation sprechen, gibt es auch viele Nachteile. Die Erstellung eines akkuraten Modells kann wesentlich mehr Aufwand erfordern als die Experimente mit einem wirklichen Roboter. Die Roboterversuche liefern außerdem unmittelbar und korrekt die gewünschte Information, die Simulation dagegen immer nur Annahmen.

Außerdem besteht die Gefahr, etwas zu simulieren, das in der wirklichen Welt gar kein Problem darstellt. Wenn zum Beispiel zwei Roboter an einer Kreuzung zum gleichen Zeitpunkt aufeinandertreffen und auf Kollisionskurs sind, ist das gewöhnlich ein Problem in der Simulation, aber nicht in der wirklichen Welt. In einer wirklichen Situation wird fast immer einer der Roboter etwas eher die Kreuzung erreichen und sie daher zuerst überqueren. Kritische Situationen wie diese kommen eigentlich nur in der Simulation vor.

In anderen Fällen kann die Simulation die gestellte Aufgabe schwieriger darstellen als in der wirklichen Durchführung. Ein Roboter bewegt sich durch seine Umgebung und verändert sie dabei gelegentlich. Während er Hindernisse umfährt, schiebt er sie manchmal leicht beseite, und Ecken werden „runder". In einer Simulation geschieht dies nicht, und der simulierte Roboter bleibt in einer Ecke stecken, wo ein wirklicher Roboter das Hindernis zur Seite geschoben hätte.

Das größte Risiko der Simulation besteht darin, daß „Simulationen zum Erfolg verurteilt sind" (Takeo Kanade). Sehr häufig ist der Entwerfer eines Simulationssystems auch derjenige, der es dann zur Konstruktion von Roboteranwendungsprogrammen verwendet. Wenn sein Modellentwurf auf einer irrtümlichen Annahme beruht, ist es sehr wahrscheinlich, daß er die gleiche Annahme auch bei der Verwendung des Modells machen wird. Der Irrtum kommt nicht ans Licht, weil die Kontrolle durch eine unabhängige zweite Instanz fehlt.

6.2.3   Beispiel: der Nomad Simulator

FortyTwo besitzt ein numerisches Modell, das einige der Parameter modelliert, die die sensorischen Wahrnehmungen und die Aktionen des Roboters steuern ([Nomad 93]). Tabelle 6.1 zeigt die Parameter, die die Wahrnehmungsinformation der simulierten Sonar- und Infrarotsensoren des Modells bestimmen.

```
[sonar]
firing_rate      = 1      ; 0,004 Sek
firing_order     = 1 2 3  4 5 6 7 8 9 10 11 12 13 14 15 16
dist_min         = 60    ; minimal detektierbarer Abstand ist 6 Zoll
dist_max         = 2550  ; maximal detektierbarer Abstand ist 255 Zoll
halfcone         = 125   ; Sonaroeffnungswinkel ist 25 deg
critical         = 600   ; Sonartotalreflektion beginnt bei 60.0 deg
                         ; Auftreffwinkel
overlap          = 0.2   ; 20% (Ein Segment wird detektierbar falls es
                         ; groesser als 0.2x25 deg ist)
error            = 0.2   ; ermittelte Werte liegen zwischen
                         ; 80% and 120% des wahren Wertes


[infrared]
calibration      = 0 20 40 60 80 100 120 140 160
                   180 200 220 240 260 280 300 320
                         ; Entfernungswerte in Zoll fuer
                         ; die 15 Entfernungsklassen
firing_order     = 1 1 1 1 1 1 1 1 1 1 1 1 1 1 1 1
dependency       = 0     ; 0% (keine Mittelung ueber die Zeit)
halfcone         = 100   ; 20.0 deg simulierte Kegeloeffnung
incident         = 0.05  ; Fehlerfaktor for spitze Auftreffwinkel
error            = 0.1   ; ermittelte Entfernungswerte liegen zwischen
                         ; 90% and 110% des wahren Wertes
```

Tabelle 6.1. SIMULATIONSPARAMETER FÜR DIE SONAR- UND INFRAROTMODELLE VON *FortyTwo*

Die Parameter in dieser Tabelle geben an, welche physikalischen Eigenschaften der Sensoren modelliert werden, sowie deren fest eingestellte Werte. Es wird zum Beispiel angenommen, daß der Sonarimpuls ein Kreissegment von 25° ist. Die tatsächliche Form eines Sonarstrahls (siehe Abbildung 3.2) ist natürlich kein Kreissegment, sondern eine komplexe Keulenstruktur mit Mittel- und Seitenkeulen.

Das Modell für *FortyTwo* beruht noch auf einigen weiteren vereinfachenden Annahmen, z.B. daß der Auftreffwinkel, ab dem Totalreflexionen auftreten, konstant ist. Dies ist gleichbedeutend mit der Annahme, daß alle Objekte in der simulierten Umgebung die gleiche Oberflächenstruktur besitzen (eine Annahme, die selbstverständlich für eine wirkliche Umgebung nicht haltbar ist). Abbildung 6.1 zeigt eine simulierte Umgebung von *FortyTwo*.

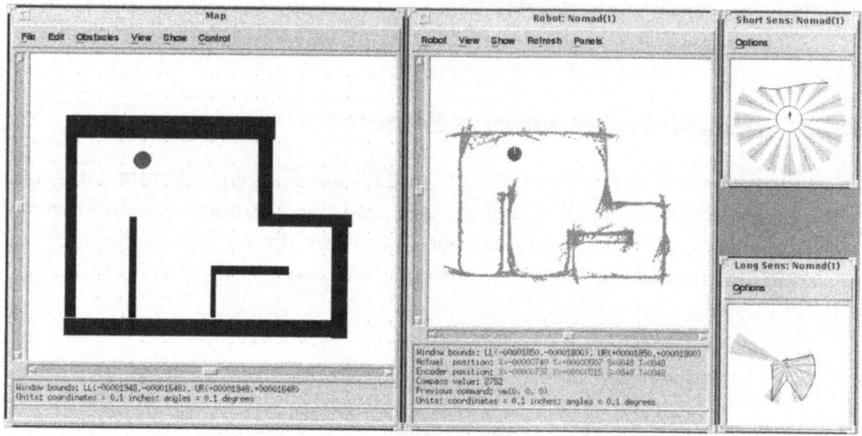

Abbildung 6.1. SIMULATIONSUMGEBUNG FÜR *FortyTwo*. LINKS DIE SIMULIERTE UMGEBUNG, IN DER MITTE DIE WAHRNEHMUNG DES ROBOTERS FÜR DIESE UMGEBUNG (SIMULIERTE SONAR- UND INFRAROTMESSUNGEN). DIE KLEINEN FENSTER RECHTS ZEIGEN DIE GEGENWÄRTIGEN SENSORSIGNALE FÜR INFRAROT (OBEN) UND SONAR (UNTEN). ABGEDRUCKT MIT GENEHMIGUNG DER NOMADIC TECHNOLOGIES INC.

Vereinfachende Annahmen können drastische Fehler verursachen. Abbildung 6.2 zeigt die Sonarmessungen eines Sensors bei *FortyTwo*, während er einer Wand folgt, sowie die Meßvorhersagen des Modells. Wenn der Roboter an einer Tür mit glatter Oberfläche vorüberfährt (bei Messung 20), verursachen Totalreflexionen eine fehlerhafte Entfernungsmessung, die das Modell nicht vorhersagen kann, weil es bei allen Objekten der simulierten Umgebung von gleichförmigen Oberflächenstrukturen ausgeht.

Die Stärke der bisher betrachteten numerischer Modelle liegt darin, daß sie eine verallgemeinerte, abstrahierte Beschreibung der Interaktion von Roboter und Umgebung darstellen. Solche Beschreibungen sind kompakt und relativ einfach zu analysieren.

Der Nachteil solcher Modelle ist jedoch, daß sie die Interaktion von Roboter und Umwelt nicht sehr getreu und zutreffend beschreiben. Sie beruhen auf vereinfachenden Annahmen wie gleichförmige Oberflächenstruktur und -farbe der Umgebungsobjekte, was manchmal schwerwiegende Fehler zur Folge hat (wie im obigen Beispiel). Einfache numerische Modelle sind nützlich für erste, grobe Einschätzungen, können aber keine akkuraten Vorhersagen über das Verhalten eines bestimmten Roboters bei der Durchführung einer spezifischen Aufgabe in einer spezifischen Umgebung leisten. Der folgende Abschnitt beschreibt, wie man in solchen Fällen eine getreuere Simulation erreichen kann.

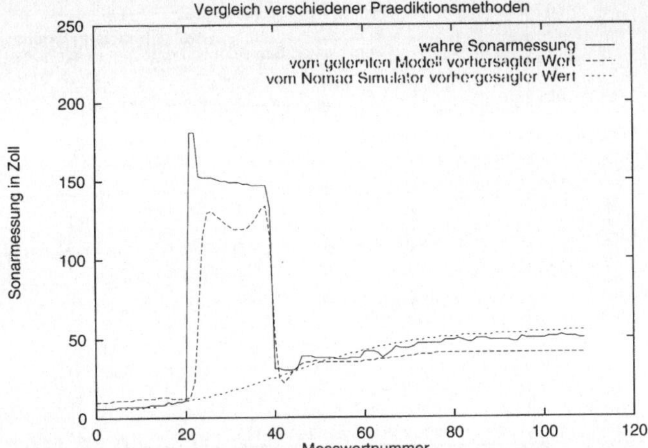

Abbildung 6.2. SIMULATION VON SONARENTFERNUNGSMESSUNGEN BEI WANDFOLGEN. DER PLÖTZLICHE ANSTIEG BEI MESSUNG 20 („TATSÄCHLICHE SONARMESSUNG") WIRD DURCH TOTALREFLEXION AN EINER GLATTEN HOLZTÜR VERURSACHT. DAS MODELL VON *FortyTwo* („NOMAD SIMULATOR") IST NICHT IN DER LAGE, DARÜBER EINE VORHERSAGE ZU TREFFEN, WEIL DAS MODELL FÜR DIE GESAMTE UMGEBUNG GLEICHFÖRMIGE OBERFLÄCHENSTRUKTUREN ANNIMMT.

6.3 Alternativen zu numerischen Modellen

Roboter, Aufgabe und Umgebung müssen stets zusammen betrachtet werden. Ein bestimmter Roboter wird sich bei der Durchführung der gleichen Aufgabe in verschiedenen Umgebungen auch unterschiedlich verhalten. Ebenso verhalten sich verschiedene Roboter, die die gleiche Aufgabe in der gleichen Umgebung durchführen, unterschiedlich. Wir folgern daraus, daß wir die spezielle Interaktion eines spezifischen Roboters mit einer spezifischen Umgebung simulieren müssen, um eine möglichst getreue Simulation zu erhalten.

6.3.1 Beispiel: Wandfolgen in der wirklichen Welt

Als Beispiel wollen wir nun eine solche Simulation betrachten, bei der ein spezifischer Roboter eine spezifische Aufgabe in einer spezifischen Umgebung ausführt: *FortyTwo* beim Wandfolgen im Robotiklabor der Universität Manchester. Abbildung 6.3 zeigt die tatsächlich gefahrene Bahn von *FortyTwo* und die entsprechende Simulation.

Es gibt zwei mögliche Fehlerquellen für die beobachteten Unterschiede zwischen dem Verhalten des wirklichen Roboters und dem seiner Simulation: das Modell der Robotersensoren und das Modell der Roboteraktoren. Um die wichtigste Fehlerquelle zu identifizieren, kann man die Simulation mit wirklichen Sensordaten laufen lassen, und den wirklichen Roboter mit simulierten Sensordaten. Bleiben die Unterschiede weiterhin bestehen, muß die Fehlerquelle beim Aktorenmodell liegen. Abbildung 6.4 zeigt, daß in beiden Fällen die Bahnen der Simulation und des Roboters übereinstimmen.

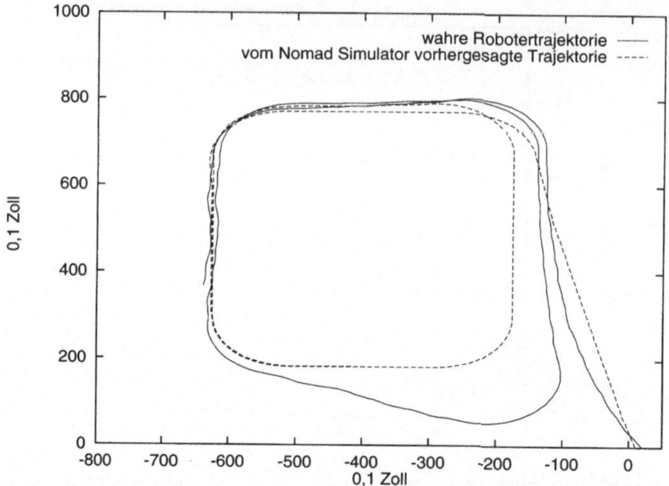

Abbildung 6.3. ROUTE VON *FortyTwo* UND DIE ENTSPRECHENDE SIMULATION, DIE VOM GLEI-
CHEN WANDFOLGEPROGRAMM GESTEUERT WURDE. DIE UNTERE WAND HAT EINE GLATTERE
OBERFLÄCHE ALS DIE ANDEREN DREI WÄNDE, WAS DEN UNTERSCHIED IN DER TATSÄCHLI-
CHEN UND DER SIMULIERTEN BAHN DES ROBOTERS ERKLÄRT.

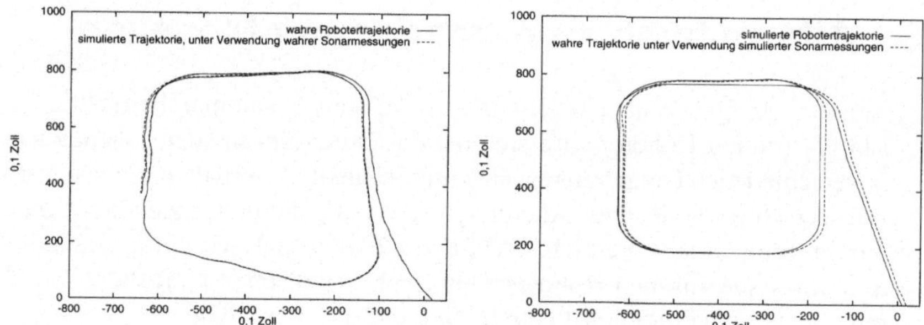

Abbildung 6.4. DIE BAHN DES SIMULIERTEN ROBOTERS GLEICHT DER BAHN DES WIRKLI-
CHEN ROBOTERS, WENN DIE STEUERUNG DER SIMULATION DIE VOM WIRKLICHEN ROBOTER
GEMESSENEN SONARDATEN VERWENDET (LINKS). EBENSO STIMMEN DIE BAHNEN VON SI-
MULATION UND ROBOTER ÜBEREIN, WENN DIE STEUERUNG DES WIRKLICHEN ROBOTERS SI-
MULIERTE SONARDATEN VERWENDET (RECHTS).

Aus diesen Beobachtungen läßt sich schließen, daß das Modell der *Sensoren*
den Hauptfehler verursacht. Aus diesem Grund wollen wir uns zuerst darauf
konzentrieren, ein getreues Sensormodell zu entwerfen und behalten zunächst
das einfache, verallgemeinerte Modell der Roboteraktoren bei.

Abbildung 6.5 verdeutlicht das grundlegende Prinzip von getreuer Sensor-
modellierung: da ein Sensor (z.B. ein Sonarsensor) an verschiedenen Orten verschiedene Meßdaten aufnimmt, versucht das Modell in ähnlicher Weise bestimmte Orte mit bestimmten Sensormessungen zu assoziieren, indem die Umgebung
erkundet und das Modell während dieser Erkundungsfahrt erstellt wird.

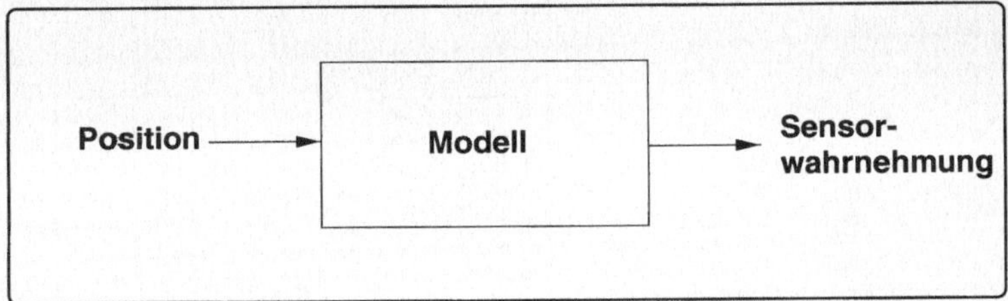

Abbildung 6.5. PRINZIP BEI DER MODELLIERUNG DER INTERAKTION EINES SPEZIFISCHEN ROBOTERS MIT EINER SPEZIFISCHEN UMGEBUNG: DER ROBOTER ERKUNDET SEINE UMGEBUNG UND ERLERNT DABEI EIN MODELL, DAS BESTIMMTE ORTE MIT BESTIMMTEN SENSORWAHRNEHMUNGEN ASSOZIIERT.

Es ist natürlich für den Roboter unmöglich, jeden denkbaren Ort in der Umgebung auf seiner Erkundungsfahrt zu besuchen, sonst könnte man bei unbegrenzter Speicherkapazität einfach die Sensorwahrnehmung jedes einzelnen Ortes in eine Tabelle eintragen. Da dies jedoch nicht möglich ist, muß das Modell verallgemeinern und Sensormessungen für Orte vorhersagen können, die zuvor noch nicht angefahren wurden.

Fallstudie 9 beschreibt ein Beispiel für diese Vorgehensweise.

6.4   Fallstudie zur Simulation der Interaktion von Roboter und Umwelt

6.4.1   Fallstudie 9. *FortyTwo*: Autonomes Modellernen

Die neunte Fallstudie beschreibt einen Mechanismus, der Zuordnungen von Orten und Wahrnehmungen durch Erkundung erlernen kann und außerdem in der Lage ist, Vorhersagen über Sensormessungen für neue Orte zu machen, die zuvor noch nicht besucht wurden. Dies wurde durch die Verwendung eines mehrschichtigen Perzeptrons (*multilayer perceptron*) erreicht.

Abbildung 6.6 zeigt die Struktur des zweischichtigen Netzwerks. Es handelt sich dabei um ein mehrschichtiges Perzeptron, das die gegenwärtige Position des Roboters in (x, y)-Koordinaten mit der Entfernungsmessung des zu modellierenden Sonarsensors assoziiert. Es wurden sechzehn Netzwerke verwendet, jeweils eines für jeden Sonarsensor von *FortyTwo*.

6.4.2   Versuchsablauf

Um die Trainingsdaten zu erhalten, wurde *FortyTwo* methodisch auf regelmäßigen Bahnen durch die zu modellierende Umgebung gefahren, wobei die Sonarsensormessungen in gleichmäßigen Abständen aufgezeichnet wurden. Die (x, y)-Position wurde odometrisch errechnet und die Sensormessungen für späteres off-line Training des Netzwerks aufgezeichnet. Um durch odometrischen

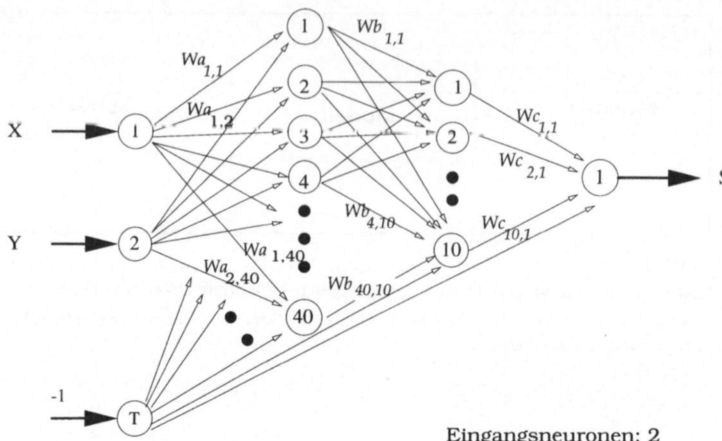

Abbildung 6.6. MEHRSCHICHTIGES PERZEPTRON FÜR DIE SIMULATION EINES SONARSENSORS VON *FortyTwo*

Drift verursachte Fehler einzuschränken, wurden das Odometriesystem des Roboters regelmäßig kalibriert und eine gerade Route für den Roboter gewählt (weniger anfällig für Odometriefehler). Abbildung 6.7 zeigt den Aufbau für zwei entsprechende Versuche und gibt die jeweilige Route des Roboters zur Aufnahme der Trainingsdaten an.

Danach steuerten wir den Roboter entlang einer anderen, zuvor noch nie befahrenen Route, um Testdaten aufzunehmen. Wie aus Abbildung 6.7 ersichtlich ist, überlappen sich Trainingsdaten und Testdaten nur an sehr wenigen Stellen. Falls das erlernte Modell eine *allgemeine* Aussagekraft über *FortyTwo*s Interaktion mit dieser Umgebung besitzt, wird sich dies zeigen, wenn man die Vorhersagen des Netzwerks über Sensorwahrnehmungen entlang der Testroute mit den tatsächlichen Wahrnehmungen des Roboters vergleicht.

6.4.3 Ergebnisse

Vorhersage von Sensorwahrnehmungen Abbildung 6.2 zeigt die Vorhersagen des Modells im Vergleich zu den tatsächlichen Sensormessungen für die Testroute aus Abbildung 6.7 (oben). Wie man sieht, ist das Netzwerk in der Lage, den plötzlichen Anstieg in den Entfernungsmessungen bei Messung 20 (verursacht durch eine Totalreflexion an der glatten Holztür) vorherzusagen. Zum Vergleich zeigt die Abbildung auch das Ergebnis des vereinfachten numerischen Modells („Nomad Simulator").

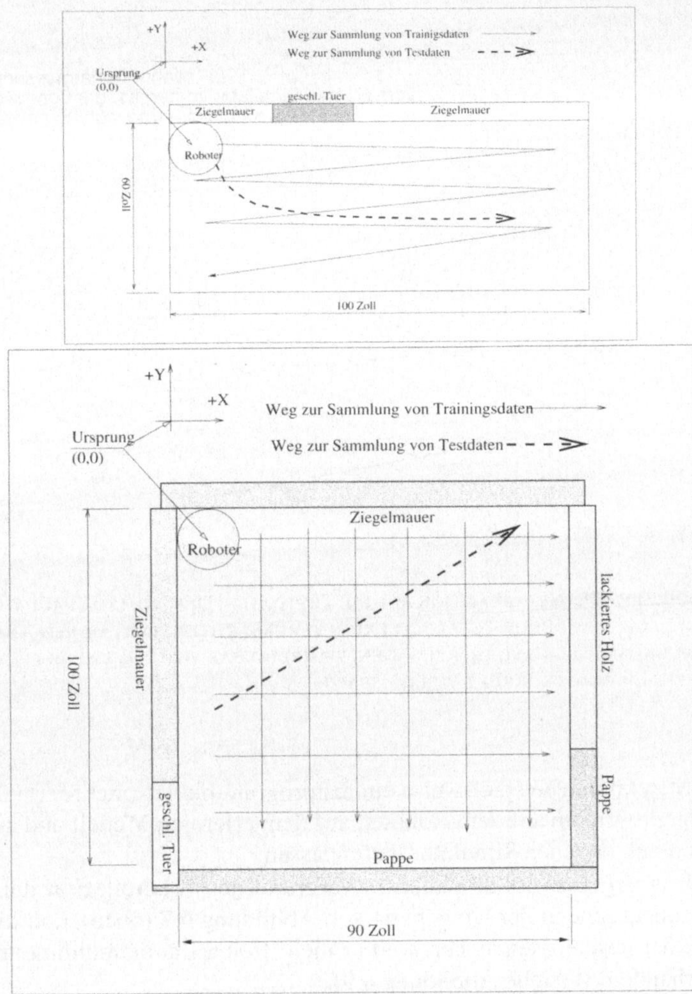

Abbildung 6.7. VERSUCHSAUFBAU FÜR DIE DATENAUFNAHME IN ZWEI VERSCHIEDENEN UMGEBUNGEN

Ebenso zeigt Abbildung 6.8 die Vorhersage der Sensorwahrnehmung des erlernten Modells entlang der Testroute aus Abbildung 6.7 (unten).

Auch hier ist das erworbene Modell in der Lage, den plötzlichen Anstieg der Entfernungsmessungen bei Position (400, -400) vorauszusagen.

Vorhersage von Roboterverhalten Bisher haben wir gezeigt, daß das Netzmodell in der Lage ist, *FortyTwo*s Sonarsensormessungen in der Zielumgebung vorherzusagen. Obwohl dies ist natürlich nützlich ist, sind wir eigentlich daran interessiert, das *Verhalten* des Roboters in dieser Umgebung vorauszusagen, während er ein bestimmtes Steuerungsprogramm ausführt.

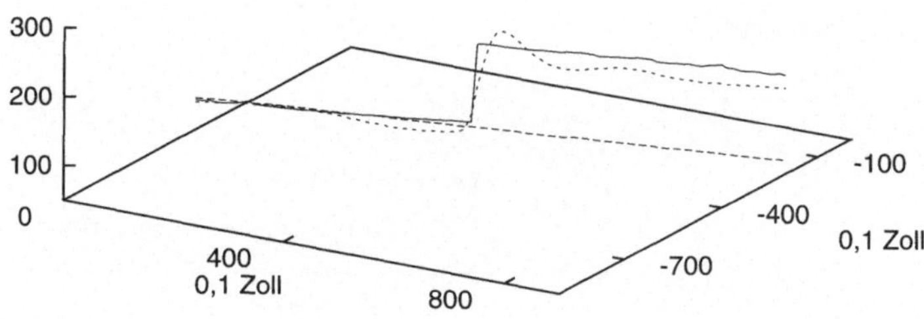

Abbildung 6.8. NETZREAKTION AUF DIE TESTDATEN. DER NOMAD SIMULATOR IST NICHT IN DER LAGE, DEN DURCH TOTALREFLEXION VERURSACHTEN PLÖTZLICHEN ANSTIEG DER ENTFERNUNGSMESSUNG VORHERZUSAGEN, WÄHREND DAS VOM NETZWERK ERLERNTE MODELL DIESES EREIGNIS KORREKT VORRAUSSAGT.

Man könnte beispielsweise ein festprogrammiertes (nicht-lernfähiges) Wandfolgeprogramm auf dem Roboter, auf dem erlernten Modell und auf dem einfachen numerischen Simulator laufen lassen.

Das Ergebnis ist dramatisch. Aufgrund der Totalreflexion durch die glatte Türoberfläche in der Umgebung von Abbildung 6.7 (oben), kollidiert *FortyTwo* mit der geschlossenen Tür, weil er mehr freien Raum annimmt, als tatsächlich vorhanden ist (siehe Abbildung 6.9).

Weil das einfache numerische Modell von einer durchgehend gleichmäßigen Oberflächenstruktur für die gesamte Umgebung ausgeht, ist es nicht in der Lage, diese Kollision vorherzusagen (siehe „Nomad Simulator" in Abbildung 6.9). Das erlernte Modell dagegen sieht die Kollision voraus. Abbildung 6.9 verdeutlicht die Tatsache, daß es sich nicht unbedingt nur um geringe, unwesentliche Unterschiede zwischen Roboterverhalten und Simulation handelt. Es geht tatsächlich um einschneidende Diskrepanzen, die zu qualitativ völlig verschiedenen Verhaltensweisen führen.

Wir führen nun noch ein weiteres Experiment mit einem einfachen, festprogrammierten Steuerungsprogramm durch, diesmal in der in Abbildung 6.7 (unten) gezeigten Umgebung. Es handelt sich um ein Programm, das den „größtmöglichen freien Raum" findet. Es nimmt zuerst alle 16 Sonarmessungen des Roboters auf, bewegt sich dann um ein Zoll in die Richtung der höchsten Messung und wiederholt diesen Vorgang, bis entweder eine Entfernung von 100 Zoll zurückgelegt wurde oder die Infrarotsensoren des Roboters ein Hindernis wahr-

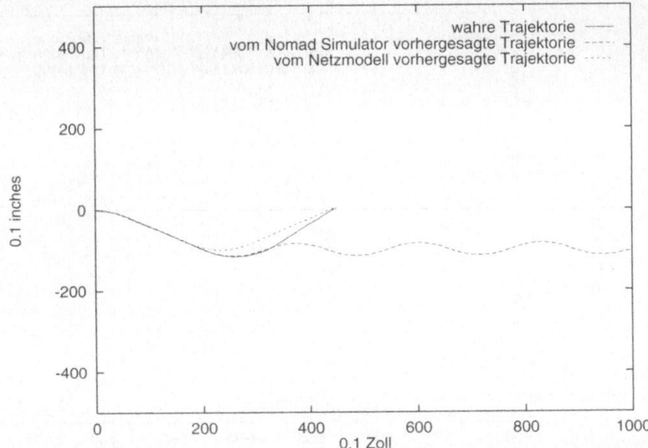

Abbildung 6.9. Weil der Nomad Simulator von durchgehend gleichmässiger Oberflächenbeschaffenheit ausgeht, kann er die durch Totalreflexion verursachte Kollision des wirklichen Roboters nicht vorhersagen. Das vom Netzwerk erlernte Modell dagegen sagt die Kollision korrekt voraus.

nehmen. Dies ist ein „kritisches" Programm, weil selbst geringe Abweichungen den Roboter in einen anderen Bereich der Umgebung fahren lassen und so eine völlig verschiedene Route zur Folge haben. Abbildung 6.10 zeigt die Ergebnisse.

In einer gleichförmigen Umgebung würde man erwarten, daß ein Programm mit dem Ziel „finde den größten freien Raum" den Roboter zum geometrischen Zentrum der Umgebung führen würde und den Roboter dann um dieses Zentrum oszillieren ließe. Genau dies ist auch die Vorhersage des einfachen numerischen Simulators.

In Wirklichkeit bewegte sich der Roboter jedoch zum Rand seiner Umgebung, was auch vom erlernten Modell korrekt vorausgesagt wurde.

Vorhersage über das Verhalten einer lernenden Steuerung Bisher handelte es sich bei den Steuerungsprogrammen für die Vorhersage über das Roboterverhalten um relativ einfache festprogrammierte Programme. Diese Programme verwenden Sensormessungen als Eingangssignal und führen daraufhin eine spezifische, vom Anwender definierte Aktion aus.

Das Verhalten des Roboters wird in diesen Experimenten von zwei Komponenten dominiert: der Sensorwahrnehmung des Roboters und der gewählten Steuerungsstrategie. Bei einem festprogrammierten Steuerungsprogramm beeinträchtigt jeder Simulationsfehler den Roboter nur einmal, nämlich bei der Wahrnehmung. Das Steuerungsprogramm wird vom Benutzer fest installiert und wird daher nicht von Simulationsfehlern beeinflußt.

Wenn man allerdings eine *lernende* Steuerung verwendet, werden alle Fehler der Simulation verstärkt, weil der Roboter zunächst eine Steuerungsstrate-

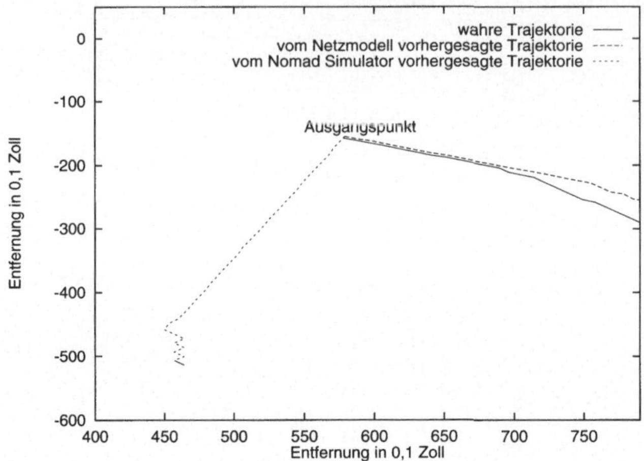

Abbildung 6.10. SIMULIERTE UND TATSÄCHLICHE ROBOTERBAHN MIT DEM PROGRAMM „FINDE DEN GRÖSSTEN FREIEN RAUM". DAS EINFACHE NUMERISCHE MODELL SAGT VORAUS, DASS DER ROBOTER ZUM GEOMETRISCHEN ZENTRUM DER UMGEBUNG (450, -450) FÄHRT. DAS ERLERNTE MODELL SAGT EINE BAHN VORAUS, DIE DER TATSÄCHLICH GEWÄHLTEN ROBOTERBAHN WESENTLICH ÄHNLICHER IST.

gie erlernt, die auf irrtümlichen Sensorwahrnehmungen beruht, und dann die fehlerhafte Steuerungsstrategie ausführt, die die falschen Sensormessungen als Eingangssignale verwendet. Simulationsfehler haben in einer solchen Situation doppelt schwere Auswirkungen. Daher können Experimente mit lernenden Steuerungen sehr gut als empfindlicher Maßstab für die Genauigkeit eines Simulators dienen.

Versuchsaufbau Wir führten also mit einer auf Instinktregeln basierten lernenden Steuerung Experimente durch, die den in Fallstudie 1 (S. 76) beschriebenen Experimente hnlich waren. Wir verwendeten dafür einen Assoziativspeicher (*pattern associator*). In diesem Fall war also die Steuerungsstrategie in den Netzgewichten des Assoziativspeichers kodiert. Das Ziel des Lernvorgangs war, ein Wandfolgeverhalten zu erwerben.

Der Lernvorgang fand in der Simulation statt, entweder im einfachen numerischen Modell oder im trainierten Netzwerkmodell. Die erlernten Gewichte des trainierten Netzwerks wurden dann im Assoziativspeicher des wirklichen Roboters verwendet, um die Bewegungen des Roboters zu steuern.

Die eingeschlagene Bahn des wirklichen Roboters wurde dann zusammen mit den jeweils von den beiden Simulatoren vorhergesagten Bahnen aufgezeichnet. Abbildung 6.11 zeigt diese Bahnen.

Aus Abbildung 6.11 wird ersichtlich, daß der Netzwerksimulator eine wesentlich bessere Leistung zeigt als der einfache numerische Robotersimulator. Außerdem wird unsere Annahme bestätigt, daß durch die doppelte Einflußnahme jeden Fehlers das Experiment empfindlicher reagiert. Im Vergleich von Abbil-

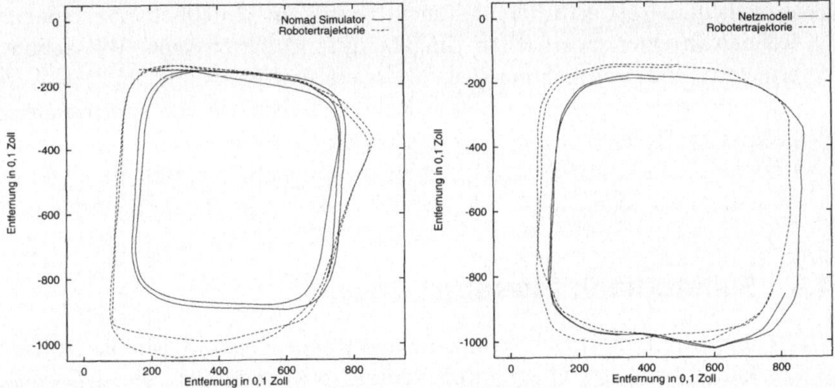

Abbildung 6.11. *Links:* DIE VOM NOMADSIMULATOR VORHERGESAGTE ROBOTERBAHN UND DIE BAHN DES WIRKLICHEN ROBOTERS, DER DIE GEWICHTE DES NOMADSIMULATORS VERWENDET. *Rechts:* DIE VOM NETZWERK VORHERGESAGTE ROBOTERBAHN ÄHNELT DER DES WIRKLICHEN ROBOTERS, DER HIER DIE GEWICHTE DES NETZWERKSIMULATORS VERWENDET.

dung 6.9 und Abbildung 6.10 decken sich die vorhergesagte und die simulierte Bahn hier weniger genau.

6.4.4 Fallstudie 9: Zusammenfassung und Schlußfolgerungen

Letztendlich wird sich in der Roboterforschung allein im Experiment mit einem wirklichen Roboter in seiner Einsatzumgebung erweisen, ob eine bestimmte Steuerungsstrategie wirklich funktioniert oder nicht.

Trotzdem gibt es mehrere Gründe, warum es sinnvoll ist, sich mit getreuen Modellen der Interaktion von Roboter und Umwelt zu befassen:

- geringe Implementierungskosten,
- Schnelligkeit,
- Wiederholbarkeit der Experimente unter kontrollierten Bedingungen,
- kontrollierte Anpassung individueller Parameter,
- die einfachere, verständlichere, leichter beschreibbare Modellierung der Interaktion von Roboter und Umgebung.

Aus den Experimenten ersehen wir, daß die größte Fehlerquelle bei Robotersimulationen nicht in der Aktorensimulation liegt, sondern in der Simulation der Sensoren. Fallstudie 9 untersuchte eine Methode, Modelle der Sensorwahrnehmung eines spezifischen Roboters zu *erwerben*, statt vorinstallierte Modelle zu verwenden. Das erworbene Modell wurde dann benutzt, um das Verhalten des Roboters in der Zielumgebung vorherzusagen.

Die Ergebnisse zeigen, daß man tatsächlich solche Modelle entwickeln kann und daß ein erworbenes Modell das wirkliche Verhalten des Roboters viel genauer vorhersagt, als ein einfaches numerisches Modell. Die Kehrseite des Ansatzes in Fallstudie 9 ist natürlich, daß man hiermit ausschließlich einen spezifischen Roboter in einer spezifischen Umgebung modellieren kann. Wie schon zuvor erläutert, sind Wahrnehmung und Handeln eng verknüpft, und das Verhalten eines Roboters hängt ebenso vom Roboter selbst wie von seiner Betriebsumgebung ab. Deshalb erscheint es tatsächlich am sinnvollsten, einen spezifischen Roboter in einer spezifischen Umgebung zu modellieren, statt ein allgemeineres Modell zu erstellen. Nur so erhalten wir wirklich getreue Simulationen.

6.4.5 Fallstudie 9: Literaturhinweis

• Ten Min Lee, Ulrich Nehmzow und Roger Hubbold, Mobile Robot Simulation by Means of Acquired Neural Network Models, *Proc. European Simulation Multiconference*, S. 465-469, Manchester 1998. Zugänglich unter `http://www.cs.man.ac.uk/robotics/Simulation/simulation.html`.

7 Analyse von Roboterverhalten

Zusammenfassung. Dieses Kapitel behandelt das Konzept „mobile Robotik als Wissenschaft" und stellt Methoden zur quantitativen Analyse von Roboterverhalten vor. Es schließen sich drei Fallstudien an, die die quantitative Analyse von Roboternavigationssystemen beschreiben.

7.1 Motivation

Die mobile Robotik befaßt sich mit Artefakten, also mit Maschinen, die für einen spezifischen Zweck entworfen wurden. Der *Entwicklungsprozeß* in der Robotik sieht meist folgendermaßen aus:

1. Konstruktion eines Prototypen,
2. Verhaltensanalyse,
3. Identifikation von Schwächen,
4. Modifikation des ursprünglichen Entwurfs, und
5. Wiederholung des gesamten Prozesses.

Die mobile Robotik ist noch eine relativ neue und weiterhin in der Entwicklung befindliche Wissenschaft; immer mehr werden Roboter auch für die Überprüfung von Hypothesen über Verhalten, logisches Schließen und intelligente Interaktion mit der Umgebung eingesetzt.

Ein typischer wissenschaftlicher *Forschungsprozeß* sieht zum Beispiel so aus:

1. Festlegung der zu untersuchenden Fragestellung,
2. Aufstellen einer Hypothese möglicher Lösungen,
3. Festlegung einer Evaluationsmethode der Hypothese,
4. Experimentalphase,
5. Analyse der Ergebnisse,
6. eventuelle Modifikation der ursprünglichen Hypothese, und
7. Wiederholung des gesamten Prozesses.

Sowohl der Entwicklungsprozeß wie auch das wissenschaftliche Forschungsvorgehen haben eine wesentliche Komponente gemeinsam: die *Analyse*.

Ohne Ergebnisanalyse hängt jeglicher Fortschritt in Wissenschaft und Entwicklung allein von glücklichen Zufallstreffern bei willkürlichen Veränderungen ab und ist daher meist ziellos und uneffektiv. Darin liegt die erste wichtige Motivation, Methoden für die (quantitative und qualitative) Verhaltensanalyse bei Robotern zu entwickeln.

Ein weiterer Grund liegt darin, daß wissenschaftliche Forschung nicht in Isolation durchgeführt wird. In Disziplinen wie z.B. Biochemie akzeptiert die Forschungsgemeinschaft ein Ergebnis erst dann, wenn es zwei- oder dreimal unabhängig erfolgreich wiederholt werden konnte. Eine isolierte Veröffentlichung einer bestimmten Beobachtung wird noch nicht als Tatsache, sondern als Hypothese behandelt, die noch der unabhängigen Verifizierung bedarf.

Um Experimente wiederholbar zu machen, müssen sie akkurat beschrieben und alle Parameter klar und unmißverständlich identifiziert sein, so daß auch ein außenstehender Wissenschaftler das gleiche Experiment durchführen kann.

Die zweite wichtige Motivation für die quantitative Analyse von Roboterverhalten liegt daher in der Notwendigkeit einer Methode, die die präzise Beschreibung von Experimenten und damit ihre unabhängige Replizierbarkeit ermöglicht.

Die mobile Robotik ist noch eine relativ junge Wissenschaft, und der Großteil der in Fachzeitschriften veröffentlichten Forschungsergebnisse bezieht sich auf Erstexperimente statt auf die Verifizierung der Ergebnisse anderer Wissenschaftler. Es hat sich in der Forschungsgemeinschaft der mobilen Robotik noch nicht die selbstverständliche Gewohnheit entwickelt, experimentelle Beobachtungen unabhängig zu verifizieren.

Dafür gibt es mehrere Gründe. Erstens unterscheiden sich die heute verwendeten Roboter noch so stark voneinander, daß ein Vergleich sehr schwierig ist. Dasselbe gilt auch für die Versuchsumgebungen der Roboter.

Wir haben zuvor schon betont, daß die Interaktion von Roboter und Umgebung eine enge gegenseitige Abhängigkeit mit sich bringt, die die Analyse des gesamten Systems von Roboter und Umgebung erfordert. Geeignete Modelle der Interaktion von Roboter und Umgebung würden uns also auch bei der Analyse weiterbringen. Ein Beispiel eines solchen Modells wurde in Kapitel 6 beschrieben.

Zweitens fehlt uns immer noch die notwendige Fachterminologie, um das Verhalten unserer Roboter wie auch die Eigenschaften ihrer Umgebung *präzise* zu beschreiben. „Büroartige Umgebung" ist zum Beispiel eine rein qualitative Beschreibung, die noch keine unabhängige Replikation von Experimenten ermöglicht.

Es gibt zwei Möglichkeiten, dieses Problem anzugehen. Zunächst könnte sich die Forschungsgemeinschaft auf sehr einfache, grundlegende Standardumgebungen, Aufgaben und Roboter einigen, so daß man identische Bedingungen bzw. Bezugswerte (*benchmarks*) erhält. Dieser Ansatz ist realistisch und wird gelegentlich angewandt, bringt aber auch Probleme mit sich: die resultierenden Umgebungen sind meist so vereinfacht, daß das Verhalten des Roboters dann nur noch wenig Gemeinsamkeiten mit dem in einer realistischen Anwendungsum-

gebung aufweist. Außerdem konzentrieren sich die beteiligten Forscher meist zu
sehr auf das optimale Verhalten für die in ihrem Fall spezifischen Bezugswerte,
das dann für andere Anwendungen wenig relevant ist.

Eine zweite Möglichkeit, das Problem der fehlenden analytischen Beschrei-
bungsmöglichkeiten zu lösen, besteht darin, eine solche Terminologie
gezielt zu entwickeln ([Smithers 95, Bicho & Schöner 97] und
[Lemon & Nehmzow 98] geben Beispiele). Das ist natürlich ein langwieriger
Prozeß, der aber bei zunehmendem Interesse für quantitative Analysemethoden
in der Robotik beschleunigt werden wird. Es ist zu hoffen, daß sich immer mehr
Wissenschaftler an der Enwicklung solcher Methoden beteiligen und dadurch
die Bewertung wie auch die Replikation von Versuchsergebnissen erleichtern
wird.

In diesem Kapitel erläutern wir zunächst das mathematische Handwerkszeug,
mit dem die Interaktion von Roboter und Umgebung quantitativ beschrieben
werden kann. Anschließend folgen drei Fallstudien über die Auswertung von
Roboterverhalten. Es sind natürlich ebenso andere Methoden denkbar, und die
hier beschriebenen Methoden eignen sich nicht unbedingt für alle Anwendungen der mobilen Robotik. Das Hauptziel der Fallstudien ist, durch Beispiele zu
weiterführender Forschung anzuregen.

7.2   Statistische Analyse von Roboterverhalten

Aufgrund der Komplexität der Interaktion von Roboter und Umgebung, die von
zahlreichen, nicht einmal uns selbst vollständig bekannten Faktoren abhängt,
können niemals zwei Experimente genau identisch sein. Um quantitative Aussagen über Roboterverhalten machen zu können, müssen wir Experimente so oft
wie möglich wiederholen und die Ergebnisse mit statistischen Methoden analysieren.

Die folgenden Abschnitte geben eine kurze Einführung in einige für die Robotik relevante grundlegende statistische Konzepte. Eine ausführliche Einleitung
in die Statistik findet sich in Lehrbüchern wie [Sachs 82].

7.2.1   Normalverteilung

Fehler   Jede Messung unterliegt einem gewissen Meßfehler, der meist um einen
zentralen Mittelwert herum „normalverteilt" ist. Die Wahrscheinlichkeitsdichte
dieser Normalverteilung (auch Gaußverteilung), $p(x)$ (siehe Abbildung 7.1), ist
durch die Gleichung 7.1 definiert. In Gleichung 7.1 bezeichnet μ den Mittelwert
(Gleichung 7.3) und σ die Standardabweichung (Gleichung 7.4).

$$p(x) = \frac{1}{\sigma\sqrt{2\pi}} e^{\frac{-(x-\mu)^2}{2\sigma^2}} \tag{7.1}$$

Jede individuelle Messung unterliegt einem *absoluten Fehler* ϵ, definiert in
Gleichung 7.2.

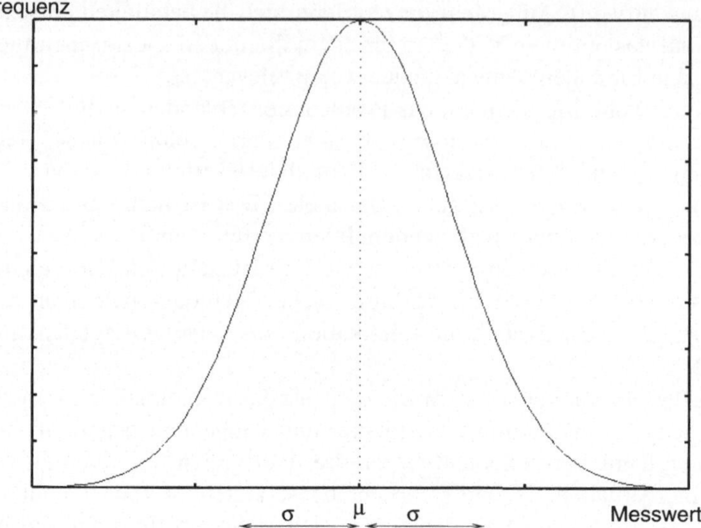

Abbildung 7.1. NORMALVERTEILUNG. DIE WERTE KONZENTRIEREN SICH UM DEN MITTEL-
WERT μ, WOBEI DIE AUSREISSER MIT STEIGENDER ENTFERNUNG VOM MITTELWERT IMMER
SELTENER WERDEN. 68,3% ALLER MESSUNGEN LIEGEN INNERHALB DES INTERVALLS $\mu \pm \sigma$.

$$\epsilon = a - x \,, \tag{7.2}$$

wobei a der gemessene Wert und x der wahre (unbekannte) Wert ist.

Mittelwert und Standardabweichung Wird eine Reihe von Messungen der glei-
chen Meßgröße durchgeführt, sind die Messungen normalerweise wie in Abbildung 7.1 verteilt.

Unter der Voraussetzung einer solchen Normalverteilung der Meßwerte können
wir den erwarteten Wert unserer Messung – der Mittelwert μ – durch Gleichung 7.3 bestimmen.

$$\mu = \frac{1}{n} \sum_{i=1}^{n} x_i \tag{7.3}$$

wobei x_i eine individuelle Messung aus der Meßreihe und n die Gesamtzahl
der Messungen ist.

Wir haben nun einen erwarteten Wert bestimmt und können genauso einen
mittleren Fehler für die individuelle Messung errechnen. Den mittleren Fehler
der individuellen Messung bezeichnet man als _Standardabweichung_. Die Standardabweichung σ ist definiert als

$$\sigma = \sqrt{\frac{1}{n-1} \sum_{i=1}^{n} (x_i - \mu)^2} \,. \tag{7.4}$$

In einer normalen (Gauß-) Verteilung liegen 68,3% aller Messungen in einem Intervall von $\mu \pm \sigma$; 95,4% aller Messungen liegen innerhalb von $\mu \pm 2\sigma$, und 99,7% liegen innerhalb von $\mu \pm 3\sigma$.

Wenn wir die Zahl der Messungen erhöhen, verbessert sich auch unsere Einschätzung des Mittelwertes μ, aber nicht die der Standardabweichung σ, des mittleren Fehlers der individuellen Messung. Dies ist der Fall, da die Genauigkeit einer individuellen Messung nicht durch eine höhere Anzahl von Messungen verbessert werden kann.

Beispiel Die Fähigkeit eines Roboters, einer Lichtquelle zu folgen, soll gemessen werden. Der Roboter ist mit einer Reihe von Lichtsensoren ausgestattet und verwendet diese, um sich der Lichtquelle so akkurat wie möglich zuzuwenden.

Zunächst wird die Lichtquelle in eine feste Position gebracht. Der Versuchsleiter wartet dann, bis der Roboter zum Stillstand kommt. Die Winkeldifferenz zwischen der tatsächlichen Richtung der Lichtquelle und der horizontalen Achse des Roboters wird dann gemessen. Nach der Messung wird die Position der Lichtquelle verändert.

Die folgenden Winkeldifferenzen α wurden gemessen (neun Messungen ergeben eine recht begrenzte Meßreihe, hier der Einfachheit halber so gewählt):

Messung	1	2	3	4	5	6	7	8	9
Differenz α	-0,2	1,8	0,3	-2,1	-0,1	1,3	-0,7	0,8	-1,2

Welche Winkeldifferenz ist zu erwarten, und in welchem Intervall liegen 68,3% der Messungen?

Lösung: mithilfe von Gleichung 7.3 bestimmen wir den Mittelwert als $\mu = -0,011$, Gleichung 7.4 ergibt $\sigma = 1,227$. Also liegen 68,3% aller Messungen im Interval $-0,011 \pm 1,227$.

Standardfehler Der Mittelwert (Gleichung 7.3) unterliegt ebenfalls Fehlern. Wir können den mittleren Fehler des Mittelwertes $\overline{\sigma}$ bestimmen als

$$\overline{\sigma} = \frac{\sigma}{\sqrt{n}} \, . \tag{7.5}$$

Dieser *Standardfehler* $\overline{\sigma}$ ist ein Maßstab für die Unsicherheit des Mittelwertes, und $\mu \pm \overline{\sigma}$ bezeichnet das Intervall, innerhalb dessen der wahre Mittelwert mit einer Gewißheit von 68,3% liegt. $\mu \pm 2\overline{\sigma}$ bezeichnet das Intervall, innerhalb dessen der wahre Mittelwert mit einer Gewißheit von 95,4% liegt, für $\mu \pm 3\overline{\sigma}$ ist diese Gewißheit 99,7%.

Mit steigender Anzahl der Messungen verringert sich der Standardfehler $\overline{\sigma}$. Somit verringert sich auch die Abweichung des Mittels μ vom wahren Mittel. Da jedoch der Standardfehler proportional zum mittleren Fehler der individuellen Messung ist (Gleichung 7.4) und umgekehrt proportional zu $\sqrt{n}$, ist es nicht sinnvoll, die Anzahl der Messungen beliebig zu erhöhen, um Unsicherheit zu verringern. Wenn wir den Meßfehler verringern wollen, ist es besser, die Meßgenauigkeit zu erhöhen.

Übungsaufgabe 4: Mittelwert und Standardabweichung Ein Roboter kommt vor einem Hindernis zum Stillstand und nimmt die folgenden Entfernungsmessungen mit seinen Sonarsensoren auf (in cm): 60, 58, 58, 61, 63, 62, 60, 60, 59, 60, 62, 58.

Was ist das gemessene Distanzmittel und die Standardabweichung? In welchem Intervall liegt das tatsächliche Mittel, und mit welcher Gewißheit? (Lösung im Anhang 3.1 auf S. 242).

7.2.2 Binomialverteilung

Die Binomialverteilung betrifft Problemstellungen, bei denen z.B. der Ausgang eines Experimentes entweder A oder *nicht* A ist (d.h. zum Beispiel eine korrekte oder inkorrekte Antwort auf eine Klassifizierungsfrage). Das Experiment wird n mal wiederholt. Die einzelnen Experimente sind voneinander unabhängig, ein einzelnes Ergebnis beeinflußt also nicht die Ergebnisse weiterer Experimente. Die Wahrscheinlichkeit, daß A eintritt, beträgt p, die Wahrscheinlichkeit, daß A nicht eintritt, ist q. Selbstverständlich gilt dann $q = 1 - p$. X^n sei die Zahl der Male, wie oft A in n Experimenten eingetreten ist. Offensichtlicherweise ist X^n eine Zahl zwischen 0 und n.

Die Wahrscheinlichkeit p_k^n, daß in n Experimenten der Fall A k mal eintritt (k liegt zwischen 0 und n) wird durch Gleichung 7.6 ausgedrückt.

$$p_k^n =: p(X^n = k) = \binom{n}{k} p^k q^{n-k} = \frac{n!}{(n-k)!k!} p^k q^{n-k}, \; k = 0, 1, \dots n \, . \tag{7.6}$$

Beispiel Ein Roboter wurde programmiert, durch eine Türöffnung hindurch zu fahren. Die Wahrscheinlichkeit p, daß der Roboter bei dieser Aufgabe versagt, wurde durch wiederholte Experimente als $p = 0,03$ bestimmt. Wie hoch ist die Wahrscheinlichkeit, daß in 10 Experimenten *ein* Versagen auftritt?

Lösung: Mithilfe von Gleichung 7.6 können wir die Wahrscheinlichkeit wie folgt bestimmen:
$$p_1^{10} = \frac{10!}{(10-1)!1!} 0,03^1 (1 - 0,03)^{10-1} = 0,228.$$

Mittelwert, Standardabweichung und Standardfehler bei der Binomialverteilung Wenn die Zahl n der Experimente ausreichend hoch ist (im Allgemeinen bei $np > 4$ und $n(1-p) > 4$), dann kann der Mittelwert μ_b und die Standardabweichung σ_b der Binomialverteilung mit den Gleichungen 7.7 beziehungsweise 7.8 bestimmt werden.

$$\mu_b = np \, . \tag{7.7}$$

$$\sigma_b = \sqrt{npq} = \sqrt{np(1 - p)} \, . \tag{7.8}$$

Der Mittelwert μ_b gibt den Erwartungswert für A in n Experimenten an. Die Standardabweichung σ_b gibt die Breite der Verteilung an.

Der Standardfehler $\overline{\sigma}_b$ der Binomialverteilung, d.h. der mittlere Fehler des Mittelwertes, ist ähnlich dem Standardfehler der Normalverteilung (siehe Gleichung 7.5) definiert, nämlich durch Gleichung 7.9.

$$\overline{\sigma}_b = \frac{\sigma_b}{\sqrt{n}} = \frac{\sqrt{np(1-p)}}{\sqrt{n}} = \sqrt{p(1-p)} \; . \tag{7.9}$$

Übungsaufgabe 5: Anwendung auf Klassifikation Ein mobiler Roboter wird mit einem Algorithmus für das Erkennen von Türöffnungen versehen und verwendet dabei eine eingebaute CCD-Kamera. Die Wahrscheinlichkeit, daß dieses System eine korrekte Interpretation liefert, ist für jedes einzelne Bild gleich.

Das System wird zunächst anhand von 750 Bildern getestet. Von diesen enthält nur die Hälfte einen Türdurchgang. Der Algorithmus liefert in 620 Fällen die richtige Antwort.

In einer zweiten Versuchsreihe wurden dem Roboter 20 Bilder vorgelegt. Wie groß ist die Wahrscheinlichkeit, daß ihm zwei Klassifizierungsfehler unterlaufen, und vieviele Fehler sind bei der Klassifizierung dieser 20 Bilder zu erwarten? (Die Lösung findet sich im Anhang 3.2 auf Seite 242).

Poissonverteilung Die Poissonverteilung befaßt sich mit dem gleichen prinzipiellen Problem wie die Binomialverteilung, wobei der Unterschied darin liegt, daß n (die Anzahl der Experimente) sehr groß und p (die Wahrscheinlichkeit, daß der Fall A eintritt) sehr gering ist. Die Poissonverteilung entspricht also der Binomialverteilung für $n \to \infty$ und $p \to 0$. Eine weitere Annahme ist, daß $np = a$ konstant bleibt.

Bei der Poissonverteilung wird die Wahrscheinlichkeit Ψ_k^n, k mal den Fall A in n Experimenten zu beobachten, durch Gleichung 7.10 ausgedrückt.

$$\Psi_k^n = \frac{a^k e^{-a}}{k!} \; , \tag{7.10}$$

mit $np = a$.

Gleichung 7.11 gibt der Mittelwert μ_p der Poissonverteilung an, Gleichung 7.12 die Standardabweichung σ_p.

$$\mu_p = np = a \; , \tag{7.11}$$

$$\sigma_p = \sqrt{np} = \sqrt{a}. \tag{7.12}$$

7.2.3 Vergleich der Mittelwerte zweier Normalverteilungen (T-Test)

Oft ist es nützlich, eine Gütefunktion für einen bestimmten Algorithmus, Steuerungsmechanismus usw. zu haben. Wenn beispielsweise zwei verschiedene Steuerungsprogramme zwei verschiedene Mittelwerte eines bestimmten Ergebnisses liefern, muß man entscheiden, ob zwischen den beiden Mittelwerten eine statistisch signifikante Differenz besteht. Dann erst kann man sagen, ob eins der beiden Programme tatsächlich die besseren Ergebnisse liefert.

Man verwendet den T-Test für den Vergleich zweier Mittelwerte μ_x und μ_y aus normalverteilten Werten, deren Standardabweichungen (ungefähr) gleich sind. Die zu überprüfende Nullhypothese H_0 ist $\mu_x = \mu_y$.

Um festzustellen, ob die beiden Mittelwerte μ_x and μ_y sich wesentlich unterscheiden, wird zuerst der Wert T wie folgt errechnet:

$$T = \frac{\mu_x - \mu_y}{\sqrt{(n_1 - 1)\sigma_x^2 + (n_2 - 1)\sigma_y^2}} \sqrt{\frac{n_1 n_2 (n_1 + n_2 - 2)}{n_1 + n_2}} \,, \qquad (7.13)$$

wobei n_1 und n_2 die jeweilige Anzahl der Meßwerte in Experiment 1 und Experiment 2 sind, μ_x und σ_x Mittelwert und Standardabweichung in Experiment 1, und μ_y und σ_y Mittelwert und Standardabweichung in Experiment 2.

Der Test wird folgendermaßen durchgeführt: der Wert von t_α wird aus der Tabelle 7.1 bestimmt, wobei $k = n_1 + n_2 - 2$ gilt. Wenn die Ungleichung $|T| > t_\alpha$ erfüllt ist, wird die Nullhypothese H_0 verworfen, d.h. die beiden Mittelwerte unterscheiden sich in der Tat in statistisch signifikanter Weise. Die Wahrscheinlichkeit, daß das Ergebnis des T-Tests falsch ist, also den Unterschied irrtümlicherweise als signifikant angibt oder einen tatsächlich signifikanten übersieht, hängt von dem Wert von t_α ab. Es ist üblich, die Werte für eine Fehlerrate von 5% (p=0,05) zu verwenden (siehe Tabelle 7.1), in statistischen Lehrbüchern finden sich aber auch Tabellen für andere Fehlerraten.

k	1	2	3	4	5	6	7	8
t_α	12,706	4,303	3,182	2,776	2,571	2,447	2,365	2,306

k	9	10	14	16	18	20	30
t_α	2,262	2,228	2,145	2,12	2,101	2,086	2,042

Tabelle 7.1. T-VERTEILUNG, $p = 0,05$

Übungsaufgabe 6: T-Test   Ein Steuerungsprogramm wird entworfen, mit dem ein Roboter sich aus Sackgassen befreien soll. In einer ersten Version des Programms braucht der Roboter in verschiedenen Durchgängen die folgenden Zeiten, um aus der Sackgasse herauszufinden (in Sekunden): $x = (10,2;\ 9,5;\ 9,7;\ 12,1;\ 8,7;\ 10,3;\ 9,7;\ 11,1;\ 11,7;\ 9,1)$.

Nachdem das Programm verbessert wurde, ergibt eine zweite Versuchsreihe die folgenden Zeiten: $y = (9,6;\ 10,1;\ 8,2;\ 7,5;\ 9,3;\ 8,4)$.

Zeigen diese Ergebnisse eine wesentliche Leistungsverbesserung für das zweite Steuerungsprogramm? (Lösung im Anhang 3.3 auf S. 243).

7.2.4 Analyse kategorialer Daten

Mittelwert, Standardabweichung, T-Test und viele weitere statistische Analysemethoden können nur auf kontinuierliche Werte angewandt werden. In der Robotik kommen jedoch viele Experimente vor, bei denen die Ergebnisse als „Kategorien" auftreten. In Klassifikationssystemen etwa besteht die Aufgabe darin, Sensordaten einer bestimmten Kategorie (aus einer Gruppe von mehreren Kategorien) zuzuordnen. In diesem Abschnitt betrachten wir Analysemethoden für diese kategorialen Datentypen.

Kontingenztafel Variablen, die Elemente einer ungeordneten Menge sind, wie etwa „Farbe" oder „Geschmack" bezeichnet man als *nominale* Variablen.

Für die folgenden Überlegungen interessiert uns, ob zwei nominale Variablen assoziiert sind oder nicht. Diese Frage ist zum Beispiel für Klassifikationsaufgaben relevant, wo die eine Variable das Eingangs-, die andere das Ausgangssignal ist. In diesem Fall wäre die zu stellende Frage: „ist das Ausgangssignal des Klassifizierungsmechanismus mit den Eingangssignalen assoziiert?", mit anderen Worten: „erfüllt der Klassifizierungsmechanismus seine Aufgabe?"

Die Daten für zwei Variablen können in einer Kontingenztafel dargestellt werden, die es uns ermöglicht, eine sogenannte kreuztabellarische Analyse (*crosstabulation analysis*) durchzuführen. Wenn man sich zum Beispiel einen Roboterwettbewerb vorstellt, bei dem drei Roboter mehrere Male in drei verschiedenen Disziplinen gegeneinander antreten, könnte man in einer Kontingenztabelle festhalten, wie oft jeder Roboter jeden einzelnen Wettkampf gewinnt. Durch kreuztabellarische Analyse könnte man dann bestimmen, ob zwischen Roboter und Disziplin ein Zusammenhang besteht, ob also die Roboter jeweils in bestimmten Disziplinen besonders fähig sind. Abbildung 7.2 zeigt die Kontingenztafel für eine solche Analyse.

	Wettkampf A	Wettkampf B	Wettkampf C	
Roboter X	$n_{A,X}$	$n_{B,X}$	...	
Roboter Y			...	
Roboter Z	...	...	...	$N_{Z.}$
	$N_{.A}$	$N_{.B}$	$N_{.C}$	N

Tabelle 7.2. BEISPIEL EINER KONTINGENZTAFEL. $n_{A,X}$ GIBT AN, WIE OFT ROBOTER X WETTKAMPF A GEWONNEN HAT, $N_{.A}$ DIE GESAMTZAHL DER GEWINNER IM WETTKAMPF A, $N_{Z.}$ DIE GESAMTZAHL DER GEWONNENEN WETTKÄMPFE FÜR ROBOTER Z, USW.

Bestimmung der Assoziation zwischen zwei Variablen: χ^2-Test Ein Test, mit dessen Hilfe wir eine Assoziation zwischen zwei Variablen feststellen können, ist der χ^2-Test.

N_{ij} sei die Zahl der Fälle, in denen die Variable x den Wert i besitzt und die Variable y den Wert j. N sei die Gesamtzahl aller Fälle. $N_{i.}$ sei die Zahl der

Fälle, in denen x den Wert i hat, unabhängig von y, und $N._j$ die Zahl der Fälle, in denen y den Wert j hat, unabhängig vom Wert der Variablen x.

$$N_i. = \sum_j N_{ij} \, ,$$
$$N._j = \sum_i N_{ij} \, ,$$
$$N = \sum_i N_i. = \sum_j N._j \, .$$

Erstellung der Tabelle der Erwartungswerte Die Nullhypothese im χ^2-Test besagt, daß die beiden Variablen x und y in keinem signifikanten Bezug zueinander stehen. Um diese Nullhypothese zu testen, müssen „erwartete Werte" bestimmt werden, um auszudrücken, welche Werte wir als Ergebnis erwarten, falls die Nullhypothese zutrifft. Die erwarteten Werte kann man entweder aus anwendungsbedingten generellen Überlegungen oder aus den folgenden Schlußfolgerungen ableiten:

In einer Tabelle wie Tabelle 7.2 ist $\frac{n_{ij}}{N._j}$ die Wahrscheinlichkeit, daß ein bestimmter Fall i eintritt, wenn j gilt, d.h. $\frac{n_{ij}}{N._j} = p(i|j)$. Ist die Nullhypothese wahr, müßte die Wahrscheinlichkeit eines bestimmten Wertes für i für einen bestimmten Wert von j genau die gleiche sein wie die Wahrscheinlichkeit dieses Wertes für i unabhängig von j, d.h. $\frac{n_{ij}}{N._j} = p(i|j) = p(i)$.

Außerdem gilt, daß $p(i) = \frac{N_i.}{N}$. Unter der Annahme, daß die Nullhypothese wahr ist, können wir daher schließen:

$$\frac{n_{ij}}{N._j} = \frac{N_i.}{N} \, , \tag{7.14}$$

was die Tabelle für erwartete Werte n_{ij} liefert:

$$n_{ij} = \frac{N_i. N._j}{N} \, . \tag{7.15}$$

χ^2 ist in Gleichung 7.16 definiert.

$$\chi^2 = \sum_{i,j} \frac{(N_{ij} - n_{ij})^2}{n_{ij}} . \tag{7.16}$$

Mithilfe des errechneten Wertes für χ^2 (siehe Gleichung 7.16) in Verbindung mit der Wahrscheinlichkeitsfunktion für $\chi^2_{0,05}$ (Tabelle 7.3) kann man nun bestimmen, ob die Assoziation zwischen den Variablen i and j signifikant ist oder nicht. Eine Tabelle der Größe I mal J besitzt m Freiheitsgrade:

$$m = IJ - I - J + 1 \, . \tag{7.17}$$

Wenn $\chi^2 > \chi^2_{0,05}$ (siehe Tabelle 7.3), dann besteht ein signifikanter Zusammenhang zwischen den Variablen i und j. Die Wahrscheinlichkeit, daß diese Aussage falsch ist, beträgt $p = 0,05$.

Wenn m größer ist als 30, kann die Signifikanz getestet werden durch die Berechnung von

m	1	2	3	4	5	6	7	8	9	10
$\chi^2_{0,05}$	3,8	6,0	7,8	9,5	11,1	12,6	14,1	15,5	16,9	18,3

Tabelle 7.3. TABELLE DER WERTE FÜR $\chi^2_{0,05}$

$$\sqrt{2\chi^2} - \sqrt{2m - 1}.$$

Ist dieser Wert größer als 1,65, dann besteht ein signifikanter Zusammenhang zwischen i und j.

Praktische Überlegungen bezüglich der χ^2-Statistik Die Gültigkeit der χ^2-Statistik hängt davon ab, ob die Daten gut konditioniert sind. Es gibt dafür zwei Faustregeln:

1. In der n_{ij}-Tabelle der erwarteten Werte sollte keine Zelle Werte unter 1 haben. Im Falle, daß $m \geq 8$ und $N \geq 40$, dürfen keine Werte unter 4 liegen ([Sachs 82, S. 321]).
2. In der n_{ij}-Tabelle der erwarteten Werte sollten nicht mehr als 5% aller Werte unter 5 liegen.

Wenn gegen eine der obigen Bedingungen verstoßen wird, können Zeilen oder Spalten der Kontingenztabelle so kombiniert werden, daß wieder beide Kriterien erfüllt sind.

Übungsaufgabe 7: χ^2-Test Ein mobiler Roboter wird in eine Umgebung gestellt, die vier prominente Landmarken enthält, nämlich A, B, C und D. Das Landmarkenerkennungsprogramm des Roboters erzeugt vier Reaktionen (α, β, γ und δ) auf die Sensorreize an diesen vier Orten. In einem Experiment werden die Landmarken insgesamt 200 mal angefahren, was die Kontingenztafel 7.4 ergibt (die Zahlen geben die Häufigkeit einer bestimmten Kartenreaktion an einem bestimmten Ort an).

	α	β	γ	δ	
A	19	10	8	3	$N_{A.} = 40$
B	7	40	9	4	$N_{B.} = 60$
C	8	20	23	19	$N_{C.} = 70$
D	0	8	12	10	$N_{D.} = 30$
	$N_{.\alpha} = 34$	$N_{.\beta} = 78$	$N_{.\gamma} = 52$	$N_{.\delta} = 36$	N=200

Tabelle 7.4. KONTINGENZTABELLE FÜR LANDMARKENERKENNUNGSPROGRAMM

Besteht hier eine signifikante Assoziation zwischen dem Ausgangssignal des Klassifizierungsmechanismus und der jeweiligen Position des Roboters? (Lösung im Anhang 4.1 auf S. 243).

Bestimmung der Stärke einer Assoziation: Cramers V Beim χ^2-Test handelt es sich um einen sehr allgemeinen statistischen Test, der als solcher nur begrenzte Aussagekraft besitzt. Wenn man nämlich die Beispieldatenmenge einer Kontingenztabelle ausreichend erhöht, gibt der Test letztendlich immer einen signifikanten Zusammenhang zwischen den Variablen an. Der Grund dafür liegt in der „Verstärkung" des Tests, die selbst kleinste Korrelationen über die Signifikanzschwelle hinaus verstärkt, wenn entsprechend viele Beispieldaten herangezogen werden.

Aus diesem Grund ist es sinnvoll, χ^2 zu normieren, so daß der Test von der Größe der Beispieldatenmenge unabhängig wird. Mit Hilfe einer solchen Normierung kann man auch die Stärke einer Assoziation bewerten sowie verschiedene Kontingenztafeln miteinander vergleichen.

Cramers V (oder Phi-Statistik) bildet χ^2 auf das Intervall $0 \leq V \leq 1$ ab. $V = 0$ bedeutet, daß zwischen x und y keinerlei Assoziation besteht, $V = 1$ bedeutet die perfekte Assoziation zwischen x und y. V ist definiert durch Gleichung 7.18.

$$V = \sqrt{\frac{\chi^2}{N min(I - 1, J - 1)}} , \qquad (7.18)$$

wobei N die gesamte Zahl der Einträge in einer Kontingenztabelle der Größe $I \times J$ bezeichnet und $min(I - 1, J - 1)$ das Minimum von $I - 1$ und $J - 1$ ist.

Übungsaufgabe 8: Cramers V Zwei verschiedene Kartenerstellungsparadigmen sollen verglichen werden. Paradigma A ergibt die Kontingenztafel in Tabelle 7.5, Paradigma B ergibt Tafel 7.6. Die Frage lautet: welche der beiden Mechanismen erzeugt die Karte mit den stärkeren Korrelationen zwischen Roboterposition und Kartenreaktion? (Lösung siehe Anhang 4.2 auf S. 244).

	α	β	γ	δ	
A	29	13	5	7	$N_{A.} = 54$
B	18	4	27	3	$N_{B.} = 52$
C	8	32	6	10	$N_{C.} = 56$
D	2	7	18	25	$N_{D.} = 52$
	$N_{.\alpha} = 57$	$N_{.\beta} = 56$	$N_{.\gamma} = 56$	$N_{.\delta} = 45$	N=214

Tabelle 7.5. ERGEBNIS DES KARTENERSTELLUNGSMECHANISMUS 1

Bewertung der Assoziationsstärke durch entropiebasierte Methoden Mithilfe der χ^2-Analyse und Cramers V können wir bestimmen, ob zwischen den Zeilen und den Spalten einer Kontingenztabelle eine signifikante Assoziation besteht.

Wir sind jedoch außerdem an der *Stärke* bzw. am Ausmaß einer bestehenden Assoziation interessiert. Wir wollen daher im Folgenden zwei quantitative Meßmethoden für die Assoziationsstärke betrachten.

	α	β	γ	δ	ϵ	
A	40	18	20	5	7	$N_{A.} = 90$
B	11	20	35	10	3	$N_{B.} = 79$
C	5	16	10	39	5	$N_{C.} = 75$
D	2	42	16	18	9	$N_{D.} = 87$
E	6	11	21	9	38	$N_{D.} = 85$
	$N_{.\alpha} = 64$	$N_{.\beta} = 107$	$N_{.\gamma} = 102$	$N_{.\delta} = 81$	$N_{.\epsilon} = 62$	N=416

Tabelle 7.6. ERGEBNIS DES KARTENERSTELLUNGSMECHANISMUS 2

Wir stellen uns folgende Situation vor: ein mobiler Roboter erkundet seine Umgebung, erstellt eine Karte und verwendet anschließend diese Karte zur Lokalisation.

Jedesmal, wenn der Roboter sich am physikalischen Ort L befindet, erzeugt sein Lokalisationssystem eine bestimmte Reaktion R, die die angenommene Position des Roboters in der Welt angibt. Bei einem perfekten Lokalisationssystem wäre die Assoziation zwischen L und R sehr stark. Bei einem auf zufälliges Erraten basierten Lokalisationssystem würde dagegen keinerlei Assoziation zwischen L und R existieren, die Stärke der Assoziation wäre gleich Null.

Messungen, die auf Entropie basieren, (hier speziell Entropie H und Unsicherheitskoeffizient U), können zur Bestimmung dieser Assoziationsstärke verwendet werden. Sie werden im folgenden Abschnitt definiert.

wahrer Ort (L)

	0	2	15	0	1	18
	10	10	0	0	0	20
	0	2	1	0	19	22
	5	7	3	1	1	17
	0	0	0	23	0	23
	15	21	19	24	21	100

Systemantwort (R)

Abbildung 7.2. BEISPIEL FÜR EINE KONTINGENZTAFEL. DIE ZEILEN ENTSPRECHEN DER REAKTION DES JEWEILIGEN ZU BEWERTENDEN LOKALISATIONSSYSTEMS. DIE SPALTEN ENTSPRECHEN DER ,,WAHREN" POSITION DES ROBOTERS (GEMESSEN VOM BEOBACHTER). DIESE TABELLE REPRÄSENTIERT 100 DATENPUNKTE UND GIBT FÜR JEDE ZEILE UND SPALTE DIE GESAMTSUMME AN.

Die Verwendung von Entropie In dem in Abbildung 7.2 dargestellten Beispiel wurde eine Testreihe von 100 Datenpunkten zusammengestellt. Jeder Datenpunkt hat zwei Attribute: erstens die vom Roboter vorhergesagten Position (die *Reaktion* des Roboters, R), zweitens die *tatsächliche Position* des Roboters, L

(vom Beobachter gemessen). Abbildung 7.2 zeigt zum Beispiel, daß in Position 5 (Spalte 5) der Roboter 19 mal Reaktion 3 (Zeile 3) gezeigt hat.

Bei der Analyse einer Kontingenztafel werden zunächst die Gesamtsummen aller Zeilen N_r. für jede Reaktion r, die Spaltensummen $N_{.l}$ für jeden Ort l und die Tabellensumme N nach den Gleichungen 7.19, 7.20 bzw. 7.21 errechnet. N_{rl} ist die Zahl der Datenpunkte, die die Zelle bei Zeile r und Spalte l enthält.

$$N_r. = \sum_l N_{rl}, \tag{7.19}$$

$$N_{.l} = \sum_r N_{rl}, \tag{7.20}$$

$$N = \sum_{r,l} N_{rl}. \tag{7.21}$$

Die Zeilenwahrscheinlichkeit $p_r.$, Spaltenwahrscheinlichkeit $p_{.l}$ und Zellenwahrscheinlichkeit p_{rl} kann dann nach den Gleichungen 7.22, 7.23 und 7.24 errechnet werden.

$$p_r. = \frac{N_r.}{N}, \tag{7.22}$$

$$p_{.l} = \frac{N_{.l}}{N}, \tag{7.23}$$

$$p_{rl} = \frac{N_{rl}}{N}. \tag{7.24}$$

Die Entropie von L, $H(L)$, die Entropie von R, $H(R)$, und die mittlere Transinformation (*mutual entropy*) von L und R, $H(L, R)$, sind jeweils durch die Gleichungen 7.25, 7.26 und 7.27 definiert.

$$H(L) = -\sum_l p_{.l} \ln p_{.l}, \tag{7.25}$$

$$H(R) = -\sum_r p_r. \ln p_r., \tag{7.26}$$

$$H(L, R) = -\sum_{r,l} p_{rl} \ln p_{rl}. \tag{7.27}$$

Bei der Anwendung der Gleichungen 7.25, 7.26 und 7.27 beachte man, daß $\lim_{p \to 0} p \ln p = 0$.

Bei der oben beschriebenen Situation lautet die Frage, die uns am meisten interessiert: „Wie groß ist bei einer bestimmten Reaktion R des Lokalisationssystems unsere Gewißheit über die tatsächliche Position L des Roboters?" Dies ist die Entropie von L bei gegebenem R, $H(L \mid R)$. Wenn andererseits ein und dieselbe Position bei wiederholten Durchgängen verschiedene Reaktionen, $R1$ und $R2$, auslösen, dann ist uns das egal. Wichtig für die Selbstlokalisation eines

Roboters ist, daß umgekehrt jede Reaktion R mit genau einer Position L stark assoziiert ist.

Man erhält $H(L \mid R)$ wie folgt:

$$H(L \mid R) = H(L, R) - H(R), \tag{7.28}$$

wobei

$$0 \leq H(L \mid R) \leq H(L). \tag{7.29}$$

Diese letztere Eigenschaft (Gleichung 7.29) bedeutet, daß der Wertebereich für $H(L \mid R)$ von der Größe der Umgebung abhängt, weil $H(L)$ mit steigender Anzahl der „Ortsfelder" (*location bins*) zunimmt.

Verwendung des Unsicherheitskoeffizienten Die Entropie H ist eine Zahl zwischen 0 und $ln\ N$, wobei N die Anzahl der tabellierten Meßwerte bezeichnet. Wenn H 0 ist, besteht zwischen L und R eine perfekte Assoziation, d.h. jede Reaktion R bezeichnet exakt eine Position L in der Welt. Je größer H wird, umso schwächer ist die Assoziation zwischen L und R.

Der Unsicherheitskoeffizient U bietet eine alternative Weise, die Assoziationsstärke zwischen Zeilen- und Spaltenvariablen in einer Kontingenztafel auszudrücken. Er hat zwei sehr attraktive Eigenschaften: erstens liegt U stets zwischen 0 und 1, unabhängig von der Größe der Kontingenztafel. Dadurch sind Vergleiche zwischen Tabellen verschiedener Größe möglich. Zweitens hat der Unsicherheitskoeffizient für eine nichtexistente Assoziation den Wert 0 und für eine perfekte Assoziation den Wert 1. Dies stimmt mit der intuitiven Zuteilung der Werte überein: je stärker die Assoziation, umso größer auch der Koeffizient.

Der Unsicherheitskoeffizient U von L bei gegebenem R, $U(L \mid R)$, ist definiert als

$$U(L \mid R) \equiv \frac{H(L) - H(L \mid R)}{H(L)}. \tag{7.30}$$

Ein Wert von $U(L \mid R) = 0$ bedeutet, daß R keine nützliche Information über L bietet, und impliziert, daß die Reaktion des Roboters niemals seine tatsächliche Position vorhersagt. Ein Wert von $U(L \mid R) = 1$ bedeutet, daß R alle notwendige Information über L enthält, und impliziert, daß das Lokalisationssystem stets korrekt die tatsächliche Position vorhersagt. Interessant ist außerdem, daß die Reihenfolge der Zeilen und Spalten in der Kontingenztabelle auf das Berechnungsergebnis keinen Einfluß hat.

Übungsaufgabe 9: Der Unsicherheitskoeffizient Ein Roboterlokalisationssystem liefert die Reaktionen in Abbildung 7.2. Besteht zwischen der Systemreaktion und der Roboterposition eine statistisch signifikante Korrelation?

Die Lösung findet sich im Anhang 4.3 auf S. 246.

7.2.5 Literaturhinweise

- Edward Batschelet, *Circular Statistics in Biology*, Academic Press, New York, 1981.
- J.H. Zar, *Biostatistical Analysis*, Prentice Hall, New Jersey, 1984.
- Lothar Sachs, *Angewandte Statistik*, Springer Verlag, Berlin, Heidelberg, New York, 1997.
- W. Press, S. Teukolsky, W. Vetterling und B. Flannery, *Numerical Recipes in C*, Cambridge University Press, Cambridge UK, 1992.

7.3 Fallstudien: Leistungsbewertung und Analyse

7.3.1 Fallstudie 10. Quantitativer Vergleich kartenerstellender Systeme

Fallstudie 10 stellt einen episodischen Abbildungsmechanismus für die Selbstlokalisation autonomer mobiler Roboter dar, also ein System, das *Sequenzen* von Wahrnehmungen verwendet. Ein zweischichtiges selbstorganisierendes neuronales Netzwerk klassifiziert perzeptuelle und episodische Information, identifiziert auf diese Weise „perzeptuelle Landmarken" und bestimmt damit die Position des Roboters in der Welt eindeutig und unverwechselbar.

Um die Leistungsfähigkeit des Kartenerstellungssystems zu bewerten, wird eine Kontingenztabellenanalyse mit den im vorigen Abschnitt beschriebenen entropiebasierten Methoden durchgeführt. Das episodische Kartenerstellungssystem wird mit einem statischen Kartenerstellungsalgorithmus verglichen, das ausschließlich perzeptuelle Information verwendet. Im Vergleich zeigt sich, daß das episodische Kartenerstellungssystem besser abschneidet als das statische System.

Der Grundgedanke Aus zuvor schon dargelegten Gründen verankern wir das Navigationssystem des Roboters in der Landmarkenerkennung, also in Exterozeption statt in Propriozeption. Damit wird die perzeptuelle Kongruenz zum Hauptproblem. Eine Möglichkeit, dieses Problem anzugehen, liegt beispielsweise in episodischen Abbildungsstrategien.

Das Grundprinzip des episodischen Abbildungsmechanismus besteht darin, sowohl die perzeptuelle Signatur der gegenwärtigen Position des Roboters wie auch die Vorgeschichte der vorhergehenden Wahrnehmungen zu berücksichtigen. Dadurch lassen sich zwei Orte mit identischen perzeptuellen Signaturen eindeutig unterscheiden, wenn sich die jeweils vorausgegangenen Wahrnehmungen unterscheiden. Ein auf dieser Methode basiertes Lokalisationssystem wurde bereits in Fallstudie 7 vorgestellt.

Ein episodisches Abbildungssystem hat allerdings zwei wesentliche Nachteile. Erstens ist es davon abhängig, daß sich der Roboter entlang einer festgelegten Route (oder entlang einiger weniger fester Routen) bewegt, weil man eine eindeutige und wiederholbare Wahrnehmungssequenz zur Ortsidentifikation benötigt. Zweitens beeinflussen sogenannten „Zufallswahrnehmungen" die Lokalisation für wesentlich längere Zeit als bei einem allein auf *einer* Wahrnehmung basierten Navigationssystem, weil die falsche (zufällige) Wahrnehmung noch während n weiterer Zeitschritten beibehalten wird (wobei n die Zahl der vorherigen Wahrnehmungen ist, die zur Lokalisation verwendet werden). Solche Zufallswahrnehmungen erscheinen normalerweise nicht in Computersimulationen, sind jedoch recht häufig bei der Interaktion des wirklichen Roboters mit der wirklichen Welt. Verursacht werden sie durch spezifische Sensoreigenschaften (z.B. Totalreflexionen von Sonarsignalen), Sensorrauschen oder elektronisches Rauschen. Die episodischen Abbildungsalgorithmen, die wir hier vorstellen, gehen speziell auf dieses Problem der zufälligen Wahrnehmungen ein.

Der statische Abbildungsmechanismus Bei der kartenerstellenden Komponente des statischen Abbildungsparadigma handelte es sich um eine zweidimensionale selbstorganisierende Merkmalskarte (SOMK) der Größe $m \times m$ Einheiten ($m = 9$ oder $m = 12$ in unseren Experimenten). Das Eingangssignal der SOMK bestand aus den Meßdaten der 16 Infrarotsensoren des Roboters. Jedesmal, wenn der Roboter sich um mehr als 25 cm weiterbewegt hatte, wurde ein neuer Eingangsvektor mit 16 Elementen (den unbearbeiteten Messungen der 16 Infrarotsensoren) für die erste Schicht der selbstorganisierenden Merkmalskarte erzeugt. Die Drehkuppel des Roboters behielt während des gesamten Experiments eine konstante Orientierung bei, um einen eventuellen Einfluß der aktuellen Orientierung an einem bestimmten Ort auf die Sensormessungen auszuschalten. Jeder Ort ergab dadurch eine einzigartige Sensorwahrnehmung, unabhängig vom Anfahrtswinkel des Roboters. Ein Eingangsvektor mit 16 Elementen bietet natürlich nicht sehr viel Information über die gegenwärtige Position des Roboters, wurde aber für diese Simulationen bewußt so grob gewählt, um perzeptuelle Kongruenz zu verursachen — das Ziel ist hier, Lokalisation unter sehr erschwerten Bedingungen erfolgreich durchzuführen.

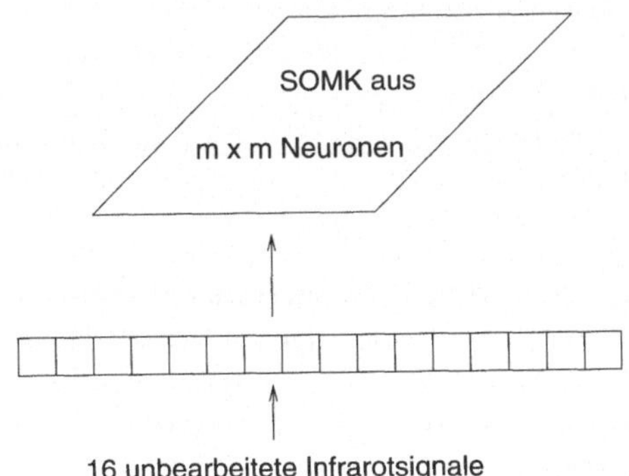

Abbildung 7.3. DER STATISCHE ABBILDUNGSMECHANISMUS: DIE SOMK CLUSTERT DIE GEGENWÄRTIGEN SENSORWAHRNEHMUNGEN UND ERZEUGT SO DIE STATISCHE ABBILDUNG

Während sich der Roboter vom Bediener gesteuert durch seine Umgebung bewegte, wurden Sensordaten aufgenommen und die SOMK mit den Eingangsvektoren gespeist. Das Netzwerk clusterte diese Wahrnehmungen nach Ähnlichkeit und Häufigkeit.

Der episodische Abbildungsmechanismus Das episodische Abbildungsparadigma verwendete zwei Schichten von selbstorganisierenden Merkmalskarten (siehe Abbildung 7.4). Schicht 1 entsprach der oben beschriebenen zweidimensionalen SOMK.

Bei Schicht 2 handelte es sich ebenfalls um eine zweidimensionale SOMK mit $k \times k$ Einheiten ($k = 9$ oder $k = 12$ in unseren Experimenten), die mit einem Eingangsvektor von m^2 Elementen trainiert wurde. Alle Elemente dieses Vektors bekamen den Wert „0", außer den τ Neuronen der Schicht 1, die während der vorhergehenden τ Zeitschritte jeweils maximal angesprochen hatten: diese bekamen den Wert „1". Der Wert des Parameters τ wurde in unserer Simulation variiert, um einen optimalen Wert zu finden.

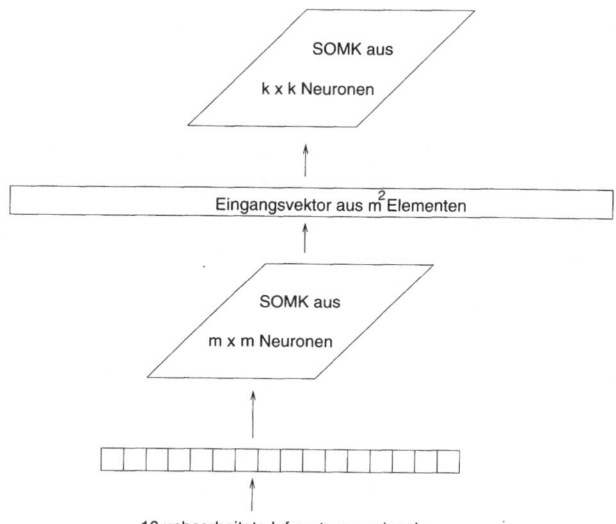

Abbildung 7.4. DER EPISODISCHE KARTENERSTELLUNGSMECHANISMUS: DIE ERSTE SOMK-SCHICHT CLUSTERT DIE LETZTEN τ WAHRNEHMUNGEN UND ERZEUGT SO DIE EPISODISCHE ABBILDUNG

Der Eingangsvektor enthält die Information über die letzten τ Erregungszentren, nicht aber über die Reihenfolge, in der sie auftraten. Das heißt, daß die zweite Schicht des dynamischen Kartenerstellers — die Outputschicht — Information über die perzeptuelle Signatur der gegenwärtigen Position sowie zeitliche Information (in diesem Fall die Route durch den perzeptuellen Raum, mit der der Roboter die gegenwärtige Position erreicht hatte) verwendet, nicht aber die Rangfolge der Wahrnehmungen.

Unempfindlichkeit gegenüber verrauschten Wahrnehmungen Die zweite
SOMK-Schicht clustert die letzten τ Erregungszentren der ersten Schicht. Da
das Ausgangssignal von Schicht 1 eine topologische Abbildung aller 16 Infra-
rotsensorsignale ist und das Ausgangssignal von Schicht 2 wiederum eine topologische Karte, ist die Reaktion des episodischen Abbildungssystems wesentlich
weniger anfällig für verrauschte, zufallsbedingte Wahrnehmungen der Sensoren
als ein Abbildungssystem, das Reihen unbehandelter Sensordaten als Eingangssignal verwendet. Dies ist äußerst nützlich für Anwendungen in der Robotik,
weil in realen Robotersystemen häufig verrauschte, zufällige Sensorsignale auftreten. Abbildungssysteme, die auf konstante und zuverlässige Sensorwahrnehmung angewiesen sind, sind daher meist nicht sehr robust.

Qualitätsmaßstäbe für Karten Um die Qualität der mit dem episodischen Abbildungsmechanismus hergestellten Karten zu beurteilen und um den Einfluß
individueller Parameter zu quantifizieren, benutzen wir die in Abschnitt 7.2.4
beschriebene entropiebasierte Gütefunktion.

Auswertung der Ergebnisse Generell verwenden wir die Entropie
$H(L \mid R)$, um die Qualität einer Kartenabbildung zu bestimmen: je niedriger
die Entropie $H(L \mid R)$, umso höher die Qualität der Karte. Eine „perfekte"
Karte hat eine Entropie $H(L \mid R)$ von 0.

In allen Experimenten vergleichen wir stets zwei fundamental verschiedene
Abbildungsparadigmen, nämlich die „statische Abbildung" mit einer einzigen
SOMK-Schicht und die „episodische Abbildung" mit zwei SOMK-Schichten
(siehe Abschnitt 7.3.1). Uns interessiert dabei die Frage: erzeugt das episodische
Abbildungsparadigma Karten mit einer besseren Korrelation zwischen Ort und
Kartenreaktion als der statische Abbildungsalgorithmus?

Versuchsverfahren Das experimentelle Verfahren muß unsere Untersuchungsziele
widerspiegeln und sieht daher folgendermaßen aus:

1. Wir bestimmen, welchen Einfluß individuelle Versuchsparameter auf die
   Gesamtleistung des Systems haben, indem wir die Parameter einzeln und
   nacheinander unter kontrollierten Bedingungen verändern.
2. Wir vergleichen verschiedene Abbildungsparadigmen unter identischen
   (nicht nur ähnlichen) Umständen, damit wir ausschließen können, daß unterschiedliche Leistungen durch Unterschiede im Versuchsaufbau verursacht
   wurden.
3. Wir ermöglichen die präzise Wiederholbarkeit der Experimente zur Validierung der Ergebnisse.

Diese Kriterien sind jedoch in der Praxis realer Experimente mit einem wirklichen Roboter nicht erfüllbar, weil der Versuchsleiter die unvermeidlichen Variationen von einem Experiment zum nächsten nicht voraussehen kann. „Live-
Experimente" machen es unmöglich, aus Versuchsergebnissen Rückschlüsse auf

die Auswirkung einzelner Versuchsparameter zu ziehen, da zu viele Einflüsse auf die Interaktion von Roboter und Umgebung gar nicht kontrollierbar sind.

Ein Versuchsaufbau, der numerische Modelle der Interaktion von Roboter und Umgebung verwendet, würde diese unkontrollierbaren Einflüsse vermeiden. Solche Simulationen liefern bei identischem Aufbau auch identische Ergebnisse. Selbst wenn sie stochastische Elemente enthalten, sind ihre Ergebnisse noch reproduzierbar, vorausgesetzt, daß die Zufallsprozesse identisch initialisiert werden.

Wegen der begrenzten Zuverlässigkeit von Computersimulationen (siehe Kapitel 6) können die Ergebnisse von numerisch modellierten Experimenten nicht direkt in der mobilen Robotik angewandt werden. Solche Ergebnisse müssen zunächst in der realen Interaktion von Roboter und Umgebung verifiziert werden.

Wir benutzten deshalb für die hier beschriebenen Experimente Sensordaten, die von *FortyTwo* bei einer manuell gesteuerten Fahrt durch die Umgebung *aufgezeichnet* wurden. Diese feste aufgezeichnete Datenmenge war dann das Eingangssignal für die verschiedenen Abbildungssysteme. So konnten wir sicherstellen, daß die Eingangsdaten für jedes Abbildungssystem in allen Experimenten *identisch* waren.

Die Daten wurden in zwei verschiedenen Umgebungen (A und B) aufgenommen. In beiden Umgebungen wurde der Roboter manuell entlang einer mehr oder weniger festen Route gefahren, während die Sensormessungen für die spätere Verwendung durch den statischen bzw. den episodischen Abbildungsmechanismus aufgezeichnet wurden.

Experimente in Umgebung A In unserem ersten Experiment wurde der Roboter manuell entlang einer relativ festgelegten Route durch eine Umgebung gefahren, die Ziegelwände, stoffbespannte Trennwände und Pappkartons enthielt. Die 366 Datenpunkte, die in dieser Umgebung aufgezeichnet wurden, enthielten die Messungen der 16 Infrarotsensoren des Roboters sowie die Positionen in (x, y)-Koordinaten, an denen die Messungen durchgeführt worden waren. Abbildung 7.5 zeigt die Route des Roboters und seine Umgebungswahrnehmung.

120 der 366 Datenpunkte wurden zu Beginn des Experiments für das Training des Netzwerks verwendet[1], d.h. für die Kartenerstellungsphase. Mit den verbleibenden 246 Datenpunkten wurden die Kontingenztafeln erstellt.

Um die Auswirkung einzelner Parameter wie die Anzahl der vorhergehenden Wahrnehmungen, die Größe des Netzwerks oder die räumliche Auflösung (Größe der Rasterfelder) zu beurteilen, wurden mit den gleichen Daten drei verschiedene Experimente durchgeführt. Abbildungen 7.7, 7.8 und 7.9 zeigen die jeweiligen Versuchsergebnisse. In allen Experimenten dienen die Ergebnisse der statischen Abbildung (dargestellt durch eine horizontale Linie) als Vergleich. Der Fall $\tau = 1$ (wobei der episodische Abbildungsmechanismus allein die gegenwärtige Wahrnehmung für die Lokalisation verwendet) ist der Kontrollfall,

---

[1] Mit den ersten 20 Datenpunkten wurde nur das Netzwerk der ersten Schicht trainiert, mit den übrigen 100 Datenpunkten wurden beide Netzwerke (Schicht 1 und 2) trainiert.

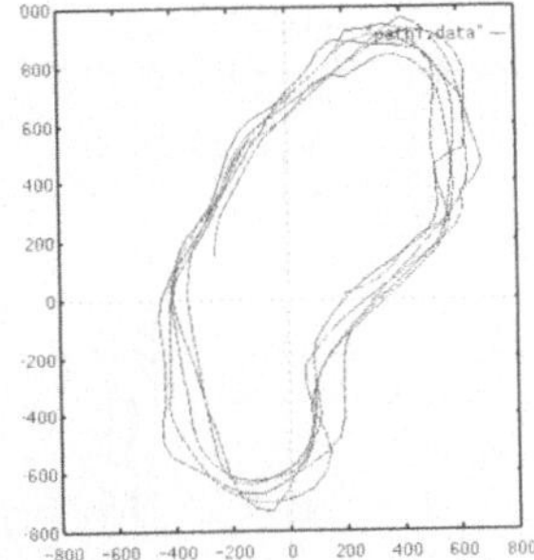

Abbildung 7.5. Tatsächliche Trajektorie des Roboters in Umgebung A und die akkumulierten Infrarotsensormessungen (also Umgebung A „aus der Sicht des Roboters"). Dimensionen im Diagramm sind in Einheiten von 2,5 mm. Maximalausdehnung der Route: 2,87 m × 4,30 m.

da hierfür eine ähnliche Abbildungsqualität wie beim statischen Paradigma erreicht werden müßte[2].

Im ersten Experiment (Abbildung 7.7) wurde der physische Raum in 15 Rasterfelder (siehe Abbildung 7.6, unten) und das 12×12 Netzwerk der zweiten Schicht in 16 Rasterfelder aufgeteilt.

Die Ergebnisse zeigen, daß bei einer „Vorgeschichte" τ mit zwischen 2 und 7 vorhergehenden Wahrnehmungen ($1 < \tau < 8$) der episodische Abbildungsmechanismus bessere Ergebnisse liefert als der statische. Wenn die berücksichtigte Vorgeschichte jedoch zu lang wird, stellt die zusätzliche Information keinen Vorteil mehr dar, sondern verringert sogar die Qualität der Abbildung. Wir erklären uns diese Beobachtung dadurch, daß ab einem bestimmten optimalen Punkt das Hinzuziehen von immer mehr episodischer Information aufgrund von Rauschen einen eher verwirrenden Einfluß darstellt. Anders gesagt reicht es nicht aus, einfach die Sensorauflösung oder die zeitliche Auflösung zu erhöhen, um die Probleme perzeptueller Kongruenz zu lösen.

Wenn man das gleiche Experiment durchführt, dabei aber die räumliche Auflösung verringert (d.h. den physikalischen Raum in gröbere Rasterfelder aufteilt, siehe Abbildung 7.8), würde man eine insgesamt niedrigere (also „bessere") Entropie erwarten, weil es weniger Möglichkeiten gibt, einen Lokalisationsfehler zu machen. Diese Beobachtung läßt sich in der Tat machen: $H(L|R)$ ist niedriger und zeigt damit eine stärkere Korrelation zwischen Ort und Kartenreaktion an. Abgesehen davon liefert Experiment 2 ähnliche Ergebnisse wie Experiment 1 und bestätigt dadurch, daß bis zu einer maximalen Länge von $\tau = 7$ die Leistung des episodischen Abbildungsmechanismus stets dem statischen überlegen ist.

---

[2] „Ähnlich", nicht „identisch", weil der episodische Abbildungsmechanismus die Abbildung einer Abbildung produziert, wogegen das statische Paradigma unverarbeitete Sensormessungen direkt abbildet. „Ähnlich" bedeutet, daß das episodische Abbildungsparadigma weder signifikant besser noch signifikant schlechter abschneidet als das statische Paradigma. Diese Erwartung wurde durch die Experimente bestätigt.

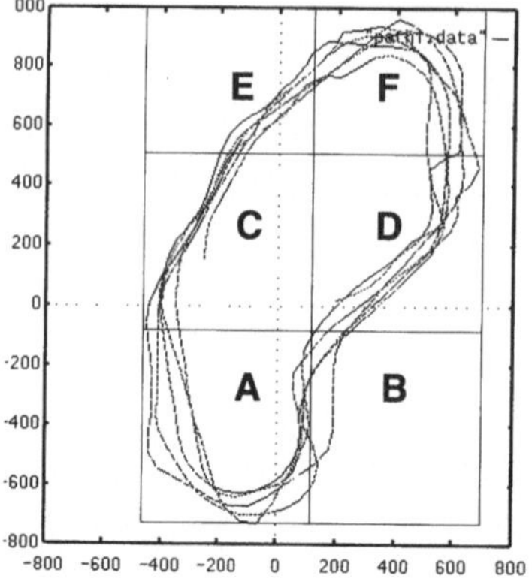

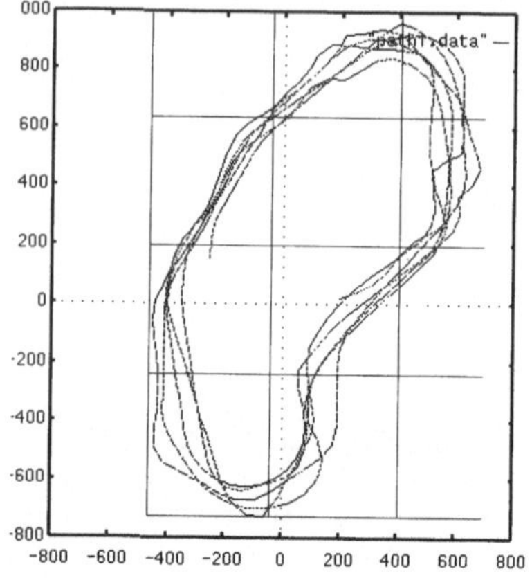

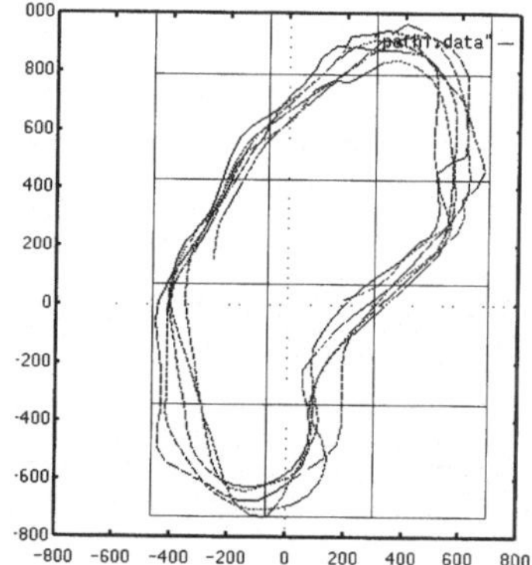

Abbildung 7.6. AUFTEILUNG DER UMGEBUNG *A* IN 6, 12 BZW. 15 RASTERFELDER. DIMENSIONEN IN EINHEITEN VON 2,5 MM.

Wenn sowohl die räumliche wie auch die Kartenauflösung verringert wird, zeigt der episodische Abbildungsmechanismus stets eine bessere Leistung als der statische Mechanismus (Abbildung 7.9). Diese Beobachtung erklärt sich dadurch, daß der statische Abbildungsmechanismus allein von der Wahrnehmungsauflösung abhängig ist (wenn diese Auflösung verringert wird, wird auch die Lokalisierungsfähigkeit schlechter). Der episodische Abbildungsmechanismus kann dagegen Information akkumulieren, indem er Wahrnehmungen der Vergangenheit berücksichtigt, und wird daher durch eine geringere perzeptuelle Auflösung weniger negativ beeinflußt.

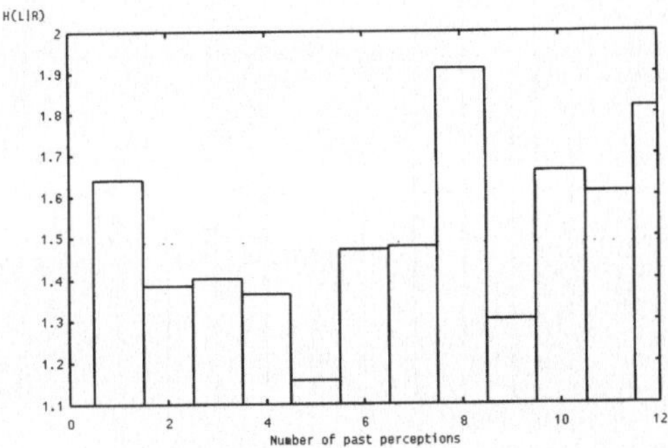

Abbildung 7.7. EXPERIMENT 1. ERGEBNISSE FÜR UMGEBUNG A MIT EINEM 12×12 NETZ-WERK, AUFGETEILT IN 16 RASTERFELDER. DER PHYSIKALISCHE RAUM DER GRÖSSE 2,87 M $\times$ 4,30 M WURDE IN 15 RASTERFELDER AUFGETEILT (SIEHE ABBILDUNG 7.6 UNTEN). DAS EINSCHICHTIGE NETZWERK ERREICHT IN DIESEM EXPERIMENT H(L|R)=1,49 (SIEHE HORI-ZONTALE LINIE).

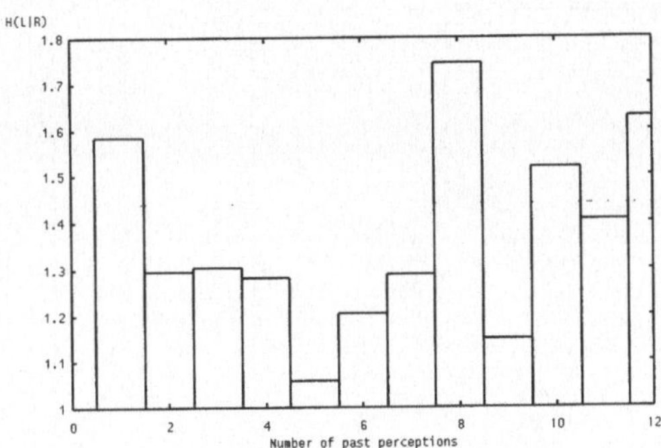

Abbildung 7.8. EXPERIMENT 2. ERGEBNISSE FÜR UMGEBUNG A MIT EINEM 12×12 NETZ-WERK, AUFGETEILT IN 16 RASTERFELDER. DER PHYSIKALISCHE RAUM DER GRÖSSE 2,87 M $\times$ 4,30 M WURDE IN 12 RASTERFELDER AUFGETEILT (SIEHE ABBILDUNG 7.6 OBEN RECHTS). DAS EINSCHICHTIGE NETZWERK ERREICHT IN DIESEM EXPERIMENT H(L|R)=1,44 (SIEHE HO-RIZONTALE LINIE).

Experimente in Umgebung B Bei einer zweiten Versuchsreihe wurden 456 Datenpunkte aufgenommen, während der Roboter manuell durch eine Umgebung mit umherstehenden Möbeln (Tische, Stühle), Ziegelwänden und freien Flächen gefahren wurde. Von diesen 456 Datenpunkten wurden 160 für das Training des Netzwerks verwendet[3], mit den übrigen 296 Datenpunkten wurde die Lokalisierung bewertet.

Umgebung B war im Vergleich zu Umgebung A weniger strukturiert und enthielt eine größere Vielfalt an perzeptuell verschiedenen Objekten und mehr „Unordnung". Umgebung B war größer, dadurch die Route des Roboters auch länger als in Umgebung A. Abbildung 7.10 zeigt die Route des Roboters durch diese Umgebung und ihre Wahrnehmung durch den Roboter.

---

[3] Mit den ersten 20 Datenpunkten wurde nur das Netzwerk der ersten Schicht trainiert.

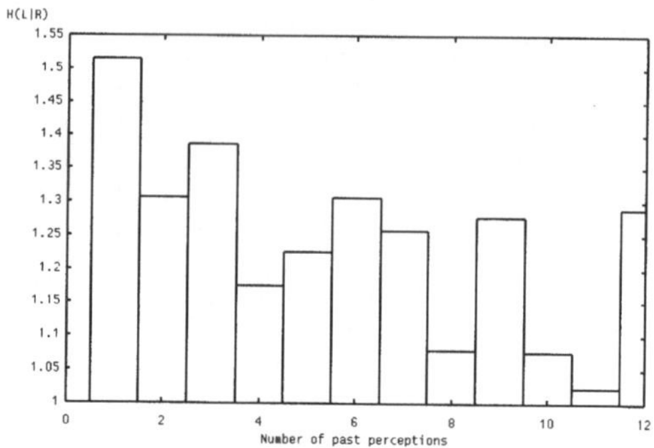

Abbildung 7.9. EXPERIMENT 3. ERGEBNISSE FÜR UMGEBUNG A MIT EINEM 9×9 NETZWERK, AUFGETEILT IN 9 RASTERFELDER. DER PHYSIKALISCHE RAUM DER GRÖSSE $2,87\,\mathrm{M} \times 4,30\,\mathrm{M}$ WURDE IN 6 RASTERFELDER AUFGETEILT (SIEHE ABBILDUNG 7.6 OBEN LINKS). DAS EINSCHICHTIGE NETZWERK ERREICHT IN DIESEM EXPERIMENT H(L|R)=1,45 (SIEHE HORIZONTALE LINIE).

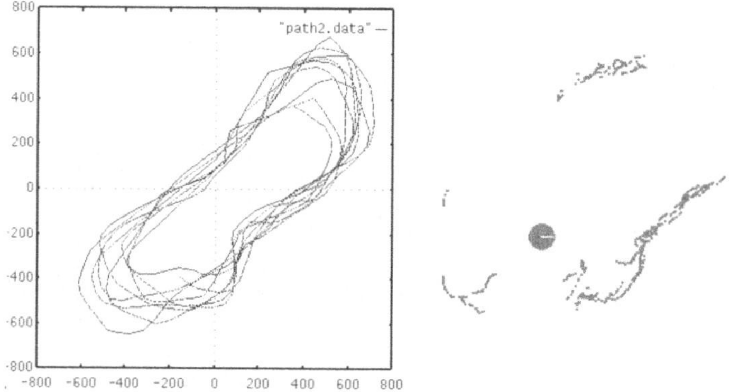

Abbildung 7.10. TRAJEKTORIE DES ROBOTERS IN UMGEBUNG B UND AKKUMULIERTE INFRAROTSENSORMESSUNGEN DES ROBOTERS IN UMGEBUNG B (UMGEBUNG B ,,AUS DER SICHT DES ROBOTERS"). DIMENSIONEN SIND IN EINHEITEN VON $2,5\,\mathrm{MM}$, MAXIMALE AUSDEHNUNG DER ROUTE: $3,37\,\mathrm{M} \times 3,36\,\mathrm{M}$.

In einem ersten Experiment wurde das Ausgangssignal der 12×12 Karte in 16 Rasterfelder und der physikalische Raum ebenfalls in 16 Rasterfelder aufgeteilt (siehe Abbildung 7.12).

Abbildung 7.13 zeigt die Ergebnisse. Wie zuvor liefert der episodische Abbildungsmechanismus eine bessere Abbildung als der statische, bis der kritische Wert $\tau = 9$ erreicht ist.

Verringert man die räumliche Auflösung (Abbildung 7.14), dann erhöht sich die Zuverlässigkeit der Lokalisation (wie zuvor), und der episodische Abbildungsmechanismus zeigt sich für alle Werte von τ dem statischen Mechanismus überlegen.

Wenn man sowohl die Kartenauflösung wie auch die räumliche Auflösung reduziert (Abbildung 7.11), wird die Qualität der Lokalisation schlechter. Trotz-

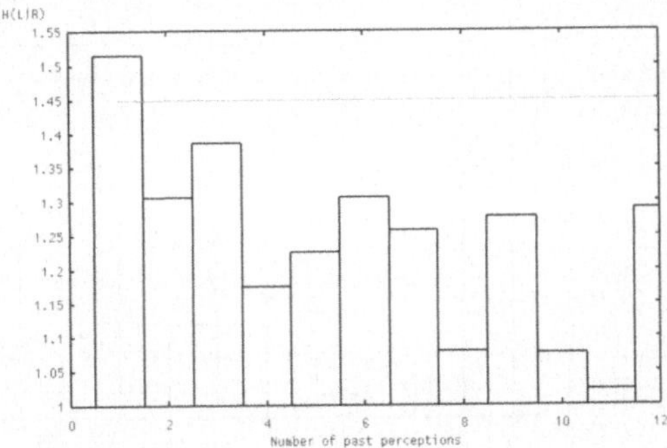

Abbildung 7.11. EXPERIMENT 6. ERGEBNISSE FÜR UMGEBUNG B MIT EINEM 9×9 NETZ-
WERK, AUFGETEILT IN 9 RASTERFELDER. DER PHYSIKALISCHE RAUM VON $3,37\,\text{M} \times 3,36\,\text{M}$
WURDE IN 9 RASTERFELDER AUFGETEILT (SIEHE ABBILDUNG 7.12, LINKS). DAS EINSCHICH-
TIGE NETZWERK ERREICHT IN DIESEM EXPERIMENT H(L|R)=1,67 (SIEHE HORIZONTALE LI-
NIE).

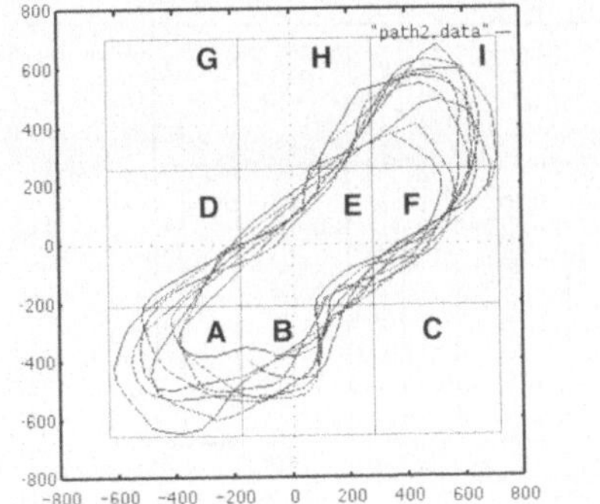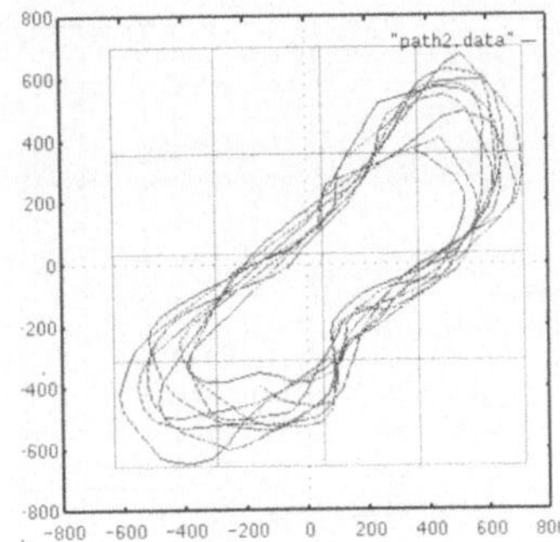

Abbildung 7.12. AUFTEILUNG VON UMGEBUNG B IN 9 BZW. 16 ORTSFELDER. DIMENSIONEN
IN EINHEITEN VON $2,5\,\text{MM}$.

dem liefert das episodische Abbildungsparadigma immer noch bessere Karten
als das statische, für alle Werte von τ. Diese Beobachtungen entsprechen denen,
die wir bei den Experimenten für Umgebung A gemacht haben.

Verwandte Forschung   Verwandte Forschung auf diesem Gebiet befaßt sich einerseits mit Implementationen topologischer Kartographiesysteme in mobilen
Robotern, andererseits mit der quantitativen Analyse des Roboterverhaltens.

Die Art der Abbildung in unseren Experimenten ähnelt in vielem den Hippo-
kampusabbildungen bei Ratten. Insbesondere lassen sich die Ortszellen auf dem
Rattenhippokampus mit den Aktivitätsmustern der hier verwendeten selbstorganisierenden Merkmalskarten vergleichen. Es existieren einige Implementationen von Roboternavigationssystemen, die solche Ortszellen simulieren, siehe
vor allem die Arbeit von Burgess, Recce und O'Keefe ([Burgess & O'Keefe 96]
[Burgess *et al.* 93], aber auch [Mataric 91] und [Nehmzow & Smithers 91]).

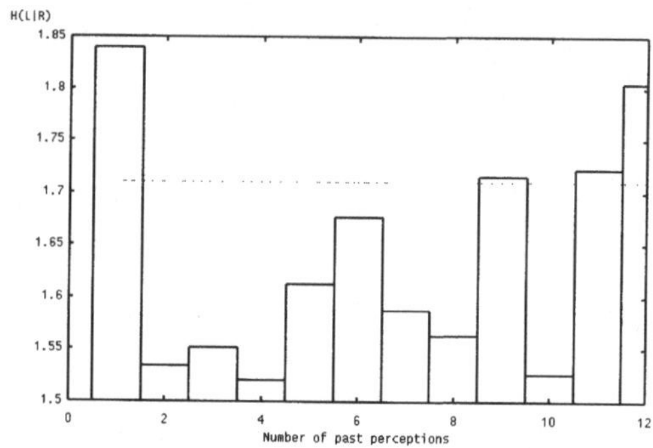

Abbildung 7.13. EXPERIMENT 4. ERGEBNISSE FÜR UMGEBUNG B MIT EINEM 12×12 NETZ-
WERK, AUFGETEILT IN 16 RASTERFELDER. DER PHYSIKALISCHE RAUM VON 3,37 M $\times$ 3,36 M
WURDE EBENFALLS IN 16 RASTERFELDER AUFGETEILT (SIEHE ABBILDUNG 7.12). DAS EIN-
SCHICHTIGE NETZWERK ERREICHT IN DIESEM EXPERIMENT H(L|R)=1,71 (SIEHE HORIZON-
TALE LINIE).

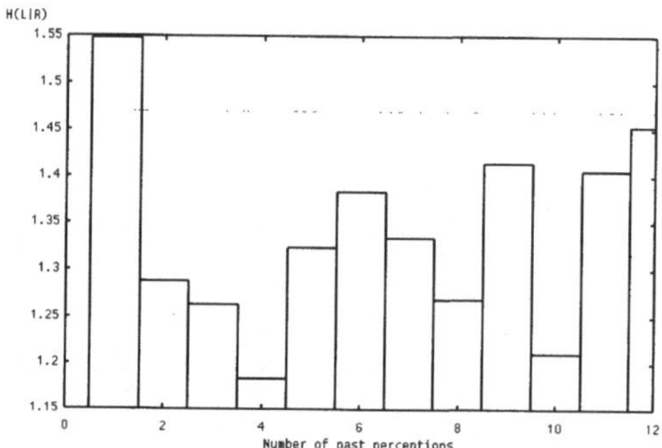

Abbildung 7.14. EXPERIMENT 5. ERGEBNISSE FÜR UMGEBUNG B MIT EINEM 12×12 NETZ-
WERK, AUFGETEILT IN 16 RASTERFELDER. DER PHYSIKALISCHE RAUM VON 3,37 M $\times$ 3,36 M
WURDE DIESMAL IN 9 RASTERFELDER AUFGETEILT (SIEHE ABBILDUNG 7.12, LINKS). DAS
EINSCHICHTIGE NETZWERK ERREICHT IN DIESEM EXPERIMENT H(L|R)=1,47 (SIEHE HORI-
ZONTALE LINIE).

Selbstorganisierende Mechanismen für das Clustern statischer Sensorsignale wurden auch zuvor schon für die Roboterlokalisation verwendet: siehe zum
Beispiel Fallstudie 5 und [Kurz 96] sowie [Zimmer 95]. In diesen Beispielen wird die gegenwärtige Sensorwahrnehmung eines mobilen Roboters durch
ein unüberwachtes selbstorganisierendes künstliches neuronales Netz geclustert.
Die Erregungsmuster des Netzwerks geben dann die gegenwärtige Position des
Roboters im perzeptuellen Raum an. Gäbe es keine perzeptuelle Kongruenz,
würde diese Methode auch die Position des Roboters in der Welt eindeutig und
zuverlässig identifizieren. Anders als bei der von uns durchgeführten Arbeit wurde dabei jedoch keine Informationen zur Wahrnehmung über einen Zeitraum
hinweg berücksichtigt.

Episodische Eingangsinformation für eine selbstorganisierende Struktur wird
auch in ähnlicher Weise in unserer Fallstudie 5 verwendet (S. 129). Der Un-

terschied zu unserer hier beschriebenen Arbeit besteht jedoch darin, daß wir diesmal ein Kohonennetz mit einer zweiten Schicht verwenden, das die vom Netzwerk der ersten Schicht vorbehandelte, schon geclusterte Sensorinformation clustert, statt Sequenzen von rohen Sensordaten zu verwenden.

Für die quantitative Analyse des Roboterverhaltens ist die Forschungsarbeit von Lee und Recce ([Lee 95]) wahrscheinlich am relevantesten. Sie bewerten verschiedene Explorationsstrategien für mobile Roboter durch eine Gütefunktion, die praktisch einen Vergleich zwischen der vom Explorationsroboter erstellten Karte und einer „präzisen" Karte des Bedieners darstellt.

Fallstudie 10: *Zusammenfassung und Schlußfolgerungen* In dieser Fallstudie haben wir einen Lokalisationsmechanismus für autonome mobile Roboter vorgestellt, der räumliche *und* episodische Information verwendet, um die Position des Roboters in der Welt zu bestimmen. Durch einen unüberwachten, selbstorganisierenden Clusterprozeß werden in der ersten Verfahrensstufe die rohen Sensorwahrnehmungen vorbehandelt (statische Abbildung), die letzten τ Wahrnehmungen dieser ersten Schicht werden dann nochmals geclustert, um episodische Information einzubeziehen.

Mit einem auf Entropie basierenden Qualitätsmaßstab werden dann die beiden Lokalisationsparadigmen verglichen und der Einfluß individueller Prozeßparameter auf die endgültige Kartenqualität bestimmt. Bei einer angemessen gewählten Länge τ der „Vorgeschichte" liefert die episodische Abbildungsmethode wesentlich bessere Ergebnisse als die statische Methode. Bezieht man jedoch zu viele vorhergehende Messungen ein, verschlechtert sich die Güte der Lokalisation wieder.

Die hier beschriebene doppelte topologische Abbildungsmethode hat den Vorteil, daß sie für zufällig auftretende, verrauschte Sensorsignale weniger anfällig ist als ein episodisches Abbildungssystem, das unbehandelte Sensordaten verwendet. Für die reale Roboterlokalisation ist dies von sehr großem Vorteil, weil in der Robotik häufig irreführende Sensorsignale auftreten.

Unsere Fallstudie läßt noch einige weitere Fragen offen, die zusätzliche Forschungsarbeit erfordern. Wir haben gezeigt, daß eine maximale Episodenlänge für die „Sensorvorgeschichte" existiert. Wird die berücksichtigte Episode länger gewählt, liefert das episodische Abbildungssystem schlechtere Ergebnisse als das statische. Durch den Unsicherheitskoeffizienten steht die Information über den optimalen Wert für die Episodenlänge τ dem Algorithmus eigentlich zur Verfügung – daher ist es denkbar, daß der Roboter die optimale Episodenlänge automatisch selbst bestimmen könnte. Das wäre wahrscheinlich nicht zu schwierig, weil in allen bisherigen Experimenten viele Werte für τ eine bessere Leistung als für das statische Abbildungssystem ergab. Wir haben aber noch keine experimentellen Beweise dafür, daß der Roboter tatsächlich in der Praxis τ autonom bestimmen kann.

Wir verwenden zwar Information über vorhergehende Wahrnehmungen für die episodische Abbildung, aber diese Information enthält keinerlei Daten über die *zeitliche Reihenfolge* dieser Wahrnehmungen. Man könnte also in weiterführender Forschungsarbeit untersuchen, ob zusätzliche Information dieser Art die Abbildungsqualität noch weiter verbessern würde.

Fallstudie 10: Literaturhinweis

- Ulrich Nehmzow, "Meaning" through Clustering by Self-Organisation of Spatial and Temporal Information. In C.L. Nehaniv (Hrsg.), *Computation for Metaphors, Analogy & Agents*, Lecture Notes in Artificial Intelligence, Band 1562, S. 209-229, Springer Verlag, Berlin, Heidelberg, New York, 1999.

7.3.2   Fallstudie 11. Beurteilung und Evaluation eines Routenlernsystems

Fallstudie 11 analysiert die Ergebnisse der Experimente, die mit dem Routenlernsystem aus Fallstudie 6 durchgeführt wurden. Wir definieren ein Gütemaß und messen damit die Fähigkeit des Roboters, eine Route zu erlernen.

Fallstudie 6 stellte ein Routenlernsystem für einen mobilen Roboter vor, das auf Selbstorganisation beruht, keinerlei vorgegebene Information verwendet und sich in unmodifizierten Umgebungen für Routen mittlerer Distanz (also um den Ausgangsort herum, aber außerhalb der Sensorreichweite) bewährt hat. In dieser neuen Fallstudie interessiert uns, die Leistung dieses Systems quantitativ zu messen.

Versuchsaufbau   Auch hier kommt wieder unser mobiler Roboter *FortyTwo* zum Einsatz (siehe Abschnitt 3.3), er verwendet das in Fallstudie 6 beschriebene Routenlernsystem (S. 135).

Die Route für unseren Versuch (Abbildung 7.15) befindet sich in den Korridoren im ersten Stock des Informatikgebäudes an der Universität Manchester. Die Korridore sind stark frequentiert und geben Zugang zur Lehrstuhlbibliothek und zu zwei weiteren Nachbargebäuden.

Abbildung 7.16 zeigt die Route aus der Sicht des eingebauten Odometriemechanismus. Hier sehen wir den gleichen Effekt wie in Abbildung 3.9, nämlich Odometriedrift.

Da das hier beschriebene System allerdings keine metrische Information verwendet, besteht keine Notwendigkeit, den aufgelaufenen Fehler zu kompensieren.

Versuchsergebnisse   In unseren Experimenten wurde der Roboter stufenweise trainiert. Bei jedem Trainingsabschnitt wurde der Roboter vom Bediener einmal die gesamte Route entlanggeführt, was einer Trainingsphase oder Trainingsrunde entspricht. Im Anschluß an jede Trainingsrunde muß der Roboter die Route autonom abfahren. Die Distanz zwischen „Fehlerstellen" (Definition s.u.) entlang der Route wird gemessen und die mittlere Distanz zwischen Fehlerstellen (*mean distance between failures* oder $MDBF$) nach Gleichung 7.31 ermittelt:

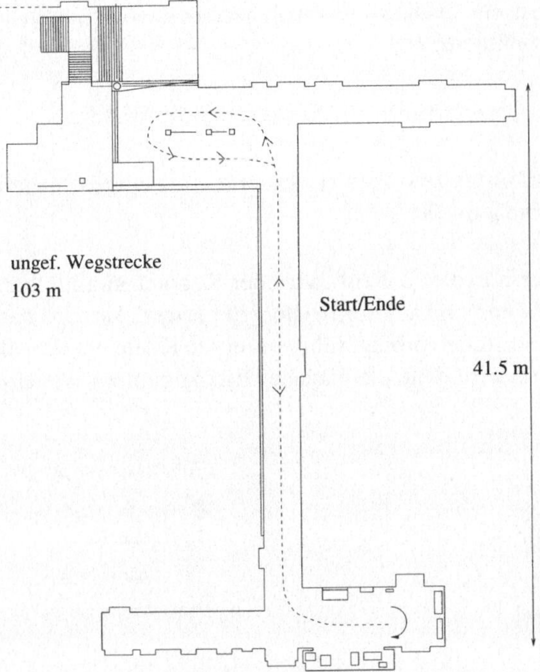

Abbildung 7.15. DIE VOM ROBOTER ERLERNTE ROUTE

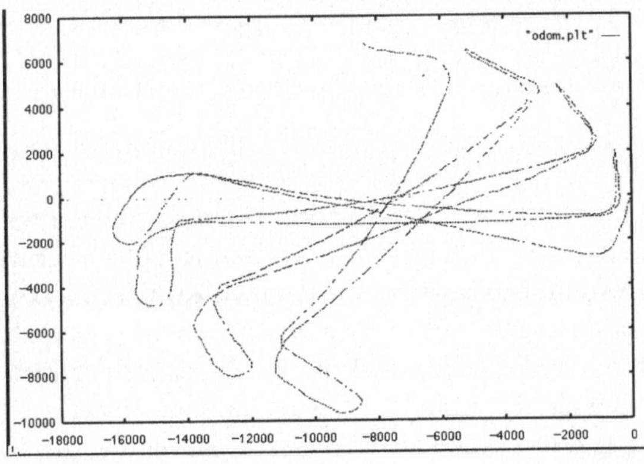

Abbildung 7.16. ODOMETRIEDRIFT (VIER DURCHGÄNGE DER ROUTE)

$$MDBF = \lim_{n \to \infty} \frac{1}{n} \sum_{i=1}^{n} DBF_i, \tag{7.31}$$

wobei n die Zahl der Messungen ist und DBF_i die $i$te Messung der „Distanz zwischen Fehlern". Dieses Maß gibt uns einen Anhaltspunkt dafür, ob der Roboter nach jeder Trainingsrunde die Route entweder besser (höhere $MDBF$) oder schlechter (niedrigere $MDBF$) als zuvor beherrscht.

Dabei ist ein „Fehler" des Roboters bei seiner Aufgabe des Routenfolgens wie folgt definiert:

- der Roboter berührt ein Objekt (oder die Wand);
  oder
- die Differenz zwischen erwünschter und eingeschlagener Fahrtrichtung beträgt mehr als 90°.

Sobald ein Fehler auftritt, wird der Roboter unmittelbar vor die Fehlerstelle zurückgefahren und auf der Route neu plaziert. Er wird dann entlang der Route an der Fehlerstelle vorbeigeführt, bis er die Route wieder selbständig aufnehmen kann. Ab da wird dann die nächste Distanz gemessen (siehe Abbildung 7.17).

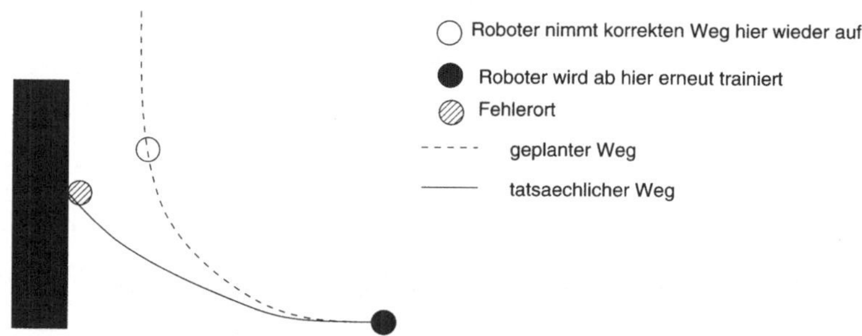

Abbildung 7.17. NACH EINEM „FEHLER" WIRD DER ROBOTER MANUELL ZU SEINER POSITION KURZ VOR DEM FEHLER ZURÜCKGEFAHREN UND VON HAND AN DER FEHLERSTELLE VORBEIGEFÜHRT. DER ROBOTER FOLGT KURZ NACH DER FEHLERSTELLE DER ROUTE WIEDER AUTONOM.

Bei den hier beschriebenen Experimenten zeichneten wir 35 Distanzen zwischen Fehlern ($n = 35$) auf, bevor wir den Roboter abermals für eine gesamte Runde trainierten. Dieser Wert stellte einen Kompromiß zwischen der Notwendigkeit einer aussagefähigen Messung und einem praktikablen Zeitmaßstab für den Datenerwerb dar (man muß die Lebensdauer der Roboterbatterie berücksichtigen). Sobald der Roboter 15 Runden ohne einen einzigen Fehler bewältigen konnte, galt die Route als erfolgreich erlernt und das Experiment als abgeschlossen[4].

Um dies zu erreichen, brauchte der Roboter fünf Trainingsrunden in der in Abbildung 7.15 gezeigten Umgebung. Abbildung 7.18 zeigt die mittlere Distanz zwischen Fehlern (MDBF) in Metern und das Variationsintervall für jede Trainingsrunde. Aus diesem Schaubild läßt sich erkennen, daß die Fähigkeit des Roboters, der Route zu folgen, tatsächlich mit jeder Trainingsrunde zunimmt.

---

[4] Da ein vollständiger autonomer Rundkurs der Route etwa 16 Minuten dauert, entsprechen 15 Runden einer Dauer von etwa 4 Stunden - annähernd die maximale Betriebsdauer des Roboters mit einem Batteriesatz.

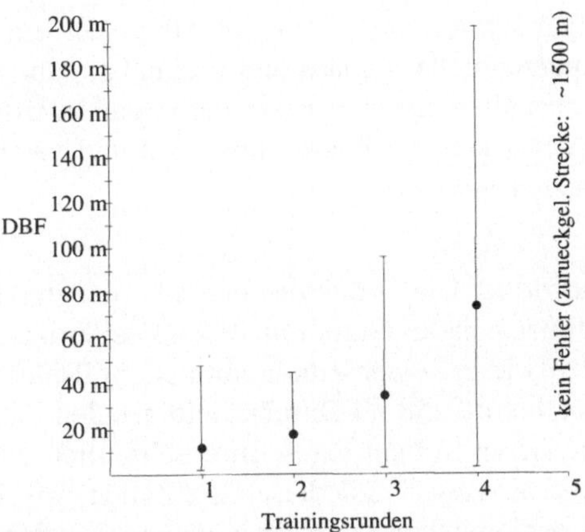

Abbildung 7.18. ERGEBNISSE FÜR DIE DISTANZ ZWISCHEN FEHLERN (DBF). DIE PUNKTE GEBEN DEN MITTELWERT (MDBF) AN, DIE VERTIKALEN LINIEN DIE SPANNE ZWISCHEN MINIMUM UND MAXIMUM

Umgebungsbedingungen Der Roboter wurde in den Abend- und Nachtstunden zwischen 18 Uhr und 3 Uhr morgens trainiert. Tabelle 7.7 zeigt die Zahl der Personen, denen der Roboter während der in Abschnitt 7.3.2 erläuterten Trainings- und Testphasen begegnete.

Trainingsrunde	Zahl der Personen	
	Trainingsphase	Testphase
1	3	3
2	2	6
3	2	5
4	4	4
5	2	9
Durchschnitt	2,6	5,4

Tabelle 7.7. ZUSAMMENFASSUNG DER UMGEBUNGSBEDINGUNGEN

Tests tagsüber Das vollständig trainierte Netzwerk wurde dann tagsüber getestet, also mit wesentlich belebteren Korridoren. Unter diesen Bedingungen war der Roboter nicht mehr in der Lage, 15 aufeinanderfolgende Runden fehlerfrei zu absolvieren und erreichte eine MDBF-Distanz von 66,25 m.

Bei der Durchführung dieser Messungen konnte man beobachten, daß Fehler eher durch stationäre Personen verursacht wurden, als durch vorbeigehende Personen. Diese Beobachtung erklärt sich dadurch, daß bewegliche Objekte nur temporäre Fluktuationen in der Wahrnehmung hervorrufen. Wenn sie sich schnell genug wieder entfernen, kann der Roboter die „korrekte" perzeptuelle Signatur für seine gegenwärtige Umgebung wiederherstellen. Stationäre Personen werden dagegen gelegentlich als Landmarken identifiziert und verwirren den routenfolgenden Agenten. Wenn allerdings der Einfluß der stationären Objekte auf die perzeptuelle Signatur nur gering ist, dann sorgen die verallgemeinernden Eigenschaften des Netzwerks dafür, daß trotzdem der gleiche Knotenpunkt oder einer seiner Nachbarn aktiv wird und somit trotz der Störung das korrekte Verhalten erzeugt.

Perzeptuelle Kongruenz Die Größe des hier verwendeten Netzwerks betrug 1600 Zellen (zweidimensionales Gitter mit 40×40 Zellen). Die durchschnittliche Anzahl von Zellen, die bei einer Runde mit dem vollständig trainierten Netzwerk beteiligt waren, betrug 258 im Durchschnitt aus den fünf aufeinanderfolgenden Runden[5]. Von diesen Zellen waren durchschnittlich 28 an perzeptueller Kongruenz beteiligt, also etwa 11% dieser 258 Zellen (wir definieren eine Zelle als „beteiligt" an perzeptueller Kongruenz, wenn sie außer an dem ersten noch an anderen Orten aktiviert wird.)

In Anlehnung an Ballard und Whiteheads Definitionen ([Ballard & Whitehead 92]) können wir im Zusammenhang mit dieser Routenaufgabe zwei verschiedene Arten der perzeptuellen Kongruenz definieren:

1. vorteilhafte Kongruenz: $(Signatur\,A = Signatur\,B) \wedge (Aktion\,A = Aktion\,B)$
2. destruktive Kongruenz: $(Signatur\,A = Signatur\,B) \wedge (Aktion\,A \neq Aktion\,B)$

Da die in unseren Experimenten gemessene perzeptuelle Kongruenz die Fähigkeit des Roboters, der Route zu folgen, nicht negativ beeinflußt, können wir sie als Typ 1 bezeichnen. Diese Art von perzeptueller Kongruenz ist natürlich erwünscht, weil sie Netzwerkspeicherplatz spart. Zu Anfang des Trainings kann man einen Effekt beobachten, der der destruktiven Kongruenz ähnlich ist: Orte mit ähnlichen Signaturen, zu denen aber jeweils verschiedene Aktionen gehören, werden leicht verwechselt, bis das Netzwerk ausreichend oft an diesen Orten trainiert wurde und die Unterschiede der Signaturen erkennt.

Ein Beispiel einer solchen anfänglichen Störung wird in Abbildung 7.19 illustriert. Man konnte beobachten, daß nach der zweiten Trainingsrunde einige der Orte, an denen der Roboter nach der ersten Runde die korrekte Aktion ausführte, nun Fehlerstellen waren. In der Abbildung ist Ort A ein Beispiel dafür.

Bei der Untersuchung des Netzwerks stellte sich heraus, daß die stärksten Knotenpunkte für die Orte A und B in der gleichen Netzgegend lagen (d.h. das Netzwerk hatte sie als dieselbe Landmarke „identifiziert"). Das hatte zur Folge, daß das erneute Training bei Ort B in der zweiten Runde (bei A war kein Training mehr nötig) die Trajektorie bei A so stark veränderte, daß ein Fehler verursacht wurde. Die Knotenpunkte in dieser Netzgegend hatten ja doppelt so viel Training bei B erhalten als bei A. Nach der dritten Trainingsrunde lagen die stärksten Knotenpunkte für die beiden Orte nicht mehr in der gleichen Gegend und es trat keine destruktive Kongruenz mehr auf.

---

[5] Wir wählten zunächst 1600 Zellen, weil das Netzwerk für die gewählte Umgebung groß genug sein sollte. Die Ergebnisse zeigten dann, daß dies Netzwerk zu groß war (wir erörtern diesen Punkt weiter unten).

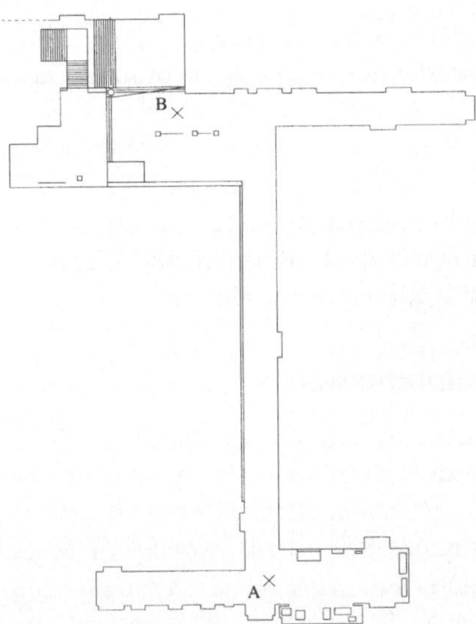

Abbildung 7.19. DIE LERNERFAHRUNG AN EINER STELLE (Z.B. *B*) KANN DAS BEREITS ER-
LERNTE VERHALTEN AN EINER ANDEREN STELLE BEEINFLUSSEN (HIER BEI *A*)

Fallstudie 11: Zusammenfassung und Diskussion In dieser Fallstudie wurde
ein in einer früheren Fallstudie beschriebenes Routenlernsystem (S. 135) analysiert. Ein mobiler Roboter wurde trainiert, einer Route von etwas mehr als 100 m
Länge zu folgen. Er war danach in der Lage, die Route mindestens 15 mal fehlerfrei zu fahren (das Experiment wurde nach der 15ten Runde beendet). Das
System verwendet perzeptuelle Landmarken und einen auf Selbstorganisation
basierten Kartographiemechanismus. Es wurde keine Odometrie verwendet.

Wir führten eine Gütefunktion (mittlere Distanz zwischen Fehlerstellen —
Mean Distance Between Failures oder MDBF) ein und maßen damit die Leistung des Roboters bei seiner Routenfolgeaufgabe. Die Ergebnisse zeigen nach
jeder Trainingsrunde eine klare Verbesserung der Navigationskompetenz.

Wir haben gezeigt, daß das Routenlernsystem in der Lage war, mit temporären
Veränderungen in der Umgebung umzugehen (vorbeigehende Personen). Permanente Veränderungen (stehende Personen) konnten dagegen Fehler verursachen.
Da die vom Roboter entwickelte Karte für die Vorhersage zukünftiger Wahrnehmungen verwendet werden kann, ließe sich dies Problem möglicherweise
lösen, indem der Roboter Abweichungen von erwarteten Wahrnehmungen entdeckt und anhand dessen die entsprechenden Aktionen wählt.

Auch die Kapazität des Netzwerks muß überprüft werden. In unseren Experimenten war das Netzwerk wesentlich größer als tatsächlich für die Umgebung
notwendig. Man kann allerdings nicht unbedingt aus der Umgebung auf die optimale Größe des Netzwerks schließen. Es wäre besser, den Roboter je nach Komplexität seiner Umgebung autonom die ungefähre Größe der Karte entscheiden
zu lassen, statt eine Karte festgelegter Größe zu verwenden. Als grober Anhaltspunkt könnte die Zahl der verschiedenen Eingangsvektoren dienen, die während
einer vollständigen Runde erstellt wurden, wobei das Kriterium, wonach sie als

„verschieden" gelten, vorher festgelegt würde. Eine andere Möglichkeit wäre, wachsende Netzwerke, wie z.B. das „neuronale Gas" von Fritzke ([Fritzke 95]) zu verwenden.

Unser System ist in dieser Form auf festgelegte Routen beschränkt (Karteninformation entspricht Routeninformation, [O'Keefe 89]) und daher für freie Navigation ungeeignet. Der perzeptuelle Clustermechanismus kann allerding durch Bezugsinformation wie die Entfernung und Richtung anderer Orte ergänzt werden, um freie Navigation zu ermöglichen.

Fallstudie 11: Literaturhinweis

- C. Owen und U. Nehmzow, Middle Scale Navigation — a Case Study, in N. Sharkey und U. Nehmzow (Hrsg.), Spatial Reasoning in Mobile Robots and Animals, *Technical Report Series*, Report Nr. UMCS-97-4-1, Department of Computer Science, University of Manchester, Manchester 1997. Zugänglich unter www.cs.man.ac.uk/cstechrep/titles97.html.

7.3.3 Fallstudie 12.
Evaluation eines Roboterlokalisationssystems

In Fallstudie 7 (S. 145) wurde ein selbstorganisierendes System für die Selbstlokalisation von Robotern vorgestellt. Das System stellte eine Hypothese über die gegenwärtige Position des Roboters auf, indem es Evidenz über Zeit akkumulierte („evidenzbasierte Lokalisation" bzw. *evidence-based localisation* oder kurz EBL). In dieser 12. Fallstudie analysieren wir dieses System und bestimmen, wie erfolgreich es lokalisiert.

Damit die Lokalisationsleistung des Systems bewertet werden kann, muß zunächst eine Gütefunktion definiert werden. Wir verwenden hier zwei Methoden. Die erste Methode besteht darin, die tatsächliche Position des Roboters zu bestimmen (etwa durch Beobachtung), und die mittlere Differenz in Metern zwischen der wahren und der angenommenen Position zu berechnen.

Die zweite Methode basiert auf Entropie und berechnet die Assoziationsstärke zwischen der physikalischen Position des Roboters in der Welt und den Reaktionen des Lokalisationssystems an dieser bestimmten Position. Zunächst wollen wir die erstgenannte Methode betrachten, die den mittleren Distanzfehler berechnet.

Berechnung des mittleren Lokalisationsfehlers Zur Berechnung des durchschnittlichen Lokalisationsfehlers wurden mehrere Computersimulationen und Experimente mit *FortyTwo* durchgeführt. Erstere werden im Folgenden einfach als „Simulation", letztere als „Experiment" bezeichnet.

Zuerst wurden die Simulationen durchgeführt, weil dabei eine Evaluation unter präzise definierten und wiederholbaren Bedingungen sowie die kontrollierte Erzeugung spezifischer Fehler möglich ist. Danach wurde mit Experimenten demonstriert, daß ein Roboter tatsächlich in der Praxis mithilfe dieses Systems Selbstlokalisation erfolgreich ausführen konnte.

Bei den mit *FortyTwo* durchgeführten Experimenten wurden die Rotations- und Translationsmotoren unabhängig voneinander gesteuert. Die Drehkuppel blieb feststehend, um einen konstanten „Kompaßsinn" zu erhalten. Beim Erkunden der Umgebung sind die Sensoren des Roboters also nicht in Fahrtrichtung, sondern stets in derselben globalen Richtung orientiert. Dadurch hängt die Wahrnehmung eines Ortes allein von der Position des Roboters ab, nicht jedoch von seiner Orientierung.

Wie in Abschnitt 5.4.4 beschrieben, wurde das Lokalisationssystem als Verhaltenshierarchie implementiert (siehe Abbildung 5.35).

Wir implementierten zwei verschiedene Explorationsverhalten, die beide Hindernisausweichen enthielten (Wandfolgen und Umherwandern), in einem Perzeptron-ähnlichen neuronalen Netzwerk und trainierten es mit Instinktregeln (weitere Einzelheiten in Abschnitt 4.4). Nach der Trainingsphase ist die Steuerung ausschließlich reaktiv und assoziiert verschiedene Wahrnehmungen der Sonar- und Infrarotsensoren mit den entsprechenden Aktionen der Translations- und Rotationsmotoren.

In jedem Experiment bzw. jeder Simulation wird der Lokalisationsfehler als die Differenz zwischen der tatsächlichen Position des Roboters und der stärksten Positionseinschätzung des Lokalisationsalgorithmus berechnet. Wenn zwei oder mehr Hypothesen den gleichen Gewißheitsgrad besitzen, wird die schlechteste verwendet, d.h. der angenommene Ort, der am weitesten von der tatsächlichen Position entfernt liegt.

Simulationen

Exploration durch Wandfolgen In jeder der folgenden Simulationen wurde der Lokalisationsfehler unter Berücksichtigung der Zeitkomponente über 30 Testdurchgänge aufgezeichnet und die Durchschnittsfehlerkurven ermittelt. Zusätzlich maßen wir für jeden Testdurchgang auch die Dauer und die Anzahl der Algorithmusdurchläufe, die nötig waren, damit der Lokalisationsfehler unter einen Distanzschwellwert $D = 25$ cm fiel. Eine statistische Analyse dieser Ergebnisse findet sich in Tabelle 7.8.

Simulierte Fehlerart	Lokalisationsschritte				Zeit in Sekunden			
	Mittel	Std.abw.	Min	Max	Mittel	Std.abw.	Min	Max
kein Fehler	3,6	1,1	1	6	169,6	67,7	22,5	313,5
10% Klass.fehler	12,4	9,0	3	41	195,3	108,4	58,2	518,3
25% Driftfehler	4,0	1,3	1	7	175,2	67,1	26,0	314,3
beide Fehler	11,4	6,5	2	31	184,8	121,6	39,9	692,4

Tabelle 7.8. VERGLEICH DER LOKALISATIONSDAUER BEI DEN WANDFOLGESIMULATIONEN. DIE LOKALISATIONSDAUER SAGT AUS, WIE LANGE ES DAUERT, BIS DER LOKALISATIONSFEHLER UNTER DEN FÜR DIE KARTENERSTELLUNG VERWENDETEN DISTANZSCHWELLWERT D FÄLLT. AUCH DIE ZAHL DER ALGORITHMUSDURCHLÄUFE („LOKALISATIONSSCHRITTE") WURDEN FÜR JEDEN TESTDURCHGANG AUFGEZEICHNET. DIE ERGEBNISSE BEZIEHEN SICH AUF DIE 30 TESTDURCHGÄNGE JEDER SIMULATION.

Die Zeitangaben wurden der UNIX-Systemuhr während der laufenden Simulation entnommen und sind wesentlich länger als bei einem realen Roboter. Die verhältnismäßig langsame Durchführungsgeschwindigkeit lag daran, daß alle vier hier beschriebenen Simulationen gleichzeitig liefen und ein einziger simulierter Roboter den Sensordateninput für jedes der Lokalisationsprogramme lieferte. Daher basieren alle Ergebnisse auf identischen Sensormessungen (gleicher Roboter, gleicher Zeitraum, gleiches Explorationsverhalten).

Kontrolle: ohne eingebaute Fehler Für den Simulator wurde zuerst eine Testumgebung erstellt (Abbildungen 5.39 und 5.41). Diese Umgebung wurde absichtlich so entworfen, daß kein einziger Ort eine unverwechselbare perzeptuelle Signatur besaß, also der ungünstigste Fall für eine Roboterlokalisation. Abbildung 7.20 zeigt den resultierenden Lokalisationsfehler, im Durchschnitt über 30 Testdurchgänge. Man kann sehen, daß nach etwa 250 Sekunden die Durchschnittsfehlerkurve unter 25 cm fällt, also unter den in der Kartenerstellung verwendeten Distanzschwellwert D. Der Algorithmus lokalisiert stets zum nächsten Kartenpunkt, wenn das System keine Fehler enthält.

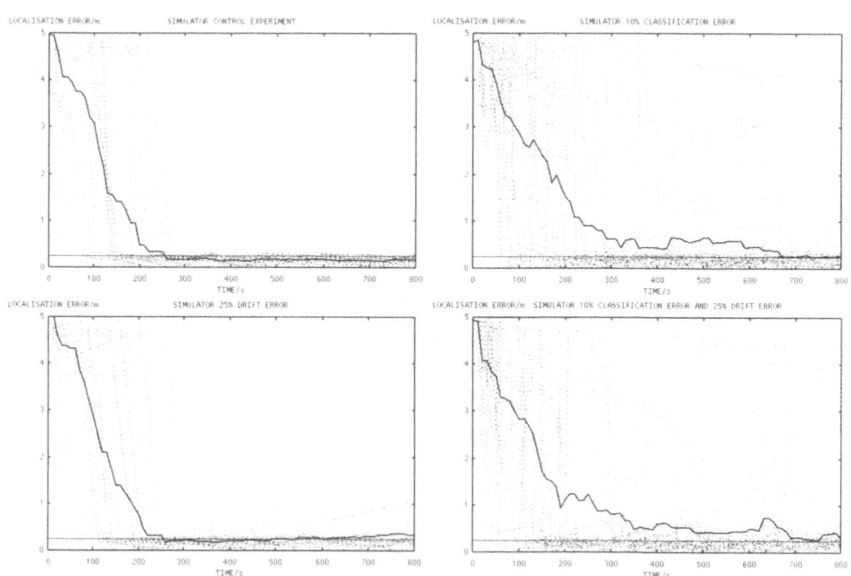

Abbildung 7.20. WANDFOLGESIMULATION OHNE EINGEBAUTE FEHLER (KONTROLLE, OBEN LINKS), 10% KLASSIFIKATIONSFEHLER (OBEN RECHTS), 25% DRIFTFEHLER (UNTEN LINKS) UND 10% KLASSIFIKATIONSFEHLER MIT GLEICHZEITIG 25% DRIFTFEHLER (UNTEN RECHTS). DIE FETTEN LINIEN ZEIGEN DEN DURCHSCHNITTSFEHLER ÜBER 30 TESTDURCHGÄNGE. DIE GEBROCHENEN LINIEN ZEIGEN DIE EINZELNEN TESTDURCHGÄNGE. DIE HORIZONTALE LINIE BEI $y = 0,25$ IST DER DISTANZSCHWELLWERT D FÜR DIE KARTENERSTELLUNG.

Wir konnten hier noch eine weitere wichtige Beobachtung machen. Man denke sich zwei wandfolgende Roboter, die der Wand in Abbildung 5.41 folgen, von denen der eine vom Ursprung aus losfährt, der andere vom linken Rand der Karte. Wenn sie dann im Uhrzeigersinn an der Wand entlang fahren, würde für beide Roboter die gleiche Sequenz von Veränderungen in der gegenwärtig wahrgenommenen ART-Kategorie gelten, nämlich „0, 1, 2, 3, 0, 4, 5, 6, 0 ...". Wenn der Lokalisationsalgorithmus tatsächlich nur nach einer einzigartigen, unverwechselbaren Sequenz von ART-Kategorien erfolgreich wäre, wäre erst an der nächsten Abbiegung der Unterschied der beiden Lokationen erkennbar: der erste Roboter würde dort eine „4" aufzeichnen, der zweite eine „1". Unsere Simulation zeigte jedoch, daß dies nicht der Fall war!

In der Simulation kristallisierte sich für beide simulierte Roboter schon etwa bei „0, 1, 2, 3 ..." eine stärkste Ortshypothese heraus, weil sich die entsprechenden perzeptuellen Regionen (Abbildung 5.39) wesentlich in ihrer Größe unterscheiden. Die geschätzte Position des Roboters wird also nicht allein durch die Sequenz der wahrgenommenen ART-Kategorien bestimmt, sondern außerdem auch durch die *Größe* der entsprechenden Kartenregionen. Der Roboter sammelt also auch nützliche Informationen, selbst wenn das ART-Netzwerk keine Veränderungen entdeckt. Dieser Aspekt war nicht in das System einprogrammiert worden, sondern entstand emergent aus der Verwendung relativer Odometrie für den Vergleich aufeinanderfolgender Hypothesen des Lokalisationsalgorithmus.

Einführung eines Klassifikationsfehlers In einer weiteren Simulation wurde beim ART-Netz ein Klassifikationsfehler von 10% eingeführt. Jedesmal, wenn die aktuelle ART-Kategorie ermittelt wurde, bestand dadurch eine 10%ige Chance einer Fehlklassifikation (eine falsche Kategorie wurde zufällig ausgewählt). Dies ist eine sehr pessimistisch angelegte Situation, da in der Praxis der Klassifikationsfehler von *FortyTwo* wesentlich geringer ist.

Abbildung 7.20 zeigt die Ergebnisse. Obwohl man hier auch gleich wieder einen Abwärtstrend beobachten kann, dauert es doch etwa 650 Sekunden, bis die Durchschnittsfehlerkurve die entscheidende 25 cm-Marke erreicht. Natürlich ist dies der Durchschnitt für den schlimmsten denkbaren Fall und reflektiert eine stetig abnehmende Anzahl von „Störwerten", durch die eine schlechte Hypothese vorübergehend mehr Gewicht erhält als die letztendlich stärkste Hypothese. Die Störwerte werden mehr und mehr unterdrückt, während die besten Hypothesen durch den Verstärkungsfaktor des Algorithmus immer mehr Gewicht erhalten.

Es ist offensichtlich, daß das Gleichgewicht zwischen den im Algorithmus verwendeten Verstärkungs- und Abschwächungsfaktoren hier sehr wichtig ist. Wenn die insgesamte Verstärkung zu niedrig ist, kristallisieren sich eventuell gar keine guten Hypothesen heraus; wenn die Verstärkung dagegen zu hoch ist, dann dauert es sehr lange, bis störende Hypothesen überwunden sind. Eine zusätzliche Simulationsreihe zeigte, daß ein angemessener Wert für den Verstärkungsfaktor (*gain*) bei etwa $1,5 \leq GAIN \leq 8$ liegt, mit einem Abschwächungsfaktor (*decay*) von $0,6 \leq DECAY \leq 0,8$; vorausgesetzt, daß Hypothesen gelöscht werden, sobald ihr Gewißheitsgrad unter das Minimum von $MIN = 0,5$ fällt.

Tabelle 7.8 zeigt, daß die Lokalisation hier zwar nur wenig länger dauerte als beim Kontrolldurchgang, aber wesentlich mehr Algorithmusdurchläufe stattfanden. Dies ist der Fall, weil jedesmal, wenn der Lokalisationsmechanismus die gegenwärtige ART-Kategorie erwägt, eine 10%ige Wahrscheinlichkeit besteht, daß eine Fehlklassifikation einen weiteren Durchlauf auslöst (in Wirklichkeit eine 20%ige Wahrscheinlichkeit, da der Algorithmus erneut ausgelöst wird, wenn die korrekte Klassifikation ein weiteres Mal gewählt wird.)

Einführung eines Driftfehlers Als nächstes wurde absichtlich ein globaler Driftfehler in der Odometrie eingeführt. Die gefahrene Distanz des Roboters wurde integriert und dann ein entsprechender Prozentsatz der Integration zu den absoluten Odometriemessungen addiert, in einer zu Beginn jeder Versuchsrunde zufällig gewählten Driftrichtung.

In einer separaten Simulationsreihe ergab sich, daß selbst bei einem Driftfehler von bis zu 20% die Leistung des Lokalisationsalgorithmus fast keinen Unterschied zu unserem Kontrollversuch aufwies. Ein Driftfehler von 25% zeigte eine gewisse Auswirkung auf die Leistung (siehe Abbildung 7.20). Hier kann man sehen, daß einige der stärksten Hypothesen durch Drift verfälscht und erst nach einer Weile schwächer wurden, bis sie vollständig durch andere korrekte Hypothesen ersetzt waren. Der beim Zuordnungsteil des Lokalisationsalgorithmus verwendete Distanzschwellwert D hat hier kritische Bedeutung: wenn er zu niedrig ist, versagt der Zuordnungsvorgang, wenn er dagegen zu hoch liegt, kann der Algorithmus niemals zwischen guten und schlechten Hypothesen unterscheiden. Für den normalen Betrieb stellte sich ein Wert von $2D$ (also der doppelte Distanzschwellwert bei der Kartenerstellung) als ausreichend heraus.

Diese Widerstandsfähigkeit gegenüber Driftfehlern ist allerdings nicht besonders überraschend, da den Simulationen eine „perfekte" Karte zur Verfügung steht und der Algorithmus nur relative Odometrie benutzt. Was den Lokalisationsmechanismus betrifft, wird die metrische Information der Karte allein als grober Maßstab für Nähe verwendet, lokale Verzerrungen sollten also kein Problem darstellen. Ein großes Problem, das noch angegangen werden muß, ist die Frage, wie man Driftfehler während der Kartenerstellung bewältigt. Wie stellt man sicher, daß die Karte global konsistent ist? Odometriedrift kann zum Beispiel bewirken, daß der gleiche Ort zweimal repräsentiert wird. Eines der Kriterien für die Hinzufügung neuer Orte auf der Karte ist nämlich, daß es sich um eine Position im kartesischen Raum handeln muß, die sich von bereits aufgenommenen Orten ausreichend unterscheidet. Dieses Kriterium wäre erfüllt, wenn zwei Orte tatsächlich verschieden sind, aber auch, wenn sie wegen eines Driftfehlers nur verschieden erscheinen.

Einführung von Klassifikations- und Driftfehlern In einer vierten Simulation offenbarte sich ein besonders interessanter Synergismus, der aus der Kombination zweier verschiedener Fehlereffekte entstand. Hier führten wir sowohl einen 10%igen Klassifikationsfehler wie auch einen 25%igen Driftfehler ein. Abbildung 7.20 zeigt die zuvor besprochenen Fehlklassifikationen und Driftauswirkungen. Ungewöhnlich bei diesen Ergebnissen ist der relative Vergleich mit den anderen Simulationen in Tabelle 7.8, besonders verglichen mit der Simulation, die nur den 10%igen Klassifikationsfehler enthielt. Man sieht, daß der hinzugefügte Driftfehler den Algorithmus dazu bringt, mit *weniger* Schritten und in *kürzerer* Zeit zu lokalisieren!

Dieser überraschende Effekt läßt sich folgendermaßen erklären: der Klassifikationsfehler von 10% bewirkt, daß Fehlhypothesen an Gewißheit gewinnen (wie oben erläutert). Unter gewissen Umständen vergrößert sich der Gewißheitsgrad solcher fehlerhaften Hypothesen dadurch, daß insgesamt mehr Evidenz für als gegen die Fehlklassifikationen (und Klassifikationen) des ART-Netzwerks produziert wird. Vorausgesetzt, daß der Evidenzakkumulationsschritt des Algorithmus Hypothesen bevorzugt, die innerhalb des Distanzgrenzwerts D bleiben, ist zu erwarten, daß die fehlerhaften Hypothesen länger aufrecht erhalten bleiben, wenn sie bei abnehmendem Gewißheitsgrad wenigstens ihre Position konstant beibehalten. Deshalb erlaubt gerade akkurate Koppelnavigation den fehlerhaften Hypothesen eine längere Lebensdauer als eine weniger genaue Odometrie. Indem man einen zusätzlichen Driftfehler von 25% einführt, verursacht man eine raschere Schwächung der fehlerhaften Hypothesen als bei der Simulation, die allein dem 10%igen Klassifikationsfehler unterliegt. In diesem Fall wird dadurch der negative Einfluß des Drifteffekts mehr als ausgeglichen.

Abgesehen von dieser interessanten Anomalie zeigt Abbildung 7.24 (ein Vergleich der Auswirkung aller eingeführten Fehler auf die Lokalisationsfähigkeit des Roboters) außerdem, daß die Gesamtleistung des Algorithmus für die verschiedenen Fehlerbedingungen der einzelnen Simulationen keine wirklich großen Unterschiede aufweist; die Leistung nimmt unter Fehlerbedingungen nur allmählich ab (*graceful degradation*). Der Lokalisationsalgorithmus zeigt sich robust gegen Driftfehler, was aber erst noch in einem größeren Maßstab untersucht werden muß, um das Problem während der Kartenerstellung beurteilen zu können. Klassifikationsfehler scheinen die Leistung nicht wesentlich zu beeinträchtigen, aber der Aufwand des Algorithmus ist größer.

Exploration durch freies Wandern Bisher wurde für die Exploration der Umgebung die Wandfolgestrategie verwendet. Im Gegensatz zu dieser eindimensionalen Strategie kam bei dieser neuen Simulation eine variable „zweidimensionale" Strategie zum Einsatz (siehe Abbildung 7.21), wobei die gleichen Orte von vielen verschiedenen Richtungen angefahren werden können. (Indem die Drehkuppel wie zuvor eine konstante Orientation behielt, war auch hier die Ortserkennung durch ART2 möglich).

Wir wählten diesmal Sonarsignale als Input für das ART2-Netz, weil sich herausstellte, daß ein Großteil der Umgebung (abgesehen von den Wänden) keine durch Infrarot unterscheidbaren Merkmale enthielt. (Beim ART2 können „flache" Muster, d.h. Muster ohne aus dem Hintergrundrauschen herausragende offensichtliche Merkmale, überhaupt keiner Kategorie zugeordnet werden.) Bei unserer Umgebung besaß wiederum keine einzige Gegend eine unverwechselbare Definition im perzeptuellen Raum (siehe Abbildung 7.22).

Die Grundlage für das freie Umherwandern war ein erlerntes Hindernisausweichverhalten mit kontinuierlichen, „glatten" Bewegungen. Um zu verhindern,

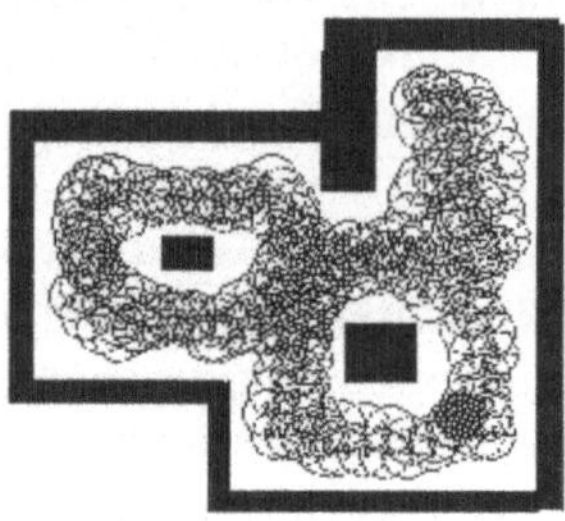

Abbildung 7.21. SIMULATIONSTESTUMGEBUNG FÜR „ZWEIDIMENSIONALE" LOKALISATION. DIE FAHRSPUR DER SIMULATION ZEIGT, DASS DER ROBOTER ORTE VON BELIEBIGEN RICHTUNGEN AUS ANFAHREN KANN.

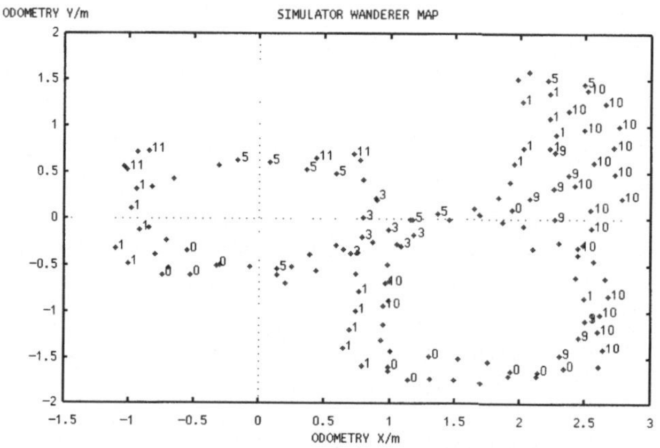

Abbildung 7.22. VON EINEM SIMULIERTEN FREI WANDERNDEN ROBOTER ERSTELLTE ORTSPUNKTE. DER KLARHEIT HALBER SIND NICHT ALLE ART-KATEGORIEN ABGEBILDET.

daß der simulierte Roboter in wiederholtem Umkreisen eines bestimmten Ortes der Umgebung steckenblieb, wurde der Ausgangsvektor der neuronalen Steuerung mit Zufallsrauschen versehen. Um mit dieser Explorationsstrategie verschiedene Gegenden der Umgebung abzudecken und das Verhalten unvorhersagbar zu machen, veränderten wir die Sensitivität des Hindernisausweichverhaltens zufällig, indem wir den Zuwachsfaktor (*gain*) des „Rotationsmotorneurons" variierten. Auf diese Weise war die Simulation ein guter Test für die Fähigkeit des Roboters, Lokalisation durchzuführen, ohne jedesmal die gleiche Sequenz von Orten anfahren zu müssen.

Selbst mit diesen Erweiterungen brauchte der umherwandernde Roboter unter Umständen sehr lange, um eine vollständige Karte eines kleinen Raumes wie unserer Testumgebung zu erstellen. Das überrascht natürlich nicht, weil die Explorationsstrategie hier im Prinzip völlig auf Zufall und die Berechnung von Durchschnittswerten angewiesen ist, um neue Kartengegenden zu erkunden.

Dies wird auch in den Versuchsergebnissen deutlich (siehe Abbildung 7.23). Obwohl der Roboter jedesmal die Lokalisation letztendlich erfolgreich durchführen konnte, dauerte es manchmal sehr lange, bis der Roboter eine wahrnehmungsmäßig eindeutige Route durch die Umgebung gefunden hatte. Durchschnittlich brauchte er 10,2 Schritte, wobei die Schwankungen um diesen Wert herum groß waren (Standardabweichung 7,5 Schritte), je nach dem, ob der Lokalisationsmechanismus zufällig durch das Wanderverhalten nützliche Explorationsinformation bekam.

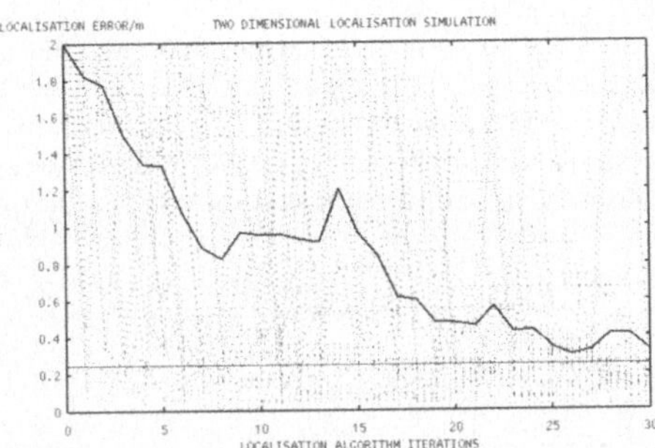

Abbildung 7.23. LOKALISATIONSFEHLER BEI DER WANDERSIMULATION (DURCHSCHNITTS-FEHLER BEI 30 TESTDURCHGÄNGEN)

Trotz der oben erläuterten Einschränkungen scheint die Wandersimulation die zugrundeliegenden Prinzipien des Lokalisationsalgorithmus zu bestätigen. Sie liefert den praktischen Nachweis, daß Lokalisation tatsächlich möglich ist, ohne einer festen Landmarkensequenz folgen zu müssen. Die Ergebnisse waren allerdings sowohl für Kartenerstellung wie auch für Lokalisation wesentlich besser, wenn Wandfolgen eingesetzt wurde. Bei der Exploration sind also kanonische Routen der Zufallsbewegung weit überlegen (eine ausführlichere Diskussion hierzu findet sich bei [Nehmzow 95b]). Die Kartenerstellung ist vor allem wesentlich effizienter und braucht viel weniger Ortspunkte bei der gleichen Umgebungsgröße. Eine bei einer einzigen Runde erstellte Karte kann alle notwendige Information enthalten, die der Roboter braucht, um mit der gleichen Lokalisationsstrategie neu zu lokalisieren, wenn er die Orientierung verloren hat. Lokalisation stellte sich als wesentlich einfacher heraus, wenn die gleiche Route wie zuvor befahren wurde.

Experimente mit einem Roboter Nach Durchführung dieser Simulationen wurde das System auf *FortyTwo* im Robotiklabor der Universität Manchester getestet. Für die Exploration wurde ein Wandfolgeverhalten verwendet, die 16 Infrarotsensoren des Roboters dienten als Eingangssignale für das ART2-Netz. Die Karte wurde während einer einzigen Runde durch den abgeschlossenen Raum erstellt, dessen Begrenzung aus Wänden und Kartons bestand (siehe Abbildung 7.25). Die Umgebung enthielt absichtlich einige Bereiche perzeptueller Kongru-

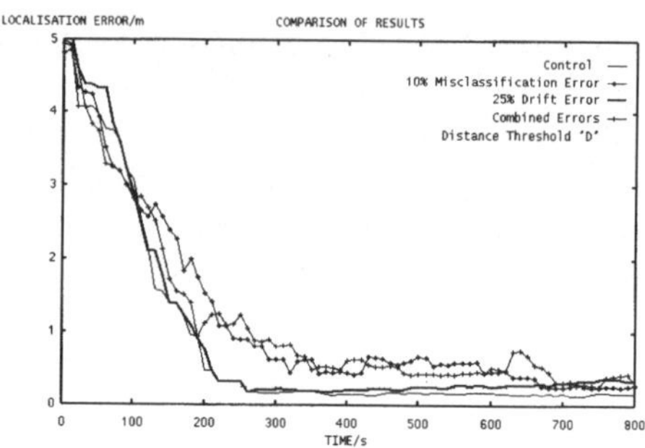

Abbildung 7.24. VERGLEICH DER VERSCHIEDENEN WANDFOLGESIMULATIONEN, DURCHSCHNITTSFEHLER JEWEILS FÜR 30 TESTRUNDEN. FÜR ALLE SIMULATIONEN WURDE DASSELBE WANDFOLGEVERHALTEN VERWENDET. DIE ZEITANGABEN DES SIMULATORS HÄNGEN VON DER GESCHWINDIGKEIT DES BETRIEBSSYSTEM AB UND STIMMEN NICHT MIT DER ECHTZEIT ÜBEREIN, ERMÖGLICHEN ABER EINEN RELATIVEN VERGLEICH DER ERGEBNISSE.

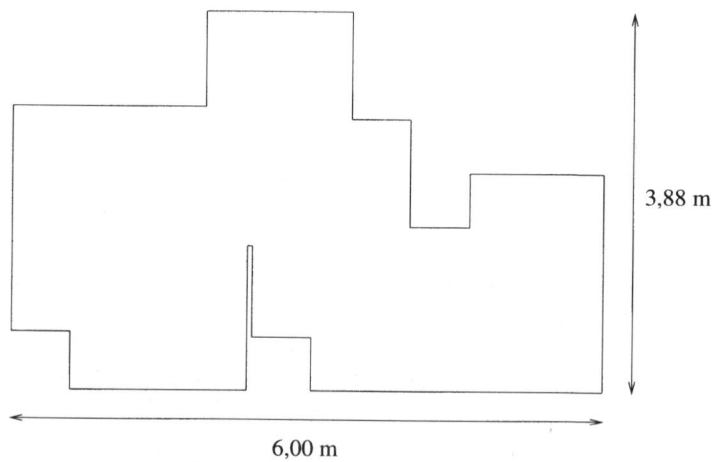

Abbildung 7.25. UMGEBUNG FÜR DIE EXPERIMENTE MIT EINEM WIRKLICHEN ROBOTER. DIE EXPLORATION WURDE MIT EINEM WANDFOLGEMECHANISMUS (IM UHRZEIGERSINN) DURCHGEFÜHRT, INPUT FÜR DAS ART2-NETZ WAREN DIE INFRAROTSENSOREN DES ROBOTERS.

enz, wie aus der Karte ersichtlich ist (Abbildung 7.26). Die durchschnittliche Geschwindigkeit des Roboters betrug $0,10\,ms^{-1}$.

Der Algorithmus vollzog 20 Durchgänge pro Testrunde über 30 Testrunden. Die Ergebnisse (Abbildung 7.27) zeigen einen stetig fallenden durchschnittlichen Lokalisationsfehler im Laufe der Zeit. Die „tatsächliche" Position des Roboters mußte aus globaler Odometrie gewonnen werden, weil keine externe Möglichkeit zur Positionsbestimmung für *FortyTwo* zur Verfügung stand. Die Genauigkeit der abgebildeten Ergebnisse hängt daher von der Odometriedrift ab.

Zusätzlich wurde für jede Testrunde die Dauer und Anzahl der Durchläufe durch den Algorithmus gemessen, die nötig waren, bis der Lokalisationsfeh-

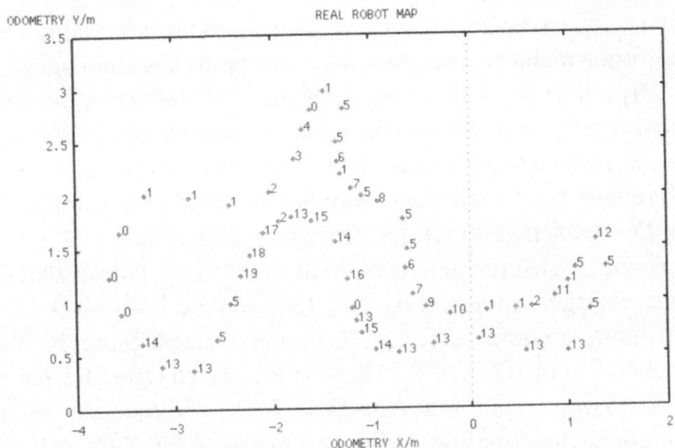

Abbildung 7.26. VOM REALEN ROBOTER ERSTELLTE KARTE. DIE ORTSPUNKTE FOLGEN DER ROUTE DES WANDFOLGENDEN ROBOTERS DURCH DIE UMGEBUNG IN ABBILDUNG 7.25.

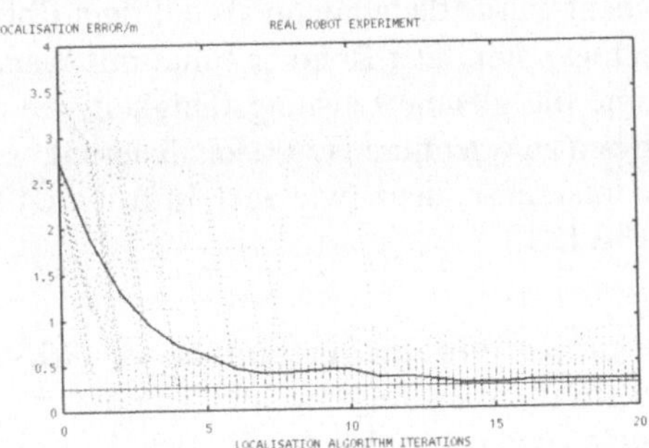

Abbildung 7.27. LOKALISATIONSFEHLER DES REALEN ROBOTERS. DIE FETTE LINIE ZEIGT DEN DURCHSCHNITTSFEHLER ÜBER 30 TESTRUNDEN. DIE UNTERBROCHENEN LINIEN ZEIGEN DIE EINZELNEN TESTRUNDEN. DIE HORIZONTALE LINIE BEI $y = 0,25$ GIBT DEN DISTANZSCHWELLWERT D BEI DER KARTENERSTELLUNG AN.

ler unterhalb des Distanzschwellwertes D blieb. Die Durchschnittsdauer war 27,3 Sekunden, mit einer Standardabweichung von 21,9 Sekunden (die Durchschnittskurve in Abbildung 7.27 braucht länger, um D zu erreichen, weil diese Berechnung die Lokalisationsfehler für den ungünstigsten Fall mit einbeziehen, wie zuvor erläutert).

Die Untersuchung der einzelnen Lokalisationsversuche zeigte, daß der Algorithmus in der Lage war, erfolgreich zu lokalisieren, sobald der Roboter eine eindeutige Perzeptionssequenz entlang der Außenwand der Umgebung abgefahren hatte. Wenn der Roboter beispielsweise der Route in Abbildung 7.26 im Uhrzeigersinn folgt, identifiziert die Sequenz „0; 1; 5" in ART2-Kategorien eindeutig die Position bei (-1,3; 2,8). Die Sequenz „0; 1" wäre dagegen noch mehrdeutig, weil sie an zwei möglichen Stellen der Route vorkommt.

Bei den dargestellten Ergebnissen wurde der Lokalisationsfehler als die Differenz zwischen der „tatsächlichen" Position des Roboters (Odometriedaten) und der stärksten Positionsschätzung des Lokalisationsalgorithmus errechnet. Wo zwei oder mehr Hypothesen den gleichen Gewißheitsgrad teilen, wird der Fehler derjenigen Hypothese gewählt, die am weitesten von der tatsächlichen Position entfernt liegt. Da das System auf denjenigen kartographierten Ort lokalisiert, der der tatsächlichen Position des Roboters am nächsten liegt, sollte das theoretisch bestmögliche Ergebnis ein Lokalisationsfehler zwischen 0 und D (dem Distanzschwellwert der Kartenerstellung) sein.

Wie zuvor zeigte eine genauere Analyse der Ergebnisse, daß nicht nur die Sequenz der wahrgenommenen ART-Kategorien die Positionsschätzung des Roboters bestimmt, sondern auch die *Ausdehnung* der entsprechenden Regionen im kartesischen Raum, d.h. die Zahl der benachbarten Orte, die der gleichen perzeptuellen Kategorie angehören. Auf diese Weise sammelt der Roboter fortlaufend neue nützliche Information, selbst wenn das ART-Netz keine Veränderungen wahrnimmt. Dieser Aspekt war nie bewußt in das System „einprogrammiert" worden, sondern entwickelte sich aus der Verwendung relativer Odometrie im Lokalisationsalgorithmus.

Das Experiment wurde dann nochmals auf dem Roboter wiederholt, diesmal gegen den Uhrzeigersinn. Der Roboter sollte mit Wandfolgeverhalten relokalisieren und zeigte die gleiche Leistungsfähigkeit wie zuvor. Er besaß also die Fähigkeit, sich neu zu orientieren (zu relokalisieren), unabhängig von einer feststehenden Landmarkensequenz (wie auch in früheren Experimenten, z.B. Fallstudie 5 auf Seite 123.)

Leistungsevaluation mittels entropiebasierter Gütefunktionen

Bisher haben wir die Lokalisationsleistung bewertet, indem wir den Lokalisationsfehler in Metern bestimmten und beobachteten, wie sich der Lokalisationsfehler im Laufe des Experiments veränderte.

Eine zweite Methode der Leistungsbeurteilung sind die in Abschnitt 7.2.4 vorgestellten entropiebasierten Maßstäbe, die die Assoziationsstärke zwischen der tatsächlichen Position des Roboters und der Antwort seines Lokalisationssystems bestimmen.

Durch die oben beschriebene experimentelle Vorgehensweise können wir die Leistung unseres Lokalisationssystems über die vom Roboter zurückgelegte Distanz quantifizieren. Um allerdings die Ergebnisse zu interpretieren, müssen wir die Leistung unseres Systems mit der Leistung anderer Lokalisationssysteme quantitativ vergleichen. In diesen Experimenten vergleichen wir daher unser System mit zwei grundlegenden Strategien der Lokalisation: Lokalisation durch Koppelnavigation und Lokalisation anhand von momentan wahrnehmbaren Landmarken.

Die oben beschriebene experimentelle Vorgehensweise wurde in sechs verschiedenen Umgebungen im Informatikgebäude der Universität Manchester wiederholt (siehe Abbildung 7.9). In jedem Experiment wurde die erste Runde der aufgezeichneten Roboterdaten (falls benötigt) zur Kartenerstellung, die übrigen Daten zur Bewertung verwendet. Jedesmal wählten wir die Zahl der Testdurchgänge bewußt so, daß jeder Abschnitt der Umgebung gleichermaßen in den Daten repräsentiert war.

Beschreibung	Route in m	Orts- felder	Test- runden	Stellen auf EBL-Karte
A Getränkeautomatenbereich	60	24	298	88
B T-förmige Eingangshalle	54	14	263	71
C L-förmiger Korridor	146	40	474	185
D kleiner freier Bereich	23	8	232	33
E einfacher Korridor	51	14	248	61
F E mit laufenden Personen	51	14	249	61

Tabelle 7.9. CHARAKTERISIERUNG DER SECHS VERSCHIEDENEN UMGEBUNGEN, IN DENEN ENTROPIEBASIERTE LEISTUNGSMASSSTÄBE AUF DAS EVIDENZBASIERTE LOKALISATIONSSYSTEM (EBL) DES ROBOTERS ANGEWANDT WURDEN

Die Umgebungen A bis E blieben jeweils während der Experimente unverändert. Um zu ermitteln, wie Veränderungen in der Umgebung die verschiedenen Systeme beeinflussen, enthielt Umgebung F zusätzlich vorüberlaufende Personen („dynamische" Umgebung). Während der Kartenerstellung ließen wir die Umgebung noch unverändert. Während wir dann die Testdaten aufnahmen, gingen 29 Personen am Roboter vorbei (in 11 Fällen zwischen dem Roboter und der „Bezugswand", an der er entlangfuhr). Weitere neun Personen standen im Korridor oder in Türeingängen, während der Roboter an ihnen vorbeifuhr. Sie stellten praktisch weitere Landmarken dar, die nicht in der Karte enthalten waren. Außerdem ließen wir in vier Fällen Türen in der unmittelbaren Umgebung des Roboters mehrere Sekunden lang offen und entfernten somit auf der Karte befindliche Landmarken (wir achteten allerdings darauf, daß der Roboter hier nicht aus dem kartierten Bereich hinausfuhr).

Unkorrigierte Koppelnavigation Hierbei mußte der Roboter allein mit Hilfe unbehandelter Odometriemessungen lokalisierten. Zu Beginn aller Testdurchgänge wurde zuerst die unkorrigierte Odometrie des Roboters (siehe Abbildung 3.9) auf die korrekte Position initialisiert und die Orientierung anhand der korrigierten Odometrieaufzeichnung in Abbildung 3.11 bestimmt. Die aufgezeichneten Roboterdaten produzierten dann im Playback durch Koppelnavigation die (x, y)-Koordinaten der Strecke.

Um die Systemantwort R zu erhalten, wurden diese (x, y)-Koordinaten mit einem Punktraster einzelnen Rasterfeldern zugeordnet, siehe Abbildung 3.11. Damit die möglichen Reaktionswerte auf eine endliche Menge begrenzt blieb, wurde ein Reaktionswert als „außerhalb" der Versuchsumgebung klassifiziert und für die Dauer des Testdurchgangs einem separaten Feld zugeordnet, wenn die Positionsschätzung in ein Rasterfeld fiel, das nicht auf der korrigierten Odometrieroute lag.

Ausschließliche Verwendung perzeptueller Landmarken Hier verwendete der Roboter zur Lokalisation ausschließlich seine aktuellen Sonar- und Infrarotmessungen, also die momentan wahrnehmbaren Landmarken. Bei diesem System werden die aktuellen Sensorsignale entsprechend des nächstgelegenen Nachbarn in einer Menge gespeicherter Prototypen klassifiziert. Jeder gespeicherte Prototyp besteht aus einer normalisierten Sonarsignatur und einer normalisierten Infrarotsignatur. Die Klassifikation wird durchgeführt, indem man die gegenwärtigen Sonar- und Infrarotmessungen normalisiert und mit Gleichung 7.32 (wie beim evidenzbasierten Lokalisationssystem) den nächstgelegenen Nachbarn errechnet.

$$d_k = ||\vec{S}_c - \vec{S}_k|| + ||\vec{I}_c - \vec{I}_k|| \tag{7.32}$$

wobei d_k die gegenwärtige Sensordifferenz für Ort k ist, $\vec{S}_k$ sowie $\vec{I}_k$ die normalisierten Sonar- bzw. Infrarotmessungen für Ort k und $\vec{S}_c$ sowie $\vec{I}_c$ die normalisierten aktuellen Sonar- bzw. Infrarotmessungen sind (in diesen Experimenten ist $D = 0,375\,m$, $T = 1,5$; siehe Tabelle 5.1).

Um den direkten Vergleich mit dem evidenzbasierten Lokalisationssystem zu ermöglichen, verwendeten wir exakt die gleichen gespeicherten Prototypen, die dort von der kartenerstellenden Komponente erzeugt wurden. Während des Testdurchgangs wurde die Systemantwort R (d.h. der nächste Nachbar) als Reaktion des Roboters angenommen.

	EBL Dist./m für $U(L \mid R) = 0,9$	Landmarken- klassifikation $\overline{U(L \mid R)}$	Landmarken- klassifikation $\overline{H(L \mid R)}$	Koppel- navigation $\overline{U(L \mid R)}$	Koppel- navigation $\overline{H(L \mid R)}$
A	0,0	0,925	0,227	0,663	1,013
B	3,8	0,814	0,487	0,724	0,719
C	13,6	0,739	0,980	0,785	0,807
D	0,5	0,878	0,236	0,786	0,413
E	3,0	0,776	0,585	0,864	0,355
F	4,7	0,690	0,808	0,686	0,819

Tabelle 7.10. ZUSAMMENFASSUNG DER ERGEBNISSE FÜR EVIDENZBASIERTE LOKALISATION, LOKALISATION DURCH PERZEPTUELLE LANDMARKEN UND LOKALISATION DURCH UNKORRIGIERTE KOPPELNAVIGATION (VGL. ABBILDUNG 7.28). $\overline{U(L \mid R)}$ UND $\overline{H(L \mid R)}$ SIND DIE MITTLEREN UNSICHERHEITSKOEFFIZIENTEN BZW. DIE MITTLEREN ENTROPIEN.

Ergebnisse Gemäß unserer Erwartung zeigen die Ergebnisse in Abbildung 7.28, daß die Leistung der Koppelnavigation mit der Zeit abnimmt, während das System, das nur die gegenwärtig wahrnehmbaren Landmarken verwendet, ungefähr konstante Leistung erbringt und das evidenzbasierte System sich im Laufe der Zeit verbessert. Das evidenzbasierte System brauchte in der dynamischen Umgebung länger, um die Lokalisation durchzuführen, erreichte aber schließlich insgesamt das gleiche Leistungsniveau. Für das landmarkenbasierte System und für die Koppelnavigation verschlechterte sich die Leistung in der dynamischen Umgebung. Um Personen auszuweichen, sind mehr Drehungen nötig, die wiederum vermehrte, akkumulierende Rotationsdrift in der Odometrie des Roboters verursachen.

Tabelle 7.10 gibt eine Zusammenfassung der Meßwerte aus den verschiedenen Experimenten. Hier reflektieren die Mittelwerte von $U(L \mid R)$ (Gleichung 7.30) für das landmarkenbasierte System bzw. für die Koppelnavigation,

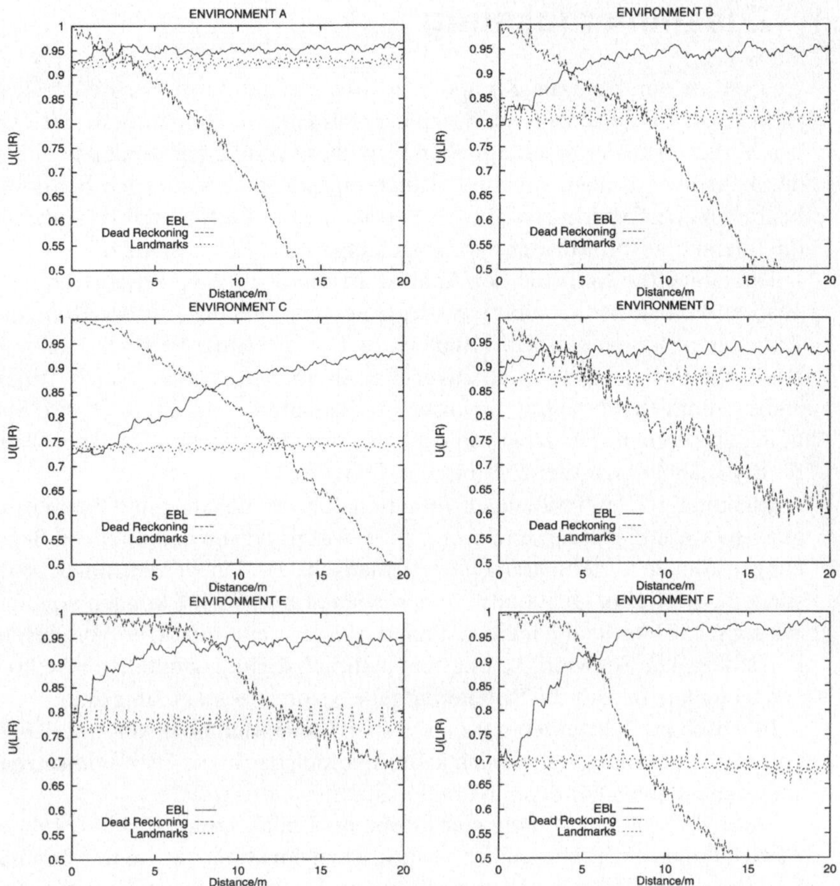

Abbildung 7.28. ERGEBNISSE IN SECHS VERSCHIEDENEN UMGEBUNGEN. FÜR ALLE UMGE-
BUNGEN GILT, DASS MIT ZUNEHMENDER FAHRTLÄNGE DIE KOPPELNAVIGATION SCHLECHTER
WIRD, WÄHREND SICH EVIDENZBASIERTE LOKALISATION (EBL) VERBESSERT. LOKALISATI-
ON, DIE ALLEIN AUF LANDMARKENERKENNUNG BERUHT, WIRD NICHT VON DER FAHRTLÄNGE
BEEINFLUSST.

wie hoch jeweils die perzeptuelle Kongruenz bzw. die Odometriedrift für die
verschiedenen Umgebungen ist.

7.3.4 Fallstudie 12: Literaturhinweise

- Tom Duckett und Ulrich Nehmzow, A Robust, Perception-Based Localisation Method for a Mobile Robot, *Technical Report Series*, Report Nr. UMCS-
  96-11-1, Dept. of Computer Science, University of Manchester,
  Manchester, 1996.
- Tom Duckett und Ulrich Nehmzow, Mobile Robot Self-Localization and
  Measurement of Performance in Middle Scale Environments, *Journal of Robotics and Autonomous Systems*, Nr. 24, Bde. 1-2, S. 57-69, 1998.

7.4 Zusammenfassung

Analyse ist eine zentrale Komponente wissenschaftlicher Forschung. Das Ergebnis eines Experiments muß anhand von Gütefunktionen bewertet und mit den Vorhersagen der ursprünglichen Hypothese verglichen werden können. Erst durch Analyse können wir die Leistung eines Roboters wirklich bewerten und beurteilen, ob Experimente die Vorhersagen einer bestimmten Hypothese über die Interaktion von Roboter und Umgebung tatsächlich bestätigen.

Die einfachste Methode der Analyse ist die qualitative Beschreibung. Dazu gehören verbale Beschreibungen des Roboterverhaltens, ob der Roboter eine Aufgabe erfolgreich ausführt und wie gut er die Aufgabe nach Meinung des Beobachters angeht. Zu qualitativen Beschreibungen gehören auch Trajektoriendarstellungen, Photographien usw. Problematisch sind sie durch ihre Subjektivität und eignen sich daher schlecht als Grundlage für den Designprozeß oder für die unabhängige Verifizierung von Experimenten.

Quantitative Beschreibungen mittels meßbarer Leistungsindikatoren hingegen sind wesentlich präzisere Werkzeuge. Aufgrund von quantitativen Beschreibungen können Systemparameter systematisch geändert werden, um bessere Leistung zu erreichen. Quantitativ beschriebene Experimente können von anderen Wissenschaftlern unabhängig repliziert werden: ein wichtiger Vorgang in der Forschung. Die Schwierigkeit besteht natürlich darin, quantitative Beschreibungen zu finden, die auf die Roboteraufgabe bezogen aussagefähig sind.

In Abschnitt 7.2 stellten wir einige statistische Methoden vor, mit denen Roboterverhalten analysiert werden kann. Wie sich das in die Praxis umsetzen läßt, veranschaulichten wir dann in drei Fallstudien.

Wenn die Aufgabestellung eines Roboters Lokalisation erfordert, können die Assoziationen zwischen seiner tatsächlichen Position und seiner geschätzten Position durch die statistische Analyse von Kontingenztafeln bewertet werden. Entropie und Unsicherheitskoeffizient (siehe Abschnitt 7.2.4) bieten eine quantitative Bewertung der Stärke dieser Assoziationen. Sie wurden in Fallstudien 10 und 12 dazu verwendet, die Kartenerstellungs- und Lokalisationssysteme des Roboters auszuwerten.

In Fallstudie 11 sollte quantitativ gemessen werden, wie schnell und wie erfolgreich ein Roboter lernte, einer vom Bediener vorgegebenen Route zu folgen. Dafür wurde eine Fehlerbedingung definiert und die mittlere Distanz zwischen Fehlerstellen (d.h. Situationen, in denen eine Fehlerbedingung erfüllt war) gemessen. Diese mittlere Distanz zwischen Fehlerstellen ergab eine statistische Beschreibung des Zusammenhangs zwischen Trainingsdauer und Fehlerrate beim Folgen der vorgegebenen Route.

Die mobile Robotik braucht dringend quantitative Maßstäbe für Verhalten und Leistung eines Roboters hinsichtlich seiner Aufgabenstellung. Solche Maßstäbe ermöglichen die kontrollierte Modifizierung von Systemparametern und die Replikation der Experimente durch andere Forschungsgruppen. Unsere Fallstudien haben gezeigt, wie sich quantitative Maßstäbe in der Praxis anwenden lassen.

8 Ausblick

Zusammenfassung. Das abschließende Kapitel blickt noch einmal darauf zurück, was wir in der mobilen Robotik bisher erreicht haben und wodurch diese Erfolge möglich wurden. Wir identifizieren offene Herausforderungen und Fragen, mit denen sich die Robotikforschung in der Zukunft befassen muß.

8.1 Was haben wir bisher erreicht?

Seit der Robotergeneration von *SHAKEY* in den späten 1960er und frühen 1970er Jahren hat die mobile Robotik einen weiten Weg zurückgelegt. Die Roboter waren in der Anfangszeit unzuverlässig in Betrieb und Hardware und besaßen nur sehr ungenaue und einfache Sensoren. Viele interessante Forschungsprojekte konnten entweder in der Praxis gar nicht durchgeführt werden (etwa der Roboter, der einen Heathkit-Fernseher zusammenbauen sollte) oder erbrachten nicht die erhoffte Leistung (z.B. Roboter, die nur einen Teil ihrer Aufgabensequenz ausführen konnten oder für die Planung ihrer Aktionen extrem lange brauchten).

Damals war die Roboterhardware so unzuverlässig und die Rechnerleistung so gering, daß in der Forschungsrichtung der intelligenten mobilen Robotik immer weniger wirkliche Roboter gebaut wurden und man sich stattdessen auf Simulation und theoretische Fragen bzgl. der Steuerung von Robotern konzentrierte. Inzwischen hat sich die Roboterhardware (vor allem Sensoren, Aktoren und Batterien) so entscheidend verbessert, daß heute zum Beispiel automatisierte spurgeführte Fahrzeuge in der Industrie schon weit verbreitet sind.

Wir profitieren heute außerdem von den enormen Fortschritten der Computerhardware, die die Implementation komplizierter Steuerungssoftware ermöglicht. Wir sind zum Beispiel inzwischen in der Lage, Kamerabilder schritthaltend mit der Abtastrate zu analysieren, um Fahrzeuge auf Autobahnen zu steuern oder umfassende Sensordatenmengen in Echtzeit auszuwerten. Deshalb kann man inzwischen auch mobile Explorationsroboter zum Mars schicken[1] oder in Vulkan-

---

[1] Der mobile Roboter *SOJOURNER* wurde für Marsexploration verwendet (http://mpfwww.jpl.nasa.gov/rover/sojourner.html).

krater hinunterlassen[2]. Allmählich kommen auch kommerzielle Haushaltsroboter auf den Markt, die die unstrukturierten und veränderlichen Umgebungen von Haus und Garten bewältigen[3]. Autonome mobile Roboter sind heute in der Lage, ihren Standort festzustellen (Selbstlokalisation) und in unmodifizierten Umgebungen zu navigieren, indem sie vorhandene Landmarken wahrnehmen und interpretieren. Zunehmend werden autonome mobile Roboter auch in der Industrie für Transportaufgaben eingesetzt. Autonome Roboter werden in der Zukunft eine immer größere Rolle bei Explorations- und Inspektionsaufgaben spielen.

Den größten kommerziellen Einfluß wird die mobile Robotik allerdings höchstwahrscheinlich auf dem Gebiet der intelligenten Spielzeuge haben. Unterhaltungsroboter mit einem breiten Aktionsrepertoire und komplexen Steuerungsstrukturen sind bereits kommerziell erhältlich und werden zunehmend Teil unseres Alltags werden.

8.2   Gründe für bisherige Erfolge

Wodurch waren diese Erfolge möglich? Selbstverständlich spielte der technische Fortschritt sowohl in der Roboterhardware wie auch in der Rechnerleistung eine wesentliche Rolle, dazu kamen aber weitere Faktoren.

Der wichtigste Schritt voran war wahrscheinlich die Einsicht, daß Hardware und Software untrennbar verbunden sind. Die Idee, eine unabhängige „intelligente Steuerung" zu bauen, um sie dann später auf eine Roboterplattform aufzusetzen, sobald die Hardwareentwicklung genügend Fortschritte gemacht hätte, funktionierte einfach nicht. Die Signale eines Sensors (Hardware) bilden die fundamentale Grundlage des Steuerungsprozesses (Software), und der Steuerungsprozeß treibt wiederum die Aktoren (Hardware) an, um eine bestimmte Aufgabe auszuführen.

Die Erkenntnis dieser gegenseitigen Abhängigkeit von Software und Hardware hatte eine veränderte Sichtweise zur Folge, wie Forschung in der mobilen Robotik durchgeführt werden sollte: nämlich wesentlich mehr mit wirklichen Robotern und weniger mit vereinfachten numerischen Modellen. Die praktische Forschungsarbeit mit „eingebetteten, situierten Agenten" spielte eine wichtige Rolle bei den Fortschritten in der mobilen Robotik.

Daß die Verwendung von wirklichen Robotern Ergebnisse bringen würde, die man auf keine andere Weise erreichen konnte, wurde auch durch andere Beobachtungen bestätigt. Die Interaktion zwischen Roboter und Umwelt erzeugt unvorhersagbare Resultate („emergente Phänomene"), wenn zum Beispiel Objekte durch Kontakt unbeabsichtigt verschoben werden oder Personen dem Roboter aktiv ausweichen (die einfachste Methode des Hindernisausweichens: das Hindernis weicht dem Roboter aus). Sobald wirkliche Roboter in ausreichender Anzahl vorhanden waren und für die Forschung verwendet wurden (also etwa ab

---

[2] Der mobile Roboter *DANTE* untersuchte 1994 Vulkane in der Antarktik (`http://volcano.und.nodak.edu/vwdocs/vw_news/dante.html`).

[3] Autonome Rasenmäher sind bereits erhältlich, autonome Staubsauger werden ebenfalls in Kürze zu kaufen sein.

den späten 1980er Jahren), konnte man auch zuverlässigere und erfolgreichere Robotersteuerungen entwickeln.

Ein weiterer Erfolgsfaktor war die Tendenz hin zu verteilten Steuerungsstrukturen, die aus einzelnen einfachen Komponenten bestehen („Verhaltenskomponenten"), die miteinander interagieren und so durch Synergie das Gesamtverhalten des Roboters erzeugen. Diese Steuerungen sind meist viel robuster als Steuerungen aus einem Guß.

Die technischen Fortschritte ebneten also den Weg für neue Steuerungsansätze. Dadurch verschob sich der Schwerpunkt in der Forschung hin zu Untersuchungen mit realen Robotern in ihrer Einsatzumgebung, was zu weiteren Fortschritten bei der Entwicklung zuverlässiger und robuster Roboter führte.

8.3 Zukunftsweisende Herausforderungen

Trotz allen Fortschritts werden „intelligente Roboter" immer noch nicht allgemein im Alltag eingesetzt. Woran liegt das, was sind die ungelösten Probleme?

Drei Hauptgebiete lassen sich identifizieren, auf denen sich die mobile Robotik noch weiteren Herausforderungen stellen muß: Technologie, Steuerungsproblematik und Methodik.

8.3.1 Technologie

Die Qualität aller Steuerungsalgorithmen hängt stets auch von der Eingangsinformation ab. Deshalb müssen wir neue Sensormodalitäten entwickeln (wie z.B. GPS-Systeme oder Laserradar), und wir brauchen Sensoren, die ihre Rohdaten vorverarbeiten und dadurch mehr bedeutungsvolle Information an die Steuerung liefern. Interessant sind zum Beispiel neue Kameras, die ein farbiges Objekt automatisch verfolgen können und der Steuerungseinheit Informationen über die Position des Objekts liefern.

Falls Roboter in Industrie und Gesellschaft mehr zum Einsatz kommen sollen, müssen wir versuchen, sie ununterbrochen laufen zu lassen. Roboter sollen letztendlich praktisch ohne Überwachung operieren und kontinuierlich Aufgaben ausführen, bei denen ein Bediener überflüssig ist (außer für Reparatur und Überholung). Gegenwärtig ist die Stromversorgung der mobilen Roboter das Hauptproblem. Gefragt sind neue Technologien für Batterien, Brennstoffzellen, Sonnenenergie oder interne Verbrennungsmotoren. Gleichzeitig müssen wir selbstaufladende Roboter entwickeln, die in der Lage sind, selbständig an Ladestationen anzudocken. Erste Versuchsmodelle existieren bereits.

8.3.2 Steuerung

Ein weiteres Forschungsziel ist, die Autonomie der Roboter zu erweitern und schließlich kontinuierliche Betriebsbereitschaft in unstrukturierten und teils unvorhersagbaren Umgebungen zu erreichen. Je länger die Betriebsdauer und je weniger strukturiert die Umgebung ist, desto größer ist natürlich die Wahrscheinlichkeit, daß der Roboter mit Situationen konfrontiert wird, die vom Entwickler nicht vorausgesehen wurden.

Die Fähigkeit zu *lernen*, im weitesten Sinn des Wortes, stellt deshalb eine der größten Herausforderungen für die Steuerung mobiler Roboter dar. Wir haben bereits das Erlernen von direkten Eingangs-Ausgangs-Assoziationen, von Rückkopplungsfunktionen, die für einen Entscheidungsprozeß verwendet werden können, und von internen Abbildungen der Roboterumgebung erfolgreich implementiert.

Dennoch bleibt das Problem bestehen, wie man beim Roboter *common sense* erreicht — den „gesunden Menschenverstand", der Menschen vor dem Erwägen unsinniger Optionen bewahrt. Es handelt sich dabei um ein zentrales Problem der intelligenten mobilen Robotik. Die Frage, wie der Roboter verallgemeinerte interne Repräsentationen erzeugen, Konzepte erstellen und Veränderungen in der Umwelt entdecken kann (*novelty detection*), erfordert ebenfalls weitere Forschungsarbeit. Diese Aspekte gehören zur umfassenderen Frage, wie Wahrnehmung überhaupt sinnvoll interpretiert werden kann. Natürlich wird durch Verallgemeinerung und Konzeptbildung der benötigte Speicherplatz verringert (wichtig für ununterbrochenen Betrieb), vor allem aber wird dadurch ein Maßstab erstellt, an dem sich die Sensorwahrnehmungen des Roboters messen lassen. Außerdem ist die Identifikation von Veränderungen in der Umwelt (*novelty detection*) die Voraussetzung für viele Aufgabenstellungen in der mobilen Robotik, einschließlich Inspektion, Überwachung, Navigation und das Erlernen fundamentaler Sensor-Motor-Kompetenzen.

8.3.3 Methodik

Bezüglich der Methodik gibt es drei Hauptaspekte, die die mobile Robotikforschung thematisieren muß: Terminologie, Design und Verfahrensweise.

Terminologie Forschungsziele, Beschreibung der Methoden, Ergebnisse und deren Interpretation sind grundlegend von der gewählten Terminologie abhängig. Die mobile Robotik verführt zur Übertreibung. Wenn ein Roboter zum Beispiel eine Kostenfunktion auswertet und daraufhin seinen Kurs ändert, handelt es sich dabei schon um „Denken"? Roboter werden immer mehr Aufgaben übernehmen, meist simple und monotone Tätigkeiten, weil Roboter sich dafür besonders gut eignen. Das heißt aber noch lange nicht, daß sie deshalb „die Welt beherrschen" werden.

Die Herausforderung bezüglich unserer Fachterminologie ist zweifach: einerseits erschwert ein ungenauer Sprachgebrauch, genau zu verstehen, was in einem Experiment unternommen und welche Ergebnisse erzielt wurden. Auf der anderen Seite weckt Übertreibung bei der Öffentlichkeit Hoffnungen, die nicht erfüllbar sind und zu ähnlicher Desillusionierung führen kann wie in den 1970er Jahren im Bereich der künstlichen Intelligenz.

Entwurf oder Evolution Steuerungen für mobile Roboter können entweder durch Entwurf (Design) aktiv entwickelt werden, oder man läßt sie sich von selbst durch genetische Algorithmen entwickeln. Die letztere Methode ist eine attraktive Option, weil sie neue, unerwartete Lösungen verspricht — auf die wir jedoch noch warten. Bisher wurden durch simulierte Evolution noch keine Lösungen für mobile Robotersteuerungen gefunden, die man nicht auch schon durch Entwurf erreicht hatte. Gegenwärtig ist immer noch Entwurf die beste Methode, die uns zur Verfügung steht, um Steuerungen für mobile Roboter zu entwickeln.

Wir sind also gefordert, unsere Entwurfsmethoden als Handwerkszeug weiter zu entwickeln und den gesamten Entwurfsprozeß zu verfeinern. Gegenwärtig werden viele Steuerungsparameter und sogar ganze Steuerungsstrukturen durch Ausprobieren festgelegt. Es existieren nicht viele verschiedene Entwurfsstrategien für mobile Robotersteuerungen. Die häufigste Methode ist, eine Steuerung direkt auf einem Roboter zu implementieren und sie dann einfach in der Praxis zu testen. Anders als für andere Entwurfsaufgaben (wie etwa der Entwurf eines elektronischen Schaltkreises) existiert in der mobilen Robotik keine etablierte Entwurfsmethodik, die deterministisch zu einer Lösung führt.

Design hat eng mit dem Versuchsverfahren zu tun, und das ist die dritte Herausforderung der Methodik.

Verfahren Wir haben in Kapitel 7 gesehen, daß die Auswertung von Roboterverhalten zum großen Teil immer noch auf *qualitativen* Maßstäben beruht. Um den Entwurfsprozeß sinnvoll zu steuern, ist es aber notwendig, mehr und mehr *quantitative* Bewertungen des Roboterverhaltens zu verwenden. Deshalb müssen wir solche quantitativen Gütefunktionen entwickeln.

An die gesamte Forschungsgemeinschaft richtet sich außerdem eine zweifache Herausforderung: erstens, diese Maßstäbe dann auch zu akzeptieren und zu übernehmen und dadurch die quantitative Bewertung von Forschungsergebnissen zu ermöglichen, und zweitens, eine allgemeine Praxis unabhängiger Verifikation von Experimenten zu etablieren. Gegenwärtig ist die Replikation von Experimenten normalerweise unmöglich (abgesehen von spezialisierten Fällen), weil wir keine eindeutigen und identifizierbaren Beschreibungen von Robotern, Aufgaben und Umgebungen besitzen. Unsere Aufgabe ist, diese Beschreibungsmethoden zu entwickeln und sie dann bei der unabhängigen Verifikation von Versuchsergebnissen anzuwenden.

8.4 Der eigentliche Anfang

Dieses Buch hat dem Leser einen ersten Einblick in das faszinierende Forschungsgebiet der mobilen Robotik gewährt. In Fallstudien wurden anhand von praktischen Beispielen lernende und navigierende Roboter, quantitative Gütefunktionen und Robotersimulation durch Modellernen vorgestellt. Aber dies ist erst der Anfang! Dieses Buch soll für den Leser das Sprungbrett für *eigene* Ideen sein, wie man intelligente autonome mobile Roboter entwickeln könnte, die sich ohne Überwachung umherbewegen, durch Probehandeln lernen, sich an eine veränderliche Umgebung anpassen und ihre Aufgaben immer besser ausführen. Dabei viel Erfolg!

8.5   Literaturhinweise

Generell zum Thema mobile Robotik

- Ronald C. Arkin, *Behavior-Based Robotics*, MIT Press, Cambridge MA, 1998.
- Phillip McKerrow, *Introduction to Robotics*, Addison-Wesley, Sydney, 1991.
- Johann Borenstein, H.R. Everett und Liqiang Feng, *Navigating Mobile Robots*, AK Peters, Wellesley MA, 1996.

KI und kognitive Wissenschaften in der Robotik

- Valentin Braitenberg, *Vehikel: Experimente mit kybernetischen Wesen*, Rowohlt 1993.
- Rolf Pfeifer und Christian Scheier, *Understanding Intelligence*, MIT Press, Cambridge MA, 1999.
- Raymond Kurzweil, *The Age of Intelligent Machines*, MIT Press, Cambridge MA, 1990.
- Michael A. Arbib (Hrsg.), *The Handbook of Brain Theory and Neural Networks*, MIT Press, Cambridge MA, 1995.
- C.R. Gallistel, *The Organisation of Learning*, MIT Press, Cambridge MA, 1990.

Lösungen der Übungsaufgaben

Zusammenfassung. In diesem Anhang finden sich Lösungen zu sämtlichen Übungsaufgaben im Text.

1 Sonarsensoren

Anhand von Abbildung 3.5 lassen sich die folgenden Beobachtungen machen. Erstens zeigt der seitliche Sonarsensor, daß der Roboter in einer relativ konstanten Distanz von 60 cm zur Wand gefahren wurde. Aus der unteren Sonarkurve kann man außerdem deutlich vier Türen erkennen.

Vor jeder der Türen zeigt der vordere Sonarsensor zwei Ausschläge, einmal wenn der erste Türpfosten erkannt wird („A" in Abbildung 1), und das zweitemal, wenn der zweite Türpfosten erscheint („B" in Abbildung 1).

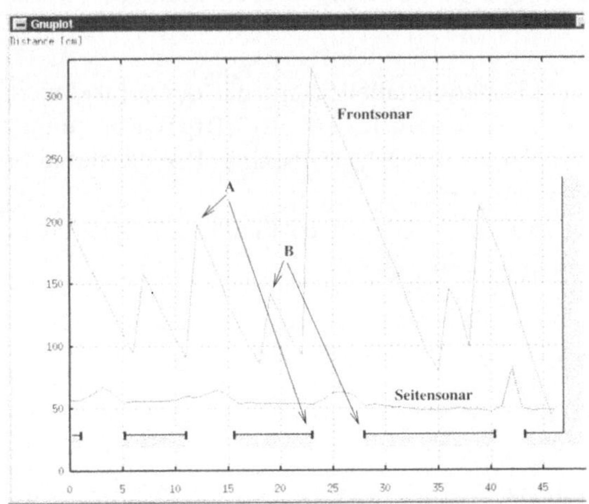

Abbildung 1. INTERPRETATION DER SONARSENSORMESSUNGEN

Man kann sogar die Türbreite schätzen. Da der erste Türpfosten („A") bei Zeitschritt 12 entdeckt wurde und ab Zeitschritt 19 nicht mehr wahrgenommen wird, hatte der Roboter den Türpfosten während sechs Zeitschritten im Wahrnehmungsfeld. In diesem speziellen Beispiel wurde alle 20 cm eine Messung durchgeführt, also müßte die Breite der Tür etwa 1,20 m betragen, ein durchaus glaubwürdiger Wert.

Aus der Tatsache, daß die Distanzmessungen des vorderen Sensors nach Zeitschritt 40 konstant abnehmen, läßt sich schließen, daß der Roboter gegen Ende des Testdurchgangs auf eine Mauer zufuhr.

Ob die Türen offen oder geschlossen waren, läßt sich allerdings nicht ganz so einfach entscheiden. Die Tiefe der Türen beträgt etwa 10 cm, was darauf hindeutet, daß sie geschlossen waren. Allerdings könnte es sein, daß der Abtastkegel des seitlichen Sonarsensors für die Türöffnung nicht schmal genug war und deshalb nur die Türpfosten wahrnahm, obwohl die Tür selbst offenstand.

2 Roboterlernen

2.1 Vollständiges Hindernisausweichen, unter Verwendung von McCulloch und Pitts Neuronen

Tabelle 1 zeigt die Funktionstabelle, die implementiert werden muß.

LF	RF	LM	RM
0	0	1	1
0	1	-1	1
1	0	1	-1
1	1	-1	-1

Tabelle 1. FUNKTIONSTABELLE FÜR VOLLSTÄNDIGES HINDERNISAUSWEICHEN

Zeile eins der Funktionstabelle zeigt, daß der Schwellwert Θ unter Null liegen muß. Wie zuvor wählen wir für $\Theta = -0,01$. Wir bestimmen hier die Gewichte w_{LF} und w_{RF} für das linke Motorneuron. Die Gewichte für das rechte Motorneuron werden sinngemäß bestimmt.

Die Zeilen zwei, drei und vier der Funktionstabelle lassen sich in die folgenden Ungleichungen übertragen:

$$w_{RF} < \Theta$$
$$w_{LF} > \Theta$$
$$w_{LF} + w_{RF} < \Theta$$

Diese drei Ungleichungen können zum Beispiel durch $w_{LF} = 0,3$ und $w_{RF} = -0,5$ erfüllt werden.

2.2 Ein Roboter, der ein Ziel verfolgt und Hindernissen ausweicht

Die Funktionstabelle für den zielfolgenden, hindernisausweichenden Roboter aus Abschnitt 4.5 findet sich in Tabelle 2. Dieser Roboter führt natürlich niemals eine reine Vorwärtsbewegung aus, weil der Bakensensor entweder die Angabe „nach links drehen" oder „nach rechts drehen" liefert, was jeweils als Kurvenbewegung ausgeführt wird. Daher können wir die Funktionstabelle auf den linken Motor beschränken und später die exakt umgekehrte Funktion für den rechten Motor implementieren.

LF	RF	BS	LM
0	0	-1	-1
0	0	1	1
0	1	-1	-1
0	1	1	-1
1	0	-1	1
1	0	1	1
1	1	-1	beliebig
1	1	1	beliebig

Tabelle 2. FUNKTIONSTABELLE FÜR DEN ZIELFOLGENDEN, HINDERNISAUSWEICHENDEN ROBOTER

'Wir wollen nun versuchen, diese Funktionstabelle mit jeweils einem McCulloch und Pitts Neuron pro Motor zu implementieren, wobei wir wiederum zunächst nur den linken Motor betrachten. Abbildung 2 zeigt die Struktur dieses Netzwerks.

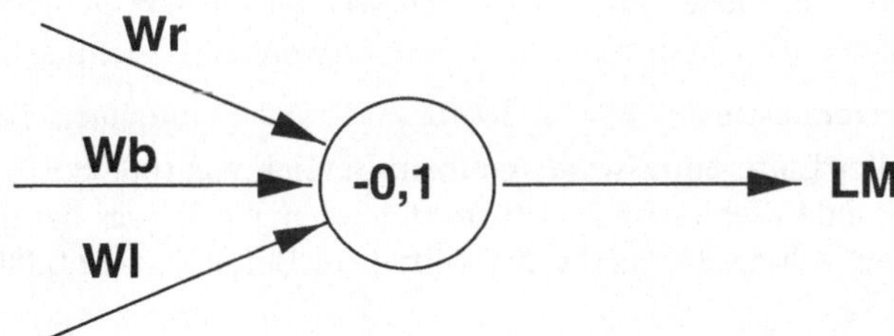

Abbildung 2. STRUKTUR DES FÜR DEN LINKEN MOTOR BENÖTIGTEN NEURONS

Zeilen 1 und 2 der Funktionstabelle ergeben $w_B > \Theta$ (mit einem beliebigen $\Theta = -0,01$ in diesem Fall).

Zeile 5 der Funktionstabelle ergibt $w_L - w_B > \Theta$ und aus Zeile 4 der Funktionstabelle können wir die Ungleichung $w_R + w_B < \Theta$ bestimmen.

Dies erlaubt uns, drei Gewichte auszuwählen, die die Anforderungen erfüllen, zum Beispiel $w_L = 5$, $w_B = 3$ und $w_R = -5$. Wenn man nun alle Zeilen der Funktionstabelle durchgeht, zeigt sich, daß diese Gewichte die gewünschte Funktion implementieren würden.

Abbildung 3 zeigt die endgültige Netzwerkstruktur. Die Gewichte für den rechten Motor sind das genaue Spiegelbild der Werte für den linken Motor (man muß natürlich dabei berücksichtigen, daß der Bakensensor eine „+1/−1" Kodierung für die Fahrtrichtung hat).

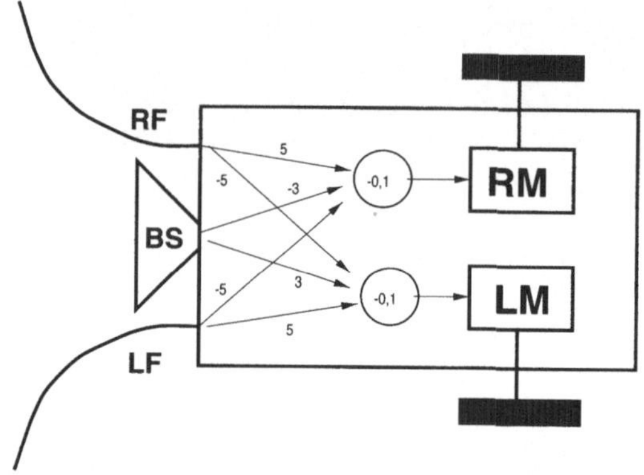

Abbildung 3. Ein zielfolgender mobiler Roboter, der Hindernissen ausweicht, unter Verwendung von McCulloch und Pitts Neuronen.

3 Fehlerberechnungen und Kontingenztabellenanalyse

3.1 Mittel und Standardabweichung

Ein Roboter befindet sich stationär vor einem Hindernis und erhält von seinen Sonarsensoren die folgenden Meßwerte (in cm): 60, 58, 58, 61, 63, 62, 60, 60, 59, 60, 62, 58.

Mithilfe der Gleichung 7.3 können wir die mittlere gemessene Distanz als $\mu = \frac{721}{12} = 60,08$ cm berechnen. Wir verwenden Gleichung 7.4, um die Standardabweichung als $\sigma = \sqrt{\frac{1}{11}30,92} = 1,68$ zu berechnen. Das bedeutet, daß 68,3% aller Entfernungswerte in einem Bereich von $(60,08 \pm 1,68)$ cm liegen.

Der Standardfehler ist $\bar{\sigma} = 0,48$ (Gleichung 7.5), was besagt, daß mit einer Gewißheit von 68,3% das wahre Mittel im Bereich von 60,08 cm $\pm$ 0,48 cm liegt.

3.2 Klassifizierungssystem

Ein mobiler Roboter wurde mit einem festen Algorithmus versehen, um mithilfe einer eingebauten CCD-Kamera Türöffnungen zu erkennen. Die Wahrscheinlichkeit, daß ein solches System die Türöffnung korrekt identifiziert, ist für jedes einzelne Kamerabild gleich hoch.

Zunächst wird das System anhand von 750 Kamerabildern getestet, von denen nur die Hälfte eine Tür enthält. Für 620 Bilder erzeugt der Algorithmus die korrekte Antwort.

In einer zweiten Versuchsreihe werden dem Roboter 20 Bilder präsentiert. Wie groß ist die Wahrscheinlichkeit, daß er zwei Klassifikationsfehler macht, und wieviele Fehler sind bei der Klassifizierung dieser 20 Bilder zu erwarten?

Lösung: Verwendet man ein Klassifikationssystem in n unabhängigen Versuchen, Daten zu klassifizieren, dann produziert es n Antworten, von denen jede einzelne entweder korrekt oder inkorrekt ist. Es handelt sich dabei um eine Binomialverteilung.

Wir definieren p als die Wahrscheinlichkeit, eine inkorrekte Antwort zu erzeugen. In diesem Fall ist also $p = 1 - \frac{620}{750} = 0,173$.

Die Wahrscheinlichkeit p_2^{20}, in zwanzig Klassifizierungen zwei Fehler zu machen, kann mit Gleichung 7.6 bestimmt werden:

$$p_2^{20} = \frac{20!}{(20-2)!2!} 0,173^2 (1 - 0,173)^{20-2} = 0,186.$$

Die Anzahl der Fehler μ_b, die für 20 Experimente zu erwarten ist, wird durch Gleichung 7.7 als $\mu_b = np = 20 \cdot (1 - \frac{620}{750}) = 3,47$ bestimmt.

3.3 T-Test

Eine Robotersteuerung wird so programmiert, daß die Roboter aus Sackgassen herausfahren. In einer ersten Version des Programms braucht der Roboter die folgenden Zeiten in Sekunden, um sich jeweils aus der Sackgasse zu befreien: x=(10,2; 9,5; 9,7; 12,1; 8,7; 10,3; 9,7; 11,1; 11,7; 9,1). Nachdem das Programm verbessert wurde, ergibt eine zweite Versuchsreihe die folgenden Werte: y=(9,6; 10,1; 8,2; 7,5; 9,3; 8,4).

Bedeuten diese Ergebnisse, daß das zweite Programm tatsächlich eine signifikant bessere Leistung zeigt?

Lösung: Angenommen, daß das Ergebnis der Experimente einer normalen (Gaußschen) Verteilung unterliegt, können wir für diese Frage den T-Test anwenden.

$\mu_x = 10,21, \sigma_x = 1,112, \mu_y = 8,85, \sigma_y = 0,977$.

Die Anwendung von Gleichung 7.13 ergibt:

$$T = \frac{10,21 - 8,85}{\sqrt{(10-1)1,112^2 + (6-1)0,997^2}} \sqrt{\frac{10*6(10+6-2)}{10+6}} = 2,456 \, .$$

Da $k = 10 + 6 - 2$, ist $t_\alpha = 2,145$ (aus Tabelle 7.1). Die Ungleichung $|2,456| > 2,145$ hält, die Hypothese H_0 (d.h. $\mu_x = \mu_y$) ist widerlegt. Das bedeutet, daß das zweite Programm eine signifikant bessere Leistung erbringt als das erste. Die Wahrscheinlichkeit, daß diese Feststellung falsch ist, beträgt 0,05.

4 Analyse kategorialer Daten

4.1 χ^2 Analyse

Ein mobiler Roboter wird in eine Umgebung gestellt, in der sich vier prominente Landmarken befinden, A, B, C und D. Das Landmarkenerkennungsprogramm des Roboters erzeugt vier Reaktionen, α, β, γ und δ, auf die Sensorerregungen an diesen vier Orten. In einem Experiment, bei dem die verschiedenen Landmarken insgesamt 200 mal besucht wurden, konnte die Kontingenztafel in Tabelle 7.4 erstellt werden (die Zahlen geben die Häufigkeit einer bestimmten Systemantwort an einem bestimmten Ort an).

	α	β	γ	δ	
A	19	10	8	3	$N_{A.} = 40$
B	7	40	9	4	$N_{B.} = 60$
C	8	20	23	19	$N_{C.} = 70$
D	0	8	12	10	$N_{D.} = 30$
	$N_{.\alpha} = 34$	$N_{.\beta} = 78$	$N_{.\gamma} = 52$	$N_{.\delta} = 36$	$N = 200$

Tabelle 3. KONTINGENZTAFEL FÜR LANDMARKENERKENNUNGSSYSTEM

Ist die Antwort des Klassifikationsprogramms in signifikanter Weise mit der Position des Roboters assoziiert?

Lösung: Gemäß Gleichung 7.15 ist $n_{A\alpha} = \frac{40*34}{200} = 6,8$; $n_{A\beta} = \frac{40*78}{200} = 15,6$; und so weiter (Tabelle 4 enthält die erwarteten Werte).

	α	β	γ	δ
A	6,8	15,6	10,4	7,2
B	10,2	23,4	15,6	10,8
C	11,9	27,3	18,2	12,6
D	5,1	11,7	7,8	5,4

Tabelle 4. TABELLE DER ERWARTETEN WERTE FÜR DAS LANDMARKENERKENNUNGSSYSTEM

Die Tabelle der erwarteten Werte ist für die χ^2 Analyse gut konditioniert, da keine Werte unter 4 liegen.

Nach Gleichung 7.16 ist $\chi^2 = \frac{(19-6,8)^2}{6,8} + \frac{(10-15,6)^2}{15,6} + \ldots = 66,9$. Das System hat $16 - 4 - 4 + 1 = 9$ Freiheitsgrade (Gleichung 7.17). Nach Tabelle 7.3 ist $\chi^2_{0,05} = 16,9$. Die Ungleichung

$$\chi^2 = 66,9 > \chi^2_{0,05} = 16,9 \tag{1}$$

hält, und demzufolge besteht tatsächlich eine signifikante Assoziation zwischen Roboterposition und der Antwort des Lokalisationssystems.

4.2 Cramers V

Zwei verschiedene Kartenerstellungsprogramme sollen verglichen werden. Paradigma A erzeugt die Kontingenztabelle in Tabelle 5, Paradigma B ergibt Tabelle 7. Die Frage ist: welcher der beiden Mechanismen produziert die Karte mit der stärkeren Korrelation zwischen Roboterposition und Kartenreaktion?

Zur Lösung dieser Frage verwenden wir Cramers V.

Die Tabellen der erwarteten Werte finden sich in den Tabellen 6 und 8. Wenn man die beiden Tabellen der erwarteten Werte betrachtet, wird deutlich, daß die Daten gut konditioniert sind und die in Abschnitt 7.2.4 aufgeführten Kriterien erfüllen.

Für den Kartenerstellungsmechanismus 1 erhalten wir $\chi^2 = 111$ und $V = 0,42$; für Mechanismus 2 erhalten wir $\chi^2 = 229$ und $V = 0,37$. Karte 1 besitzt also

	α	β	γ	δ	
A	29	13	5	7	$N_{A.} = 54$
B	18	4	27	3	$N_{B.} = 52$
C	8	32	6	10	$N_{C.} = 56$
D	2	7	18	25	$N_{D.} = 52$
	$N_{.\alpha} = 57$	$N_{.\beta} = 56$	$N_{.\gamma} = 56$	$N_{.\delta} = 45$	N=214

Tabelle 5. ERGEBNISSE FÜR KARTENERSTELLUNGSMECHANISMUS 1

	α	β	γ	δ
A	14,4	14,1	14,1	11,4
B	13,9	13,6	13,6	10,9
C	14,9	14,7	14,7	11,8
D	13,9	13,6	13,6	10,9

Tabelle 6. ERWARTETE ERGEBNISSE FÜR KARTENERSTELLUNGSMECHANISMUS 1

die stärkere Korrelation zwischen Kartenreaktion und Position. Beide Experimente unterliegen jedoch einem gewissen Maß an willkürlicher Variation, daher muß jedes Experiment mehrere Male durchgeführt werden, um den Einfluß von Rauschen zu eliminieren.

	α	β	γ	δ	ϵ	
A	40	18	20	5	7	$N_{A.} = 90$
B	11	20	35	10	3	$N_{B.} = 79$
C	5	16	10	39	5	$N_{C.} = 75$
D	2	42	16	18	9	$N_{D.} = 87$
E	6	11	21	9	38	$N_{D.} = 85$
	$N_{.\alpha} = 64$	$N_{.\beta} = 107$	$N_{.\gamma} = 102$	$N_{.\delta} = 81$	$N_{.\epsilon} = 62$	N=416

Tabelle 7. ERGEBNISSE FÜR KARTENERSTELLUNGSMECHANISMUS 2

	α	β	γ	δ	ϵ
A	13,8	23,1	22,1	17,5	13,4
B	12,2	20,3	19,4	15,4	11,8
C	11,5	19,3	18,4	14,6	11,2
D	13,4	22,4	21,3	16,9	13
E	13,1	21,9	20,8	16,6	12,7

Tabelle 8. ERWARTETE ERGEBNISSE FÜR KARTENERSTELLUNGSMECHANISMUS 2

4.3 Analyse eines Roboterlokalisationssystems unter Verwendung des Unsicherheitskoeffizienten

Ein Roboterlokalisationssystem erzeugt die in Abbildung 7.2 abgebildete Kontingenztafel. Besteht eine statistisch signifikante Korrelation zwischen der Reaktion des Systems und der Position des Roboters?

Um diese Frage zu beantworten, berechnen wir den Unsicherheitskoeffizienten $U(L \mid R)$ nach Gleichung 7.30. Dafür müssen wir zunächst $H(L)$, $H(R)$ und $H(L \mid R)$ errechnen.

Aus den Gleichungen 7.25, 7.26, 7.27 und 7.30 erhalten wir

$$H(L) = -(\tfrac{15}{100}ln\tfrac{15}{100} + \tfrac{21}{100}ln\tfrac{21}{100} + \ldots + \tfrac{21}{100}ln\tfrac{21}{100}) = 1,598;$$

$$H(R) = -(\tfrac{18}{100}ln\tfrac{18}{100} + \tfrac{20}{100}ln\tfrac{20}{100} + \ldots + \tfrac{23}{100}ln\tfrac{23}{100}) = 1,603;$$

$$H(L,R) = -(0 + \tfrac{2}{100}ln\tfrac{2}{100} + \tfrac{15}{100}ln\tfrac{15}{100} + \ldots + \tfrac{23}{100}ln\tfrac{23}{100} + 0) = 2,18;$$

$$H(L \mid R) = 2,18 - 1,603 = 0,577; \text{ und}$$

$$U(L \mid R) = \tfrac{1,598-0,577}{1,598} = 0,639.$$

Hierbei handelt es sich um einen Unsicherheitskoeffizienten, der auf eine relativ starke Korrelation zwischen der Roboterposition und der Reaktion des Lokalisationssystems hinweist.

Literatur

[Allman 77]   John Allman, Evolution of the Visual System in Early Primates, *Progress in Psychobiology and Physiological Psychology*, Bd. 7, S. 1-53, Academic Press, New York, 1977.

[Arbib 95]   M. Arbib (Hrsg.), *The Handbook of Brain Theory and Neural Networks*, MIT Press, Cambridge MA, 1995.

[Arkin 98]   Ronald Arkin, *Behavior-Based Robotics*, MIT Press, Cambridge MA, 1998.

[Atiya & Hager 93]   S. Atiya und G.D. Hager, Real-Time Vision-Based Robot Localization, *IEEE Transactions on Robotics and Automation*, Bd. 9, Nr. 6, S. 785-800, 1993.

[Ballard & Whitehead 92] D.H. Ballard und S.D. Whitehead, Learning Visual Behaviours, in H. Wechsler, *Neural Networks for Perception*, Bd. 2, S. 8-39, Academic Press, New York, 1992.

[Ballard 97]   D. H. Ballard, *An Introduction to Natural Computation*, MIT Press, Cambridge MA, 1997.

[Barto 90]   Andrew G. Barto, *Connectionist Learning for Control*, in [Miller *et al.* 90] S. 5-58.

[Barto 95]   Andrew G. Barto, *Reinforcement Learning*, in [Arbib 95, S. 804-809].

[Batschelet 81]   Edward Batschelet, *Circular Statistics in Biology*, Academic Press, New York, 1981.

[Beale & Jackson 90]   R. Beale und T. Jackson, *Neural Computing: An Introduction*, Adam Hilger, Bristol, Philadelphia und New York, 1990.

[Bennett 96]   A. Bennett, Do Animals Have Cognitive Maps?, *Journal of Experimental Biology*, Bd. 199, S. 219-224, The Company of Biologists Limited, Cambridge UK, 1996.

[Bicho & Schöner 97] Estela Bicho und Gregor Schöner, The dynamic approach to autonomous robotics demonstrated on a low-level vehicle platform, *Journal of Robotics and Autonomous Systems*, Bd. 21, Ausgabe 1, S. 23-35, 1997. Zugänglich unter `http://www.elsevier.nl/locate/robot`.

[Bishop 95]   Christopher Bishop, *Neural Networks for Pattern Recognition*, Oxford University Press, Oxford, 1995.

[Borenstein *et al.* 96] Johann Borenstein, H. R. Everett und Liqiang Feng, *Navigating Mobile Robots*, AK Peters, Wellesley MA, 1996.

[Braitenberg 93]   Valentin Braitenberg, *Vehikel: Experimente mit kybernetischen Wesen*, Rowohlt 1993.

[Brooks 85]   Rodney Brooks: A Robust Layered Control System for a Mobile Robot, *MIT AI Memo*, Nr. 864, Cambridge MA, 1985. Zugänglich unter `http://www.ai.mit.edu/publications/pubsDB/pubsDB/onlinehtml`.

[Brooks 86a]   Rodney Brooks, Achieving Artificial Intelligence through Building Robots, *MIT AI Memo*, Nr. 899, Cambridge MA, May 1986. Zugänglich unter `http://www.ai.mit.edu/publications/pubsDB/pubsDB/onlinehtml`.

[Brooks 90]   R. Brooks, Elephants Don't Play Chess, in P. Maes (Hrsg.), *Designing Autonomous Agents: Theory and Practice from Biology to Engineering and Back*, MIT Press, Cambridge MA, 1990.

<table>
<tr><td>[Brooks 91a]</td><td>Rodney Brooks, Artificial Life and Real Robots, in F. Varela und P. Bourgine (Hrsgg.), Toward a Practice of Autonomous Systems, S. 3-10, MIT Press, Cambridge MA, 1991.</td></tr>
<tr><td>[Brooks 91b]</td><td>Rodney Brooks, Intelligence without Reason, Proc. IJCAI 91, Bd. 1, S. 569-595, Morgan Kaufmann, San Mateo CA, 1991. Zugänglich unter <code>http://www.ai.mit.edu/publications/pubsDB/pubsDB/onlinehtml</code>.</td></tr>
<tr><td>[Broomhead & Lowe 88]</td><td>D.S. Broomhead und D. Lowe, Multivariable functional interpolation and adaptive networks, Complex Systems, Bd. 2, S. 321-355, 1988.</td></tr>
<tr><td>[Bühlmeier et al. 96]</td><td>A. Bühlmeier, H. Dürer, J. Monnerjahn, M. Nölte und U. Nehmzow, Learning by Tuition, Experiments with the Manchester 'FortyTwo', Technical Report, Report Nr. UMCS-96-1-2, Dept. of Computer Science, University of Manchester, Manchester, 1996.</td></tr>
<tr><td>[Burgess & O'Keefe 96]</td><td>N. Burgess und J. O'Keefe, Neuronal Computations Underlying the Firing of Place Cells and their Role in Navigation, Hippocampus, Bd. 7, S. 749-762, 1996.</td></tr>
<tr><td>[Burgess et al. 93]</td><td>N. Burgess, J. O'Keefe und M. Recce, Using Hippocampal 'Place Cells' for Navigation, Exploiting Phase Coding, in Hanson, Giles und Cowan (Hrsgg.), Advances in Neural Information Processing Systems, Bd. 5, S. 929-936, Morgan Kaufmann, San Mateo CA, 1993.</td></tr>
<tr><td>[Calter & Berridge 95]</td><td>Paul Calter und Debbie Berridge, Technical Mathematics, 3. Ausgabe, John Wiley and Sons, New York, 1995.</td></tr>
<tr><td>[Carpenter & Grossberg 87]</td><td>G. Carpenter und S. Grossberg, ART2: Self-Organization of Stable Category Recognition Codes for Analog Input Patterns, Applied Optics, Bd. 26, Nr. 23, S. 4919-4930, 1987.</td></tr>
<tr><td>[Cartwright & Collett 83]</td><td>B.A. Cartwright und T.S. Collett, Landmark Learning in Bees, Journal of Comparative Physiology, Bd. 151, S. 521-543, 1983.</td></tr>
<tr><td>[Churchland 86]</td><td>Patricia Smith Churchland, Neurophilosophy, MIT Press, Cambridge MA, 1986.</td></tr>
<tr><td>[Clark et al. 88]</td><td>Sharon A. Clark, Terry Allard, William M. Jenkins und Michael M. Merzenich, Receptive Fields in the Body Surface Map in Adult Cortex Defined by Temporally Correlated Inputs, Nature, Bd. 332, Ausgabe 31, S. 444-445, März 1988.</td></tr>
<tr><td>[Colombetti & Dorigo 93]</td><td>M. Colombetti & M. Dorigo, Robot Shaping: Developing Situated Agents through Learning, Technical Report, Report Nr. 40, International Computer Science Institute, Berkeley CA, April 1993.</td></tr>
<tr><td>[Connell & Mahadevan 93]</td><td>J. Connell und S. Mahadevan (Hrsgg.), Robot Learning, Kluwer, Boston MA, 1993.</td></tr>
<tr><td>[Cosens 93]</td><td>Derek Cosens, persönliche Auskunft, Department of Zoology, Edinburgh University, Edinburgh, 1993.</td></tr>
<tr><td>[Crevier 93]</td><td>D. Crevier, AI: The Tumultuous History of the Search for Artificial Intelligence, Basic Books (Harper Collins), New York, 1993.</td></tr>
<tr><td>[Critchlow 85]</td><td>Arthur Critchlow, Introduction to Robotics, Macmillan, New York, 1985.</td></tr>
<tr><td>[Daskalakis 91]</td><td>Nikolas Daskalakis, Learning Sensor-Action Coupling in Lego Robots, MSc Thesis, Department of Artificial Intelligence, Edinburgh University, Edinburgh, 1991.</td></tr>
<tr><td>[Duckett & Nehmzow 96]</td><td>T. Duckett und U. Nehmzow, A Robust, Perception-Based Localisation Method for a Mobile Robot, Technical Report, Report Nr. UMCS-96-11-1, Dept. of Computer Science, University of Manchester, Manchester, 1996.</td></tr>
<tr><td>[Duckett & Nehmzow 97]</td><td>Tom Duckett und Ulrich Nehmzow, Experiments in Evidence Based Localisation for a Mobile Robot, in Proc. AISB workshop on "Spatial Reasoning in Animals and Robots", Technical Report, Report Nr. UMCS-97-4-1, ISSN 1361-6153, Dept. of Computer Science, University of Manchester, Manchester 1997.</td></tr>
</table>

[Duckett & Nehmzow 98] Tom Duckett und Ulrich Nehmzow, Mobile Robot Self-Localization and Measurement of Performance in Middle Scale Environments, *Journal of Robotics and Autonomous Systems*, Nr. 24, Bd. 1-2, S. 57-69, 1998. Zugänglich unter `http://www.elsevier.nl/locate/robot`.

[Duckett & Nehmzow 99] Tom Duckett und Ulrich Nehmzow, Knowing Your Place in Real World Environments, *Proc. Eurobot 99*, IEEE Computer Society, 1999.

[Edlinger & Weiss 95] T. Edlinger und G. Weiss, Exploration, Navigation and Self-Localization in an Autonomous Mobile Robot, *Autonome Mobile Systeme '95*, Karlsruhe, 30. Nov. - 1. Dez. 1995.

[Elfes 87] Alberto Elfes, Sonar-Based Real-World Mapping and Navigation, *IEEE Journal of Robotics and Automation*, RA Bd. 3, Ausgabe 3, S. 249-265, Juni 1987.

[Emlen 75] S.T. Emlen, Migration: Orientation and Navigation, in D.S. Farner, J.R. King und K.C. Parkes (Hrsgg.), *Avian Biology*, Bd. V, S. 129-219, Academic Press, New York, 1975.

[Franz *et al.* 98] Matthias Franz, Bernhard Schölkopf, Hanspeter Mallot und Heinrich Bülthoff, Learning View Graphs for Robot Navigation, *Autonomous Robots*, Bd. 5, S. 111-125, 1998.

[Fritzke 93] B. Fritzke, Growing Cell Structures — a Self-Organizing Network for Unsupervised and Supervised Learning, *Technical Report*, Report Nr. 93-026, International Computer Science Institute, Berkeley CA, 1993.

[Fritzke 94] B. Fritzke, Growing Cell Structures - a Self-Organizing Network for Unsupervised and Supervised Learning, *Neural Networks*, Bd. 7, Nr. 9, S. 1441-1460, 1994.

[Fritzke 95] Bernd Fritzke, A Growing Neural Gas Network Learns Topologies, in G. Tesauro, D. S. Touretzky, und T. K. Leen (Hrsgg.), *Advances in Neural Information Processing Systems 7*, S. 625-632. MIT Press, Cambridge MA, 1995.

[Gallistel 90] C.R. Gallistel, *The Organisation of Learning*, MIT Press, Cambridge MA, 1990.

[Giralt *et al.* 79] G. Giralt, R. Sobek und R. Chatila, A Multi-Level Planning and Navigation System for a Mobile Robot — A First Approach to HILARE, *Proc. IJCAI*, Tokyo, 1979.

[Gladwin 70] Thomas Gladwin, *East is a Big Bird*, Harvard University Press, Cambridge MA, 1970.

[Gould & Gould 88] James L. Gould und Carol Grant Gould, *The Honey Bee*, Scientific American Library, New York, 1988.

[Grossberg 88] S. Grossberg, *Neural Networks and Natural Intelligence*, MIT Press, Cambridge MA, 1988.

[Harnad 90] Stevan Harnad, The Symbol Grounding Problem, *Physica D*, Bd. 42, S. 225-346, 1990.

[Heikkonen 94] J. Heikkonen, *Subsymbolic Representations, Self-Organising Maps, and Object Motion Learning*, PhD Thesis, Lappeenranta University of Technology, Lappeenranta, Finnland, 1994.

[Hertz *et al.* 91] John Hertz, Anders Krogh und Richard G. Palmer, *Introduction to the Theory of Neural Computation*, Addison-Wesley, Redwood City CA, 1991.

[Horn & Schmidt 95] J. Horn und G. Schmidt, Continuous Localization of a Mobile Robot Based on 3D Laser Range Data, Predicted Sensor Images, and Dead-Reckoning, *Journal of Robotics and Autonomous Systems*, Bd. 14, Nr. 2-3, S. 99-118, 1995. Zugänglich unter `http://www.elsevier.nl/locate/robot`.

[Hubel 79] David H. Hubel, The Visual Cortex of Normal and Deprived Monkeys, *American Scientist*, Bd. 67, Nr. 5, S. 532-543, 1979.

[Jones & Flynn 93] Joseph L. Jones und Anita M. Flynn, *Mobile Robots: Inspiration to Implementation*, A K Peters, Wellesley MA, 1993.

[Kaelbling 90] Leslie Pack Kaelbling, Learning in Embedded Systems, PhD Thesis, *Stanford Technical Report*, Report Nr. TR-90-04, Juni 1990. Veröffentlicht unter dem gleichen Titel, MIT Press, Cambridge MA, 1993.

[Kaelbling 92] Leslie Kaelbling, An Adaptable Mobile Robot, in F. Varela und P. Bourgine (Hrsgg.), *Toward a Practice of Autonomous Systems*, S. 41-47, MIT Press, Cambridge MA, 1992.

[Kanade *et al.* 89] T. Kanade, F. C. A. Groen und L. O. Hertzberger (Hrsgg.), *Intelligent Autonomous Systems 2*, Proceedings of IAS 2, ISBN 90-800410-1-7, Amsterdam, 1989.

[Kampmann & Schmidt 91] Peter Kampmann und Günther Schmidt, Indoor Navigation of Mobile Robots by Use of Learned Maps, in [Schmidt 91], S. 151-169.

[Kleijnen & Groenendaal 92] J. Kleijnen und W. van Groenendaal, *Simulation — A Statistical Perspective*, John Wiley and Sons, New York, 1992.

[Knieriemen & v.Puttkamer 91] T. Knieriemen und E. von Puttkamer, Real-Time Control in an Autonomous Mobile Robot, in [Schmidt 91], S. 187-200.

[Knieriemen 91] T. Knieriemen, *Autonome Mobile Roboter*, BI Wissenschaftsverlag, Mannheim, 1991.

[Knudsen 82] E.I. Knudsen, Auditory and Visual Maps of Space in the Optic Tectum of the Owl, *Journal of Neuroscience*, Bd. 2, 1177-1194 (nach [Gallistel 90]).

[Kohonen 88] Teuvo Kohonen, *Self Organization and Associative Memory*, Springer Verlag, Berlin, Heidelberg, New York, 2. Ausgabe, 1988.

[Kohonen 95] Teuvo Kohonen, Learning Vector Quantization, in [Arbib 95, S. 537-540].

[Kuipers & Byun 88] B. J. Kuipers und Y.-T. Byun, A Robust, Qualitative Method for Robot Spatial Learning, *Proc. AAAI*, S. 774-779, Morgan Kaufman, San Mateo CA, 1988.

[Kurz 94] A. Kurz, *Lernende Steuerung eines autonomen mobilen Roboters*, VDI Fortschrittsberichte, VDI Verlag, Düsseldorf, 1994.

[Kurz 96] A. Kurz, Constructing Maps for Mobile Robot Navigation Based on Ultrasonic Range Data, *IEEE Transactions on Systems, Man and Cybernetics, Part B: Cybernetics*, Bd. 26, Nr. 2, S. 233-242, 1996.

[Kurzweil 90] Raymond Kurzweil, *The Age of Intelligent Machines*, MIT Press, Cambridge MA, 1990.

[Kyselka 87] Will Kyselka, *An Ocean in Mind*, University of Hawaii Press, Honolulu, 1987.

[Lee 95] David Charles Lee, *The Map-Building and Exploration Strategies of a Simple Sonar-Equipped Mobile Robot; an Experimental Quantitative Evaluation*, PhD Thesis, University College London, London, 1995.

[Lee *et al.* 98] Ten-min Lee, Ulrich Nehmzow und Roger Hubbold, Mobile Robot Simulation by Means of Acquired Neural Network Models, *Proc. European Simulation Multiconference*, S. 465-469, Manchester, 1998.

[Lemon & Nehmzow 98] Oliver Lemon und Ulrich Nehmzow, The Scientific Status of Mobile Robotics: Multi-Resolution Mapbuilding as a Case Study, *Journal of Robotics and Autonomous Systems*, Nr. 24, Bd. 1-2, S. 5-15, 1998. Zugänglich unter `http://www.elsevier.nl/locate/robot`.

[Leonard *et al.* 90] J. Leonard, H. Durrant-Whyte und I. Cox, Dynamic Mapbuilding for an Autonomous Mobile Robot, *Proc. IEEE IROS*, S. 89-96, 1990.

[Lewis 72] D. Lewis, *We, the Navigators*, University of Hawaii Press, Honolulu, 1972.

[Lowe & Tipping 96] D. Lowe und M. Tipping, "Feed-Forward Neural Networks and Topographic Mappings for Exploratory Data Analysis", *Neural Computing and Applications*, Bd. 4, S. 83-95, 1996.

[Lynch 60] Kevin Lynch, *The Image of the City*, MIT Press, Cambridge MA, 1960.

[Maes & Brooks 90] Pattie Maes und Rodney Brooks, Learning to Coordinate Behaviors, *Proc. AAAI 1990*, S. 796-802, Morgan Kaufman, San Mateo CA, 1990.

[Maeyama *et al.* 95] S. Maeyama, A. Ohya und S. Yuta, Non-stop Outdoor Navigation of a Mobile Robot, *Proc. International Conference on Intelligent Robots and Systems (IROS) 95*, S. 130-135, Pittsburgh PA, 1995.

[Mahadevan & Connell 91] Sridhar Mahadevan und Jonathan Connell, Automatic Programming of Behavior-based Robots using Reinforcement Learning, *Proc. 9th National Conference on Artificial Intelligence, AAAI 1991*, S. 768-773, Morgan Kaufman, San Mateo CA, 1991.

[Martin & Nehmzow 95] P. Martin und U. Nehmzow, "Programming" by Teaching: Neural Network Control in the Manchester Mobile Robot, *Conference on Intelligent Autonomous Vehicles IAV 95*, S. 297-302, 1995.

[Mataric 91] Maja Mataric, Navigating with a Rat Brain: A Neurobiologically-Inspired Model for Robot Spatial Representation, in [SAB 91], S. 169-175.

[Mataric 92] M. J. Mataric, Integration of Representation Into Goal-Driven Behaviour-Based Robots, *IEEE Transactions on Robotics and Automation*, Bd. 8, Nr. 3, S. 304-312, Juni 1992.

[McCulloch & Pitts 43] W. S. McCulloch und W. Pitts, A Logical Calculus of Ideas Immanent in Nervous Activity, *Bulletin of Mathematical Biophysics*, Bd. 5, S. 115-133, 1943.

[McKerrow 91] Phillip McKerrow, *Introduction to Robotics*, Addison-Wesley, Sydney, 1991.

[Miller *et al.* 90] W. Thomas Miller, Richard S. Sutton und Paul J. Werbos (Hrsgg.), *Neural Networks for Control*, MIT Press, Cambridge MA, 1990.

[Mitchell 97] T. Mitchell, *Machine Learning*, McGraw-Hill, New York, 1997.

[Moody & Darken 89] J. Moody und C. Darken, Fast Learning in Networks of Locally Tuned Processing Units, *Neural Computation*, Bd. 1, S. 281-294, 1989.

[Moravec 83] H. Moravec: The Stanford Cart and the CMU Rover, *Proceedings of the IEEE*, Bd. 71, Nr. 7, 1983.

[Moravec 88] Hans P. Moravec: Sensor Fusion in Certainty Grids for Mobile Robots, *AI Magazine Summer 1988*, S. 61-74, 1988.

[Nehmzow *et al.* 89] U. Nehmzow, J. Hallam und T. Smithers, Really Useful Robots, in [Kanade *et al.* 89] Bd. 1, S. 284-293.

[Nehmzow & Smithers 91] Ulrich Nehmzow und Tim Smithers, Mapbuilding Using Self-Organising Networks, in [SAB 91] S. 152-159.

[Nehmzow *et al.* 91] Ulrich Nehmzow, Tim Smithers und John Hallam, Location Recognition in a Mobile Robot Using Self-Organising Feature Maps, in G. Schmidt (Hrsg.), *Information Processing in Autonomous Mobile Robots*, S. 267-277, Springer Verlag, Berlin, Heidelberg, New York, 1991.

[Nehmzow & Smithers 92] Ulrich Nehmzow und Tim Smithers, Using Motor Actions for Location Recognition, in F. Varela und P. Bourgine (Hrsgg.), *Toward a Practice of Autonomous Systems*, S. 96-104, MIT Press, Cambridge MA, 1992.

[Nehmzow 92] U. Nehmzow, *Experiments in Competence Acquisition for Autonomous Mobile Robots*, PhD Thesis, University of Edinburgh, Edinburgh, 1992.

[Nehmzow 94] U. Nehmzow, Autonomous Acquisition of Sensor-Motor Couplings in Robots, *Technical Report*, Report Nr. UMCS-94-11-1, Dept. of Computer Science, University of Manchester, Manchester, 1994.

[Nehmzow & McGonigle 94] Ulrich Nehmzow und Brendan McGonigle, Achieving Rapid Adaptations in Robots by Means of External Tuition, in D. Cliff, P. Husbands, J. A. Meyer und S. Wilson (Hrsgg.), *From Animals to Animats 3*, S. 301-308, MIT Press, Cambridge MA, 1994.

[Nehmzow 95a] U. Nehmzow, Flexible Control of Mobile Robots through Autonomous Competence Acquisition, *Measurement and Control*, Bd. 28, S. 48-54, März 1995.

[Nehmzow 95b] U. Nehmzow, Animal and Robot Navigation, *Robotics and Autonomous Systems*, Bd. 15, Nr. 1-2, S. 71-81, 1995. Zugänglich unter `http://www.elsevier.nl/locate/robot`.

[Nehmzow & Mitchell 95] Ulrich Nehmzow und Tom Mitchell, The Prospective Student's Introduction to the Robot Learning Problem, *Technical Report*, Report Nr. UMCS-95-12-6, Department of Computer Science, Manchester University, Manchester, 1995.

[Nehmzow *et al.* 96] Ulrich Nehmzow, Andreas Bühlmeier, Holger Dürer und Manfred Nölte, Remote Control of Mobile Robot via Internet, *Technical Report*, Report Nr. UMCS-96-2-3, Dept. of Computer Science, Manchester University, Manchester, 1996.

[Nehmzow *et al.* 98] Ulrich Nehmzow, Toshihiro Matsui und Hideki Asoh, "Virtual Coordinates": Perception-based Localisation and Spatial Reasoning in Mobile Robots, *Proc. Intelligent Autonomous Systems 5 (IAS 5)*, Sapporo, 1998. Neudruck in *Robotics Today*, Bd. 12, Nr. 3, Society of Manufacturing Engineers, Dearborn MI, 1999.

[Nehmzow 99a] Ulrich Nehmzow, Vision Processing for Robot Learning, *Industrial Robot*, Bd. 26, Nr. 2, S. 121-130, 1999, ISSN 0143-991X.

[Nehmzow 99b] U. Nehmzow, "Meaning" through Clustering by Self-Organisation of Spatial and Temporal Information, in C. Nehaniv (Hrsg.), *Computation for Metaphors, Analogy and Agents*, Lecture Notes in Artificial Intelligence 1562, S. 209-229, Springer Verlag, Heidelberg, London, New York, 1999.

[Nehmzow 99c] U. Nehmzow, Acquisition of Smooth, Continuous Obstacle Avoidance in Mobile Robots, in H. Ritter, H. Cruse und J. Dean (Hrsgg.), *Prerational Intelligence: Adaptive Behavior and Intelligent Systems without Symbols and Logic*, Bd. 2, S. 489-501, Kluwer Acad. Publ., Dordrecht, 1999.

[Newell & Simon 76] A. Newell und H. Simon, Computer Science as Empirical Enquiry: Symbols and Search, *Communications of the ACM*, Bd. 19, Ausgabe 3, S. 113-126, 1976.

[Nilsson 69] N. Nilsson, A Mobile Automation: An Application of Artificial Intelligence Techniques, *First International Joint Conference on Artificial Intelligence*, S. 509-520, Washington DC, 1969.

[Nomad 93] *Nomad 200 User's Guide*, Nomadic Technologies, Mountain View CA, December 1993.

[O'Keefe & Nadel 78] J. O'Keefe und L. Nadel, *The Hippocampus as a Cognitive Map*, Oxford University Press, Oxford, 1978.

[O'Keefe 89] J. O'Keefe, Computations the Hippocampus Might Perform, in L. Nadel, L. A. Cooper, P. Culicover und R. M. Harnish (Hrsgg.), *Neural Connections, Mental Computation*, MIT Press, Cambridge MA, 1989.

[Oreskes *et al.* 94] N. Oreskes, K. Shrader-Frechette und K. Belitz, Verification, Validation, and Confirmation of Numerical Models in the Earth Sciences, *Science*, Bd. 263, S. 641-646, 4. Feb. 1994.

[O'Sullivan *et al.* 95] J. O'Sullivan, T. Mitchell und S. Thrun, Explanation Based Learning for Mobile Robot Perception, in K. Ikeuchi und M. Veloso (Hrsgg.), *Symbolic Visual Learning*, Kap. 11, Oxford University Press, Oxford, 1995.

[Owen 95] C. Owen, *Landmarks, Topological Maps and Robot Navigation*, MSc Thesis, Manchester University, Manchester, 1995.

[Owen & Nehmzow 96] Carl Owen und Ulrich Nehmzow, Route Learning in Mobile Robots through Self-Organisation, *Proc. Eurobot 96*, S. 126-133, IEEE Computer Society, 1996.

[Owen & Nehmzow 98] Carl Owen und Ulrich Nehmzow, Map Interpretation in Dynamic Environments, *Proc. 8th International Workshop on Advanced Motion Control*, IEEE Press, ISBN 0-7803-4484-7, 1998.

[Pfeifer & Scheier 99] Rolf Pfeifer und Christian Scheier, *Understanding Intelligence*, MIT Press, Cambridge MA, 1999.

[Pomerleau 93] D. Pomerleau, Knowledge-Based Training of Artificial Neural Networks for Autonomous Robot Driving, in [Connell & Mahadevan 93] S. 19-43.

[Prescott & Mayhew 92] Tony Prescott und John Mayhew, Obstacle Avoidance through Reinforcement Learning, in J. E. Moody, S. J. Hanson und R. P. Lippman (Hrsgg.), *Advances in Neural Information Processing Systems 4*, S. 523-530, Morgan Kaufman, San Mateo CA, 1992.

[Press *et al.* 92] W. Press, S. Teukolsky, W. Vetterling und B. Flannery, *Numerical Recipes in C*, Cambridge University Press, Cambridge UK, 1992.

[Puterman 94]   Martin Puterman, *Markov Decision Processes — Discrete Stochastic Dynamic Programming*, John Wiley and Sons, New York, 1994.

[Ramakers 93]   Wilfried Ramakers, *Investigation of a Competence Acquiring Controller for a Mobile Robot*, Licentiate Thesis, Vrije Universiteit Brussel, 1993.

[Recce & Harris 96]   M. Recce und K. D. Harris, Memory for Places: A Navigational Model in Support of Marr's Theory of Hippocampal Function, *Hippocampus*, Bd. 6, S. 735-748, 1996.

[Reilly *et al.* 82]   D. L. Reilly, L. N. Cooper und C. Erlbaum, A Neural Model for Category Learning. *Biological Cybernetics*, Bd. 45, S. 35-41, 1982.

[Rosenblatt 62]   Frank Rosenblatt: *Principles of Neurodynamics: Perceptrons and the Theory of Brain Mechanisms*, Spartan, Washington DC, 1962.

[Rumelhart & McClelland 86]   David E. Rumelhart, James L. McClelland und die PDP Forschungsgruppe, *Parallel Distributed Processing*, Bd. 1 "Foundations", MIT Press, Cambridge MA, 1986.

[Rumelhart *et al.* 86] D. E. Rumelhart, G. Hinton, and R. J. Williams, Learning Internal Representations by Error Propagation, in D. Rumelhart und J. McClelland (Hrsgg.), *Parallel Distributed Processing*, Bd. 1, S. 318-362, MIT Press, Cambridge MA, 1986.

[SAB 91]   Jean-Arcady Meyer und Stewart Wilson (Hrsgg.), *From Animals to Animats*, Proc. 1st Intern. Conference on Simulation of Adaptive Behaviour, MIT Press, Cambridge MA, 1991.

[Sachs 82]   Lothar Sachs, *Applied Statistics*, Springer Verlag, Berlin, Heidelberg, New York, 1982.

[St. Paul 82]   Ursula von Saint Paul, Do Geese Use Path Integration for Walking Home?, in F. Papi und H.G. Wallraff (Hrsgg.), *Avian Navigation*, S. 298-307, Springer Verlag, Berlin, Heidelberg, New York, 1982.

[Shepanski & Macy 87]   J. F. Shepanski und S. A. Macy, Teaching Artificial Neural Networks to Drive: Manual Training Techniques of Autonomous Systems Based on Artificial Neural Networks, *Proceedings of the 1987 Neural Information Processing Systems Conference*, S. 693-700, American Institute of Physics, New York, 1987.

[Schmidt 91]   G. Schmidt (Hrsg.), *Information Processing in Autonomous Mobile Robots*, Springer Verlag, Berlin, Heidelberg, New York, 1991.

[Schmidt 95]   Dietmar Schmidt, Roboter als Werkzeuge für die Werkstatt, *Spektrum der Wissenschaft*, S. 96-100, ISSN 0170-2971, March 1995.

[Shubik 60]   Martin Shubik, Simulation of the Industry and the Firm, *American Economic Review*, L, Nr. 5, S. 908-919, 1960.

[Smithers 95]   T. Smithers, On Quantitative Performance Measures of Robot Behaviour, *Journal of Robotics and Autonomous Systems*, Bd. 15, S. 107-133, 1995. Zugänglich unter `http://www.elsevier.nl/locate/robot`.

[Sonka *et al.* 93]   M. Sonka, V. Hlavac und R. Boyle, *Image Processing, Analysis and Machine Vision*, Chapman and Hall, London, 1993.

[Sparks & Nelson 87]   D. L. Sparks und J. S. Nelson, Sensory and motor maps in the mammalian superior colliculus, *Trends in Neuroscience*, Bd. 10, S. 312-317, 1987 (nach [Gallistel 90]).

[Spektrum 95]   *Spektrum der Wissenschaft*, S. 96-115, ISSN 0170-2971, März 1995.

[Stelarc]   Stelarc. `http://www.stelarc.va.com.au`.

[Stevens *et al.* 95]   A. Stevens, M. Stevens und H. Durrant-Whyte, 'OxNav': Reliable Autonomous Navigation, *Proc. IEEE International Conference on Robotics and Automation*, Bd. 3, S. 2607-2612, Piscataway NJ, 1995.

[Sutton 84]   R. Sutton, *Temporal Credit Assignment in Reinforcement Learning*, PhD Thesis, University of Massachusetts, Amherst MA, 1984.

[Sutton 88]   R. Sutton, Learning to Predict by the Method of Temporal Differences, *Machine Learning*, Bd. 3, S. 9-44, 1988.

[Sutton 90]   R. Sutton, Integrated Architectures for Learning, Planning and Reacting Based on Approximating Dynamic Programming, *Proceedings of the 7th International Conference on Machine Learning*, S. 216-224, Morgan Kaufman, San Mateo CA, 1990.

[Sutton 91]   Richard S. Sutton, Reinforcement Learning Architectures for Animats, in [SAB 91] S. 288-296.

[Tani & Fukumura 94] J. Tani und N. Fukumara, Learning Goal-Directed Sensory-Based Navigation of a Mobile Robot, *Neural Networks*, Bd. 7, Nr. 3, S. 553-563, 1994.

[Tolman 48]   E. C. Tolman, Cognitive Maps in Rats and Men, *Psychol. Rev.*, Bd. 55, S. 189-208, 1948.

[Torras 91]   Carme Torras i Genís, Neural Learning Algorithms and their Applications in Robotics, in Agnessa Babloyantz (Hrsg.), *Self-Organization, Emerging Properties and Learning*, S. 161-176, Plenum Press, New York, 1991.

[Walcott & Schmidt-Koenig] C. Walcott und K. Schmidt-Koenig, The effect on homing of anaesthesia during displacement, *Auk 90*, S. 281-286, 1990.

[Walter 50]   W. Grey Walter, An Imitation of Life, *Scientific American*, Bd. 182, Ausgabe 5, S. 42-45, 1950; und A Machine that Learns, *Scientific American*, Bd. 51, S. 60-63, 1951.

[Waterman 89]   Talbot H. Waterman, *Animal Navigation*, Scientific American Library, New York, 1989.

[Watkins 89]   Christopher J.C.H. Watkins, *Learning from Delayed Rewards*, PhD Thesis, King's College, Cambridge, 1989.

[Webster 81]   *Webster's Third New International Dictionary*, Encyclopaedia Britannica Inc., Chicago, 1981. Siehe auch `http://www.m-w.com/cgi-bin/dictionary`.

[Wehner & Räber 79]   R. Wehner und F. Räber, Visual Spatial Memory in Desert Ants *Cataglyphis bicolor*, *Experientia*, Bd. 35, S. 1569-1571, 1979.

[Wehner & Srinivasan 81] R. Wehner und M. V. Srinivasan, *Searching Behaviour of Desert Ants, Genus* Cataglyphis (Formicidae, *Hymenoptera)*, *Journal of Comparative Physiology*, Bd. 142, S. 315-338, 1981, nach [Gallistel 90].

[Wehner *et al.* 96]   R. Wehner, B. Michel und P. Antonsen, Visual Navigation in Insects: Coupling Egocentric and Geocentric Information, *Journal of Experimental Biology*, Bd. 199, S. 129-140, The Company of Biologists Limited, Cambridge UK, 1996.

[Weiss & v.Puttkamer 95] G. Weiss und E. v. Puttkamer, A Map Based on Laserscans Without Geometric Interpretation, *Intelligent Autonomous Systems 4* (IAS 4), S. 403-407, Karlsruhe, Germany, März 1995.

[Whitehead & Ballard 90] Steven Whitehead und Dana Ballard, Active Perception and Reinforcement Learning, *Neural Computation*, Bd. 2, S. 409-419, 1990.

[Wichert 97]   Georg von Wichert, Ein Beitrag zum Erlernen der Wahrnehmung: Grundlagen und Konsequenzen für die Architektur autonomer, mobiler Roboter, *PhD Thesis*, Technische Universität Darmstadt, Darmstadt, 1997.

[Wiltschko & Wiltschko 95] R. Wiltschko und W. Wiltschko, *Magnetic Orientation in Animals*, Springer Verlag, Berlin, Heidelberg, New York, 1995.

[Wiltschko & Wiltschko 98] W. Wiltschko und R. Wiltschko, The Navigation System in Birds and its Development, in R. P. Balda, I. M. Pepperberg und A. C. Kamil (Hrsgg.), *Animal Cognition in Nature*, S. 155-200, Academic Press, 1998.

[Yamauchi & Beer 96] B. Yamauchi und R. Beer, Spatial Learning for Navigation in Dynamic Environments, *IEEE Transactions on Systems, Man and Cybernetics, Part B: Cybernetics*, Bd. 26, Nr. 3, S. 496-505, 1996.

[Yamauchi & Langley 96] B. Yamauchi und P. Langley, Place Recognition in Dynamic Environments, *Journal of of Robotics Systems*, Special Ausgabe on Mobile Robots, Bd. 14, Nr. 2, S. 107-120, 1996.

[Zimmer 95]   U. Zimmer, Self-Localization in Dynamic Environments, *IEEE/SOFT International workshop BIES 95*, Tokio, 1995.

Index